파브르 식물기

La plante: leçons à mon fils sur la botanique

파브르 식물기

장 앙리 파브르 지음 · 조은영 옮김

H

차례

1부

2부

1부

1장

산호와 나무

식물은 동물의 자매다. 식물도 동물처럼 먹이를 먹고 자손을 낳으며 살아간다. 식물을 알고자 하면 동물을 들여다보는 것만큼 확실한 방법이 없고, 동물을 이해하자면 식물의 본성을 살피는 것만큼 빠른 방법이 없다. 그런 뜻에서 나는 이 책을 어느 특별한 동물로 시작하려고 한다. 이 동물의 면면을 보아 식물의 밑바탕을 쉬이 가늠하는 것은 물론이고, 식물에 대한 더없이 값진 통찰을 얻게 되리라 믿어서다.

도랑의 고인 물에는 흔히 개구리밥이 떠다닌다. 그 둥근 잎이 깔아놓은 싱싱한 녹색 카펫 한복판에 박물학자가 히드라라고 부르는 신통방통한 녀석이 산다. 이 여린 생물은 작고 길쭉한 주머니 모양에 몸길이가 기껏해야 2센티미터밖에 안 된다.

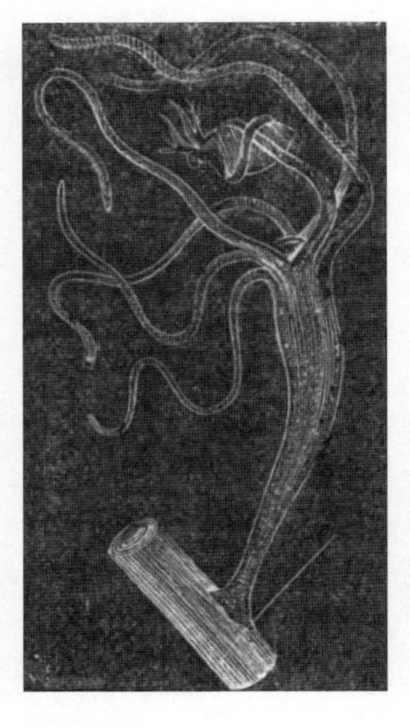

그림 1 **히드라**

몸통의 한쪽 끝은 수초에 붙었고 반대쪽에서는 8개의 유연한 팔이 사방팔방으로 움직이는 초록색 젤리를 상상할 수 있다면 그것이 히드라다. 촉수라 부르는 8개의 팔은 몸통으로 들어가는 구멍 주위를 에워싼다. 이 구멍은 촉수가 잡은 먹이를 삼키고 다 소화되지 않은 찌꺼기를 뱉어낸다. 참고로 웬만한 동물에서는 입과 항문의 기능을 이처럼 한곳에서 담당하지 않는다. 히드라는 먹이를 구하려고 물속에서 팔을 벌리고 기다리다가 작은 동물이 지나갈라치면 가까운 팔로 냉큼 붙잡아 입으로 가져간다.

개구리밥을 띄운 물컵에 다 자란 히드라 한 마리를 넣고 지켜보자. 몇 주, 계절에 따라 몇 달이 지나면 몸통 아래쪽에서 2개, 3개, 4개 또는 그보다 많은 작은 혹이 돋아난다. 이 혹은 나날이 커지다가 어느 순간 꼭대기에서 8개짜리 돌기를 낸다. 하루가 다르게 돌기가 쭉쭉 뻗는가 싶더니 마침내 꽃망울이 터지듯 활짝 구멍을 열어젖힌다. 동물의 몸에서 피어난 이 알 수 없는 꽃의 정체가 무엇일까? 바로 어린 히드라다. 몸통에 8개의 팔이 달린 새끼 히드라가 나무에서 움이 트듯 부모의 몸에서 자라 나온다. 어린 히드라가 될 저 혹을 싹이라 부를 만한 이유는 식물의 줄기가 싹을 틔우는 것처럼 부모를 꼭 닮은 동물을 키워내기 때문이다.

제 의지대로 몸을 움직이고 고통을 느끼며 사냥으로 먹고사는 히드라는 누가 뭐래도 진짜 동물이 틀림없다. 하지만 부인할 수 없는 식물의 속성도 있으니, 식물이 가지를 내듯 출아법으로 작은 히드라를 낳는 습성이 그러하다.

하지만 이 작은 히드라는 아직 너무 어리다. 스스로 먹이를 잡아먹고 살 수 없기에 한동안 부모에게 양분을 의지할 수밖에 없다. 그 수단으로 부모 히드라의 소화 주머니는 새끼의 소화 주머니와 교류하게끔 서로 이어져 있다. 먹잇감을 기다렸다가 잡아서 먹고 소화하는 것은 오로지 부모 히드라의 일이다. 소화를 마치고 흡수하기 좋게 만들어진 양분이 좁은 통로를 거쳐 부모의 주머니에서 새끼의 주머니로 흘러 들어간다. 덕분에 새끼 히드라는 먹은 것이 없어도 배가 부르다. 그러나 결국 두 주머니를 연결하는 좁은 통로가 닫히는 날이 오고야 만다. 부모와 자식의 살이 맞닿은 지점이 바짝 오그라들면 어린 히드라는 잘 익은 열매처럼 똑 하고 떨어져 나간다. 그리고 부모 곁을 떠나 독립해 살면서 때가 되면 부모와 같은 방식으로 새끼를 낳는다.

그림 2를 보자. 꽃이 흐드러지게 핀 작은 나무처럼 보이지 않는가? 하지만 사실을 말하자면 저것은 나무는커녕 식물도 아니다. 저 나무는 바로 산호다. 목걸이에 매달린 붉고 예쁜 구슬을 본 적이 있다면 그게 바로 산호라는 바다 생물이다. 다만 숙련된 장인의 손에서 아름다운 구슬로 탄생하기 전 산호는 크고 작은 가지가 화려하게 갈라진 붉은 관목이었다. 그러나 생김새만 나무 같을 뿐 나무의 성분은 하나도 없고 대리석처럼 단단한 돌로 만들어졌다. 물론 이 돌나무가 꽃을 피우지 말라는 법은 없다. 하지만 이 나무의 석조 가지에서 피어나는 꽃이 사실은 동물임을 알고 있는가. 산호를 공동의 거주지로 삼고 살아가는 진짜 동물, 즉 폴립polyp이다. 이 폴립이 일면 히드라와 비슷한 방식으로 살아간다.

폴립은 작은 공 같은 생김새에 속이 빈 젤라틴성 생물로, 테두리를 장식하는 8개의 촉수가 꽃잎처럼 벌어졌다. 생김새가 조금 다르기는 해도 이 산호의 거주자를 보면 꼭 히드라가 생각난다. 히드라처럼 폴립도 바닥이 고정되고 꼭대기에 8개의 팔이 둘러 있는 주머니처럼 생기지 않았는가. 저 팔은 특별히 폴립이 먹잇감을 잘 붙잡도록 개조되었다. 산호는 여기저기 움푹 들어간 부드러운 껍질로 덮였으며, 그 구멍마다 폴립이 머문다. 이 살아 있는 껍질 밑에 눈부시게 붉은 석질의 받침대가 깔려 있다.

비록 폴립 하나하나가 제 세포를 갖추고 별개의 존재처럼 살아가지만 사실 같은 가지에 서 자라는 폴립은 서로 남이 아니다. 소화 주머니가 네 것 내 것 따지지 않고 먹을 것을 주고받는 덕분에 한 폴립의 입에 들어가는 음식을 모두가 사이좋게 나눠 먹는다. 폴립도 히드라처럼 팔을 밖으로 내뻗어 해류에 실린 영양물질을 붙잡아 먹는다. 하지만 매일의 운세가 모두에게 같을 리 없으니, 어떤 폴립은 포획량이 차고 넘치는 반면 온종일 촉수의 그물에 티끌 하나 걸리지 않은 일진 사나운 폴립도 있다. 그런데도 하루가 끝날 무렵이면 모두가 똑같이 배부른 연유는 자기가 잡은 것으로 부지런히 소화를 마친 폴립이 다른 폴립에 음식을 나누어주기 때문이다.

그림 2 **산호**

어쩌다가 이 바다 밑에 인간의 머리로는 상상조차 하지 못할 철저한 상호호혜적 공산주의가 자리를 잡았을까? 곳간을 채운 사람이 굶주린 이웃에게 음식을 나누어주는 이런 기상천외한 식당이 어떻게 생겨났느냐는 말이다. 그 답을 말해주겠다. 산호의 모든 가지는 맨 처음 하나의 폴립에서 시작한다. 폴립은 알에서 부화하여 처음에는 물속을 헤매다가 마침내 어느 적당한 바위에 닻을 내린다. 정착을 마친 폴립은 히드라처럼 또는 식물처럼 싹을 틔운다. 첫 번째 폴립의 옆구리에서 새로운 폴립이

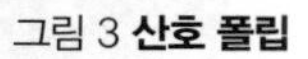
그림 3 **산호 폴립**

자라는 것이다. 특히 처음에는 새 폴립과 서로 소화관을 연결하는 것이 필수적인 절차다. 어린 폴립은 아직 자급자족할 수 없으므로 다른 폴립이 잡아 온 음식을 먹어야만 산다.

이러한 관계는 영원히 이별하지 않는다는 점만 빼고는 히드라와 다를 바 없다. 히드라와 달리 폴립은 다 자라도 모체를 떠나 홀로 자립하지 않는다. 대가족의 일원이 되어 평생 한솥밥을 먹으며 살겠다는 것이다. 이윽고 첫 번째 폴립이 키워낸 폴립에서 또다시 새로운 폴립이 자란다. 첫 번째 세대가 두 번째 세대를 낳고, 이 세대가 다시 세 번째 세대를 낳으며 무한히 새로운 세대가 탄생한다. 이처럼 너도나도 출아를 거듭하다 보니 그 수가 하루가 다르게 불어난다. 산호는 거주자들이 배출한 물질로 지어진 폴립의 공동 거주지다.

산호의 주민들은 달팽이가 제집의 재료를 토해내듯 돌을 뱉어낸다. 새로 태어난 폴립들이 제 몫의 석회질을 아낌없이 내놓는 덕분에 석조 건물이 사방으로 가지를 치며 크기를 더해 간다. 산호를 비롯한 폴립 모체가 이런 식으로 해저 구조물을 건설한다. 폴립 모체는 폴립의 주택이며, 이 정의에 따르면 산호가 곧 폴립 모체polypary다.

이런 방식으로 살아가므로 폴립 모체에는 정해진 수명이 없다. 불의의 사고가 아니면 죽지 않는다는 뜻이다. 동물은 모두 언젠가 죽게 마련이고, 동물인 폴립도 늙으면 죽는다. 그러나 죽기 전에 군체 안에서 많은 자손을 낳고 그 자손 또한 더 많은 자손을 남긴다. 이렇듯 증식을 멈추지 않으므로 모체는 죽을 이유가 없다. 뜻밖의 사고가 아니라면 소멸할 일이 없으므로 폴립 모체는 다음 세대에 의해 끊임없이 채워지고 크기를 키워가며 언제까지나 활기차게 살아간다. 꿀벌과 폴립은 죽지만 꿀벌 군체와 폴립 모체는 살아남는다. 개체는 소멸하지만 개체가 모여서 이룬 사회는 지속된다는 자연의 섭리다.

저 멀리 홍해에는 생장 속도로 미루어 아주 태곳적에 발생한 산호가 서식한다. 나이가 3,000년 또는 4,000년은 족히 되었을 텐데도 여전히 전성기를 누린다. 이 폴립 모체는 파라오와 한 시대를 살았고 피라미드가 세워질 때도 있었다. 이런 군체 앞에서 시간을 논하는 것이 무슨 의미가 있으랴. 개체는 죽지만 공동체는 수백 년 동안 늘 젊고 생기가 넘친다.

산호에는 많은 종이 있고 종마다 형태가 각양각색이다. 산호는 대체로 색이 하얀데, 주재료인 석회의 탄산염이 원래 그 색이기 때문이다. 드물지만 장식용으로 쓰이는 산호처럼 붉은 색인 경우도 있고 그 밖에 다른 색을 띠기도 한다. 세상에 산호처럼 우아한 구조물도 없지 싶다. 어떤 산호는 돌로 만든 작은 나무처럼 생겼는데 진짜 나무 빰치는 아름다운 자태로 가

그림 4 **폴립 모체의 다양한 형태**

지를 뻗어낸다. 파이프오르간처럼 가지런히 줄을 맞춰 섰거나 벌집처럼 떼 지어 있기도 하다. 꽃양배추나 버섯처럼 둥글게 머리가 자라는 산호도 있다. 산호의 표면에는 수학적 배열이 가득하여 은하수 같기도 하고 기하무늬의 그물망 같기도 하고 이랑과 고랑이 복잡하게 뒤얽힌 미로 같기도 하다. 종잇장처럼 얇고 넓은 잎에 레이스로 수를 놓은 듯 구멍이 숭숭 뚫린 산호도 있다. 모두 한껏 만개한 수천수만의 미세동물, 즉 폴립이다. 금방이라도 부서질 듯 찬란하게 아름다운 촉수를 장미 꽃잎 모양으로 펼치고 있다가 아주 작은 경보라도 울릴라치면 일순간에 움츠러든다.

이 연약한 일꾼은 인간의 능력을 넘어선 건축물을 지을 모든 조건을 갖추었다. 기한도, 크기도, 재료도 제한이 없으므로 거리낄 게 없다. 따뜻한 열대 바다의 살기 좋은 곳이면 어디나 터를 잡고 앉아 수면에 닿을 때까지 한 층 한 층 폴립을 쌓아 올린다. 그러다가 바다의 천장에 도달하면 그때부터 옆으로 퍼진다. 어느새 폴립 모체의 꼭대기는 산호초가 된다. 그리고 산호초는 해수면에 이르러 암초가 되고, 환초가 되고, 작은 섬이 된다. 그렇게 바다는 또 하나의 마른 땅을 둘러싼다.

따라서 산호섬이란 폴립 모체의 정상부가 이루는 고원으로, 그 토대는 바다 밑 모래톱에 뿌리를 박고 있다. 처음에는 황량하기 그지없던 땅에 해류와 바람이 멀리서 씨앗과 식물을 실어다 놓으면 눈부시게 하얗던 땅이 마침내 초목으로 그늘진다. 통나무를 타고 표류하다 당도한 곤충과 도마뱀이 섬의 첫 주민으로 입성하고, 바닷새가 둥지를 짓고 길 잃은 육지 새가 쉴 곳을 찾아 날아온다. 마지막으로 땅이 비옥해지면 사람이 나타나 야자잎으로 오두막을 올린다.

산호섬은 해수면에서 높이 올라오지 않는다. 대개 바다와 연결된 얕은 초호로 둘러싸인 원형 또는 타원형의 마른 땅으로 이루어진다. 산호섬은 겉모습이 아름답기도 하거니와 이색적이기로도 으뜸이다. 코코야자가 뒤덮은 땅을 떠올려보자. 청명한 하늘이 색칠한 푸른 바탕에 야자의 짙은 초록색 잎사귀가 돋보인다. 나무가 우거진 이 땅은 함수호의 투명한 물을 둘러싼다. 그 안에서는 폴립과 조개가 한창 건설 중이다. 바깥은 오로지 부서진 산호모래로 이루어진 순백의 넓은 해변이고 원형의 산호초로 둘러싸였다. 섬 밖의 바다는 줄기차게 파도를 부수고 거품이 휘몰아쳐 거칠기 짝이 없다. 바다의 야만적인 맹습 아래 파도는 섬을 집어삼키겠노라고 매 순간 위협한다. 하지만 힘없이 드러난 얕은 땅일지라도 이 섬은 산호 덕에 용기 내어 싸운다. 폴립 부대가 전투에 참여하여 밤낮없이 일하고 부서진 구조물을 수리한다. 섬은 산호초 성벽에 둘러싸여 끊임없이 파괴되고 또 재건된다. 가진 것이라고는 부드러운 젤라틴 몸이 전부인 여린 생명체가 성난 바다에 굴하지 않고 제자리를 지킨다. 이 근면한 건축가는 화강암 장벽도 길들이지 못한 무시무시한 파도의 힘을 이겨낸다.

이제 세계 지도를 한번 펼쳐보자. 폴립의 노동이 일궈낸 마른 땅의 규모를 가늠하고 싶은가. 그럼 아시아에서 아메리카 대륙까지 태평양 전역에 수없이 흩어진 섬들의 무리를 보면 된다. 그 대부분이 산호에서 기원했다. 설사 산호가 만든 땅이 아니더라도 최소한 보초barrier reef로 둘러싸였다. 인도양의 몰디브제도만 해도 자그마치 1만 2,000개나 되는 산호섬과 바위섬으로 이루어졌다. 오스트레일리아 동쪽 해안에 자리 잡은 한 산호초는 8만 8,000제곱킬로미터라는 넓은 면적을 뒤덮는다. 전 세계의 5분의 1을 차지하는 오세아니아 대부분이 폴립의 작품인 셈이다. 인류 전체가 팔을 걷고 나서서 10만 년을 쏟아붓는다 한들 이 미소동물animalcule의 작품 한 점을 다 따라할 수 있을까. 이 건설가들은 우리 대륙이 탄생한 고대의 바다에서도 적지 않은 역할을 해왔다. 오래전에 죽은 폴립 모체가 지층과 산맥이 되었고, 프랑스의 어느 지역에서는 지질시대에 만들어진 산호층 위를 온종일 걸을 수도 있다. 산호의 잔해가 틀어박힌 돌로 지은 도시도 셀 수 없이 많다.

히드라와 산호의 태곳적 역사가 그대들을 이 책의 주제인 식물로 안내한다. 지금 나는 무엇보다 식물의 기본 조직을 알려주고 싶어 몸살이 날 지경이다. 달리 더 잘 설명할 길 없는 이 조직을 이렇게 요약하면 어떨까. "식물은 폴립으로 이루어진 폴립 모체와 같다." 식물은 단일 존재가 아닌 집합적 존재다. 끈끈하게 결합하여 하나로 이어진 개체의 연합이며, 서로 도움을 주고받고 전체의 번영을 위해 일하는 공동체다. 식물도 산호처럼 살아 있는 벌집이며 모든 일원이 공동의 삶을 살아간다.

2장

식물의 개체

수수꽃다리 가지를 한번 살펴볼까. 꼭 수수꽃다리가 아니어도 괜찮다. 먼저 잎과 가지 사이의 겨드랑이에 갈색 비늘로 덮인 작은 구체가 눈에 들어온다. 이것이 눈이다. 한 가지에서 돋아나와 다음 가지가 될 운명을 안고 태어난 존재다. 이는 히드라나 산호 폴립의 몸에서 돋아난 혹이 자라서 별개의 히드라와 폴립이 되는 것과 같다. 눈(그리고 그 눈에서 자라날 가지)과 나무의 관계가 곧 폴립과 산호의 관계다. 즉, 눈은 가족의 일원이자 공동체의 주민이자 식물 사회의 단위체다. 그러나 이런 미성숙한 상태로는 갓 태어난 이 연약한 시민이 달리 할 수 있는 게 없다. 이듬해 봄에 잎이 달린 가지가 되기 전에는 나무의 전반적인 활동에 참여하지 못한다. 그때까지는 그저 젖먹이 어린애로 지내며

공동체의 희생으로 먹고살아야 한다. 포대기에 싸인 갓난아기나 둥지 속 새끼 새처럼 많이 먹고 튼튼하게 자라는 것 말고는 할 일이 없다.

그림 5 **눈이 달린 잔가지**

노동은 모두 잎이 무성한 새 가지, 즉 그해에 돋아난 가지에 온전히 맡겨진다. 이 가지가 공동체를 부양한다. 뿌리를 통해 흙에서 빨아올리고 잎을 통해 대기에서 끌어내린 원료를 배합해 끈적한 수액을 만든다. 식물 세계에서는 모든 것이 이 수액으로 창조된다. 해가 바뀌면 한 해 동안 수고한 가지는 말하자면 은퇴를 선언하고 휴식에 들어간다. 그리고 지금의 눈이 잎과 가지로 자라서 이듬해 새로운 눈이 대체할 때까지 부지런히 공동의 일을 수행한다. 그렇다면 나무는 여러 세대가 해마다 차례대로 업무를 이어받는 조직체와 다름없다.

나무의 세대는 몸통인 줄기에서 시작해 큰 가지를 거쳐 가장 최근에 자라난 잔가지까지 단계적으로 추적할 수 있다. 잎을 달고 있는 새 가지는 현재 세대다. 식물의 주요 업무가 모두 이 세대에서 일어난다. 다음으로 눈은 가까운 장래에 모습을 드러낼 미래 세대다. 나무가 지금 고생을 자처하는 것도 다 이들을 위해서다. 마지막으로 나무줄기와 그 아래쪽의 굵은 가지들은 과거 세대다. 이 한물간 세대는 활동을 멈추었다. 심지어 죽은 것도 있다. 하지만 산호로 따지자면 폴립의 모체와 같아서 젊은 세대를 위한 토대 역할을 기꺼이 자청한다.

식물이 단일한 존재가 아니라 개체가 모인 집합체이며 공동생활을 한다는 증거는 적잖다. 나무를 폴립이 뒤덮은 산호에 비유하는 것 또한 괜한 말장난이 아니라 나름대로 핵심을 살린 표현이다. 지금부터 차근차근 설명할 테니 잘 들어보기를 바란다.

어원에 따르면 '개체'라는 단어는 그 이상으로 나뉠 수 없는 단위를 의미한다. 물론 물리학에서 말하듯 단순히 물질을 강제로 쪼갠다는 뜻은 아니다. 물리학에서는 전체를 부분으로 분해한다고 할 때 생명을 고려하지 않는다. 따라서 물리학적으로 모든 사물은 언제까지나 무한히 나뉠 수 있다. 하지만 내가 말하는 개체란 살아 있는 단위체로서, 칼을 더 대면 생명을 잃는 생물을 말한다. 개와 고양이, 송아지, 그 밖에도 우리에게 친숙한 모든 가축이 그 몸을 가르는 순간 소멸하는 개체다. 제 고양이를 절반으로 토막 내면서 각각 살아남아 두 마리가 되길 바라는 어리석은 인간이 어디에 있겠는가. 제정신인 사람이면 그런 행동을 할 리가 없을뿐더러 이는 일상의 경험에서 깨우친 존재에 대한 신념과도 상반된다. 개체는 나뉠 수 없으며 나뉠 수 없는 것이 곧 개체다.

그러나 나무 앞에서라면 남의 목숨을 빼앗는다는 찜찜함 없이 도끼를 휘둘러도 좋다. 그뿐인가. 그런 방식으로 원하는 만큼 나무의 수를 불릴 수 있다는 확신까지 있다. 동물을 나누는 것은 (대부분이) 그것을 파괴하는 행위다. 하지만 식물을 나누는 것은 그것의 수를 불리는 행위다.

포도나무를 키우는 자가 새로 개간한 산비탈에 포도를 재배하고 싶다면 어떻게 하면 될까. 키우던 포도덩굴을 원하는 수만큼 잘라 땅에 한쪽 끝을 묻으면 그만이다. 그러면 그 덩굴이 뿌리를 내리고 몇 년 안에 아주 많은 줄기가 되어 포도를 주렁주렁 매달고 다른 밭에 내다 심을 줄기를 내어줄 것이다. 이렇게 하여 아주 넓은 땅이 어찌 됐든 직간접적으로 하나의 원줄기에서 시작한 포도덩굴로 뒤덮이게 된다.

오늘날 마르세유의 포도밭을 차지하는 포도나무 대다수가 사실은 그곳을 세운 포카이아 사람들이 24세기 전 갈리아에 심은 몇 그루를 반복해서 자르고 옮겨 심은 결과일지도 모른다. 그렇다면 여기에서 개체는 어디에 있고 나누지 못하는 존재는 또 어디에 있단 말인가. 분명 포도나무는 개체가 아니다. 원래의 줄기에서 잘라내도 땅에 잘 심고 물을 주기만 하면 되살아나므로 무한정 나눌 수 있기 때문이다. 포도덩굴이 하나의 개체라는 주장은, 한 덩굴에서 시작해 이 덩굴을 잘라 심은 수천수만의 포도덩굴이 모두 한 식물이라고 우기는 것과 같다.

포도나무는 종자로도 번식한다. 씨 한 톨이 자라서 식물이 된다. 실제로 오늘날 많은 포도밭이 과거든 현재든 포도 씨를 뿌려서 일군 결과다. 그렇다고 한들 포도 줄기를 잘라 번식하는 경우가 더 흔하다는 사실이 틀린 것은 아니다. 또한 식물의 개체를 탐색하는 그대들과 나의 추론을 흔들지도 못한다.

그렇지만 한 가지 예를 더 들어보겠다. 유럽 전역의 많은 정원에 수양버들이라는 우아한 나무가 자란다. 이 나무를 두고 '눈물을 흘리는 버들'이라 부르는 이유는 길고 가는 가지가 아래로 늘어진 절망스러운 모습이 흡사 슬픔에 북받친 여인의 풀어헤친 머리채처럼 보이기 때문이리라. 한편 같은 나무를 두고 학자들은 '바빌론의 버드나무'라고 불렀는데, 원래 유프라테스강의 강둑에서 자생하던 것을 십자군 전쟁 때 들여왔기 때문이다. 이 버드나무는 우리 땅에서 절대 종자를 생산할 수 없다. 아직 식물의 종자가 만들어지는 과정을 낱낱이 설명할 단계가 아니므로 버들이 씨를 맺지 못하는 이유를 이 자리에서 논할 수는 없다. 그러니 일단은 씨가 만들어지려면 한 나무로는 부족하고, 꽃을 뺀 나머지가 모두 똑같은 두 나무의 협동이 꼭 필요하다는 사실까지만 밝히겠다. 한 나무가 다른 나무를 보완해야 씨가 생기는데, 이 땅에는 한 나무밖에 없으므로 씨를 맺지 못하는 것이라고 해두자.

오늘날 유럽 어디서나 발견되는 수양버들 중에 씨를 뿌려 키운 것은 단 한 그루도 없다. 전부 저 고귀한 십자군이 바빌론에서 가져와 저택의 해자 옆에 심었던 나무의 가지를 잘라다 심은 것이다. 셀 수도 없이 많은 저 유럽의 수양버들이 사실은 동쪽에서 들여온 한 나무의 일부라 하여 모조리 한 식물이라고 한다면 그보다 더 터무니없는 주장이 어디 있겠는가? 오늘날 남아 있는 모든 버드나무는 어느 면으로 보아도 다른 나무와는 상관없이 스스로 살아가고 있으니 말이다.

앞에서 말한 포도나무와 버드나무 그리고 다른 유사한 사례로 미루어 내릴 결론은 한 가지다. 포도나무 한 그루, 버드나무 한 그루 또는 어떤 나무나 풀 한 포기도 개체가 아니라는 점이다. 나뭇가지 역시 개체로 볼 수 없다. 가지를 잘라내도 잘린 부분을 땅에 심고 적절히 돌봐주면 얼마든지 새로운 식물로 번식하기 때문이다. 다만 잘라낸 가지에 눈이 적어도 하나는 있어야 한다. 엄밀히 말하면 눈만 있어도 번식할 수 있다. 그러나 이때는 눈을 직접 땅에 심는 대신 수액을 먹여줄 다른 가지에 맡겨야 한다. 이처럼 한 식물에서 다른 식물로 눈을 옮겨 심는 것을 접붙이기라고 한다. 자, 그럼 정리해보자. 나무는 나뭇가지가 있는 한 아주 많은 개별 식물로 나뉠 수 있다. 가지 역시 눈이 달린 한 잘라내어 온전한 식물로 키울 수 있다. 그러나 눈은 나눌 수 없다. 눈을 자르는 순간 그 식물을 파괴하여 생명을 빼앗게 된다. 그렇다면 답은 나왔다. 식물의 개체는 눈이다.

식물의 조직 방식은 단순하기 그지없는데도 지금까지 설명할 방법이 마땅치 않았다. 그러나 나무를 '눈이라는 단일 개체가 어느 정도 독립성을 유지하면서 공동의 삶을 사는 집합체'로 인정하면 아주 쉽게 이해된다. 가지를 솎아내는 일이 단순한 생물에게는 죽음에 이를 난폭한 행위지만, 나무에는 치명적이기는커녕 오히려 유익할 수도 있다. 제거된 눈의 몫이었던 양분을 다른 눈이 먹을 수 있기 때문이다. 가지에 새로운 눈을 접붙이더라도 나무는 새 이웃에게 영향을 받지 않는다. 선주민이든 이주민이든 눈은 각자의 방식대로 싹을 틔우고 꽃을 피우고 열매를 맺는다.

이웃끼리 서로 개의치 않는 눈의 독립성을 이용한 인위적인 결합이 흥미로운 결과를 낳은 좋은 예가 배나무다. 접붙이기를 통해 갖가지 특성을 가진 배를 한곳에 모아놓은 신기한 나무가 있다. 맛이 단 배와 신 배, 살이 푸석한 배와 촉촉한 배, 크기가 큰 배와 작은 배, 색깔이 초록색인 배와 색색인 배가 모두 한 나무에서 자란다. 해마다 이 나무에 열리는 배는 저를 키워준 양부모가 아니라 제가 타고난 핏줄의 특성 그대로 익어간다. 처음에 그 눈을 잘라낸 나무의 특징을 따른다는 뜻이다.

이만큼이면 설명이 충분했으리라. 뒤퐁 드 네무르DuPont de Nemours가 내린 식물의 정의로 이 장을 마무리하겠다. "식물은 가족이자 공화국이며 살아 있는 벌집이다. 모든 거주자가 공동의 식당에서 공동의 음식을 먹고 산다."

3장

장수하는 나무

식물이 정말 세대와 세대가 차례대로 축적되는 집합체라면 나무는 천년만년 살아갈 테고, 오직 뜻밖의 사고를 당했을 때만 죽음이라는 표현을 쓸 수 있을 것이다. 해마다 새 가지가 옛 가지의 뒤를 충실히 따르는 덕분에 공동체는 젊음을 잃지 않고 기나긴 미래를 기대할 수 있다. 산호의 폴립 모체처럼 개체는 죽지만 전체는 유지된다. 피라미드를 지어 올리던 시절에 홍해에서 시작해 현재도 번성하는 산호를 기억하는가. 개체는 죽지만 전체는 지속된다는 산호의 진리는 곧 나무의 진리이기도 하다. 그 증거로 홍해의 산호에 버금가는 것은 물론이고, 그보다 오래 살아온 식물계의 몇몇 원로를 소개할까 한다.

그런데 나무의 나이를 어떻게 알 수 있을까? 그대들이 주위

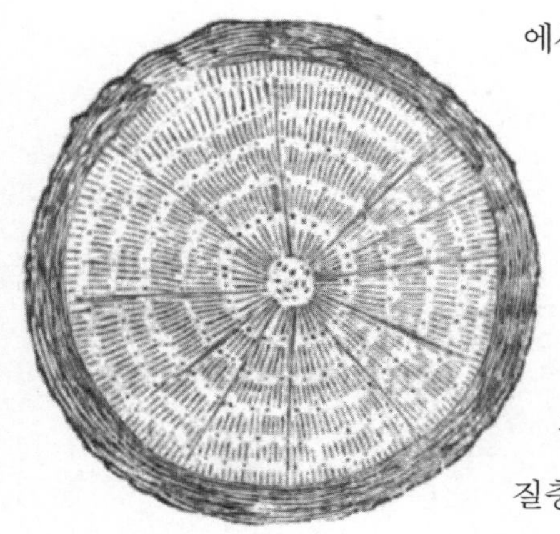

그림 6 **어린 참나무 줄기의 단면**

에서 흔히 보는 나무의 나이라면 그만큼 알기 쉬운 것도 없다. 그림 6은 어린 참나무 줄기를 자른 것이다. 그 단면을 보면 중앙의 수심pith과 껍질 사이에 동그라미가 6개 있다. 동심원을 그리는 여섯 겹의 목질층이다. 깔끔하게 베어낸 줄기 단면에서는 그 선이 뚜렷이 구분된다. 이 둥근 테를 나이테, 또는 해마다 1개씩 생긴다고 하여 연륜층이라고 한다. 나뭇가지에도 나이테가 있지만 개수는 가지의 나이에 따라 다르다. 하지만 나무의 몸통에는 나무의 나이와 같은 수의 나이테가 생긴다. 그러므로 나무의 나이를 확인하려면 몸통에 새겨진 나이테를 세기만 하면 된다. 나이테의 개수가 곧 나무의 수령이다. 그렇다면 그림 6의 참나무는 6년생이다. 아직 땅에 뿌리를 박고 살아 있는 나무는 몸통을 베는 대신 가지를 하나 잘라 단면을 보고 나이테 1개의 평균 너비를 계산한 다음 줄기의 지름과 비교하면 나무를 죽이지 않고도 수령을 어림할 수 있다.

장수하는 노거수의 예는 많다. 상세르의 한 밤나무는 줄기 둘레가 4.22미터였다. 낮춰 잡아도 수령이 300년에서 400년은 되었다는 뜻이다. 이보다 훨씬 큰 밤나무의 기록도 남아 있다.

레만호 호숫가 뇌브셀에서 자라는 밤나무와 몽텔리마르 인근의 에사우에서 자라는 밤나무가 그 주인공이다. 뇌브셀의 밤나무는 바닥에서 잰 둘레가 무려 13미터로, 그간 은둔자들의 피난처로 쓰였다는 사실이 1408년 문헌에 기록되었고 그때로부터 500년의 나이가 더 보태졌다. 나무는 여러 차례 벼락에 시달려왔지만 여전히 노익장을 과시하며 왕성하게 잎을 피워낸다. 한편 에사우의 밤나무는 장엄한 폐허다. 높은 가지들은 오랜 풍상을 겪으며 황폐해졌고, 둘레가 11미터나 되는 줄기는 세월의 주름이 깊이 갈라지고 패었다. 감히 이 두 거인의 나이를 논할 수는 없지만 천 년은 족히 되지 않았을까 싶다. 그러나 두 나무 모두 여전히 열심히 열매를 맺는다. 앞으로도 이들이 맞이할 세월이 천년만년 남은 것 같다.

세계에서 가장 큰 나무는 시칠리아의 에트나산 언덕에 자라는 밤나무다. '백 마리 말의 밤나무Il Castagno dei Cento Cavalli'라는 이름으로 불리는데, 아라곤의 왕비 조반나가 화산에 유랑을 왔다가 갑자기 폭풍을 만나 100명의 호위 기병과 함께 이 나무 아래에서 피신한 일을 두고 붙은 이름이다. 나무 한 그루가 곧 하나의 숲이 된 무성한 잎사귀 아래에서 사람과 말이 모두 비를 피하고도 남았다고 전해진다. 장정 서른 명이 손을 잡고 나무를 둘렀으나 다 에워싸지 못했다. 이 장대한 나무의 둘레는 50미터가 넘는다. 규모로 보자면 일개 나무를 초월하는 요새이자 탑이다. 나무줄기에 마차 두 대가 들어가고도 남을 구멍이 뚫려 있다. 이 줄기 속 공터는 수확 철에 밤을 주우러 찾아온 이들이 머물다 가는 임시 거처로 쓰였다. 그 나이에도 젊음의 수액이 넘쳐흘러 열매가 풍성하지 않은 적이 드물었다고 하니 이 고대 거인의 나이를 가늠하기는 불가능하다. 이토록 어마어마한 줄기는 사실 이웃한 나무들이 서로 들러붙어서 만들어진 결과물이다.

한편 독일 뷔르템베르크의 노이슈타트에는 피나무가 자라는데, 세월의 짐을 얹은 나뭇가지가 100개의 석조 기둥으로 지탱된다. 가지 하나의 길이가 40미터에 이르고 나무 전체의 둘레는 130미터다. 1229년 기록에 '거목'이라고 적힌 것으로 보아 아마 당시에도 이미 노목이었을 테고 현재는 수령이 700년에서 800년은 족히 되었다고 추정된다.

100년 전에는 프랑스에도 노이슈타트 노병의 경쟁자가 있었다. 1804년에 되세브르의 멜 근처 샤토 드 샤이에에 둘레가 15미터인 피나무가 자랐다. 총 6개의 큰 가지를 여러 버팀목이 받치고 있었다. 지금까지 살아 있다면 수령이 1,100년도 넘을 것이다.

예전에 프랑스 로렌의 생니콜라에는 호두나무를 잘라 통판으로 만든 탁자가 있었는데 폭이 8미터가 넘었다. 1472년에 프리드리히 3세가 이 탁자에서 호화로운 연회를 열었다고 전해진다. 호두나무의 일반적인 생장 속도로 따져보았을 때 이 탁자에 상판을 제공한 나무는 900년이 넘었다는 계산이 나온다.

크림반도의 발라클라바 지역에 해마다 10만 개의 호두가 열리는 어마어마하게 큰 호두나무가 있다는데, 다섯 가문이 나무를 공동으로 소유했고 수령은 2,000년으로 어림한다.

노르망디 알루빌의 한 묘지에는 프랑스에서 가장 나이 많은 참나무가 그늘을 드리운다. 흙으로 돌아간 망자의 먼지가 뿌리로 빨려 들어가 나무에 남다른 활력을 주었으리라. 나무의 몸통은 지면에서의 둘레가 10미터다. 거대한 나뭇가지 한가운데에 작은 종탑이 우뚝 솟은 수도사의 방이 세워졌다. 밑동 일부가 속이 비었는데, 1696년 이후 평화의 모후에게 바친 성전으로 사용되었다. 전국의 유명인사가 이 투박한 안식처에서 기도를 드렸고, 수많은 무덤이 열리고 닫히는 장면을 지켜본 노목의 그늘에서 명상하게 된 것을 영광스러워했다. 크기로 보건대 수령이 900년 정도, 그렇다면 이 나무로 자란 도토리는 서기 1000년쯤에 싹이 텄어야 한다. 오늘날에도 이 노령의 참나무는 거대한 가지를 전혀 힘들이지 않고 지탱하며 해마다 봄이 오면 생기 가득한 잎을 피운다. 사람이 바치는 찬미와 번개가 내리는 시련을 한 몸에 받으며 오랜 시간 움츠리지 않고 살아온 나무는 어쩌면 지금까지 살아온 만큼의 미래를 마주할지도 모르겠다.

놀랍게도 그보다 더 오랜 시간 존재한 참나무가 있다. 1824년에 아르덴에서 한 나무꾼이 커다란 참나무 한 그루를 베었는데 그 줄기에서 제물용 항아리와 골동품 메달이 발견되었다.

유능한 식물학자들이 계산한 바에 따르면 이 거인은 적어도 1,500년에서 1,600년을 살면서 유럽의 역동적인 역사를 모조리 지켜보았을 것이다.

알루빌의 참나무 말고도 망령의 다른 벗이 있다. 인간이 함부로 손댈 수 없는 성스러운 곳에서 조용히 살아가기에 무난히 고령에 이르렀으리라. 프랑스 외르주 에 드 루토의 한 묘지에 자라는 주목 두 그루다. 1832년에 불어닥친 거센 폭풍으로 가지 일부가 부러졌지만, 나무는 별 피해 없이 여전히 교회 경내와 건물에 녹음을 드리웠다. 이렇게 훼손되었는데도 두 그루 모두 원로의 자리를 굳건히 지킨다. 두 나무의 줄기는 속이 완전히 비어 있으며 각각 둘레가 9미터가 넘는다. 수령은 아마 1,400년쯤 되었을 것이다.

그러나 이것도 같은 종의 다른 나무가 다다른 나이의 절반도 채 되지 않는다. 스코틀랜드 포틴갈의 묘지에 있는 주목은 둘레가 20미터이며 수령이 약 2,500년이다. 영국 켄트주 브래번의 또 다른 주목은 1660년에 이미 그 둘레가 너무 커서 주 전체의 자랑이었고 당시 수령이 2,880년으로 계산되었다. 이 유럽의 족장이 지금까지 건재했다면 아마 3,000살도 넘을 것이다.

식물계의 진정한 거인은 세쿼이아라는 침엽수다. 사이프러스와 크게 다르지 않은 종이지만 과학계에 데뷔한 지는 얼마 되지 않았다. 미국 캘리포니아 시에라네바다산맥의 산비탈에

그림 7 **캘리포니아의 거대한 세쿼이아**

있는 반지름 1,400미터 구역에서 80~90그루 정도가 발견되었다. 대리석 기둥처럼 수직으로 곧게 서 있으며 키가 100미터도 넘게 자라 주변의 다른 나무 위로 높이 솟아 있다. 사시나무가 산울타리 너머로 삐죽 올라온 모양새와 같지 않을까. 작은 나무는 밑동의 둘레가 약 10미터고, 큰 것들은 30미터나 된다. 에트나산의 밤나무가 세쿼이아보다 덩치는 갑절일지 몰라도 키는 어림도 없다. 세쿼이아 옆에서는 이 거목도 그 발치에 자라는 왜소한 덤불쯤으로 보일 것이다. 또한 에트나산의 '백 마리의 말 밤나무'는 여러 그루가 합쳐진 나무였지만, 캘리포니아의 거인들은 한 그루씩 서로 적당한 거리를 두고 떨어져 있다. 하지만 이 거인족도 황금 사냥꾼들에게는 존경받지 못하여 그들이 휘두른 도끼 아래 수없이 쓰러지고 말았다. 땅에 드러누운 나무에 벌목꾼이 올라타는데 지붕에 올라가는 긴 사다리가 동원되었다고 한다. 지름 9미터짜리 나무를 통째로 잘라낸 길이 7미터의 나무껍질로 카펫과 피아노, 40명이 앉을 좌석이 마련된 응접실을 장식했다. 하루는 아이들 140명이 이 거대한 나무껍질 안에서 맹쇼드main chaude(눈을 감은 사람의 손바닥을 때리고 누가 때렸는지 맞히는 놀이—옮긴이) 놀이를 했다고 한다.

이 거인의 나이는 얼마나 될까? 답은 이견의 여지가 없다. 중심부까지 훌륭하게 보존된 덕분에 3,000개가 넘는 나이테를 세었다. 최소 3,000살은 되었다는 말이다. 3,000살이라니, 실로 그 앞에서 고개를 숙이게 되는 나이다. 삼손이 여우 꼬리에 횃불을 달아 팔레스타인인들의 옥수수밭에 풀어놓은 시절부터 살아 있었다는 뜻이니까.

멕시코에는 그보다도 먼 과거로 거슬러 가는 나무가 있으니 무려 대홍수를 겪은 노아와 같은 시대를 살았던 나무다. 현지에서 숭배의 대상인 이 사이프러스는 오악사카에서 12~13킬로미터 떨어진 산타마리아 데 테슬라의 어느 묘지를 지킨다. 멕시코 정복자 에르난 코르테스Hernán Cortés가 이끌던 소부대가 이 나무 아래에서 피신한 적이 있다고 전해진다. 식물학자들은 나무의 수령을 4,000년으로 추정했다.

아프리카 카보베르데에서 멀지 않은 세네감비아에는 신기하기 짝이 없는 나무가 자란다. 아욱과의 이 거대한 나무는 연세로만 보자면 코르테스의 사이프러스보다도 형님이신 아단소니아*Adansonia*속의 바오바브나무다. 줄기의 높이는 4~5미터에 지나지 않지만, 둘레는 25~30미터나 된다. 이 건장한 몸통은 잎가지가 만들어낸 둘레 200미터짜리 돔을 떠받드는 받침목이다. 잎은 넓고 솜털이 자라며 마로니에 잎을 닮았고, 꽃은 접시꽃처럼 생겼지만 더 큼직하다. 열매는 호박 모양이고 색깔은 갈색이 돌며 약 15조각으로 나뉜다. 이 지역 사람들은 바오바브나무를 "수천 살 먹은 나무"라고 부른다. 이보다 합당한 이름이 또 있을까. 식물학자 미셸 아당송Michel Adanson이 조사한 바에 따르면 세네감비아의 이 노병은 나이를 6,000살이나 먹었다. 비례식을 활용한 과학적 계산이 아니었다면 저토록 대단한 수령을 도무지 믿지 못했을 것이다.

1749년에 아당송은 카보베르데 연안의 마들렌섬에서 바오바브나무를 보았는데 이미 영국 여행자들이 300년 전에 방문한 적이 있는 나무였다. 당시 이 바오바브나무 줄기에 영국인들이 새겨놓은 글씨가 300년이 지나 저 프랑스 식물학자에게 발견되었을 때는 300겹의 나이테로 덮여 있었다.

유럽의 나무처럼 바오바브나무도 해마다 한 겹의 나이테를 추가한다. 따라서 저 나이테 300개의 너비를 바탕으로 나이테 하나의 평균 두께를 추정한 다음 그 값으로 어떤 나무든지 줄기의 반지름과 비교하면 나무의 나이를 쉽게 추산할 수 있다. 아당송이 바로 그 일을 했다. 간단히 계산해보았더니 어떤 바오바브나무는 무려 6,000년을 살아왔다는 결과가 나왔다. 그렇다면 지금쯤 이 원로들의 명이 다해가고 있지 않을까? 적어도 세월의 풍파가 생채기라도 내었을 테지. 어림없는 말씀이다. 수피는 싱그러운 초록색이고 여전히 윤기가 흐른다. 슬쩍 긁힌 상처에도 수액이 쏟아져 흐른다. 이들 앞에는 여전히 무수한 시간이 남아 있다.

6,000년의 수령을 검증받은 또 다른 나무가 유명하다. 카나리아제도의 작은 마을 라오로타바에 서식하는 용혈수다. 10명이 나란히 손을 잡고도 이 거인의 몸통을 채 두르지 못했다. 검의 칼날만큼 길고 뾰족한 이파리를 단 나뭇가지가 무수히 팔을 뻗어 수관樹冠을 장식한다. 1819년에 지독한 폭풍이 이 공중 숲을 강타하여 끔찍한 굉음과 함께 가지의 3분의 1이 분질러지고 난도질당했는데도 거인은 여전히 인상적인 외모를 유지한다. 나무는 불굴의 의지로 자기가 이미 보아온 60번의 세기에 더 많은 세월을 더해갈 것이다.

4장

식물의 기본 요소

새로운 나라에 발을 들인 나그네가 그 땅을 파악하고 싶다면 먼저 전망이 한눈에 들어오는 곳으로 올라가 전반적인 지세를 살피고 지형의 윤곽과 경계를 확인한 다음 직접 들여다볼 곳을 정해서 그곳을 찾아가는 게 바람직한 순서다.

내 이제 그대들을 새로운 나라에 모셔 왔으니, 바로 식물의 왕국이다. 이 세계를 체계적으로 파악하고 분류할 수 있도록 나는 그대들을 끌고 과학의 높은 봉우리까지 올라갔었고 한 가지 사실을 들고 내려왔다. 고작 하나뿐이냐고 실망하지 말기를. 식물의 근간이 되는 이 사실이 앞으로 우리에게 비옥한 밭을 열어줄 것이니 기대해도 좋다.

식물은 복잡한 존재이며 눈이라는 단위체가 구성하는 버젓

한 하나의 사회다. 개체는 자기에게 주어진 삶을 살고 나면 곧 쇠하여 죽는다. 죽음이란 생명이 있는 모든 것이 결코 피할 수 없는 결말이지만, 소멸에 이르기 전에 후계자를 남기므로 사회는 여러 세기 동안 제 방식대로 영원히 회춘한다. 또는 적어도 고난의 계절과 역경에 용감히 맞서 힘차게 살아간다. 이 사실이 내가 앞 장에서 소개한 노거수들이 그토록 긴 시간을 버텨왔던 이유이자 지금부터 살펴볼 사실에 대한 배경이기도 하다. 이제는 산봉우리에서 내려와 그대들과 함께 이 세계를 본격적으로 탐색할 생각이다. 그럼 먼저 식물이 무엇으로 만들어졌는지부터 시작하자.

집 안에 굴러다니는 못 쓰는 헝겊이 있으면 들고 와 자세히 살펴보자. 잘 알겠지만 이 천은 날실과 씨실이 수없이 교차한 직물이다. 바늘이나 시침 핀으로 실을 한 올 한 올 모두 풀어보자. 아까의 헝겊이 이제는 실뭉치가 되었다. 하지만 아직 분해는 끝나지 않았다. 이 실뭉치에서 실 한 가닥을 꺼내보자. 이 실도 사실은 양모처럼 더 가는 섬유를 꼬아서 만든 것이다. 실의 꼬임을 잘 풀어 섬유를 한 가닥 한 가닥 분리하자. 여기까지 하면 푸는 과정은 끝이다. 이 양털 가닥을 더 분해할 수는 없다. 이 섬유는 어떤 의미에서 헝겊을 만든 가장 기본적인 유기물질이라고 볼 수 있다. 똑같은 섬유로 수없이 반복되는 작업을 거쳐 실을 만들고 그 실로 천도 짜는 것이다.

식물도 하나하나 풀어내다 보면 양털 섬유의 수준까지 해체할 수 있다. 더는 나눌 수 없는 가장 단순한 것으로 분해한다는 말이다. 요약하면 식물은 몇 가지 기본 요소로 환원되며, 그 요소들이 모여서 잎도 만들고 꽃도 만들고 종자와 열매, 나무껍질과 목재도 만든다. 첫 번째 요소로 말할 것 같으면 식물의 모든 부위에서 같은 물질로 되었고 모양도 같으며 크기도 엇비슷한 아주 작은 알갱이다. 얼마나 작냐면 시침 핀 머리에 수십 개가 올라앉을 만큼이다. 현미경이 없으면 볼 생각도 말아야 한다는 말이다. 이 작은 알갱이는 속이 비었으며, 섬세한 막으로 둘러싸인 입구 없는 주머니나 가죽 부대처럼 보인다. 그래서 '감옥'을 뜻하는 '셀cell'이라는 이름이 붙었다. 바로 '세포'다.

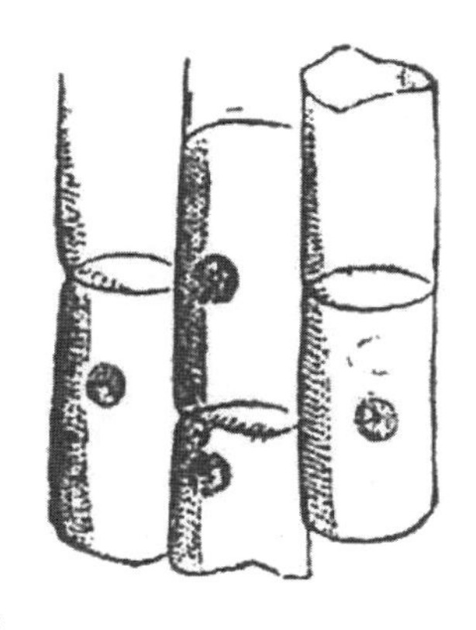
그림 8 **백합의 세포**

세포는 식물을 건설하는 벽돌이다. 특별한 순서에 따라 모아놓으면 식물의 어느 부위든 문제없이 만들 수 있다. 식물이 세포를 만들고 그 세포가 식물이 되는 속도는 말해줘도 믿지 않겠지만 들어보아라. 예를 들어 강낭콩은 한창 자랄 때면 한 시간에 최소한 2,000개의 세포를 만든다. 생산된 세포는 곧장 적절히 포장되어 적재적소에 분배된다. 호박은 하루에 무게가 1킬로그램도 넘게 늘어난다. 세포라는 눈에 보이지 않는 알갱이가 매일 1킬로그램씩 만들어진다는 뜻이다. 독일 식물학자

요아힘 융기우스Joachim Jungius가 말한 어느 버섯은 하룻밤에 개암 크기에서 호박 크기로 커졌다. 융기우스는 버섯이 증가한 부피를 세포의 크기와 비교하여 1분에 6,600만 개, 또는 하룻밤에 총 470억 개의 세포로 생장했다는 결론을 내렸다(이 책에서 버섯과 곰팡이는 식물로 분류되었으나 현재는 식물과 완전히 별개인 균계에 속한다—옮긴이).

갓 생산된 식물 세포는 투명하고 얇은 막으로 둘러싸인 입구 없는 작은 주머니다. 원래는 공이나 달걀 모양이지만 좁은 공간에서 부대끼다 보면 처음 형태를 잃고 납작해진다. 자리다툼이 심한 공간을 알뜰히 채우자면 결국 이 각은 저 각과 맞물리고 볼록한 것이 오목한 것을 채우고 한 세포의 들쑥날쑥한 면이 다른 세포의 들쑥날쑥한 면과 착착 들어맞게 된다.

어떤 세포는 저를 둘러싼 막에 따로 손을 대지 않고 처음의 단순한 형태를 그대로 유지한다. 버섯처럼 생장이 빠르고 단명하는 식물이 그러하다. 그러나 보통 수명이 더 긴 식물에서는 막 안쪽으로 새로운 세포층이 생기면서 두 겹이 된다. 두 번째 막은 계속해서 세 번째, 네 번째 막을 덧대는데, 항상 안쪽에 쌓이므로 새로운 층이 더해질수록 세포벽은 두꺼워지고 세포 내부의 공간은 그만큼 줄어든다. 두 번째 막부터는 여기저기 패이고 쪼개져서 점, 불규칙한 선, 원형 또는 나선형 무늬가 생긴다. 세포의 바깥쪽은 덧댄 것이 없으므로 이런 상처들이 정확히 일치하는 지점의 벽은 좀 더 투명해지고 그 결과 온

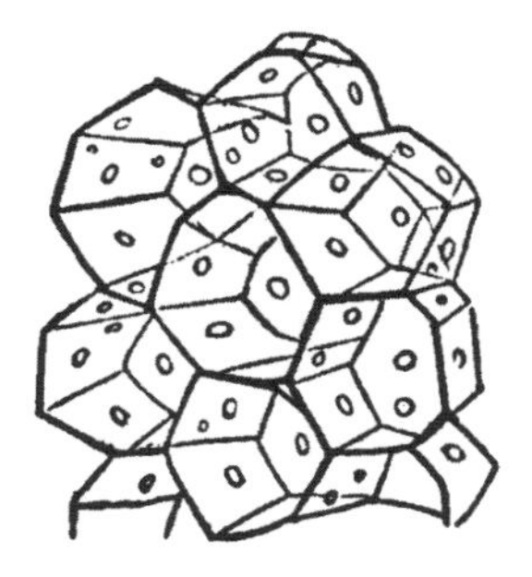

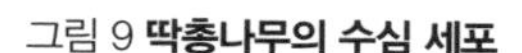

그림 9 **딱총나무의 수심 세포**

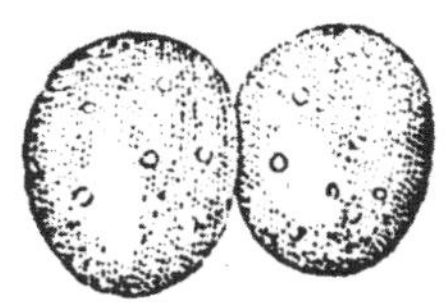

그림 10 **점무늬 세포**

그림 11 **줄무늬 세포**

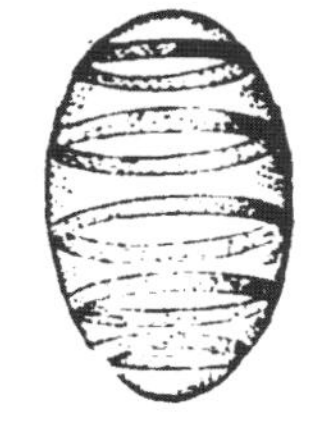

그림 12 **환형 무늬 세포**

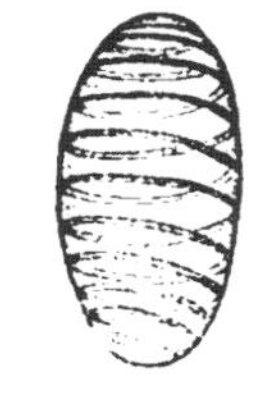

그림 13 **나선무늬 세포**

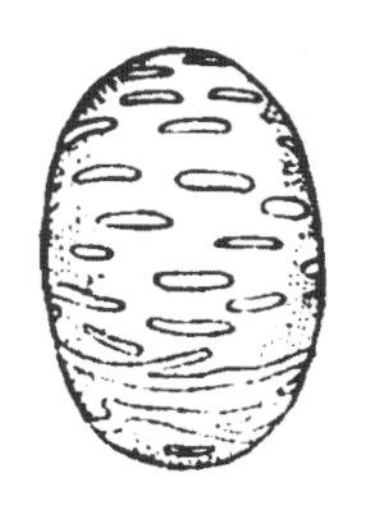

그림 14 **그물 무늬 세포**

갖 무늬가 나타난다. 이 중에서 둥근 반점이 있는 세포를 점무늬 세포, 짧은 선이 가로지르는 세포를 줄무늬 세포라고 부른다. 좁은 띠가 둥글게 감고 있으면 환형 무늬 세포, 타래송곳처럼 나선형으로 올라가면 나선무늬 세포라고 한다. 불규칙한 선이 난무하여 그물망을 이루면 그물 무늬 세포다.

제 기능을 잘 수행하기 위해 특정 지점에서 세포는 원래의 모양을 잃고 길게 늘어난 형태가 된다. 세포 간의 교류를 위해 세포가 끄트머리를 열고 다른 세포와 마주 대고 이어져 통로를 형성하기도 한다. 이렇게 하여 세포 다음의 다른 두 가지 기본 요

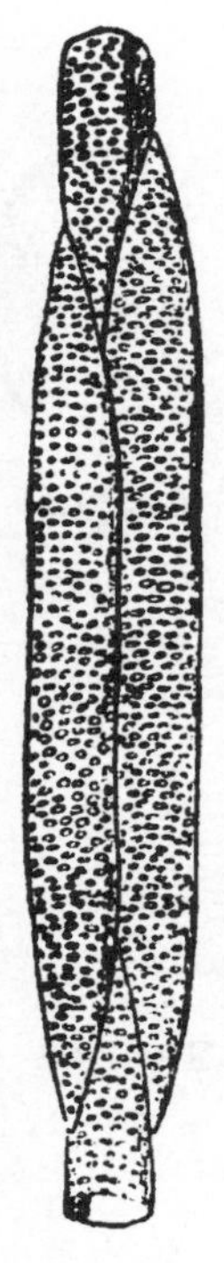

그림 15
점무늬 섬유

소가 만들어지는데 바로 섬유와 관이다.

섬유는 가늘고 긴 세포다. 양쪽 끝으로 갈수록 가늘어져서 방추형이 된다. 섬유는 나무의 목부木部, 즉 물관부의 상당 부분을 차지한다. 그러나 어쨌든 세포의 일종이므로 다른 세포처럼 첫 번째 막에 덧대어진 안쪽 막들이 찢어지면서 점무늬, 줄무늬, 그물 무늬 등 다양한 무늬가 생긴다. 섬유에서 가장 눈여겨볼 점은 안쪽으로 물질이 겹겹이 쌓이는 특성이다. 그 결과 안쪽의 공간이 완전히 채워진다. 게다가 섬유는 색이 물들거나 무기질 껍질을 입을 수도 있고 무엇보다 리그닌 또는 목질소라는 놀라운 물질이 스며든다. 품질 낮은 배의 과육을 씹을 때 입에서 까끌까끌한 작고 단단한 알갱이를 맛본 적이 있을 것이다. 또는 복숭아나 살구의 씨를 생각해도 좋다. 복숭아를 반으로 자를 때 단단하고 두꺼운 씨 때문에 칼이 다 들어가지 못한다. 둘 다 거의 순수한 리그닌으로 구성되었다.

이처럼 단단한 물질이 겉을 감싸는 이른바 석화 현상이 일어난 섬유는 식물에 필요한 활동을 더는 수행하지 못한다. 그 활동의 첫 번째 조건은 뭐니 뭐니 해도 액체, 즉 동물의 피에 해당하는 수액을 흡수하는 능력이기 때문이다. 따라서 석화된 섬유는 그저 식물을 튼튼하게 지지하고 버티는 데밖에 쓰이지 못한다. 속이 뚫려 있고 벽을 투과할 수 있는 섬유는 수피 바로 안쪽에서 살아 있는 목재를 구성한다. 반면에 속이 꽉 막혀 있고 외피가 둘러싸는 섬유는 나무줄기의 중심부를 차지하며 다른 부위보다 단단하고 색깔도 짙다. 리그닌이 채워진 목재는 견고한 데다 잘 썩지 않고 연료로서 가치도 높다. 참나무가 버드나무보다 장작으로 인기가 더 좋은 이유도 참나무 목재에 리그닌이 더 많기 때문이다. 공방의 목수가 원목의 가장자리보다 안쪽의 목재를 더 선호하는 것도 같은 이유에서다.

사람들이 땅속에서 지하수를 끌어올 때 파이프를 여러 개 이어 붙여 수도관을 설치하는 것처럼 식물도 땅속의 물을 지상의 새순에 전달할 용도로 세포와 세포를 이어 붙여 물관을 제작해 쓴다. 원래 세포는 사방이 막힌 상태지만 물관을 형성할 때만큼은 끄트머리가 열려 통로가 된다. 그림 16은 섬유에 둘러싸인 2개의 물관이다. 통로가 주기적으로 잘록해지는 것으로 보아 여러 개의 세포가 이어진 것임을 알 수 있다. 둘 중 하나는 줄무늬가, 다른 하나는 점무늬가 있는데 이 역시 일반적인 세포에서 흔히 관찰되는 형태다.

잘록한 부위가 아예 없는 통로도 있다. 자세히 들여다보면 관의 굵기가 일정하여 관을 구성하는 세포 사이에 경계의 흔적을 조금도 드러내지 않는다. 그림 17의 두 물관이 그러하다. 오른쪽 것은 안쪽에 그물망이 덧대어 있어 그물 무늬 물관이

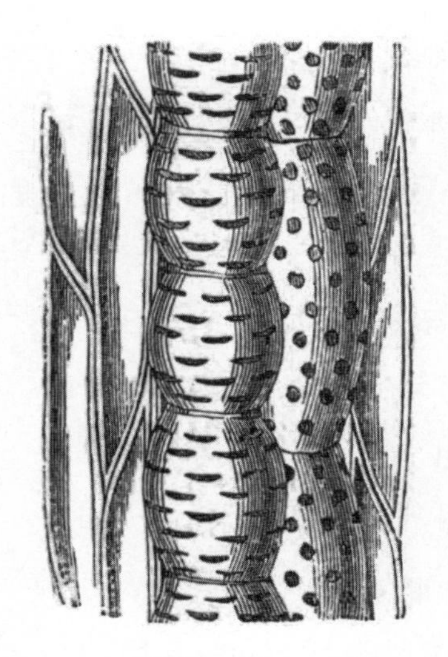

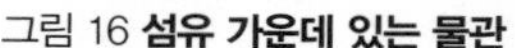

그림 16 **섬유 가운데 있는 물관**

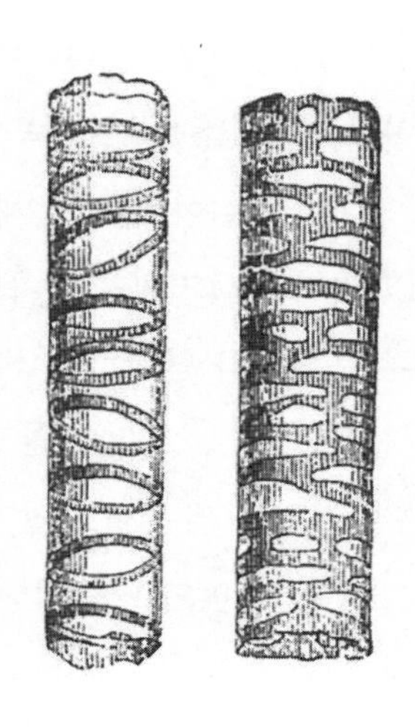

그림 17 **환형 무늬 물관과 그물 무늬 물관**

라 하고, 왼쪽은 주기적으로 둥근 띠를 둘러 관을 보강하고 있으므로 환형 무늬 물관이라고 한다. 이 두 형태는 평범한 세포에서도 관찰되는데, 그도 그럴 것이 저 물관도 결국 기원은 세포이기 때문이다.

물관은 중간에 가지를 치지도 다른 물관과 합쳐지지도 않는다. 보통 여러 개가 다발로 모여 물관부 여기저기에 흩어져 있으며 뿌리에서 잎까지 곧장 이어진다. 다른 관으로 연결되거나 서로 소통하는 일도 없다. 관의 길이는 무한하지만, 대개는 지름이 너무 작아서 맨눈으로 볼 수 없다. 하지만 현미경이 없어도 물관을 볼 수 있는 수종이 있다. 예를 들어 참나무 가지를 깨끗하게 잘라내어 단면을 보면 목재의 이웃한 두 고리의 이음부 주위에 아주 작은 구멍이 여럿 있는데 그것이 물관이다. 잘 마른 포도나무의 물관은 말의 꼬리털이 들어갈 정도로 구멍이 커서 훨씬 잘 보인다.

식물의 기본 요소를 마무리하기 전에 헛물관을 언급해야겠다. 이 관은 안쪽을 덧댄 띠가 용수철 모양으로 감겨 있다. 이 관은 수심에 맞닿은 구역이 아니면 줄기의 물관부에서 발견되지 않는다. 그러나 잎이나 꽃에서는 아주 흔하게 나타난다. 장미의 꽃잎을 조심스럽게 두 쪽으로 찢으면 양쪽을 잇는 아주 가는 실이 딸려 나오는데 섬세하기가 거미줄 저리 가라 한다. 끊어진 관의 안쪽을 덧대었던 나선형 띠가 꽃잎이 찢어지면서 풀려나온 것이다(그림 18). 식물을 이루는 세포, 섬유, 관을 보려면 반드시 현미경의 힘을 빌려야 하는 번거로움이 있다. 그러나 일단 렌즈를 들여다보면 작은 풀잎 하나를 이루는 가장 작은 조각에서도 감탄과 놀라움을 일깨우는 생명의 장대함을 발견할 것이다.

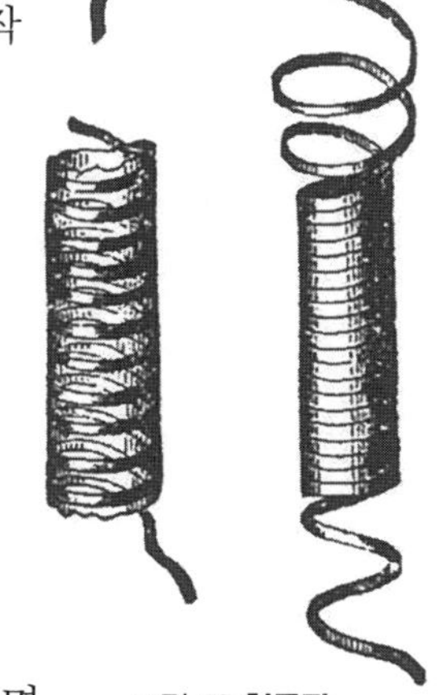
그림 18 **헛물관**

지금까지는 식물에서 세포, 섬유, 관이라는 기본 요소의 전체적인 형태만 살펴보았다. 이제부터는 각 요소의 내부를 구성하는 물질과 바깥 벽을 만드는 재료를 알아보자. 먼저 벽부터 볼까. 벽을 구성하는 재료를 설명할 때는 종이를 만드는 과정만큼 좋은 비유도 없다. 종이를 만들려면 제일 먼저 넝마를 모아야 한다(과거에는 천연 직물로도 종이를 만들었다—옮긴이). 거리의 쓰레기 더미를 뒤지기도 하고, 정체 모를 얼룩이 묻은 것도 가리지 않는다. 그렇게 잔뜩 모아 온 넝마를 고급용과 아닌 것으로 나눈 다음 깨끗이 빨래한다. 잘 세탁된 넝마를 특수한 기계에 넣으면 그 안에 달린 강철 발톱이 사정없이 찢고 자르고 짓이겨서 작게 조각낸다. 이 넝마 조각을 기계의 회전 장치가 더 잘게 자르고 물속에서 곱게 갈아 펄프로 만든다. 펄프는 보통 칙칙한 회색이므로 화학 약품으로 처리해 표백한다. 약품이 닿는 것은 무엇이든 눈처럼 새하얗게 변한다. 이렇게 준비된 펄프를 다른 기계로 옮기고 특별한 체 위에 펄프를 얇게 펴 바른 다음 물을 뺀다. 탈수된 넝마 펄프는 펠트가 된다. 실린더로 펠트를 압축한 다음 말리고 광을 내면 종이가 완성된다.

이 종이는 종이가 되기 전에 원래 넝마였다. 그렇다면 넝마는 무엇인가? 넝마는 쓰고 버린 리넨 조각이다. 이 리넨이 쓰임을 다해 버려지기 전까지 얼마나 거칠게 취급받아왔는지 아는가. 양잿물을 마시고 매운 비누를 바르고 빨랫방망이에 두들겨 맞고 햇빛과 공기와 비에 내버려졌다. 하지만 세제와 태양과 공기의 잔인함을 견디고 부패한 환경에서 끝까지 살아남은 이 물질은 무엇인가. 제지공장의 사나운 기계와 독한 화학약품을 버티며 전보다 더 부드럽고 하얗게 탈바꿈하여 마침내 사람의 생각을 가두는 한 장의 아름다운 쓸 것으로 재탄생한 저 물질이 도대체 무엇인가 말이다.

자, 종이를 구성하는 저 재료가 바로 식물의 세포벽을 구성하는 재료와 똑같은 물질이다. 모든 식물의 세포와 섬유와 관이 똑같은 물질로 구성되었다. 학자들은 세포라는 뜻의 'cell'을 떠올리며 이 물질에 셀룰로스cellulose라는 이름을 주었다. 면과 마, 아마가 모두 셀룰로스로 이루어졌고, 거기에 그 아름다운 백색을 가리는 얼마간의 이물질이 첨가되었다. 이 섬유가 공정을 거쳐서 다양한 직물이 된다. 그리고 리넨이 닳아서 넝마로 버려지면 또 한 번 탈바꿈하여 종이가 된다. 그러나 이번에 셀룰로스는 제지소에서 철저한 세척 과정을 거쳐 어떤 이물질도 남지 않은 완벽한 자유의 몸이 된다. 한마디로 말해 종이는 순수한 셀룰로스의 결정체다. 세포와 그 파생물인 섬유 및 관의 벽도 마찬가지로 셀룰로스로 이루어졌다.

세포벽의 재료를 알았으니 이제 식물을 구성하는 각 요소 안에 무엇이 들어 있는지 알아볼 차례다. 물관에는 오직 공기와 물뿐이다. 물관의 기능은 자라는 새싹에 흙 속의 물을 전해주는 일이므로 시간이 지나 완전히 변형될 때까지 아주 한참 동안 안이 뚫려 있다. 식물의 물관부가 흔히 말하는 목재인데, 목재에는 경제 활동에서 물러난 뒤에도 오랫동안 통로가 막히지 않은 물관이 들어 있다. 한편 섬유는 식물을 지지하는 전혀 다른 임무를 맡는다. 따라서 물관과 달리 일찌감치 접합제로 채워지고 앞에서 말했던 리그닌이라는 단단한 물질이 껍질을 형성한다.

세포는 섬유와는 다른 기능을 수행하지만 그렇다고 목질화되는 경우가 하나도 없는 것은 아니다. 배의 속살에 있는 모래알갱이 같은 세포를 만들어내는 것도 리그닌에 의해 단단해진 세포다. 또한 씨를 보호하려고 복숭아씨나 살구씨의 단단한 껍데기를 만드는 것도 이 세포다. 그러나 일반적으로 세포에는 리그닌이 포함되지 않으므로 세포벽은 탄력과 투과성이 유지되고 벽 안쪽에서 상상할 수도 없이 많은 물질을 만들어 저장한다. 그러므로 세포는 곧 식물의 공장이다.

어떤 세포에는 공기만 들어 있다. 예를 들어 딱총나무의 오래된 수심 세포가 그러하다. 또 어떤 세포는 순수한 물과 다름없는 액체로 채워졌다. 송진(소나무), 고무(벚나무), 산성즙(포도나무), 자극적인 유액(무화과나무), 꿀처럼 달콤한 시럽(사탕수수), 전분(감자), 방향성 기름(오렌지 껍질), 기름(올리브), 치명적인 독(독버섯), 초록색 알갱이(모든 진짜 잎), 빨강, 파랑, 노랑 등 색깔을 내는 물질(꽃)을 포함하는 세포도 있다. 한편 어떤 세포에는 결정이 들어 있다. 바늘처럼 가는 침이 다발로 모인 결정이 있고, 둥글넓적한 상태로 무질서하게 모여 있거나 반짝이는 꽃양배추 송이처럼 무더기로 쌓이는 결정도 있다. 이 물질들의 조성과 생김새, 성질은 모두 제각각이지만 그렇다고 하늘에서 뚝 떨어진 것은 아니다. 모두 세포 안으로 배송되는 수

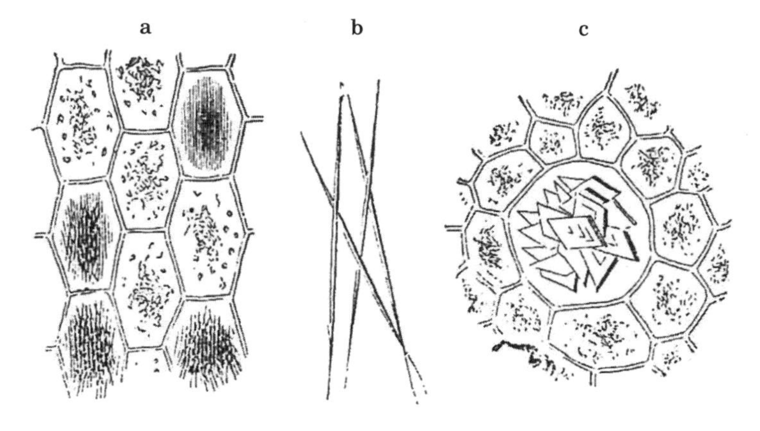

그림 19 **결정**
a : 결정 또는 침상 결정이라고 알려진 비늘 다발(전체 중 양쪽 4개 세포).
b : 침상 결정. c : 넓적한 형태의 결정(가운데 세포).

액으로 만드는 것이다. 설탕, 산, 나뭇진, 기름, 방향성 물질, 고무, 독, 전분이 모두 세포라는 더없이 훌륭한 실험실에서 공들여 제작한 값진 액체에서 나왔다.

세포가 만들어낸 모든 물질 중에서 가장 놀라운 것이 전분이다. 천을 빳빳하게 다림질할 때 사용하는 아름다운 흰색 가루를 본 적이 있을 것이다. 그게 전분이다. 전분은 곡물에 물리 화학 처리를 하여 추출한다. 이 물질은 뿌리, 덩이줄기, 열매와 종자 등 아주 여러 종류의 식물 세포에서 미세한 알갱이 형태로 발견되며 특히 감자에 많다.

전분을 추출하려면 전분이 든 세포를 찢어서 전분 입자를 꺼내기만 하면 된다. 먼저 감자를 강판에 곱게 갈아 걸쭉하게 만든다. 유리잔 입구에 면 보자기를 걸치고 갈아놓은 감자를 펴서 올린 다음 물을 뿌리면서 잘 섞는다. 그러면 깨진 세포에서 빠져나온 전분 입자가 면 보자기를 통과해 씻겨 내려가면서 컵에 떨어진다. 세포의 다른 잔해는 너무 거칠어서 면 보자기를 통과하지 못한다. 이제 유리잔 속에 탁한 물이 차오른다. 햇빛에 비춰보면 작은 흰색 입자들이 눈처럼 보슬보슬 내려와 유리잔 바닥에 모인다. 조금 지나면 침전물이 가득 쌓인다. 이제 맑은 물을 따라 버리면 눈부시게 희고 고운 물질이 남는다. 그것을 말리면 하얀 가루가 되는데 그게 바로 전분이다.

전분은 아주 미세한 입자로 구성되었다. 개중에 입자가 가장 큰 것이 감자 전분으로, 150개가 있어야 1세제곱밀리미터를 채운다. 밀의 전분은 훨씬 더 작아서 이 입자로는 1세제곱밀리미터를 채우는 데 1만 개 이상 있어야 할 것이다. 같은 부피를 채우는 데 옥수수는 6만 4,000개의 입자가 필요하다. 반면에 사탕무는 1,000만 개가 있어야 한다. 아주 미세한 입자인데도 전분 입자는 형태가 상당히 복잡하다. 한 지점을 중심으로 주변에 물질이 층층이 쌓여 결국 성숙한 입자는 여러 겹의 주머니로 이루어진다(그림 20).

전분은 어린 식물에 처음으로 먹일 양식을 저장한다. 부모와 떨어져 홀로 자랄 운명인 모든 씨앗에 전분 꾸러미가 들려진다. 하지만 배아 안에서 생명이 막 잠을 깼을 때 이 물질은 아직 양분이 될 수 없는 상태다. 물에 녹지 않는 탓에 어린 세

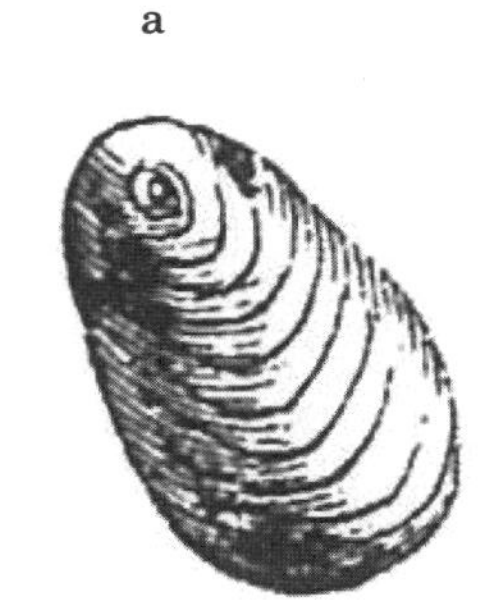

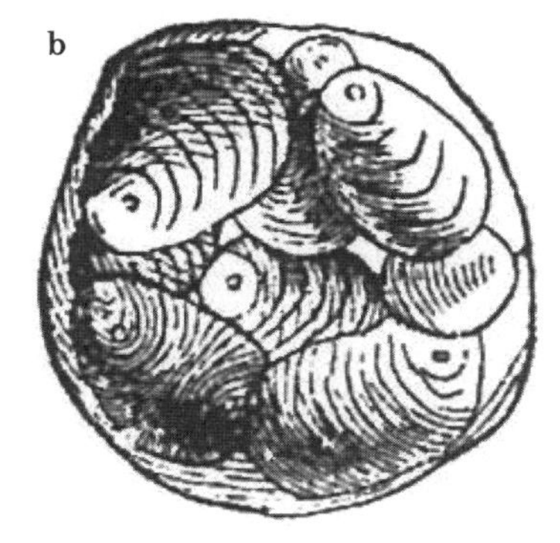

그림 20 **감자 전분**
a: 전분 입자 하나. b: 전분 입자가 가득 찬 세포.

포조직에 스며들지 못하기 때문이다. 그러나 때가 되면 물에 잘 녹는 물질로 바뀌어 어느 건설 현장에나 요긴하게 쓰인다.

전분이 탈바꿈한 훌륭한 결과물이 포도당이다. 포도당은 단맛이 나는 물질인데 조성과 성질이 설탕과 매우 비슷하다. 밀알 몇 개를 작은 접시에 두고 촉촉하게 물을 적신 다음 며칠을 기다리면 밀이 발아한다. 어린싹의 초록색 끄트머리가 보일 무렵 밀알을 만져보면 상당히 부드럽고 말랑하다. 손가락으로 누르면 쉽게 짓이겨지는데 맛을 보면 아주 달큼한 게 유즙이 만들어졌음을 알 수 있다. 말하자면 어린 식물에 영양가 있는 밥을 먹이려고 밀의 전분이 포도당으로 바뀐 것이다. 포도당은 씨에서 빨아들인 물기에 녹은 다음 아직 바뀌지 않은 전분 알갱이와 섞여서 일종의 유제품을 제공한다. 이 재료로 어린싹이 세포도 만들고 섬유와 관도 만든다.

이 건설 작업은 포도당에 들어 있는 요소가 녹말에 들어 있는 요소와 똑같고, 셀룰로스 안에 들어 있는 요소와도 똑같은 바람에 수월하게 진행된다. 포도당, 녹말, 셀룰로스는 서로 성질은 크게 다르지만 정확히 같은 요소로 이루어졌다. 아무것도 더하거나 빼지 않고 오직 단순한 배열의 차이로 셀룰로스가 녹말로 바뀌고, 녹말이 포도당으로 바뀐다. 변형 과정은 역행할 수도 있다. 필요하다면 포도당은 녹말로 바뀌고, 다급한 상황에서는 셀룰로스나 리그닌으로도 바뀐다.

이런 식의 변신이 낯설지도 모르지만 인간 세상의 실험실과 공장에서도 흔히 일어나는 과정이다. 과학자들은 전분에서 포도당을 만들어낸다. 꿀과 잘 익은 포도, 발아하는 밀알에서 모두 같은 당분이 발견된다. 심지어 셀룰로스도 포도당을 만들 수 있다. 그대들이 읽고 있는 이 책의 종이로도 포도당을 만들 수 있고, 원한다면 리넨 넝마로도 만들 수 있다. 여차하면 나무로도, 버드나무 대팻밥으로도, 그대들이 앉아 있는 의자 다리로도 포도당을 만들 수 있다.

이런 인위적인 변신에는 황산이라는 아주 센 화학 약품이 사용된다. 그러나 식물을 보라. 식물은 이런 거친 방식 따위는 거들떠보지도 않는다. 법석 한 번 떨지 않고 조용히, 황산 같은 화학 약품이나 불을 쓰지 않고도 식물은 배아에 들어 있는 녹말을 포도당으로 잘만 바꾼다. 어떻게 그리하는 것이냐고 묻는다면 알지 못한다는 게 내 답이다. 하지만 무지한 자가 나만은 아니다. 진정한 과학자라면 모두 겸허히 나는 알지 못하노라고 이실직고할 것이다. 메마르고 영양가 낮고 맛도 없고 잘 녹지도 않는 물질이 영양 만점의 달콤한 우유로 변하는 것은 "불멸의 지혜"가 설계하는 영역이다. 하여 그대들이 언젠가 얼굴에 핏기가 사라질 만큼 많은 책을 탐독한 끝에 더 나은 답을 알게 된다면 부디 내게도 알려주는 친절을 베풀어주길. 기다리고 있을 테니.

5장

식물계의 세 가지 범주

사람의 옷을 만드는 천은 면, 모, 비단, 삼, 아마 따위의 가는 섬유로 구성된다. 그 섬유를 꼬아서 실을 만들고 그 실로 천을 짠다. 날실과 씨실을 엮어서 만든 천의 짜임새를 조직이라고 하는데, 같은 단어를 식물의 기본 요소인 세포, 섬유, 관이 조합된 구조를 설명할 때도 사용한다. 식물에서 어떤 조직은 단지 세포가 나란히 배열되어 구성된다. 이런 조직을 세포성 조직이라고 부른다. 세포성 조직 중에서도 어떤 것은 세포가 특정한 지점이나 엄격히 제한된 구역에서만 다른 세포와 접촉하여 원래의 둥근 모양이 유지된 채 해면 같은 복합체가 만들어진다. 그런가 하면 세포가 넓게 맞닿아 서로 짓누르고 짓눌린 끝에 다면체의 형태를 띠는 세포성 조직도 있다. 부드럽고 유연한

조직에서는 이웃한 세포 사이에 공간이 생기는데, 이를 세포간극intercellular meatus 이라고 한다. 세포로 둘러싸여 생긴 더 큰 공간은 소강lacuna이다. 섬유로 된 조직은 섬유조직, 섬유와 관으로 이루어졌으면 섬유-통도조직이라고 한다.

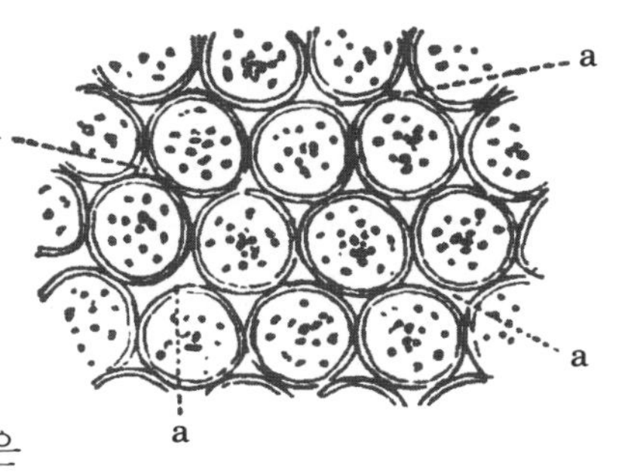

그림 21 **세포성 조직**
a: 세포간극.

에트나산의 밤나무를 기억할 것이다. 30명의 장정이 나란히 손을 잡고 에워싸도 다 두를 수 없었던 거목이다. 캘리포니아의 거대한 침엽수도 생각날 것이다. 그 수피 아래로 140명의 어린이가 들어가 놀았다. 그렇게 거대한 나무의 조직을 만들려면 머리카락보다 가는 섬유를 얼마나 많이 모아야 하며, 바늘 끝에도 올라가는 작은 세포라면 또 얼마나 많이 필요할까.

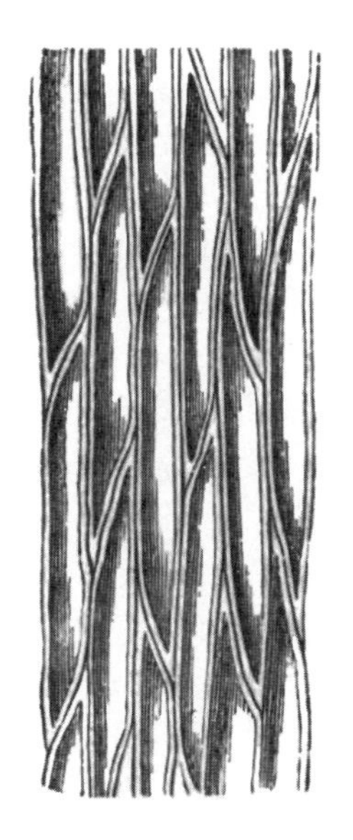
그림 22 **섬유조직**

크기의 경이로움은 반대편에서도 기다린다. 하나의 세포가 하나의 완전한 식물로 살아가는 경우다. 그러나 티끌보다 작다고 하여 우습게 생각하면 안 된다. 이 단세포들도 누구보다 원기 왕성하게 살아가며 오히려 고도로 조직된 식물이 살 수 없는 치명적인 환경에서 번성한다.

그중에서도 프로토코쿠스 니발리스*Protococcus nivalis*(현재는 클라미도모나스 니발리스*Chlamydomonas nivalis*—옮긴이)는 극지의 매서운 날씨에 맞서서 살아간다. 그리고 과감하게 유럽까지 내려와 고산지대나 만년설 한가운데에서 피난처를 찾았다. 이 생물은 추위를 좋아해 설원을 토양으로 삼아 동토에서 나고 자라고 열매를 맺는다. 이 생물은 고작 붉은 세포 하나로 이루어졌다. 하지만 대량으로 번식하기 때문에 이 생물이 사는 눈밭은 아름다운 장밋빛으로 물든다. 북극 지방이나 알프스산맥에서 보이는 붉은 눈도 모두 이 생물 때문이다. 성숙해진 프로토코쿠스는 제 세포 안에 더 작은 식구를 만든 다음 몸을 터트린다. 그러면 그 안에 있던 자손이 바람에 날려 다른 눈밭으로 가서 터를 잡고 산다.

살기 좋은 땅치고 생명이 발을 들이지 않은 곳이 있을까. 저 시리고 찬 눈밭까지 차지하려고 생명은 특별한 생물을 창조했고 끝내 개양귀비색으로 물들였다. 미천하기로는 으뜸인 세포 하나짜리 식물의 위업이다. 벌거벗은 바위, 이제 막 식은 용암, 고여 있는 물, 노목의 수피, 썩어가는 통나무, 상한 과일, 온갖 부패한 동물과 식물 조직을 살아 있는 것으로 뒤덮기 위해 생명은 세포를 무한히 조합하여 셀 수도 없이 많은 미세 식물을 창조했다. 어떤 의미에서 이 미세 식물들은 최초로 조직된 식물의 초안이나 다름없다. 여기에는 세포 말고는 아무것도 없다. 섬유도 없고 관도 없다. 그래서 세포성 식물이라고 부른다. 고인 물에 떠다니는 녹색의 점액질이나 해조류의 가느다란 머리 다발에서, 오래된 나무껍질에서, 바위에서, 용암류에서, 하얗게 얼룩진 지의류에서, 생을 다한 고목에서, 혹독한 날씨에 갈라진 바위에서, 폐허가 된 벽에서, 벨벳 감촉의 이끼 방석에서, 썩은 통나무에서, 죽은 잎과 환상적인 모양의 곰팡이에서, 썩은 과일과 흰곰팡이 다발 위에서, 발효가 일어나 쉬어버린 음료에서, "식초의 어머니"라고 알려진 끈적한 거품에서, 변해버린 포도주에 떠 있는 거품에서, 포도주의 "꽃"이라고 부르는 흰색 곰팡이 침전물에서, 마지막으로 분해 중인 모든 물질, 식물성 막과 솜털, 오물과 구분할 수 없는 모든 것에서 저 단순한 식물을 발견할 수 있다.

조류, 지의류, 이끼류, 버섯류, 곰팡이처럼 발달이 덜 된 식물은 오로지 세포만으로 이루어졌으며 보통은 고작 몇 개, 심지어 세포 하나로 구성된다. 그런데도 이들이 하는 일은 실로 경외감을 불러온다. 이 작은 세포들이 바위를 부수어 토양을 만들고 죽은 동물을 치우고 오염 물질을 소독한다. 섬뜩할 정도로 빠르게 증식하면서 죽은 물질을 분해하여 살아 있는 물질 순환에 다시 투입한다. 땅에 나무 한 그루가 쓰러져 있다고 해보자. 이 나무가 제 뒤를 이을 다른 식물의 양분이 되어 새 생명을 얻으려면 먼저 몸이 가루처럼 부서져야 한다. 그 일에 저

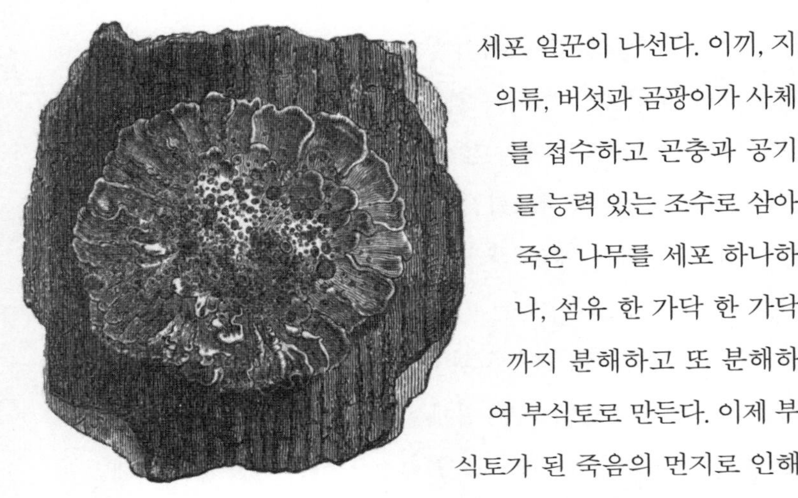

그림 23
나무줄기에 자라는 지의류

세포 일꾼이 나선다. 이끼, 지의류, 버섯과 곰팡이가 사체를 접수하고 곤충과 공기를 능력 있는 조수로 삼아 죽은 나무를 세포 하나하나, 섬유 한 가닥 한 가닥까지 분해하고 또 분해하여 부식토로 만든다. 이제 부식토가 된 죽음의 먼지로 인해 위대한 과제가 완성되면 새로운 생명이 나타나고 다시금 숲에 초목이 무성해진다.

내 장담하건대, 고작 며칠을 살고 죽는 곰팡이가 몇 세기를 살아가는 참나무보다 생명의 조화에 더욱 긴요하다는 말은 틀리지 않는다. 이 연약한 세포들이 없다면, 더럽고 썩은 것 안에서 한없이 수를 불리는 저 원시적인 식물이 없다면 죽음은 완결되지 못하고, 그러므로 새 생명도 불가능해진다. 이 세상에서 위대한 자의 삶은 언제나 미천한 자에 의해 지탱되었고 여전히 그러하다. 지질학이라는 대단한 학문 덕분에 인류는 지구의 창자에서 발굴한 유물을 토대로 상상으로나마 지구의 젊은 시절로 돌아갈 수 있었다. 그렇다면 지질학이 식물의 과거를 두고는 무슨 말을 하던가? 이 학문은 개척 시대의 지구에는 참나무나 너도밤나무처럼 크고 눈길이 가는 식물은 존재하지 않았노라고 단언한다. 땅속 깊은 용광로가 토해낸 불탄 바위 위에 세워놓은들 뿌리를 내릴 흙이 없다면 어찌 저들이 살아남겠는가. 그 토대를 마련하기 위해 끈, 필라멘트, 세포판의 형태로 작은 식물들이 나타났다. 일부는 물속에서, 일부는 벌거벗은 바위에서 뚝심 있게 화강암을 깨뜨리고 그 부스러기에 제 유해를 첨가해 더욱 비옥하게 일구었다. 한 세기 한 세기 이들의 분투가 이어지며 양질의 겉흙이 생성되자 (아직 세포에서 벗어나지 못한) 이끼와 지의류 같은 새로운 일꾼들이 그곳에 먼저 터를 잡았고, 다른 이들이 차례로 그 뒤를 이었다. 토양은 나날이 비옥해졌고 마침내 곰팡이들은 제 할 일을 마쳤다. 참나무가 살 터전이 완성된 것이다.

세월을 거치며 식물은 크게 세 단계로 발달한다. 첫 번째 단계에서는 세포만 나타난다. 다음으로 섬유가 세포에 합세한다. 마지막에 관이 나타나 식물의 기본 요소가 모두 갖춰지고 식물은 처음으로 완성에 이른다. 현존하는 식물의 세계는 세 가지 단계가 혼합되었다. 셀 수도 없이 많은 종이 일부는 세포만으로, 일부는 세포와 섬유로, 일부는 세포와 섬유와 관으로 구성된다.

앞에서 나는 세포성 식물에 관해 말했다. 균류, 조류, 이끼류, 지의류처럼 오로지 세포로만 이루어진 식물이다. 그다음으로 세포와 섬유는 있지만 물관이 없는 식물은 침엽수, 또는 솔

그림 24 **전나무 가지**

방울 모양의 열매를 맺는다고 하여 구과 식물이라고도 한다. 이 부류에 속하는 식물로 소나무, 삼나무, 전나무, 낙엽송 등이 있다. 침엽수의 생김새는 현재를 지배하는 식생 중에서도 유달리 돋보인다. 가지는 수평으로 층층이 뻗고, 바늘처럼 뾰족하고 가는 잎 사이로 빛이 통과하여 음울한 그늘 따위는 드리우지 않는다. 가지를 스치는 거친 바람이 조화로운 긴장감을 일깨우는 환호성처럼 멀리서 들려온다. 수피는 송진을 뚝뚝 흘리며 좋은 향기를 내뿜는다. 한마디로 이런 특징 하나하나가 이 나무가 우리 기후대의 다른 나무를 제치고 독보적인 존재가 되는 데 이바지했다. 침엽수는 식물의 역사에서 더 최근에 등장한 식물들에 밀려난 노익장이다. 구과 식물은 아예 다른 시대에 속한 식물이며, 지구에 나타난 최초의 목본식물에서 유래했다. 고대의 식생은 인간이 출현하기 한참 전에 지구를 희한하게 생긴 숲으로 뒤덮었는데 그 숲이 현재는 지구의 땅속 깊숙이 묻혀 석탄층이 되었다. 침엽수는 하등식물의 세포에 섬유를 더했지만 물관을 보탤 만큼 발전하지는 못했다. 지금도 오랜 관습에 충실하여 침엽수의 기본 요소에 물관은 포함되지 않는다(침엽수에는 물관 대신 헛물관이 있다—옮긴이).

한편, 바닥에 깔린 풀잎부터 하늘을 찌르는 나무까지 지금의 지구를 지배하는 식물은 세포, 섬유, 관의 기본 요소 세 가지를 모두 갖추었다. 그중에서도 이 식물을 남다르게 만든 것이 관이므로 관다발식물이라는 이름이 붙었다(현재는 침엽수를 포함하는 겉씨식물, 속씨식물, 양치식물이 모두 관다발식물로 분류된다—옮긴이). 모든 식물은 보잘것없는 세포로 삶을 시작한다. 참나무가 되든 잡초가 되든 어느 순간까지는 오로지 세포로 구성된다. 그러나 관다발식물이 될 운명이라면 어린 식물은 씨를 둘러싼 겉껍질을 채 벗기도 전에 세포에 섬유와 관을 더한다. 침엽수가 될 식물이라면 적어도 세포에 섬유를 추가한다. 관다발식물은 크게 두 집단으로 나뉘는데, 줄기가 기본 요소를 어떻게 사용하느냐에 따라 쉽게 구분된다. 첫 번째 집단은 섬유와 관이 줄기 안에서 일정한 동심원을 그리며 해마다 리그닌 층을 이룬다. 두 번째 집단은 체계라고는 없이 섬유든 관이든 아무렇게나 여기저기 흩어놓는다.

그림 25와 그림 26에서 두 집단의 횡단면을 비교해보았다. 그림 25에서는 섬유로 구성된 동심원이 있고 이웃한 동심원 사이에 작은 점들이 찍혀 있다. 그것이 관의 구멍이다. 그림 26의 작은 점들은 섬유와 관 다발이다. 빈 부분은 세포로만 채워졌다. 첫 번째 줄기 구조는 참나무, 느릅나무, 너도밤나무를 포함

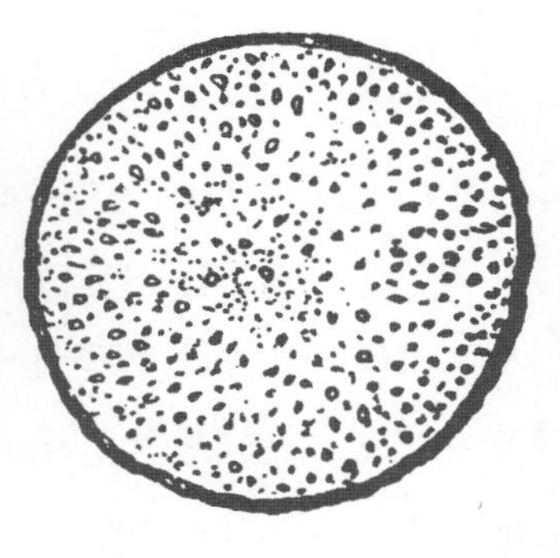

그림 25 **쌍떡잎식물 줄기의 단면**　　　그림 26 **외떡잎식물 줄기의 단면**

해 실제로 침엽수를 제외한 거의 모든 나무에서 발견된다. 초롱꽃, 나팔꽃, 감자 같은 한해살이 식물의 줄기에는 이와 비슷한 둥근 테가 하나만 있다. 두 번째 줄기 구조는 야자수, 갈대, 아스파라거스, 백합, 붓꽃 등에서 볼 수 있다.

줄기가 조직되는 방식의 차이는 꽃과 잎, 씨에도 적용된다. 석죽과의 선옹초를 백합과 비교해보자. 선옹초는 줄기의 섬유가 원을 그리며 질서정연하게 배열되는 식물에 속한다. 반대로 백합은 관다발이 제멋대로 흩어진 식물이다. 선옹초꽃은 꽃부리, 즉 화관에 자주색 꽃잎 다섯 장이 달렸다. 꽃잎은 몹시 섬세한 조직이라서 조금만 거칠게 다루어도 금세 멍이 들거나 찢어진다. 그러나 꽃눈일 때는 아주 안전하게 싸여 있고, 처음 꽃이 필 때도 길고 끝이 뾰족하며 적당히 단단한 5개의 초록색 잎이 꽃을 둘러 보호한다. 이 잎을 꽃받침이라고 한다. 따라서 선옹초꽃은 2겹의 겉싸개가 감싸는 셈이다. 안쪽 겉싸개인 꽃부리는 결이 곱고 연약하며 색감이 풍부하다. 바깥쪽 겉싸개인 꽃받침은 초록색이고 질감이 단단하며 안쪽의 꽃부리를 잘 지켜준다. 한편 백합꽃은 6개의 꽃잎이 달렸는데 색깔이 상앗빛이고 섬세하기도 다를 바 없지만 초록색 겉싸개가 없다. 즉 꽃부리는 있지만 꽃받침이 없다. 장미, 아욱, 제비꽃은 선옹초처럼 꽃부리와 꽃받침이 둘 다 있고, 붓꽃, 히아신스, 튤립은 백합처럼 꽃부리만 있다.

그림 27 **선옹초**

식물의 잎은 보통 유연한 세포성 조직으로 이루어진다. 비와 바람에 맞서기 위해 이 얇은 조직은 잎살에 박힌 잎맥으로 단단히 보강된다. 잎맥은 섬유와 관으로 된 질기고 탄력 없는 다발이다. 잎맥의 형태도 크게 둘로 나뉜다. 배나무 잎을 붓꽃 잎과 비교해보자. 먼저 배나무 잎은 잎맥이 갈라졌다 합치기를 반복하며 미세한 그물망을 이룬다. 반면에 붓꽃은

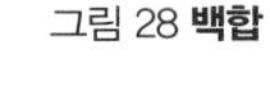

그림 28 **백합**

잎맥이 길고 평행하게 이어질 뿐 가지를 치거나 복잡하게 뒤엉키지 않는다. 이와 같은 차이가 느릅나무, 사시나무, 버즘나무 잎과 수선화, 백합, 튤립의 잎에서 각각 나타난다. 잎의 세포성 조직이 썩어서 없어지면 잘 분해되지 않는 질긴 잎맥만 남아 첫 번째 식물에서는 섬세한 레이스 작품을, 두 번째 식물에서는 평행한 실타래를 남긴다.

그림 29 **꾸지나무**
잎이 그물맥이다.

이제 아몬드나무의 열매를 살펴보자. 종자인 아몬드를 얻으려면 먼저 갈색의 단단한 껍데기를 깨야 한다. 그 아래에 더 곱고 색이 연한 껍질이 있다. 이것이 씨눈, 즉 배아의 겉껍질이다. 겉껍질까지 벗겨내면 딱딱하지만 윤기 있고 냄새도 고소한 뽀얀 알맹이가 나온다. 이 알맹이가 자라서 아몬드나무가 된다. 하얗고 반짝이는 알맹이는 둘로 쪼개지는데, 그림 32에서처럼 끝이 좁아지는 쪽을 보면 밖으로 삐져나온 원뿔형의 뾰족한 돌기와 안쪽을 향하는 작고 촘촘한 잎다발이 있다. 원뿔형 돌기는 커서 뿌리가 되고 잎다발은 위로 뻗어 올라 잎과 줄기가 된다. 둘로 갈라지는 영양 만점의 통통한 알맹

이로 말할 것 같으면 씨앗의 대부분을 차지하며 실은 식물의 첫 번째 잎이다. 다만 구조가 여느 잎과는 다르다. 이 잎은 기본 비축물로서 이제 막 싹트기 시작한 식물의 끼니가 된다. 발아가 시작되면 전분이 그득한 2개의 두꺼운 잎이 아직 혼자 힘으로 살 수 없는 어린 식물에 맨 처음 영양식을 제공한다. 식물의 이 젖병을 떡잎이라고 한다. 식물학자들은 자엽子葉이라고 부른다.

완두, 강낭콩, 도토리 등 많은 씨앗이 이처럼 떡잎이 2개다. 줄기에 섬유가 동심원을 그리며 배열된 모든 식물이 배아에 떡잎 2개를 준다. 백합, 튤립, 붓꽃처럼 줄기의 섬유가 질서 없이 배열된 식물은 떡잎이 하나밖에 없다.

씨앗이 아주 작을 때는 떡잎이 1개인지 2개인지 알기가 쉽지 않다. 그러나 일단 싹이 트면 고민은 끝이다. 떡잎이 2개인 씨앗은 맨 처음 지상으로 2개의 잎을 올려보낸다. 두 잎은 같은 높이에서 서로 마주 보고 있으며 뒤를 이어 나오는 잎들과는 대개 생김새가 딴판이다. 예를 들어 무는 하트 모양이다. 이 잎은 다른 잎이 나오

그림 30 **난초**
잎이 나란히맥이다.

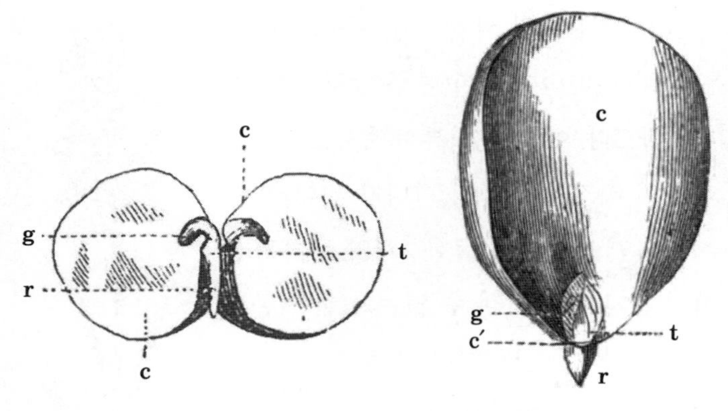

그림 31 **완두** 그림 32 **아몬드**
c: 떡잎. r: 어린뿌리. g: 씨눈(배아). t: 씨눈줄기.

기 전에 나오는데, 사실은 떡잎이 자란 것이다. 떡잎은 크기가 커지면서 초록색을 띠고 잎 모양이 되며, 갓 태어난 식물에 비축물을 먹인다. 한편 떡잎이 하나뿐인 씨는 처음에 잎을 하나만 땅 위로 올려보내며 대개 모양이 길고 좁다. 밀알을 접시에 올려놓고 물을 적신 다음 싹이 트는 모습을 관찰하면 쉽게 확인할 수 있다.

마지막으로 떡잎이 2개인 식물이나 1개인 식물 말고 세 번째 집단이 있다. 저들은 방금 위에서 설명한 씨와는 공통점이 전혀 없는 종자로 번식한다(현재는 종자가 아닌 포자라고 한다—옮긴이). 이 씨앗에는 뿌리가 될 원뿔형 돌기도 작은 잎다발도 떡잎도 없다. 그저 단순한 하나짜리 세포일 뿐, 다양하게 분화하지 않으므로 이 부류에 속하는 식물은 대개 세포로

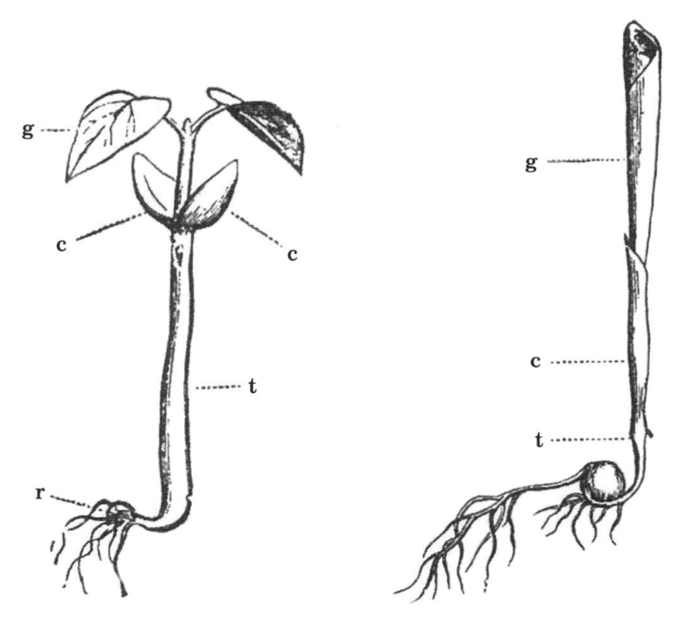

그림 33 **발아 상태의 강낭콩** 그림 34 **발아 상태의 옥수수**
c: 떡잎(자엽). g: 본잎. t: 씨눈줄기. r: 어린뿌리.

만 이루어진다. 균류, 지의류, 이끼, 조류가 여기에 속한다. 그중에서도 고사리와 속새 같은 식물은 섬유와 관이 있지만 꽃은 없다. 균류나 지의류는 꽃은 물론이고 잎과 뿌리, 줄기 같은 것도 없다. 따라서 식물계는 떡잎의 수에 따라 다음과 같이 세 분류군으로 나뉜다.

1. 쌍떡잎식물(쌍자엽식물): 떡잎이 2개, 때로는 2개 이상이다. 참나무, 아몬드나무, 장미, 수수꽃다리, 아욱, 카네이션, 무, 소

나무, 삼나무 등이 속한다(이 중에서 현재 소나무와 삼나무는 구과식물로 따로 분류되며 겉씨식물에 속한다. 쌍떡잎식물과 외떡잎식물은 속씨식물이다—옮긴이).

2. 외떡잎식물(단자엽식물): 떡잎이 1개다. 야자수, 밀, 갈대, 골풀, 백합, 튤립, 히아신스, 붓꽃 등이 속한다.

3. 민떡잎식물(무자엽식물): 떡잎이 없다. 고사리, 이끼, 속새, 조류, 지의류, 균류가 들어간다(현재 무자엽식물이라는 분류체계는 없고 각기 다양한 분류군에 속한다—옮긴이). 다른 식물과 비교하기 어려운 민떡잎식물은 제외하고 쌍떡잎식물과 외떡잎식물을 비교하면 다음과 같다.

쌍떡잎식물	외떡잎식물
씨앗에 떡잎이 2개 있다.	씨앗에 떡잎이 1개 있다.
식물이 싹을 틔우면서 2개의 떡잎을 올려 보낸다.	식물이 싹을 틔우면서 떡잎을 1개만 올려 보낸다.
잎맥은 대개 그물맥이다.	잎맥이 대개 나란히맥이다.
꽃은 보통 꽃받침과 꽃부리로 구성된다.	꽃은 보통 꽃부리만 있고 꽃받침은 없다.
줄기의 섬유와 관이 동심원 형태로 배열된다.	줄기의 섬유와 관이 정해진 순서 없이 퍼져 있다.

6장

쌍떡잎식물의 줄기 구조

줄기는 식물의 각종 기관을 오롯이 혼자서 지탱하는 구조물이다. 1년만 살다 죽는 식물을 한해살이풀 또는 초본이라고 하는데, 쌍떡잎식물에서 이 1년짜리 줄기는 섬유와 물관 다발이 크게 원을 그리며 박혀 있는 초록색 세포 더미로 구성되며, 윤기 없는 흰색으로 쉽게 알아볼 수 있다. 여기에서 중심 재료는 세포다. 세포는 단순하고 빨리 생산되므로 활기차게 살다가 단명하는 부위를 구성하기에 안성맞춤이다.

초본성 줄기의 세포 집단은 크게 두 구역으로 구분된다(그림 35). 관다발 안쪽에 알파벳 m으로 표시된 지역은 수 또는 속이라고 한다. 둥근 고리 바깥은 피층이다. 그림에서 알파벳 r로 표시된 띠는 수와 피층을 연결하는 방사조직인데 역시 세포로

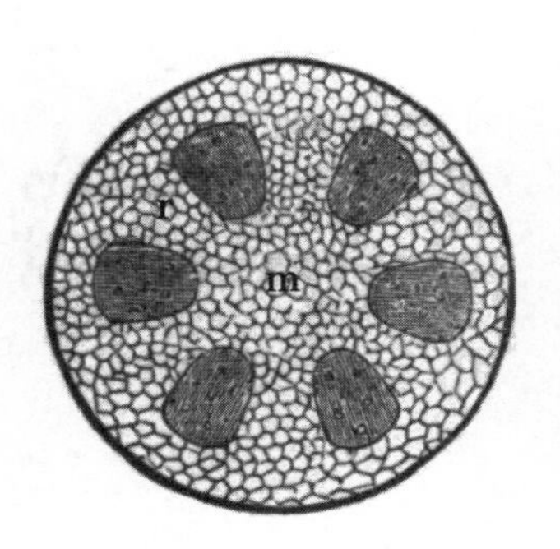

그림 35 **초본성 쌍떡잎식물의 줄기**

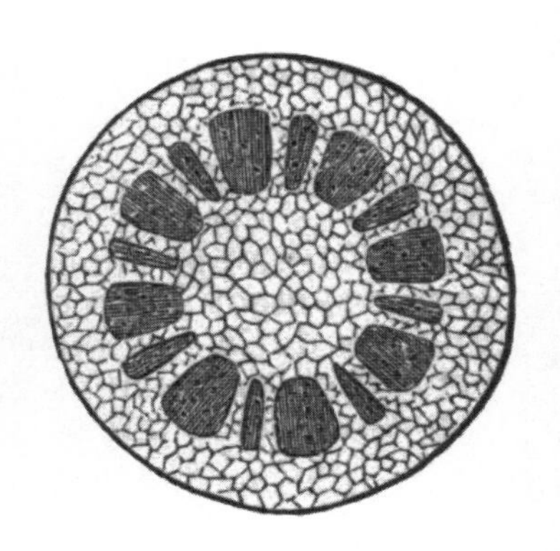

그림 36 **그림 35의 발전된 형태**

구성되었다. 마지막으로 맨 바깥에 표피라는 한 겹의 튼튼한 세포층이 있는데 줄기를 촘촘하게 감싸서 햇빛이나 나쁜 날씨로부터 식물을 보호하고 수분이 낭비되지 않게 막는다. 어린 식물에서 표피는 무색의 얇은 막 형태로, 얼마 버티지 못하고 일찌감치 떨어져 나간다. 그림 35에서 표피는 전체를 감싸는 검은색 굵은 선으로 표시된다.

어떤 초본성 줄기는 여기에서 끝이지만, 관다발 사이사이의 빈 곳에 다발을 더 채워 원형의 고리를 완성하는 식물도 있다. 원래의 섬유와 물관 기둥 사이에 새로운 다발이 발달하여 둥근 테가 거의 완성되며 방사조직은 가느다란 분할선으로 남을 때까지 줄어든다(그림 36).

모든 줄기는 수명이나 굵기에 상관없이 방금 설명한 것처럼 시작한다. 하지만 첫해가 끝날 무렵 일부 식물에서는 줄기가

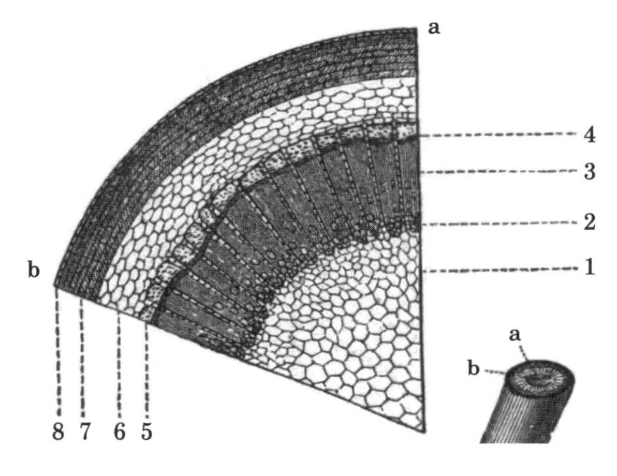

그림 37 **어린 마로니에의 줄기 횡단면**

잘 발달하여 목본이 된다. 그림 37은 어린 마로니에의 줄기를 자른 모습이다. 왼쪽의 큰 그림은 줄기 단면의 a, b 구역을 확대한 그림이다.

그림 37의 줄기에서 한가운데에 수심(1)이 보인다. 수심은 언제나 세포로만 구성된다. 그다음에 목질층인 물관부(3)가 나오는데 아주 좁은 방사조직에 의해 나뉜다. 방사조직의 구조는 섬유보다는 세포에 가깝다. 물관부에서는 검은 점의 형태로 커다란 물관의 구멍을 볼 수 있다. 한편 수심에 맞닿은 지역(2)에는 나선형 물관 또는 헛물관에 해당하는 구멍이 보인다. 줄기가 헛물관을 제공받는 것은 오직 이곳뿐이며 수피든 물관부든 다른 곳에서는 이 관이 발견되지 않는다. 물관부 바깥으로 점성의 액체와 갓 생성된 세포로 구성된 얇은 층(4)이

나타난다. 눈에 잘 띄지는 않지만, 반半 유체로 된 이 층은 식물의 기본 요소가 만들어지는 상설 실험실이므로 대단히 중요하다. 이곳을 부름켜 또는 형성층이라고 부른다.

부름켜를 넘어가면 그때부터는 수피다. 안쪽에서부터 시작해 길고 질긴 섬유로 구성된 인피(5), 그다음이 피층(6)을 구성하는 세포조직이다. 피층은 초본의 줄기와 비슷하며 인피와 물관부를 가로지르는 방사조직에 의해 수심과 연결된다. 조금 더 바깥에는 짙은 갈색 고리(7)가 나오는데 이 역시 세포성이며 코르크층이라고 한다. 마지막으로 보호성 세포층인 표피(8)가 나온다.

이쯤 되면 그대들은 이렇게 생각할지도 모르겠다. 1년밖에 안 되는 나무줄기에 외울 것이 참으로 많기도 하구나! 그대들의 암기를 돕기 위해 이번에는 마로니에 줄기 단면을 다른 각도에서 보여주며 반복해보겠다. 그림 38은 같은 줄기를 수직으로 자른 그림이다.

수심은 그림의 1번이다. 크기가 다양하고 불규칙한 형태의 세포들로 구성된다. 수심 바깥으로 몇 개의 헛물관(2)이 보인다. 절단 부위에 나선형 실이 풀려나왔다. 이 층을 지나자마자 물관부가 시작된다. 커다란 물관(vp)이 표면에 흩어져 있고 다수의 섬유를 볼 수 있는데 모두 세로로 평행하다(3). 2개의 방사조직(rm)은 피층(6)에서 수심(1)으로 이어지는 직선이며, 두 구역을 세포판으로 연결한다. 물관부의 바깥 경계에 부름켜(4)가

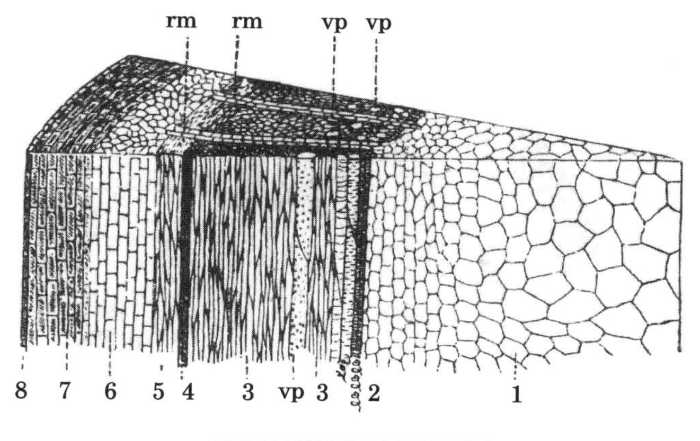

그림 38 **같은 마로니에의 종단면**

있다. 그런 다음 수피의 섬유 부분인 인피(5)가 나온다. 그 바깥은 피층(6)이며 연한 초록색 세포로 구성되었고, 이어서 코르크층(7)이 있다. 마지막으로 표피(8)가 줄기 전체를 둘러싼다.

방금 설명한 것은 1년 된 줄기로, 기껏해야 새끼손가락 굵기를 넘지 않는다. 그렇다면 2년째부터는 어떤 일이 일어날까? 먼저 모든 식물이 잎과 뿌리를 통해 공기와 흙에서 끌어온 양분으로 만들어진다는 사실을 기억하자. 그러나 토양에서 빌려온 물질은 공기에서 빌려온 물질과 같지 않다. 공기 속 재료와 지하의 재료가 서로를 대체할 수 없고 둘 다 똑같이 필요하다. 땅속에 묻혔든 공중에 노출되었든 모든 눈은 제가 일할 차례가 되면 대기와 토양을 활용해야 한다. 이 시기에 새잎, 즉 한창 자라는 새싹은 수피 아래로 수액을 주입한다. 나무 전체가 제공하는 수천수만 방울의 수액이 수피와 물관부 사이에 살아 있는 흐름이 되어 나무 꼭대기에서 뿌리까지 서서히 하강한다. 그 과정에서 점차 진해지고 조직화되며 마침내 작년에 만들어진 자리에 중첩되는 목질층이 된다. 봄에 이 액체가 풍성하게 흐르는 시기에는 흔히 나무에 물이 올랐다고 말한다. 이 계절의 수피는 그 밑을 흐르는 액체에 흠뻑 젖어 쉽게 분리되므로 버들피리를 만들기에 딱 좋다. 이 액체는 나무의 새잎들이 합심하여 만든 것으로 식물의 피라고 불러야 마땅하다. 동물의 피가 몸의 구석구석에 파고들어 영양을 전달하듯 생장하는 식물의 모든 부위가 이 액체로 만들어지기 때문이다. 이 유체는 나무 꼭대기에서 뿌리를 향해 아래로 내려가므로 하강 수액descending sap이라고 한다. 부름켜는 이 수액이 농축되어 세포, 섬유, 관을 조직하는 생산 구역이다.

따라서 봄이 돌아오면 새싹은 지난해의 줄기에 목질층을 더하고 뿌리를 도구 삼아 토양을 이용하는 일에 착수한다. 새잎은 다 함께 애써 만든 수액을 수피와 목재 사이에 쏟아붓는다. 수액은 굳으면서 부름켜가 되어 조직을 형성하고 그렇게 물관부에서는 바깥으로 새로운 목질층을, 수피에서는 안쪽으로 신선한 섬유층을 더한다. 이 작업이 끝나면 물관부는 하나 안에 다른 하나, 즉 새것 안에 헌것이 있는 2개의 고리가 될 것이다. 속껍질이라고도 하는 인피도 두 겹의 섬유질 내벽으로 구성되는데 헌것이 새것의 바깥에 있다. 그림 39는 두 번째 해에 일어

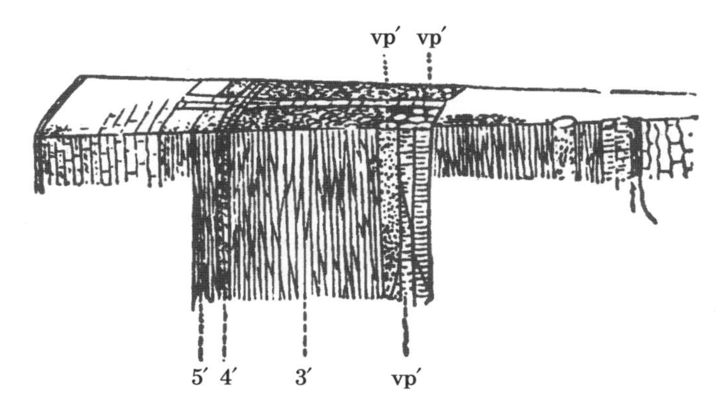

그림 39 **두 번째 해에 발달하는 층의 수직 단면**

나는 줄기의 생장을 보여준다. 그림에서 아래쪽으로 넘쳐흐르는 부분이 최근에 형성된 부위다. 저 지점을 중심으로 오른쪽은 작년의 물관부고 왼쪽은 작년의 수피다.

새로운 목질층은(3')은 지난해와 같은 방식으로 만들어진다. 그 안에 촘촘한 섬유와 구멍이 큰 물관(vp')이 있다. 그러나 헛물관은 없고, 앞으로도 없을 것이다. 물관부를 가로지르는 방사조직의 하나가 그림에 나와 있다. 주의 깊게 보면 방사조직이 한쪽으로는 피층에 닿지만 반대 방향으로는 오래된 물관부에서 멈추어 수심까지 이어지지 않는다. 미래의 모든 방사조직도 마찬가지다. 모두 한쪽으로는 피층에 닿고 다른 한쪽으로는 지난해에 만들어진 물관부에서 멈춘다. 길고 질긴 섬유인 인피도 두 번째 층(5')까지 늘어난다. 마지막으로 부름켜(4')

는 수피와 물관부 사이에 끼어 있으면서 날씨만 좋으면 생장을 멈추지 않는다.

이렇듯 수피에도 새로 물질이 더해지면서 부피가 늘어난다. 다만 물관부와 수피에 새로운 층이 첨가되는 방향은 반대다. 물관부를 기준으로 하면 해마다 바깥쪽에 덧붙여지지만, 수피를 기준으로 하면 해마다 안쪽으로 더해진다. 그러므로 물관부는 안쪽으로 갈수록 늙고 바깥쪽으로 갈수록 젊다. 반면 수피는 해마다 안쪽으로 속껍질이 추가되므로 줄기의 안쪽이 젊고 바깥쪽이 오래된 것이다. 물관부는 생명을 잃은 목질층을 줄기 가운데에 숨기지만, 수피는 낡은 층을 밖으로 밀어낸다. 오래된 껍질이 점점 바깥으로 밀려나면서 조각조각 땅에 떨어진다. 이처럼 노화는 안팎에서 동시에 나무를 공격하지만 적어도 물관부와 수피가 경계를 이루는 지점에서는 부름켜의 넘치는 생명력이 새로운 세대를 형성하기 위한 토대를 닦는다.

생장에 필요한 재료는 영양가가 풍부한 하강 수액이 제공한다. 줄기에서 나무껍질을 일부 뜯어낸 다음 마르지 않게 상처 부위를 유리판으로 덮고 한동안 지켜보면 벗겨진 줄기 위쪽에서 끈적거리는 작은 물방울이 배어 나오는데 방울의 수와 양이 점차 늘어나다가 마침내 퍼지고 엉겨 붙어서 노출 부위를 덮어버린다. 이것이 하강 수액이며, 올해의 잔가지가 토양과 연결되는 물관을 형성할 때 사용하는 재료다. 동물의 피를 액상 살점이라고 한다면 나무의 수액은 액상 목재다. 길을 따라 흘러가는 도중에 두꺼워지면서 부름켜가 되고, 그곳에서 조직을 만들고 굳으면서 한쪽으로는 물관부가, 다른 쪽으로는 수피의 속껍질이 된다.

간단한 실험으로 수액이 전진하는 모습을 직접 확인할 수 있다. 줄기의 나무껍질을 위와 아래에서 잘라 수피층을 통째로 뜯어내는 것이다. 이렇게 하면 나무 꼭대기와 바닥을 연결하는 다리가 끊어져서 수액이 이동하는 길이 완전히 막혀버린다. 하지만 사정을 알 리 없는 위에서 연신 수액을 실어 보내니 막다른 길목마다 첩첩이 쌓이고 그 자리에서 엉겨 붙으면서 줄기가 불룩해진다. 한편 껍질을 뜯어낸 지점의 아래쪽은 부풀지 않는다. 위쪽의 부푼 조직을 자세히 살피면 섬유가 온통 꼬이고 얽혀 있다. 다리가 끊어진 줄도 모르고 어떻게 해서든 아래로 내려가려고 전력을 다한 결과다. 사실 저런 상태로는 위쪽의 어린 잎과 가지가 더는 땅과 소통하지 못하므로 나무의 운명은 결정된 셈이다. 어찌어찌 한동안은 버티겠지만 끝내 시름시름 앓다가 죽을 것이다.

줄기를 끈으로 꽉 묶어도 같은 일이 벌어진다. 묶은 자리 위가 불룩해지면서 결국에는 나무가 죽는다. 여기에서도 줄기를 누르는 압박이 수액의 하강을 막아 잎이 토양과 소통하지 못하게 되고 결국 식물 전체가 몰락한다. 그러나 수피를 제거하거나 옥죄더라도 일부에 한정되면 수액은 장애물 주위로 돌아가는 길을 모색하고 아직 수피가 온전한 구역을 찾아 평소대로 내려간다. 그런 경우라면 나무는 크게 쇠약해질지언정 죽지는 않는다.

이 특별한 액체는 새잎에서 분비되어 나무껍질 밑에서 땅으로 내려가면서 일부는 지난해의 층을 본떠 물관부가 된다. 그리고 이 목질층이 줄기의 바닥까지 내려가면 기존의 뿌리 사이에 자리 잡거나 새 뿌리를 내어 새잎과 토양을 연결한다. 이 과정이 세대마다 반복되면 목재가 동심원을 그리며 나이테를 형성하는데, 가운데 있는 나이테가 가장 오래된 나이테고 가장자리로 갈수록 현재에 가깝다. 나무의 가지에는 각자 제 나이에 해당하는 나이테가 새겨졌고, 나무 몸통에는 처음부터 지금까지 만들어진 모든 나이테가 들어 있다.

나이테가 해마다 생성된다는 실험적 증거가 있다. 나무에 한창 수액이 차올랐을 때 수피의 일부를 벗겨낸 다음 그 위에 얇은 금속판을 두른다. 벗겨낸 수피를 도로 입히고 그 자리를 꽉 감싸 상처가 아물게 한다. 한 10년쯤 무심히 흘려보낸 뒤, 다시 나무로 가서 같은 자리의 수피를 떼어낸다. 그러나 눈을 씻고 찾아봐도 10년 전 얹어둔 금속판은 보이지 않는다. 금속판을 보려면 나무를 얼마간 파내야 한다. 그렇게 마침내 금속판이 모습을 드러낸 지점까지 나이테를 세면 아마 정확히 10개일 것이다. 10년의 세월이 흘렀다는 뜻이다.

다음과 같은 목격담은 차고 넘친다. 어느 벌목꾼이 너도밤나무 한 그루를 베었는데 줄기에 칼로 1750이라고 새겨져 있었다. 글씨가 줄기 안쪽까지 깊숙이 패어 55겹을 파 내려가서야 더는 글씨가 보이지 않았다. 이제 1750에 55를 더하면 1805가 되는데 바로 벌목꾼이 나무를 쓰러뜨린 해와 일치한다. 1750년에 누군가가 줄기에 새긴 글씨가 수피를 파고들어 당시로서는 가장 바깥에 있던 목질 섬유층까지 다다른 모양이다. 그 뒤로 55년이 흘렀고, 정확히 55개의 신선한 나이테가 주위를 감쌌다. 이미 앞에서 미셸 아당송이 이런 식으로 세네감비아 바오바브나무의 기함할 수령을 추정했음을 설명했다. 그러므로 적어도 우리 기후대에서는 나무가 한 해에 한 겹의 물관부를 생산한다고 믿어도 좋을 것이다.

7장

나무의 나이테

방금까지 본 바와 같이 물관부는 나무의 대부분을 차지한다. 나무의 몸통인 줄기는 나무가 처음 태어난 순간부터 현재까지 생성된 나이테를 모두 끌어안고 있다. 반면에 나뭇가지는 저마다 나이테의 개수가 다르다. 나이테는 한 세대의 눈이 만들어낸 산물이다. 제조 연월이 최근인 목질층은 수피에 가까운 줄기 바깥에서 발견되고 오래된 층일수록 줄기 안쪽에서 발견된다. 중심에 가까울수록 오래 묵은 목재라는 말이다. 미래의 새싹이 해마다 제 몫의 목질층을 생산하여 한 겹 한 겹 윗세대를 감싸기 시작하면 결국 지금의 가장 바깥층도 줄기 깊숙이 파묻히는 날이 올 것이다.

한 나무를 이루는 모든 연식의 물관부 중 나무에 당장 제일 쓸모 있는 부위는 단연코 제일 바깥쪽 부분이다. 그도 그럴 것이 이 목질층으로 올해의 잎이 토양과 소통하기 때문이다. 이 층이 파괴되면 나무 전체가 죽을지도 모른다. 지금은 안쪽 깊이 틀어박힌 물관부도 소싯적에는 줄기 가장자리에서 동시대 잔가지들의 교류를 전담했다. 그러나 과거의 잔가지는 어느새 굵게 자라버렸고, 그 옛날 열심히 만들어 바친 물관부는 줄기 중심부로 밀려 들어가 곁다리 임무에도 감지덕지하는 처지가 되었다. 바깥을 감싸는 물관부는 한창 일할 나이라 땅에서 나뭇가지까지 물과 필수 염분을 부지런히 실어 나르며 올해의 목재 생산에 일조한다. 그러나 안쪽으로 갈수록 수액이 말라버려 빳빳하고 리그닌에 질식해 손발이 묶인다. 줄기 한가운데 자리 잡은 늙은 물관부는 쓸모를 잃는다. 기껏해야 질긴 섬유로 뼈대의 견고함을 더할 뿐이다. 그 결과 나무는 줄기의 안에서 바깥으로 갈수록 생기가 왕성하다. 줄기 바깥쪽은 젊음과 활력이 넘치고 생산과 노동이 활발하다. 반면 줄기 안쪽은 노화와 무기력에 한없이 침잠한다.

나무의 물관부가 목재에 해당하는데, 그렇다면 목재는 크게 둘로 나누어볼 수 있겠다. 생명이 꺼져가는 안쪽 목재와 정도의 차이가 있을 뿐 엄연히 살아 있는 바깥쪽 목재다. 수령이 많은 나무의 단면을 보면 목재의 색이 확연히 차이 나는데, 생기가 없는 부분은 어둡고 생기가 있는 부분은 밝다. 앞엣것을 심재heartwood, 뒤엣것을 변재sapwood라 한다. 변재는 색이 연하고 부드러우며 수액이 스며들었다. 변재는 살아 있는 나무다. 심재는 색이 짙고 단단하며 바싹 말랐다. 심재는 죽은 나무다.

이렇듯 노쇠한 목재는 생명을 잃어 완벽과는 거리가 멀어 보인다. 그런데 왜 프랑스 사람들은 심재를 '완전무결한 목재 bois parfait'라고 부를까? 나무의 관점에서는 아무 일도 하지 않는 심재만큼 불완전한 게 없을 텐데 말이다. 그러나 사람의 관점에서 보면 심재만큼 완벽한 목재가 또 없다. 예를 들어 목수는 결이 촘촘하고 색이 진한 목재를 좋아한다. 변재에서는 찾아볼 수 없는 심재만의 특성이다. 흑단의 강도와 윤기 있는 검은 색도, 마호가니의 진한 붉은색과 고운 결도 모두 심재만의 장점일 뿐, 변재는 무르고 허여멀게서 쓸모가 없다. 단향과 로그우드의 심재는 염색장이에게 좋은 원료로 쓰이지만, 바깥을 감싸는 변재에는 색이 없다. 철목이라고 불리는 단단한 목재도 그 변재는 쓸 데가 없다. 참나무, 호두나무, 배나무에서 심재와 변재가 보이는 강도와 색깔의 차이를 모르는 이가 어디 있는가. 목공이나 염색에 쓸 재료로 변재를 찾는 장인은 없을 것이다. 심재를 얻으려면 변재는 잘라내야 한다. 심재만이 염료에 적합한 재료와 결이 치밀한 목재를 주기 때문이다.

사실 심재도 원래는 변재였다. 오늘의 변재도 세월이 흘러 어린 목재가 주위를 감싸면 서서히 심재로 변할 것이다. 밝고 부드러운 신선한 목질층이 바깥쪽으로 늘어나므로 목재의 색깔과 견고함은 중심에서 가장자리로 갈수록 약해진다. 어떤 나무에서는 변재가 심재로 바뀌는 과정에 불미스러운 일이 일어난다. 나무의 심장이 단단해지기 전에 썩는 것이다. 그런 나무를 화이트우드라고 부르는데, 버드나무와 사시나무가 대표적이다. 두 나무는 무르고 금방 썩어서 목재로는 영 아니다.

수령이 오래된 나무 중에서도 심재가 단단하지 않은 나무는 줄기의 속이 비어 있다. 안쪽이 썩으면서 생긴 구멍이다. 그렇지만 해마다 새로 가지를 내는 데 지장이 있는 것은 아니다. 긴 세월에 속이 문드러지고 유충이 우글거리는 텅 빈 버드나무가 머리 위로 무성한 잎을 자랑하는 것만큼 영문 모를 일이 또 있을까? 속은 버려진 시체처럼 썩어가는데 겉으로는 천진하게 마냥 생기발랄한 저 행태를 어찌 이해한단 말인가. 하지만 기이할 것은 없다. 저 안쪽에 틀어박힌 목재는 어차피 나무의 번영에 일말의 이바지도 하지 못하는 형편이 아니었던가. 지나간 세대의 유물은 썩어 없어졌어도 줄기의 둘레만 건재하면 나무는 괘념치 않는다. 넘치는 생명력은 오직 몸통의 바깥을 둘러 존재하므로 시간의 공격에 내부는 허물어졌어도 해마다 젊은 세대의 힘으로 회춘하면서 꿋꿋이 몇 세기를 살아가는 것이 나무다. 집합적 존재로서 조직에 부여된 특권 덕분에 나무는 사실상 가장 모순된 면모를 한 몸에 지니게 되었다. 나무는 노인이자 청년이고, 죽은 자이자 산 자다.

줄기를 겹겹이 두르는 나이테는 나무의 자서전이라 불러도 좋다. 이 고문서에 기록된 가장 중요한 정보는 수령이다. 나이테를 세었더니 모두 150개였다면 그 나무의 수령은 150년이다. 나이테 하나가 곧 1년을 뜻하기 때문이라고 굳이 설명하지 않아도 되겠지. 마찬가지로 나무가 쓰러진 연도를 알면 그 나무의 씨앗이 언제 처음 발아했는지 알 수 있다.

나무의 나이테는 두께가 모두 제각각이다. 어떤 나이테는 좁고, 어떤 나이테는 넓다. 나이테가 좁은 해는 나무가 열매를 많이 생산한 해와 일치한다. 반대로 나이테가 넓은 해는 작황이 나쁜 해였다. 나무가 쓸 수 있는 재료는 정해져 있으므로 열매를 생산하느라 재료를 다 써버리면 어쩔 수 없이 목재의 생산량을 줄여야 한다. 반대로 재료를 목재 생산에 쏟아부으면 열매를 덜 맺을 수밖에 없다. 열매가 크고 많이 열리는 나무들은 해에 따라 나이테 두께에 큰 차이가 난다. 어느 해 참나무나 사과나무에 유난히 도토리와 사과가 많이 열렸다면, 열매 생산에 재료가 더 들어간 만큼 줄기는 평소보다 덜 생장할 것이다. 그러고 보면 나무에는 풍작이 곧 굶주림이다. 기력을 되찾으려면 나무도 주기적으로 푹 쉬어주어야 한다. 자생하는 거의 모든 과실수가 두 번의 풍년 뒤에 1년을 쉰다. 이런 행동을 해거리라고 하는데, 참나무와 밤나무는 2~3년마다 한 번씩, 너도밤나무는 5~6년에 한 번씩 해거리한다. 한편 씨앗의 크기가 아주 작고 양분을 조금만 저장하는 나무는 사정이 다르다. 버드나무와 느릅나무, 사시나무 같은 수목은 굳이 해를 거르지 않고 해마다 씨를 맺으며 나이테의 너비에도 큰 변

화가 없다.

나이테의 너비를 불규칙하게 하는 원인은 또 있다. 식물의 세계에는 누구에게나 닥치는 가뭄의 역경이 있다. 가뭄이 유난히 극심한 해에는 뿌리가 아무리 용을 써도 물 한 방울 빨아들이기가 어렵다. 가뭄은 목재 생산에 치명적이므로 그해에 만들어지는 나이테는 좁을 수밖에 없다. 반대로 나이테가 두껍다면 그해는 토양에 물기가 넉넉하여 생산성에 문제가 없었다는 뜻이다.

건강한 나이테 중에도 군데군데 유독 색이 짙거나 반쯤 바스러지고 심지어 썩기까지 한 나이테가 발견된다. 이는 유달리 혹독했던 겨울의 흉터다. 그해에 생산된 목재가 여기저기 서리의 공격을 받아 죽은 것이다. 그러나 이후에 계속해서 건강한 목재가 축적되면 손상된 나이테가 덮이고 가려진다. 나이테를 세어나가다 혹여 끊어진 부분 때문에 연도의 추적이 어려워지면 그해에는 한파가 기승을 부렸음을 짐작할 수 있다.

나이테의 두께가 전반적으로 일정하다면 나무가 안정적인 환경에서 잘 생장했다는 뜻이다. 그해에는 온 세상이 나무에 호의적이었다. 하늘과 땅이 은혜를 베풀고 나무 전체에 수액이 차올라 뿌리와 가지가 생장하는 데 장애물이라고는 없었다. 그런 나이테가 연속되면 날씨가 꾸준히 좋았다는 증거다.

반면 나이테의 너비가 일정하지 않고 어디는 좁고 어디는 넓다면 발달이 고르지 못했다는 뜻이다. 목질층이 제대로 축적되지 않은 것은 나무가 곤경을 겪었기 때문이다. 뿌리가 척박한 자갈밭을 만났거나, 이웃 나무의 방해로 제대로 자라지 못했을지도 모른다. 생장철 내내 그늘에 가려졌을 가능성도 염두에 두어야 한다. 그늘은 나뭇잎을 굶주리게 하는 법이다. 하지만 들쑥날쑥하던 나이테가 어느 해부터 규칙성을 회복했다면 비로소 자연이 질서를 되찾았다고 해석해도 좋다. 장애물을 피했든 극복했든, 뿌리가 발 뻗을 곳을 찾았든, 이웃의 훼방꾼이 쓰러지는 바람에 그늘에 억눌렸던 나뭇가지가 햇빛을 되찾았든, 나무가 원래의 활기찬 생장을 재개한 것이다.

8장

수피

앞에서 표피와 코르크층, 피층, 인피가 모인 것이 줄기의 수피라고 했다. 적어도 어린줄기에서는 저 4개의 층이 모두 관찰된다. 하지만 시간이 지나면서 대대적인 공사가 진행되면 일부는 아예 사라진다.

표피는 수피의 가장 바깥층으로 세포가 한 겹으로 나란히 줄을 서서 만든 얇고 투명한 막이다. 표피는 모든 식물의 줄기에서 형성되지만 금방 사라지므로 어린 식물에서만 볼 수 있다. 줄기가 생장하면 표피도 덩달아 늘어나다가 결국 찢어지면서 땅에 떨어지고 다시는 재생되지 않는다. 표피는 보드랍고 연해서 어린줄기를 감싸는 데 적합하다. 그러나 줄기가 점점 길고 굵어지면 더 두껍고 튼튼한 외투가 필요하다. 어떤 나무에서는 표피 다음으로 코르크층의 얇은 외피가 줄기를 둘러싼다. 포도주병 마개로 익숙한 코르크는 코르크층의 한 종류일 뿐이다. 코르크층suberose envelope이라는 이름은 라틴어로 코르크라는 뜻의 'suber'에서 나왔다. 안에서 새로운 물질이 쌓이면서 줄기의 부피가 늘어나면 코르크 외피도 밖으로 밀려나면서 찢어지고 결국 낡은 코르크층은 땅에 조각조각 떨어진다. 그러나 닳아버린 넝마 밑에는 이미 새로운 겉싸개가 발달한다.

모든 나무의 코르크층은 익숙한 갈색의 해면조직으로 이루어졌다. 그러나 특별히 병마개에 사용되는 코르크는 코르크참나무라는 특정한 수종에서 만들어진다. 코르크참나무는 잘생긴 상록수로, 프랑스 남부의 호랑잎가시나무Holm Oak와 비슷하다. 호랑잎가시나무처럼 코르크참나무도 지중해 자생이며 북쪽 지방에는 분포하지 않고 프랑스 바르주, 피레네 일부 지역, 무엇보다 알제리에서 주로 발견된다. 거창하게 부풀어 오른 두꺼운 코르크 외투는 다른 참나무와 쉽게 구별된다. 좀 더 추운 지방에서 자라는 어느 느릅나무에도 코르크층이 발달했다. 이 나무의 어린줄기도 코르크참나무만큼 세밀하고 탄력성이 뛰어난 코르크로 싸여 있지만, 세로로 불규칙하게 고랑이 패이거나 형태가 일정하지 않은 혹 덩어리라서 채취해봐야 돈이 되지 않는다.

코르크참나무에서 코르크를 뜯어내려면 줄기의 둘레를 따라 위에서 한 번, 밑동에서 한 번 얇게 가른다. 그리고 두 가로 절개선 사이를 세로로 길게 자른다. 그런 다음 지렛대 원리를 이용해 힘을 주면 통째로 떼어낼 수 있다. 수피 안쪽을 건드리지 않게 조심해서 잘라내면 나무는 그렇게 가죽을 통째로 벗겨도 살아남아 새로운 코르크층을 만든다. 몇 년이 지나면 같은 나무에서 또다시 코르크를 채취할 수 있다.

코르크 마개를 만들려면 채취한 코르크를 작게 자른 다음 아주 잘 드는 칼로 한 번에 하나씩 다듬는다. 코르크는 쓰임이 풍부하여 대체할 수 없는 물질이다. 코르크처럼 유연하면서도 견고하고 탄력성이 있으면서 단단한 물질은 달리 찾기 힘들다. 코르크는 추위와 습기로부터 나무를 보호하기 위해 남다르게 적응했다. 평소에 발을 보송하게 유지하려면 코르크를 얇게 잘라 신발 밑창 아래에 깔거나 직접 발바닥이 닿게 한다. 하지만 코르크에는 이런 익숙한 예 말고도 더 중요한 용도가 있다.

극지방의 혹독한 바다로 들어가 겨울을 나는 선박이 있다. 지구의 역사를 속속들이 조사하려는 고귀한 열망에서 탐험가들이 그 두려운 곳으로 자처하여 들어간다. 그곳의 바다는 얼음이 만든 땅에 갇혀 있고, 그곳의 하늘은 몇 달이고 밤이 지배한다. 이런 암울한 지역에서 맞닥뜨릴 추위를 상상이나 할 수 있을는지. 잘 들어보기를 바란다. 배 밖으로 나오는 순간 코로 내뿜는 숨은 날카로운 바늘 결정이 되어 콧구멍 주위에 허연 서릿발을 세운다. 그곳에서는 눈물조차 눈꺼풀 위에서 얼어붙고 바람은 가죽 채찍처럼 피부에 깊은 고랑이 패도록 얼굴을 후려친다. 피는 혈관에서부터 엉겨 붙어 굳어버리며 잘못하여 맨살이 밖에 드러났다가는 먼저 보라색으로 변했다가 다시 흰색으로 바뀌고 마침내 모든 감각을 잃는다. 서둘러 실내에 들어가지 않으면 곧 황천길에 오르는 신세가 될 것이다. 그렇다면 무모한 탐험가들이 얼음에 틀어박힌 선박의 갑판 아래에서 이 끔찍한 추위로부터 자신을 지키기 위해 무엇을 하겠는가? 선박의 내벽을 온통 두꺼운 코르크로 덧대어 단열을 꾀한다.

모든 나무에서 두꺼운 코르크층이 발달하는 것은 아니다. 오히려 대부분은 표피를 잃듯 이런 능력을 일찌감치 잃는다. 대신 더 안쪽에 있는 피층에 의지하여 코르크의 대체물을 얻는다. 거친 계절에 자신을 방어하도록 적응한 스펀지 싸개다.

아주 어릴 때 떨어져 나가는 표피를 제외하면 나무의 수피는 코르크층과 피층, 속껍질인 인피층으로 되어 있다. 각 층은 수종에 따라 활발하게 증식하거나, 작업이 굼뜨거나, 아예 비활성이거나 서서히 썩어간다. 이런 다양한 조합에 따라 나무는 각양각색의 겉옷을 입는다.

한 나무에서 세포 수가 가장 활발히 늘어나는 부위가 코르크층이라면 그 나무는 코르크로 겉옷을 해 입는다. 그러나 코르크층의 활동이 부진하면 그 안쪽에 있던 층이 확장하면서 코르크는 바깥으로 밀려나고 결국 줄기에서 떨어져 나가 자취를 감춘다. 그렇게 되면 그 자리를 피층이 차지한다. 단단하고 색이 짙어진 바깥 세포에서 피층은 가짜 코르크를 만들어내는데, 소나무에서는 피층이 두꺼운 판으로 축적되고 버즘나무에서는 해마다 새로운 판이 생성된다.

모든 활동을 속껍질이 도맡은 나무도 있다. 그런 나무에서는 섬유질의 인피가 자라면서 피층과 코르크층을 거침없이 밀어낸 다음, 강하고 거친 섬유조직으로 줄기를 감싼다. 예를 들어 포도나무에서는 해마다 수피가 새로운 인피로 대체되고 오래된 껍질은 섬유질이 많은 누더기처럼 버려진다. 참나무나 피나무 같은 나무에서는 인피와 피층이 협동하여 수피를 만든다. 인피가 섬유 다발로 날실을 제공한다면 피층은 세포층으로 틀을 제공한다. 공동의 노력으로 복잡한 겉싸개가 만들어지며 수령이 많아지면서 사용되지 않는 부분은 세포와 섬유가 결합한 커다란 조각 형태로 줄기에서 떨어진다.

수피의 다양한 구역 중에서도 피층은 일반적으로 가장 왕성하게 활동한다. 가장자리는 마르고 시든 상태로 일종의 거친 피복을 형성하지만, 적어도 안쪽은 언제나 수액이 가득 차 있으며 해면조직이 이 수액을 대량으로 흡수한다. 잎에서 만든 화합물이 가지를 타고 줄기의 피층에 다다르면 그곳에서 마지막 공정을 거친 다음 다양한 물질로 바뀐다. 잎과 더불어 피층은 나무의 핵심 실험실이다. 이 공장에 꾸준히 투입된 원료는 새로운 성질의 물질이 되어서 나온다. 식물이 약물을 만들고

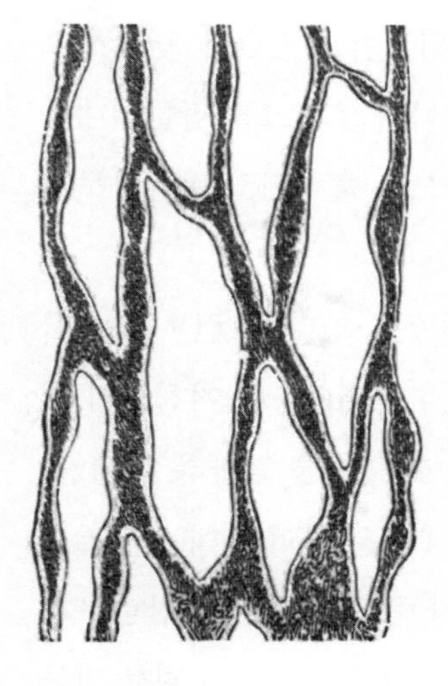

그림 40 **유관**

저장하는 곳도 이곳이다. 여기에서 약물이란 의약, 예술, 산업 분야에서 요긴하게 쓰이는 특별한 물질을 말한다. 종에 따라 종류가 천차만별이지만 몇 가지만 예를 들어보면, 육계나무 수피가 방향성 진액을 만드는 것도 이곳이고, 기나나무가 세상에서 가장 가치 있는 약물로 여겨지는 퀴닌을 만드는 것도 이곳이다. 참나무의 타닌도 여기에서 만들어진다. 타닌은 날가죽을 무두질할 때 쓰인다.

이런 약물을 만들어내려면 특별한 장치가 필요하다. 유관laticiferous vessel이라고 알려진 특수한 관이다. 유관은 수피의 겉싸개와 속껍질이 만나는 지점에 있으며, 우리가 익히 아는 물관과는 형태와 내용물이 완전히 다르다. 물관은 줄기를 따라 곧게 뻗은 관으로 이루어졌는데 관끼리 서로 연결되거나 작은 관으로 갈라지지 않는다. 이와 달리 유관은 동물의 핏줄처럼 큰 줄기와 작은 줄기가 갈라지고 합쳐지길 반복하면서 불규칙한 그물망을 형성하고 물질을 주고받는다(그림 40).

일반적으로 물관은 물관부, 즉 목재에 속하며 뿌리가 토양에서 빨아들인 물을 나무 꼭대기까지 올려보내는 수도관의 역할을 한다. 반면 유관은 수피의 일부다. 하강 수액은 수피와 물관부 사이를 흐르는 일종의 혈액인데 이 피를 유관이 흡수한다. 유관은 대개 우유 같은 액체로 채워진다. 이 액체를 유액(라텍스) 또는 고유액quintessential sap이라고 한다. 모든 식물이 저마다 고유한 유액을 만든다고 하여 붙은 이름이다. 무화과, 등대풀, 양귀비, 민들레 같은 식물의 유액은 새하얗다. 한편 쓰레기 더미나 오래된 담벼락 아래에서 자라는 불쾌하고 맛이 역한 양귀비과 잡초인 애기똥풀의 유액은 샛노란색이다. 유액의 유혹적인 우윳빛에 넘어간 자들에게 화가 미칠진저. 우유와 비슷해 보인다고 하여 우습게 보아서는 안 된다. 유액은 대체로 매우 유독하다. 특히 등대풀 유액은 부식성이 강해 선불리 혀에 대었다가는 '불타는 맛'을 경험할 것이다. 무화과 유즙도 혀에 아린 통증을 주고 심지어 무화과를 따는 손까지 욱신거린다. 양귀비의 유액에는 아편이 들어 있는데 조금만 섭취해도 잠에 빠져들고 잘못해서 많이 먹으면 목숨을 잃는다. 한편 자바의 유파스나무 유액은 독성이 무시무시해서 순다열도의 토착민들은 화살과 칼끝에 그 독을 묻혀서 사냥에 사용한다.

이렇게 유액은 대부분 독성이 있지만, 맛있고 건강에 좋은 음식을 주는 신기한 예외도 있다. 남아메리카, 정확히 말하면 콜롬비아에는 젖소나무cow tree라는 식물이 자란다. 우유를 주는 나무라는 뜻에서 갈락토덴드론*Galactodendron*이라는 학명이 붙었다. 사람들은 젖소에서 우유를 짜듯 나무에서 유액을 채

취하지만, 식물의 처지에서는 피를 흘리는 것과 다를 바가 없다. 수피를 절개하여 나무의 혈관을 자르면 상처가 난 유관에서 곧바로 흰색 액체가 줄줄 흐른다. 생김새나 맛, 영양 면에서 모두 영락없는 우유다. 약한 불로 증발시키면 이 식물성 우유는 향이 좋은 훌륭한 프랑지판frangipane이 된다.

유액에 가장 흔하게 들어 있는 물질은 고무다. 연필 자국을 지울 때 사용하는 지우개처럼 고체가 아니라 액체 상태다. 현탁액 상태의 생고무가 들어 있는 라텍스는 점성이 있는데, 공기에 노출되면 점도가 높아지면서 탄력이 좋은 고무 덩어리가 된다. 등대풀이나 프랑스 남부에 분포하는 더 큰 종에도 고무 유액이 들어 있지만 그 양이 변변찮다. 양이 풍부한 쪽은 외국 종들이다. 특히 프랑스령 기아나와 브라질의 파라고무나무, 인도의 인도고무나무가 유명하고, 말레이제도에도 우르케올루스*Urceolus*라고 고무를 생산하는 관목이 자란다.

생고무를 얻으려면 나무의 수피를 깊게 절개한 다음 상처에서 배어 나오는 우윳빛 수액을 조롱박이나 커다란 잎을 접어 만든 용기에 받는다. 고무 수액은 처음에는 액체지만 곧 크림 같은 점도를 띠다가 마침내 완전히 굳는다. 박 또는 배 모양으로 흙을 빚어 만든 틀에 액체 고무를 한 층씩 붓는다. 한 겹을 올리고 햇볕에 완전히 말린 다음에 다시 부어야 한다. 겹겹이 올린 층이 모두 완전히 뒤섞여 하나가 된다. 어느 정도 두께가 됐을 때 틀을 부수면 작업이 끝난다. 이제 고무는 속이 빈 배

모양의 그릇이 된다. 토기로 만든 평평한 판 위에 고무를 부어 다양한 두께의 판을 만들기도 한다.

말레이제도에는 이소난드라 구타*Isonandra gutta*라는 나무가 있는데, 그 나무의 유액으로는 구타페르카gutta-percha를 만든다. 구타페르카는 고무와 아주 유사한 질은 갈색 물질로, 현재 산업계에서 활약이 대단하다. 구타페르카는 가죽처럼 밀도가 높고 저항성이 있으며 유연하지만 탄성 고무보다 덜 늘어난다. 끓는 물에 넣어서 부드럽게 풀어주고 나면 어떤 모양도 빚을 수 있다. 힘을 주어 틀에 밀어 넣으면 섬세한 부분까지 그대로 복제된다. 뜨거운 물에서 꺼내어 모양을 낸 다음 식히면 어떤 형태든 그대로 유지하면서 나무보다 더 단단해진다. 구타페르카는 동력 전달 벨트, 송수관, 지팡이, 채찍, 스위치, 인쇄기 롤러, 수술 장비, 그 밖의 다양한 실용품이나 장식품을 만드는 데 사용된다. 나뭇진이나 유리처럼 구타페르카도 전기가 잘 통하지 않으므로 해저 케이블의 전선을 감싸는 절연 물질로도 인기가 좋다.

방금 소개한 화합물이 생산되는 세포층 아래에는 또 다른 진정한 약물 실험실이 있다. 바로 인피다. 이 속껍질은 다양한 길이의 섬유로 구성된다. 이 필라멘트성 섬유는 합쳤다가 갈라지기를 반복하는 다발이 배열되어 거친 그물망이 된다. 이 그물은 수피를 가로지르는 방사조직의 바깥쪽 끄트머리가 채운다. 그림 41은 마로니에의 속껍질이다. 나란히 정연하게 누

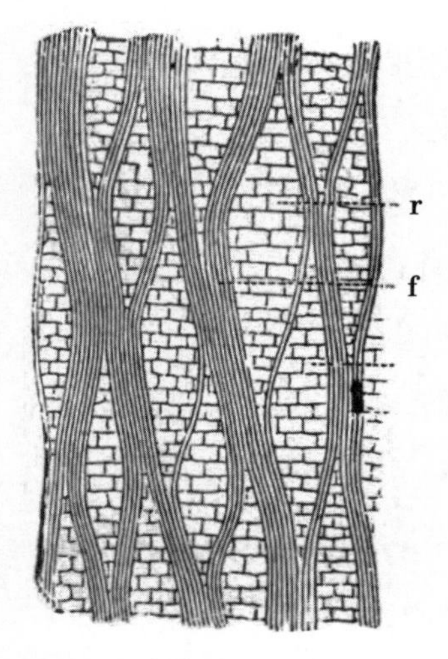

그림 41 **마로니에의 인피**
r: 방사조직. f: 섬유질.

운 섬유(f)가 보인다. r은 방사조직인데 세포를 가르며 목재 깊숙이 흐른다. 인피는 지난해에 만든 섬유층 안쪽에 얇게 쌓여 해마다 두께가 늘어난다. 얄따란 판을 여러 겹 붙인 질감이라 한 권의 책이 연상된다. 프랑스에서는 인피를 책에 비유하여 'liber'(책이라는 뜻)라고 한다. 인피도 해마다 한 겹씩 생산되므로 이론상 전체가 몇 겹인지 알면 나무의 나이를 알 수 있지만 층이 너무 얇고 촘촘해서 일일이 셀 수가 없다.

어떤 식물의 인피 섬유는 길고 잘 휘고 들러붙으면 떨어지지 않는다. 그런 특성이 인간에게는 천혜의 가치가 있다. 론, 아마포, 네인숙, 거즈 같은 고급 원단은 아마의 속껍질로 만든다. 한편 튼튼한 직물과 두꺼운 베자루는 삼 껍질로 만들어진다. 면직물에 대해서는 굳이 이 자리에서 말하지 않겠다. 방적계의 챔피언인 목화는 나무의 속껍질이 아니라 씨가 들어 있는 꼬투리에서 섬유를 뽑아내기 때문이다.

아마는 부드러운 푸른색의 작은 꽃이 피는 가늘고 긴 한해살이풀이다. 아시아 중앙고원 원산이지만 오늘날에는 프랑스 북부, 벨기에, 네덜란드에서 널리 재배된다. 아마는 인간이 옷을 만드는 데 처음으로 사용한 식물이 기도 하다. 3,000~4,000년이라는 긴 세월 동안 무덤에 잠들어 있는 이집트 미라는 아마 섬유로 만든 리넨 붕대로 몸을 감쌌다. 아마 섬유는 너무 고와서 30그램을 물레에 넣고 자으면 길이가 5,000미터는 족히 되는 실이 나온다. 거미줄 정도가 감히 그에 견줄 것이다.

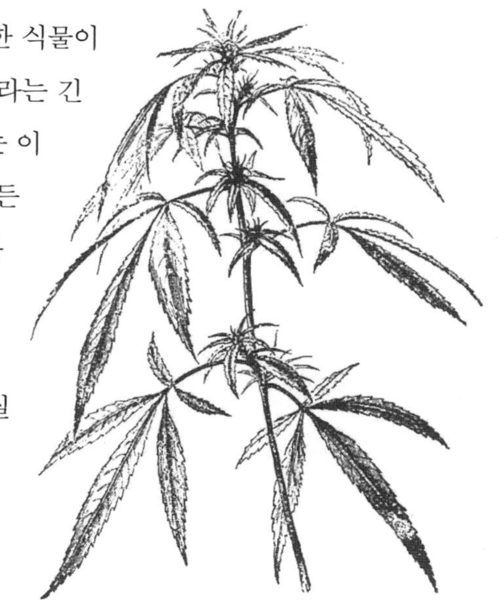

그림 42 **삼**

삼은 동인도 자생이지만 수백 년 전 유럽에 귀화했다. 한해살이풀로 향이 강하고, 작고 거무칙칙한 꽃이 피며, 가느다란 줄기가 약 2미터 높이로 올라온다. 아마처럼 줄기와 씨앗을 쓰기 위해 재배한다.

삼과 아마의 종자가 익으면 수확하여 타작하고, 남은 식물은 침지沈漬 처리를 하여 인피 섬유를 목질층에서 분리한다. 이 섬유는 실제로 아주 질기고 끈끈한 물질에 의해 줄기에 들러붙어 있다. 그래서 수피가 완전히 분해되지 않는 한 섬유가 떨어지지 않는다. 침지는 식물을 6~7주 동안 땅바닥에 펼쳐둔 채로 두고 가끔 뒤집으면서 섬유 다발이 줄기에서 떨어질 때까지 기다리는 과정이다. 하지만 식물을 다발로 묶어 구유나

물통에 담가두는 편이 더 빠르다. 그러면 불쾌한 악취가 나면서 금세 발효가 일어난다. 수피는 이내 썩지만 섬유는 저항력이 세서 끝까지 버틴 다음 자유를 찾고 분리된다. 이 섬유 다발을 잘 말려 사료 파쇄기에 넣고 조각낸 다음 부스러기를 털어낸다. 목질 찌꺼기에서 섬유만 완전히 골라내고 커다란 빗처럼 생긴 강철 이빨에 통과시켜 삼빗질을 하면 더 고운 필라멘트로 나뉜다. 이제 손이나 기계로 섬유에서 실을 자을 수 있다. 이렇게 얻어진 실로 베틀에서 직물을 짜면 변신이 끝난다. 삼의 수피는 베자루가 되고, 아마 줄기의 섬유는 공주님이 걸치실 레이스가 된다. 한 조각에 몇백 프랑이나 하는 값진 물건이다.

9장

외떡잎식물의 줄기 구조

외떡잎식물의 줄기에는 목재와 수피를 가르는 명확한 선이 없다. 떡잎이 하나밖에 없는 나무에서도 세포가 굳어서 생긴 두꺼운 외피와 오래된 잎의 기부가 줄기를 감싸지만, 이 보호성 겉싸개는 쌍떡잎식물의 수피와는 어디 하나 닮은 구석이 없다. 쌍떡잎식물 같은 복잡한 구조는 고사하고 수피가 안쪽의 목질층과 하나로 이어지므로 줄기에서 분리되거나 떨어져 나가지 않는다. 나무 중에서 떡잎이 하나밖에 없는 종은 오늘날 열대 기후에서나 자생하기 때문에 온대지방에서는 정원이나 유리 온실 말고는 보기 어렵다. 굳이 들자면 갈대나 골풀이 외떡잎 나무와 유사점이 있다. 봄이 오고 사방에서 나무에 물이 오르면 가느다란 가지에서 원통형 수피를 분리해 통째로

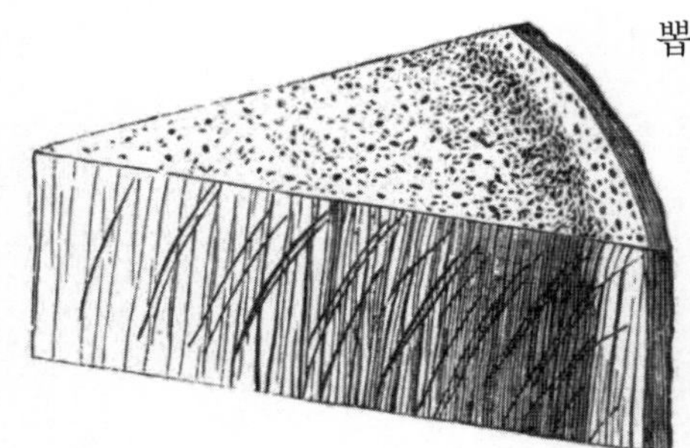

그림 43 **야자수 줄기의 단면**

뽑아낼 수 있다. 많은 사람의 기억 속에 어린 시절의 버들피리가 남아 있다. 하지만 갈대로는 버들피리를 만들 수 없다. 갈대의 수피는 애초에 목질층과 한 몸이므로 분리되지 않기 때문이다. 떡잎이 하나인 모든 식물이 그러하다.

외떡잎식물의 줄기에는 나이테가 없다. 그림 43의 야자수처럼 줄기의 세포조직 안에 섬유와 물관 다발이 질서 의식이라고는 눈곱만큼도 없이 제멋대로 박혀 있다. 그림의 횡단면에 보이는 검은 점은 종단면의 목질 섬유에 해당한다. 세포 뭉치를 가로지르는 이 목질성 다발은 줄기의 둘레로 갈수록 더 많이, 더 촘촘히 박혀 있다. 또한 바깥으로 갈수록 색도 더 짙다. 목재에 굳기와 색을 주는 것이 이 다발이므로 야자수 줄기는 바깥으로 갈수록 단단하고 색깔이 더 진하며, 반대로 안쪽으로 갈수록 부드럽고 색이 옅다. 쌍떡잎식물의 줄기와는 정반대라는 사실을 눈치챘는가? 쌍떡잎식물에서는 줄기 안쪽의 심재가 단단하고 색이 짙으며, 바깥쪽의 변재는 부드럽고 색이 옅다.

구조적 설계는 딴판일지 몰라도 야자수 줄기를 만드는 재료 자체는 새로울 게 없다. 야자수의 목질성 다발에는 쌍떡잎식물 줄기의 기본 요소가 모두 들어 있다. 그림 44는 야자수 줄기의 횡단면과 종단면이 다. 그림의 a는 목질성 다발 사이를 채우는 세포성 조직이다. b에는 벽이 두꺼워진 여러 겹의 섬유층이 보인다. c는 헛물관이고, d는 줄무늬 물관이다. e는 유관인데 쌍떡잎식물에서는 수피에서만 발견된다.

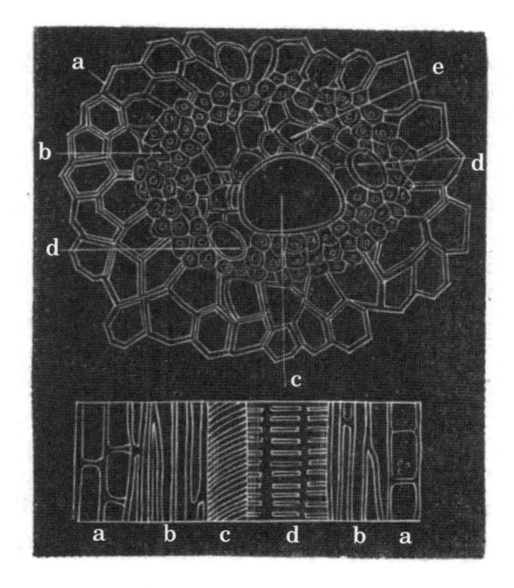

그림 44 **야자수 줄기 섬유–관다발의 단면**

야자수 줄기를 구성하려면 이 다발이 수천 개도 넘게 필요하다. 이 다발은 훨씬 고도로 조직된 식물의 줄기를 축약한 형태다. 다시 말해 여기에는 수심 바깥쪽 경계에 나타나는 헛물관, 수피의 유관, 세포벽이 단단해진 섬유, 목재에서 발견되는 물관이 모두 빠짐없이 들어 있다.

자, 천상의 손재주를 지닌 어느 장인이 쌍떡잎식물, 예컨대 참나무 줄기를 해체하여 요소별로 나누었다고 상상해보자. 이 자의 손이 순서대로 목재에서 섬유를 분리하고 헛물관과 물관, 수피의 유관을 분리해 따로따로 모아놓았다. 그리고 마지막으로 줄기 안에 들어 있던 각종 세포를 모두 한군데에 쌓아

두었다. 이렇게 해체와 분류를 마치고 나서 장인은 세포를 제외한 나머지를 종류별로 몇 가닥씩 집어 하나의 다발로 만들었다. 같은 방식으로 재료가 떨어질 때까지 수백, 수천 개의 묶음을 만들었다. 이제 이 다발을 전체적으로 원통형이 되도록 기둥처럼 세운 다음, 사이사이에 아까 따로 모아두었던 세포들을 채웠다. 자, 이제 모든 작업이 끝났다. 참나무 줄기가 야자수 줄기로 변신을 마쳤다.

이 변신이 과연 퇴보일까 진보일까? 당연히 퇴보다. 쌍떡잎식물의 줄기를 한번 볼까. 가지런한 직선의 방사조직, 컴퍼스로 그린 듯 완벽한 동심원, 세포와 섬유와 물관이 체계적으로 조직된 피층과 목질층을 완비한 정교하고 기하학적인 줄기를 어찌 무질서하고 혼란스럽기 짝이 없는 외떡잎식물의 줄기와 비교할 수 있겠는가. 하지만 외떡잎식물인 야자수가 열등한 이유는 어디까지나 시간이 갈수록 창조의 능력이 진보해가는 탓이다. 어떤 신비의 힘이 신의 의중을 한 세기씩 서서히 반영하여 모든 생명체를 더욱 완벽한 형태로 빚어왔다(이 책에서 파브르는 외떡잎식물의 구조가 쌍떡잎식물보다 원시적이므로 더 먼저 진화했고, 이후에 쌍떡잎식물의 복잡한 구조가 나타났다고 보았다. 하지만 현재 계통분류학에서는 쌍떡잎식물이 먼저 진화했고, 그중의 일부가 갈라져 나가 외떡잎식물이 되었다고 보고 있다—옮긴이).

지질학이 알려준 지구 태초의 식물은 물속에 사는 끈적한 해조류와 바위에 붙어 사는 지의류 같은 단세포 생물이었다.

당시는 거의 모든 생명이 이 수준에 머물렀다. 그러다가 생명이 첫 번째 실험에 도전했다. 나무에 들어갈 섬유와 물관을 제작하기 전 과정으로 하등식물의 세포들을 하나로 묶어 발판을 삼은 것이다. 그 이후로 오랜 시간이 지나면서 거대한 속새와 나무고사리를 비롯한 민떡잎 왕족이 지구에 나타났다. 뒤를 이어 씨앗에 떡잎을 달아주기 위한 준비 단계로 침엽수가 나타났지만 아직 물관을 형성하는 수준에는 이르지 못했다. 침엽수 다음에 마침내 외떡잎식물이 등장했는데 그중 가장 발달한 것이 야자수였다. 그리고 마지막으로 쌍떡잎식물, 특히 목본인 느릅나무, 버드나무, 단풍나무 등 뛰어난 식물이 나타나 대미를 장식했다.

오늘날 프랑스라는 아름다운 이름의 땅이 현재의 가론강, 센강, 론강 분지가 차지하는 지역으로 갈라진 시절이 있었다. 열대 기후의 영향 아래, 넓고 좁은 물줄기 사이로 커다란 호수와 화산이 뒤덮은 땅에서 식생이 활기차게 번성했다. 적도 지방의 심장을 제외하면 오늘날에는 볼 수 없는 종족들이다. 오늘날 너도밤나무와 참나무가 차지한 바로 그곳에 야자수의 가는 줄기가 거대한 잎다발을 우아하게 흔들며 높이 솟아올랐다. 아마 브라질 원시림을 찾아가면 이 지나간 식물상을 엿볼 수 있으리라. 야자수 그늘에서 코끼리가 풀을 뜯고 사자보다 큰 고양이가 으르렁거리며 먹잇감을 찾아 헤맸다. 호숫가에는 괴물 같은 악어와 거북이 커다란 발로 미지근한 진흙을 치대며 걸었다.

그렇다면 우리 시대의 나무는 어디에 있는가? 또 인간은 어디에 있는가? 아직은 없지만 언젠가는 나타날 저것들은 어딘가에 숨어 있었으니 그건 아마 멈추지 않는 홍수 가운데 만물을 쏟아낸 창조의 발상 속이었을 테다. 이윽고 기후가 서늘해지면서 유럽의 야자수와 야자수 숲에서 지내던 짐승에게 가혹한 시대가 찾아왔다. 모든 것이 사라졌지만 어느새 신의 보고寶庫에 있던 다른 존재가 나와서 그 자리를 채웠다. 구조 면에서 선조를 능가하는 것들이었다. 최후에 나타난 가장 고도로 조직된 생물이 바로 오늘날의 동물과 식물이며, 마지막 창조물인 인간이 그 위에 군림했다.

한동안 이 땅에 머물렀으나 지금은 열대 지방의 더 강한 햇살 아래로 밀려난 식물의 흔적을 찾으려면 과학은 땅속을 수색해야 한다. 지구의 깊은 창자에 태곳적 나무가 석탄과 광물로 변하여 누워 있다. 그리고 야자수가 묻힌 지층보다 훨씬 아래를 파고들면 그보다 오래된 낯선 종족이 침엽수와 뒤섞여 발견되는데, 그게 바로 나무고사리라는 식물이다. 한때 전 세계를 지배하며 심지어 극지에까지 발을 들였던 식생이다. 그랬던 나무고사리가 지금은 지구의 가장 따뜻한 바다 위 몇몇 섬에서만 발견된다. 오늘날 유럽에서 자라는 양치식물은 그에 비하면 몹시 초라한 편이다. 키가 크다고 하는 놈들도 1미터가 고작이고 대개는 몇십 센티미터에 불과하며, 줄기는 줄어들다 못해 땅속을 기는 밑동 수준이다. 하지만 적도의 섬에 서식하는 양치류 정도라면 야자수와 비교해봄 직하다. 이 양치류의 줄기는 한때 15~20미터까지 솟아올랐으며 윤곽이 우아한 커다란 잎이 다발로 수관을 장식했다. 잎다발의 한복판에는 가장 어린잎이 자리 잡았는데, 그 끝이 주교의 지팡이 머리처럼 말려 있다. 모두 양치류의 전형적인 특징이다.

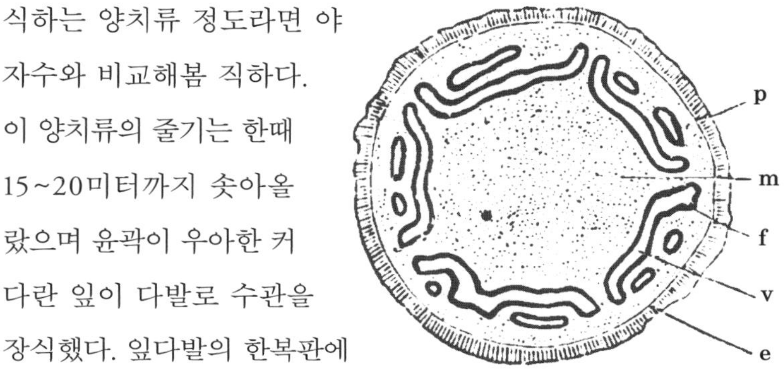

그림 45 **나무고사리 줄기의 단면**

대부분 세포로만 구성된 민떡잎식물 중에서도 양치식물은 놀라운 예외다. 양치류는 섬유와 물관을 활용하여 목질 구조를 잘 발달시켰다. 지구상에 처음으로 나타난 이 대표적인 목본식물은 특별한 구조로 설계되었다. 실제로 나무고사리의 줄기는 식물계가 제시할 수 있는 여느 조직과도 같지 않다. 그림 45가 나무고사리 줄기의 단면이다. 줄기 대부분을 구성하는 세포 덩어리(m) 안에 목질의 다발이 있는데, 검은 가장자리가 희한하게 비틀린 흰색 문양을 그린다. 이 다발의 흰색 구역(v)은 많은 관으로 이루어졌다. 까만 부분(f)은 검은 물질이 배어 있는 섬유층으로 구성된다. p에서는 세포조직이 더 많이 나타나는데, 목질층의 불규칙한 구멍을 통해 중앙의 세포성 조직과 소통한다. 마지막으로 e는 수피를 대체하는 단단한 외피다.

이 겉싸개는 줄기가 자라면서 땅에 떨어진 잎의 남은 기부로 만들어진다. 유럽에서 흔히 볼 수 있는 양치식물의 줄기에서도 이런 특이한 구조가 나타나며, 밑동에 검은 목질성 다발이 있다. 예를 들어 고사리 줄기에서도 종종 이런 다발이 관찰된다. 고대 종족의 고귀함을 과시하려는 듯 귀족 가문의 문장에나 새겨질 법한 쌍두독수리를 대충 그려놓은 모양새다.

야자수가 등장하기 한참 전, 바다가 물러나면서 훗날 유럽이 된 땅을 온통 나무고사리가 뒤덮었다. 나무고사리는 생기 있는 새소리도 네발짐승의 발소리도 울리지 않는 음울한 숲을 차지했다. 아직 마른 땅에는 아무도 거주하지 않았고 오로지 바다 홀로 파도 속에서 반은 물고기, 반은 파충류인 괴물 집단에 먹이를 대느라 바빴다. 이 괴물의 옆구리는 비늘 대신 에나멜 판으로 덮여 있었다.

이 시기에 대기는 동물이 숨을 쉬기에 적합하지 않았을 것이다. 유독한 형태로 공기 중에 떠다니며 나중에는 석탄이 된 탄소가 많이 들어 있었기 때문이다. 그러나 당시의 다른 식물들처럼 나무고사리도 공기를 정화하고 단단한 땅을 부드럽게 일구어 살기 좋게 만드는 일에 앞장섰다. 공기 중의 탄소를 골라서 잎과 줄기에 저장하고, 그런 다음 땅에 떨어져 다른 생명에게 공간을 양보했다. 이들은 대기를 숨 쉬기 좋게 만드는 고귀한 과제를 묵묵히 수행했다. 덕분에 지구의 공기가 깨끗해졌고 오랜 시간이 지나 나무고사리는 죽었다. 땅속에 묻힌 유

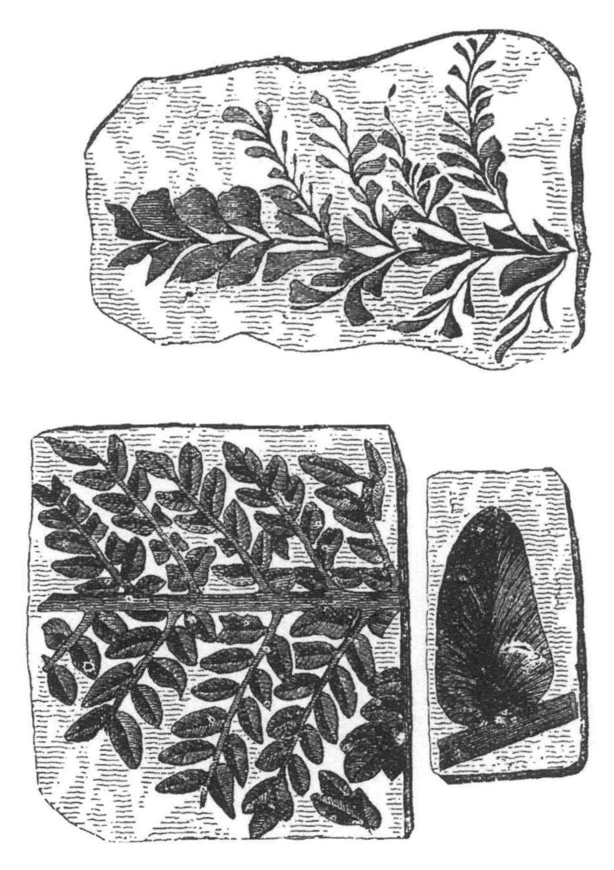

그림 46 **석탄층의 양치류 화석**

해는 시간이 흘러 석탄층이 되었고 그 안에서 잎과 줄기가 훌륭하게 보존된 화석이 대량으로 발견되었다(그림 46). 이 화석은 우리에게 숨 쉴 공기를 주고 국가의 부富를 땅속 깊이 저장한 고대 식생의 역사를 고스란히 기록한 고문서 보관소다.

10장

뿌리

뿌리의 구조는 줄기의 구조와 크게 다르지 않다. 세포, 섬유, 관이라는 세 가지 기본 요소가 모두 보이고 배열 방식도 줄기와 똑같다. 떡잎이 하나인 식물의 뿌리는 줄기에서처럼 섬유와 물관 다발이 세포 뭉치 안에 제멋대로 흩어져 있다. 반면에 떡잎이 둘인 식물에서는 뿌리에도 수피와 물관부가 나뉘어 물관부에 해당하는 곳에는 동심원과 방사조직이, 수피에 해당하는 곳에는 인피, 피층, 코르크층과 표피까지 발견된다. 물관부와 수피의 두 구역은 줄기에서와 마찬가지로 해마다 새로운 층이 보태지면서 굵기가 커진다.

뿌리의 가장 도드라지는 특징은 눈과 잎이 없다는 것이다. 극소수의 예외가 아니면 뿌리에서는 싹이 트지 않는다. 그리고 얇은 비늘의 형태로라도 잎이 자라는 일은 없다. 나중에 설명하겠지만 식물의 비늘은 본디 잎이었지만 특수한 기능을 수행하기 위해 변형된 구조물이다.

줄기와 뿌리의 또 다른 차이는 생장 방식에 있다. 줄기는 전체가 길이 생장에 이바지한다. 무슨 말인고 하니, 식물의 줄기에 규칙적인 간격을 두고 눈금을 표시한 다음 일정 시간이 지나면 눈금 사이의 간격이 줄기의 바닥, 중간, 꼭대기 할 것 없이 모두 같은 비율로 늘어나 있다. 하지만 뿌리에서는 생장이 끝부분에서만 일어난다. 뿌리에 일정한 너비로 눈금을 표시한 다음 시간이 지난 뒤 확인했을 때 끝부분을 제외한 나머지는 눈금의 간격에 변화가 없는 것으로 증명할 수 있다. 뿌리 끝은 서서히, 그러나 꾸준히 길이를 늘여가며 원뿌리에서 멀어진다. 한마디로 말해 뿌리의 끝부분은 영원히 생장 중이다. 그 부위의 조직은 항상 어리고 전부 세포로만 이루어졌으며 질 좋은 스펀지처럼 흙 속의 액체를 잘 빨아들인다. 이 부위는 어린뿌리, 즉 갈라진 뿌리의 끝부분에서 발견된다. 이런 잔뿌리를 뿌리털이라고도 하는데, 뒤엉켜 자라는 수염의 털과 어딘가 닮은 구석이 있기 때문이다.

줄기와 뿌리는 정반대의 속성을 지녔다. 줄기는 철저히 빛을, 뿌리는 오직 어둠을 갈구한다. 줄기는 햇빛을 더 많이 받으려고 스스로 똑바로 서거나, 혼자서 역부족일 때는 덩굴손, 갈고리, 아이젠 따위의 장비를 총동원하여 이웃하는 줄기에 제 몸을 던진 다음 나선형으로 에워싸고, 필요하면 상대가 질식할 때까지 칭칭 감는다. 한편 뿌리는 지하의 어둠을 쫓는다. 누구도 막을 수 없는 집념으로 땅속을 파고들며, 흙이 없으면 주변의 점토와 화산암을 개의치 않고, 자갈밭이든 갈라진 바위 틈바구니든 아랑곳하지 않는다. 이런 반대 성향은 태어난 순간부터 확실하다.

땅속에서 처음 씨앗이 발아하는 순간을 생각해보자. 식물의 씨앗은 알을 깨고 나오는 동물과는 전혀 다르게 행동한다. 갓 태어난 작은 뿌리는 일말의 주저함 없이 아래를 향해 땅속을 파 내려가고 어린줄기 역시 빛을 향해 줄기차게 위로 올라간다. 이 상태에서 씨를 거꾸로 돌려 뿌리가 위로, 줄기가 아래로 가게 하면 어떻게 될까? 어린 식물의 뿌리와 줄기는 즉시 낚싯바늘 모양으로 몸을 꼬아 방향을 바꿔서 줄기는 다시 위로, 뿌리는 다시 아래로 향한다. 이때 또 한 번 씨를 거꾸로 돌려놓으면 그때는 못 이기는 척 우리의 뜻을 따라줄까? 유감이지만 줄기와 뿌리의 방향을 바꿔보려는 억지 시도는 실패할 게 뻔하다. 저 둘은 이번에도 원래의 방향을 찾아 돌아갈 테니까. 아무도 꺾을 수 없는 고집쟁이들이다. 심술 맞은 인간의 장난 따위에 굴하지 않고 올라갈 놈은 올라가고 내려갈 놈은 내려가며 의지를 굽히느니 차라리 죽고 말겠다는 기세다.

비슷한 실험 중에서 앙리 루이 뒤아멜 뒤 몽소Henri Louis Duhamel du Monceau의 시도가 아주 놀랍다. 뒤아멜은 많은 조사와 실험으로 식물의 삶을 밝히는 데 크게 이바지한 식물학자다. 뒤아멜의 실험은 다음과 같다. 흙을 채운 원통형 관에 도토리를 심는다. 싹이 튼 어린 참나무는 순리에 따라 뿌리를 아래쪽으로, 줄기를 위쪽으로 보낸다. 이제 뒤아멜이 관을 거꾸로 세워 위와 아래를 바꾸었다. 작은 뿌리는 즉시 "뒤로돌아"를 실시한다. 작은 줄기도 마찬가지다. 뿌리와 줄기는 불굴의 의지로 제 방향을 되찾는다. 몇 번이고 관을 뒤집어도 그때마다 식물의 양 끝은 기어코 제자리를 찾아가고야 마니, 이는 필시 뿌리는 아래로 파고들고 줄기는 위로 올라가게 충동질하는 기운이 있다는 증거가 아니겠는가. 저 관이 유리관이라서 안이 보인다면, 실험자의 짓궂은 방해에도 뿌리는 항상 어두운 쪽으로 향하고 줄기는 햇빛에 노출된 쪽으로 몸을 트는 결연한 자세가 드러날 것이다. 이렇듯 줄기에는 빛을 향해 위로 올라가려는 충동이, 뿌리에는 어둠을 향해 아래로 내려가려는 본능이 있으니 그것이 곧 자연의 법칙이다.

햇빛과 흙을 향한 이런 확고한 이중성으로 미루어 식물에도 모호하지만 감각이란 게 있음을 짐작할 수 있다. 저 어린뿌리와 줄기는 진정 제 의지로 수색하고 길을 선택한 것인가. 아니면 식물을 수호하는 신비의 힘이 미천한 생물로 하여금 저도 모르게 지혜롭게 행동하도록 부추기는 장면이 우연히 인간에게 목격된 것인가. 동물에서는 그것을 본능이라고 한다. 갓 태어난 포유동물은 배운 적도, 경험한 적도 없으면서 저에게 생명을 주는 부모의 젖을 찾아 필사적으로 매달린다. 식물도 뼛속 깊이 박힌 본능에 의해 흙 속으로는 뿌리를 밀어내어 대지의 풍성한 양분을 들이켜고 줄기는 땅 위로 끌어올려 잎사귀를 하늘 높이 펼치게 하는 것이다.

땅에 수직 방향으로 움직이는 습성은 많은 식물이 따르는 법칙이지만 여기에도 예외는 있다. 물론 그조차 모든 식물은 양분이 있는 곳을 향해 뿌리를 뻗고 그 반대 방향으로 줄기를 밀어 올린다는 원칙의 한 예시일 뿐이다. 잘 알려진 기생식물인 겨우살이가 그러하다.

겨우살이는 다양한 나무의 수액을 먹고 산다. 특히 아몬드나무, 사과나무, 드물지만 참나무가 겨우살이의 숙주로 희생된다. 겨우살이는 그대들의 조상이 고대 갈리아 숲에서 숭배하던 식물이며, 드루이드 사제가 황금 낫으로 참나무에서 베어내던 식물이다. 겨우살이는 숙주의 가지에 제 뿌리를 꽂아 넣고 그때부터 나무와 철저히 하나가 되어 나무가 만들어내는 수액을 먹고 산다.

겨우살이 열매는 끈적한 즙으로 가득 찬 흰색의 장과berry다. 이 열매를 유독 좋아하는 개똥지빠귀가 발이나 부리에 그 씨를 매달고 멀리멀리 운반한다. 개똥지빠귀 한 마리가 발에 겨우살이 씨앗을 붙이고 사과나무에 내려앉는 장면을 상상해보자. 새가 성가신 씨를 떼어내려고 가지에 발을 문지를 때 이 기생식물의 씨앗이 사과나무에 철떡 들러붙는다. 새가 어느 방향으로 발을 닦았냐에 따라 씨는 가지의 윗면에 붙기도 하고, 옆면에 붙기도 하고, 심지어 밑면에 붙기도 한다. 머지않아 이 씨가 발아하면 그 뿌리는 전혀 머뭇대지 않고 나뭇가지로 향하는데, 가지 위에 붙어 있었다면 아래로, 옆에 들러붙었다면 좌우로 곧장 뿌리를 내린다. 줄기는 뿌리와 정확히 반대 방향으로 움직인다.

이렇게 증명이 완료된다. 어린 기생식물은 뿌리를 꽂아 넣을 나뭇가지와 줄기를 뻗을 하늘이 어디에 있는지 잘 알고 있는 양 분별력 있게 행동한다. 인간이 제대로 밝히지 못했을 뿐, 식물에도 동물에 존재하는 본능이 있다. 식물은 창조물의 운명을 내다보는 비밀스럽고 필연적인 힘에 따라 제가 살아가야 할 환경을 분별할 수 있다. 어디까지나 우연이 점지해준 자리에서 기생생물로 살아야 할 기구한 운명을 타고나고도 발아하는 순간 겨우살이 씨앗은 순리에 따라 스스로 줄기와 뿌리의 방향을 결정한다.

겨우살이와 달리 평생 땅에 뿌리를 박고 살아야 할 운명인 많은 식물은 한결같이 뿌리를 아래로, 줄기를 위로 하여 살아간다. 그리고 협상의 여지가 없는 이 조건에 순응해야만 살아가는 데 필요한 것을 얻을 수 있음을 너무도 잘 알고 있다. 위로 올라가는 줄기에는 공기와 빛이 그것이요, 아래로 가라앉는 뿌리에는 습기와 어둠이 그것이다.

일반적으로 식물에서 뿌리는 아래로 움직이는 기관이고 줄기는 위로 올라가는 기관이다. 식물이 줄기이기를 멈추고 뿌리가 되는 경계선, 그 다소 모호한 상상의 선을 지제부地際部라고 한다.

뿌리의 형태는 가지각색이지만 크게 두 종류로 나뉜다. 첫 번째는 하나의 크고 굵은 곧은뿌리로 구성된다. 곧은뿌리가 있는 식물은 그 뿌리를 토양 깊숙이 박은 채로 잔뿌리를 낸다. 이런 뿌리는 쌍떡잎식물에서만 나타난다. 두 번째 종류는 여러 개의 뿌리가 하나로 묶여 다발을 이루는데, 그 안의 뿌리들은 모두 누가 더 낫다 못하다 할 것 없이 똑같이 중요하다. 뿌리가 한곳에서 다발로 자란다고 하여 총생형 뿌리 또는 수염뿌리라고 한다. 이런 뿌리는 외떡잎식물에 속한다. 컴컴한 땅속 세계에서조차 쌍떡잎식물과 외떡잎식물은 서로 다른 길을 걷는 것이다. 그러나 이 법칙에도 많은 예외가 있다. 멜론 같은 쌍떡잎식물은 발아할 때 있던 곧은뿌리를 잃고 수염뿌리로 대체된다. 외떡잎식물인 백합이나 튤립 같은 식물도 시작은 곧은뿌리지만 나중에 수염뿌리가 된다.

대개 뿌리는 줄기와 엇비슷한 크기로 발달한다. 참나무, 느릅나무, 단풍나무, 너도밤나무 등 숲속의 커다란 나무들은 거대한 가지의 무게를 지탱하고 거친 바람에도 흔들리지 않도록 크고 튼튼한 뿌리가 땅속 깊이 파고든다. 그런데 땅 위의 초라한 행색과 어울리지 않는 큰 뿌리가 발달한 식물이 있다. 지상부가 더 발달한 다른 식물에서도 볼 수 없는 아주 큼직한 뿌리를 자랑하는 식물에 아욱, 당근, 무가 있다. 한편 자주개자리는 길이가 2~3미터나 내려가는 뿌리로 제 빈약한 줄기를 부양한다. 콩과 식물인 써레잡이풀은 밭에 흔히 자라는 잡초인데, 꼬챙이 같은 줄기는 25~30센티미터 이상 자라지 못하지만 뿌리만큼은 땅에 아주 길고 단단히 박혀 있다. 이 바람에 써레가 수시로 걸려서 움직이지 못하여 저런 이름이 붙었다.

농업의 가장 중요한 부분이 뿌리의 생장에 의존한다. 식물은 자연의 생명력이 똥 더미를 영양가 있는 물질로 바꾸는 일종의 실험실이다. 수레에 가득 실은 거름이 농부의 발걸음에 따라 밭에 뿌려진 뒤 이 식물 저 식물을 거치며 결국 열매와 채소와 옥수수 같은 양식이 되는 것이다. 오물과 거름은 우리를 먹여 살리는 위대한 가치가 있는 물질로서 그 무엇도 대체할 수 없다. 따라서 마지막까지 쥐어짜야 한다.

이런 소중한 거름으로 비옥해진 토양에 제일 먼저 밀을 심었다고 해보자. 그러나 빈약하기 짝이 없는 밀의 뿌리는 토양을 깊이 파고들지 못하므로 얕은 흙의 영양소밖에 사용하지 못한다. 빗물에 녹아서 땅속 깊이 씻겨 내려간 영양소는 건들지 못한다는 뜻이다. 하지만 그런 뿌리라도 특별히 존경할 만한 임무를 수행한다는 사실은 인정하자. 적어도 뿌리가 닿는 깊이에서는 거름 속 양분을 싹 다 빨아들여 곡식을 키워내기 때문이다. 아무튼 이미 양분이 하나도 남지 않은 그 땅에 다시 밀 씨를 뿌려봤자 이듬해 추수철에 거둬들일 만한 게 하나도 없을 게 뻔하다. 하지만 생각해보라. 밀의 뿌리가 미처 닿지 못한 더 깊은 땅속에는 무엇이 남아 있을지. 그렇다면 그곳까지 들어가 아직 누구도 손대지 않은 귀한 양분을 사용할 막중한 임무는 누구에게 맡겨야 할까. 그건 보리도 귀리도 호밀도 아니다. 저것들의 뿌리는 밀처럼 얕게 자라는 수염뿌리라서 허탕을 칠 것이 불을 보듯 뻔하다.

이 소임은 자주개자리에 돌아간다. 이 식물이라면 손가락만큼 굵은 뿌리를 1미터, 2미터, 필요하면 3미터까지도 뻗어 내려 그곳에 고이 남겨진 비료를 싹싹 긁어올 것이다. 그렇게 자주개자리가 양분을 먹고 자라면 베어서 건초로 만들어 동물에게 먹인다. 이제 맨 처음 땅에 뿌려졌던 거름은 푸줏간의 고기, 우유와 치즈, 양모 또는 최소한 짐승의 노동력으로라도 재탄생한다. 한 번 사용했던 토양에서 최대한 이익을 끌어내기 위해 다양한 식물을 돌려가며 심는 재배법을 농부들은 윤작 또는 돌려짓기라고 부른다.

땅속 깊이 파고드는 뿌리는 토양의 더 깊은 층을 사용한다는 장점이 있지만 그런 특징이 농부를 난처하게 할 때도 있다. 나무를 다른 곳으로 옮겨 심어야 하는 상황을 생각해보자. 땅속 깊이 박힌 곧은뿌리 때문에 옮겨 심는 작업이 몹시 어렵고 위험해진다. 뿌리를 캐내려면 땅을 어지간히 깊이 파야 하고, 그건 나무를 옮겨 심을 땅도 마찬가지다. 게다가 잘못해서 뿌리가 상하기라도 하면 낭패다. 하나밖에 없는 뿌리에 상처라도 났다가는 용케 나무를 옮겨 심었더라도 새 땅에 제대로 자리를 잡지 못하고 죽을 게 분명하다. 이런 문제는 나무의 뿌리가 수염뿌리 형태라면 모두 해결된다. 땅을 깊이 파지 않고도 힘들이지 않고 뿌리를 들어낼 수 있고, 설사 뿌리가 좀 상하더라도 옮겨심기의 성공을 위협할 수준은 아닐 테니까.

이런 결과는 인간의 힘으로도 얼마든지 끌어낼 수 있다. 나무에서 원래의 곧은뿌리를 제거하고 외떡잎식물처럼 길이가 일정한 뿌리 다발을 내게 하는 일이 생각만큼 어렵지 않다. 그렇게 되면 비록 형태는 다르지만 수염뿌리의 이점을 활용할 수 있다. 참나무 양묘장에서는 대개 10년 정도 묘목을 키우다가 옮겨 심는데, 처음 도토리를 심고서 2년쯤 지나면 삽을 깊숙이 넣어 원래는 튼실한 주근主根이 될 뿌리를 적당히 잘라버린다. 그때부터 남은 부위는 아래로 깊이 들어가는 대신 수평으로 뿌리를 낸다. 다른 방법도 있다. 아예 처음부터 양묘장의 터를 적당한 깊이에서 타일로 포장한 다음 흙을 채우고 묘목을 심는 것이다. 그러면 어린나무의 주근은 타일 바닥에 닿을 때까지만 아래로 자라다가 어쩔 도리 없이 아래로의 생장을 멈추고 옆으로 뿌리를 낸다.

11장

막뿌리

지금까지 살펴본 뿌리는 모든 식물이 종자일 때부터 지녔던 것으로, 맨 처음 씨앗이 발아할 때 자란 것이다. 그러나 실은 많은 식물이 살면서 추가로 다른 뿌리를 낸다. 줄기의 이곳저곳에서 뒤늦게 발달하여 원래의 뿌리가 죽으면 대체하거나 살아 있을 때라도 적잖이 도움을 준다. 그런 뿌리를 부정근 또는 막뿌리라고 한다. 막뿌리의 기능은 특히 이번 장에서 설명할 원예 기술에서 아주 중요한 역할을 한다. 먼저 몇 가지 막뿌리의 예를 들어 식물이 다양한 상황에 얼마나 기가 막히게 적응하는지 살펴보자.

잎이 당나귀 발굽을 닮아 흔히 당나귀 발자국이라는 별명으로 불리는 국화과 식물이 있다. 경작지, 특히 축축한 점토질 토양에서 끈질기게 나타나는 관동화라는 잡초다. 꽃은 이른 봄 잎이 나기 전에 노랗게 핀다. 잎의 윗면은 초록색이지만 밑면은 흰색이고 솜털이 있다. 줄기는 땅속에서 자라는데 오래된 줄기는 시들어 죽지만 반대편에서 연신 싹을 내어 길이를 늘여간다. 이렇게 1년을 자란 줄기의 마디는 이제는 썩어 없어진 과거의 줄기가 연장된 것이며, 오래전에 사라진 원래의 뿌리를 대체하는 막뿌리를 내보낸다.

그림 47 **관동화**

담쟁이덩굴은 다른 나무나 바위 또는 벽에 잘 붙어 있으려고 줄기가 닿는 쪽에 일종의 등산용 아이젠을 장착했다. 길이가 짧을 뿐 겉으로 보기에는 영락없는 뿌리지만 사실은 뿌리가 아니다. 그러니까 적어도 뿌리가 하는 일을 하지는 않는다. 어디까지나 등산 장비일 뿐, 흡수관이 아닌 빨판이 되어 수직의 벽을 타고 잘도 올라간다. 그러나 주변 환경이 아주 좋을 때는 빨판이 급하게 뿌리로 용도를 바꾸어 땅을 파고들고 식량을 찾는다. 땅 위에서 퍼지는 담쟁이덩굴의 가지를 보면 무슨 말인지 쉽게 확인할 수 있을 것이다.

남아메리카 열대림에는 향긋한 열매로 유명한 바닐라 덩굴이 자란다. 바닐라는 썩어가는 오래된 나무줄기에 붙어 기생체로 살아간다. 이끼색의 두툼한 잎이 달린 그물 같은 밧줄이 짙은 숲 그늘에서 벗어나 햇빛에 젖은 꼭대기를 향해 나무에서 나무로 뛰어오른다. 바닐라가 나무를 타고 올라가 미지의 세계로 몸을 내던지는 거리가 만만치 않다 보니 뿌리에서 흡수한 영양소가 줄기 끝까지 가기가 어렵다. 그래서 바닐라는 덩굴 중간중간 막뿌리를 내보낸다. 일부는 이웃하는 나무의 수피에 들러붙어 반쯤 썩은 상처에 쌓인 부식토에서 양분을 끌어온다. 하지만 대부분은 높은 나무 꼭대기에서 아래로 늘어져 숲의 축축한 대기 중에 느슨하게 매달려 있다. 이 막뿌리들은 수증기를 잔뜩 머금은 후덥지근한 공기 속에서 귀중한 영양분을 잘도 찾아낸다. 온실에서 재배하는 바닐라도 몸이 처음 닿는 지지대 주위를 서성거리며 고향 숲에서처럼 잎을 공중에 띄우고 다수의

그림 48 **바닐라 덩굴**

막뿌리를 늘어뜨린다.

산호가 최근에 건설하여 파도 위로 올라온 열대 섬에도 특별한 나무가 자란다. 다른 식물이 들어와 뿌리를 내릴 수 있도록 석회질 토양을 쪼개어 마침내 섬을 살 만한 곳으로 만드는 일등 공신이다. 판다누스Pandanus라는 이름의 이 식물은 코코야자와 사이좋게 일하여 산호섬에 최초로 이주지를 세운다. 두 나무의 종자는 섬유질이 안을 두르고, 튼튼하고 단단한 껍데기가 짠물을 막아주어 근처 섬에서 파도를 타고 떠밀려 와 신생 섬에서 싹을 틔운다. 이제 막 탄생한 섬의 땅은 잘게 부서진 산호로만 이루어졌으므로 풀과 나무가 살기에 적합하지 않다. 이런 곳에서 두 농부는 뿌리를 소금물에 담그고 잎을 공중에 띄운 채로 일을 시작한다. 그 덕분에 앞으로 섬은 살기 좋아질 것이다.

이 섬에 처음 발을 들인 사람은 산호초에서 먹을 것을 구하고 오두막을 짓거나 옷을 짤 재료를 찾아다니겠지만, 산호가 잘게 부서져서 생긴 모래질인 데다 소금물까지 잔뜩 머금은 땅에 어떻게 사람이 집을 짓고 나무가 자라겠는가. 얕은 섬에 고함을 지르며 덤벼드는 쇄파와 돌풍을 어찌 버틸 것이며, 백악질이 전부인 토양에 드물게 숨어 있는 양분을 나무가 무슨 수로 모으겠는가? 이런 이중고를 나무는 추가로 뿌리를 내려 극복한다. 판다누스는 줄기 한복판에서 튼실한 막뿌리를 내린다. 뿌리 윗부분은 지상에 드러나지만 그 끝은 부서진 산호 조각을 파고들어 나무를 지지하고 식물을 먹이는 일반적인 뿌리의 업무를 수행한다. 막뿌리가 만든 듬직한 비계 위로 높이 들린 판다누스 줄기를 심심치 않게 볼 수 있다. 판다누스와 함께 땅을 일구는 코코야자는 판다누스와 달리 절반은 지상, 절반은 지하에 있는 신기한 뿌리에 의존하지 않고서도 산호 틈바구니로 밧줄 못지않게 튼튼한 막뿌리 다발을 쑤셔 박고 잘도 버틴다.

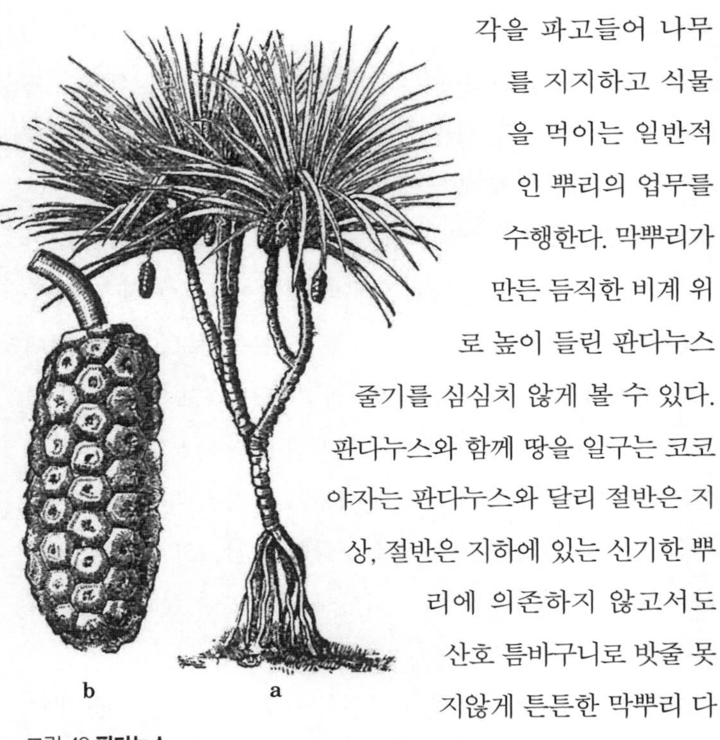

그림 49 **판다누스**
a: 나무. b: 열매.

인도와 인근 나라에는 반얀나무라는 나무가 자란다. 이 무화과속 식물은 가로로 길게 누운 거대한 가지를 지탱하고 가지가 대지와 소통하게 하는 아주 놀라운 비법이 있다. 수평으로 자라는 큰 가지에서 목질의 말뚝이 아래로 뻗어 내리는데, 처음에는 두꺼운 밧줄처럼 공중에서 흔들거리다가 땅에 닿으면 그때부터 아래로 파고들어 가공동의 건축물을 떠받치는 버팀목이 된다. 해가 지날수록 나무의 가지가 차지하는 면적이 점점 넓어지고 그때마다 가지를 지탱하는 받침목이 아래로 내려와 스스로를 땅에 묻고 기둥이 된다. 마침내 이 한 그루 나무는 몇백, 아니 몇천의 살아 있는 기둥이 떠받치는 작은 밀림이 된다. 그러나 가지에서 다림줄처럼 똑바로 떨어진 이 받침목은 사실 막뿌리에 불과하다. 하지만 워낙 단단하고 튼튼하거니와 크기도 어마어마해서 웬만한 나무줄기 저리 가라다.

인도의 네르부다 강둑에 자라는 어느 반얀나무는 막뿌리가 세운 3,350개의 살아 있는 기둥이 초대형 가지를 떠받들면서 하나의 숲이 되었다. 크기가 제각각인 3,350그루의 나무를 떠올려 보라. 줄기가 엄청나게 굵은 350그루의 나무가 3,000그루의 작은 나무로 둘러싸인 모습이다. 게다가 이 나무들이 모두 서로서로 가지로 연결되어 하나의 거대한 건축물을 지어 올렸다고 생각해보라. 이 방대한 줄기를 통째로 두르자면 600미터짜리 밧줄을 동원해야 하고, 한때 그 가지들 아래에서 7,000명의 병사가 몸을 피했다. 이제 저 거인의 몸집을 상상할 수 있겠는가. 전설에 따르면 알렉산드로스 대왕이 인더스강 강둑에서 병사들의 불평에 못 이겨 원정 행렬을 멈추었을 때 이 나무를 보았다고 한다. 인도 포루스왕의 코끼리 부대와 맞서 싸운 알렉산드로스 대왕의 군대를 맞이한 저 식물계의 노익장은 과연 그 나이가 얼마나 되었을까.

***

하나의 눈에서 시작한 잔가지는 식물 공동체의 한 개체다. 땅 대신 줄기에 뿌리를 내린 어린 세대의 싹인 셈이다. 이 눈은 공동체에서 잘려 나가도 막뿌리의 도움으로 토양에서 직접 영양분을 흡수하고 뿌리를 내려 독립적으로 살아갈 수 있다. 식물의 이런 능력은 두 가지 중요한 원예 기법의 바탕이 되는데 바로 꺾꽂이와 휘묻이에 의한 번식이다.

꺾꽂이 또는 삽목은 모본母本에서 가지를 잘라낸 다음 막뿌리가 발달하기 좋은 여건을 조성하는 방식이다. 꺾꽂이를 위해 잘라낸 가지를 꺾꽂이모라고 한다. 꺾꽂이모는 증발이 천천히 일어나는 시원하고 그늘진 땅에 심는다. 종 모양의 유리 덮개를 씌우면 주변 공기를 우호적으로 유지하고 미처 뿌리를 내리기도 전에 가지가 시드는 일이 없게 막을 수 있다. 잘라낸 가지에 잎이 너무 많이 달렸으면 뿌리 쪽 잎은 잘라내어 수분이 지나치게 증발하는 것을 막되 생명력에 무리가 가지 않도록 가지 끄트머리 잎은 건들지 않는다. 그러나 보통은 이렇게까지 할 것도 없다. 포도나무, 버드나무, 포플러를 번식시키려면 가지를 싹둑 잘라서 땅에 쑤욱 밀어 넣기만 하면 된다. 가지 끝이 축축한 흙에 들어가면 이내 막뿌리가 자라기 시작하고 그때부터 자립하여 홀로 살아갈 것이다.

목재가 부드럽고 수액이 충만한 수종은 꺾꽂이로 가장 기꺼

이 번식하며 버드나무가 대표적이다. 꽃밭에 습관처럼 등장하는 제라늄도 줄기가 다육질 세포조직으로 구성되어 꺾꽂이 번식이 쉽다. 반대로 목재가 단단하고 촘촘한 식물은 꺾꽂이로 번식시키기가 아예 불가능하다고 봐야 한다. 참나무나 회양목처럼 목질 조직이 빽빽한 수종에 꺾꽂이를 시도했다가는 생전 묘목을 키우지 못할 것이다.

패랭이꽃 같은 식물은 부모의 발치에서 곧고 잘 휘는 가지를 내놓아 새 식물을 아주 많이 생산한다. 이런 포복경, 즉 기는줄기는 가지를 끊어서 묻는 대신 모본에 연결된 채로 크게 휘어서 일부를 땅에 묻고 나무못으로 고정한 다음 끝을 위로 올리고 지지대에 묶어 수직 자세를 유지한다. 얼마 지나지 않아 땅에 묻은 부위에서 막뿌리가 나온다. 그러나 아직 가지는 모본에 연결되어 영양을 공급받는다. 한동안 그렇게 지내다가 막뿌리가 충분히 나오면 그때 모본에서 잘라낸 다음 따로 심어 별개의 식물로 키운다.

이런 번식법을 취목 또는 휘묻이라고 한다. 보통 꺾꽂이보다는 휘묻이의 성공 확률이 더 높은데, 꺾꽂이는 줄기에서 받던 영양분을 단번에 빼앗고 아무 준비 없이 처음부터 스스로 먹고살라고 내쫓는 셈이지만, 휘묻이는 어느 정도 자리를 잡을 때까지 부모가 먹여 살리기 때문이다. 예로부터 휘묻이는 포도나무 번식에 흔히 사용되었다.

월계수처럼 목재의 유연성이 좋지 않은 식물은 가지를 땅에

그림 50 **납으로 된 원뿔 용기를 이용한 휘묻이**

묻으려고 억지로 힘을 주었다가는 부러질 염려가 있다. 가지가 너무 높이 달려서 땅까지 끌어내릴 수 없는 상황도 있다. 그런 때는 세로로 쪼갠 항아리나 얇은 납판으로 만든 작은 원뿔을 이용해 가지를 자르지 않은 상태로 뿌리를 내리게 한다. 가지의 축을 따라 그림50처럼 원뿔 모양으로 두른 다음 부식토나 이끼를 채우고 수시로 물을 주어 습기를 유지한다(l). 시간이 지나 흙 속에서 막뿌리가 자라기 시작하면 그때부터 일종의 젖떼기에 들어간다. 원뿔과 모줄기 사이를 한 번에 잘라내는 대신 매일 조금씩 절개하여 가지가 부모의 도움 없이 살아가는 데 익숙해지도록 여유를 주는 것이다. 적당한 때가 되면 남은 부분을 전지가위로 완전히 잘라 분리 과정을 마무리한다(k). 이렇게 서서히 젖을 떼는 과정은 가지를 땅에 묻은 경우에도 똑같이 유용하여 번식이 성공할 가능성이 매우 커진다.

꼭 식물을 번식시킬 때만 막뿌리를 부추기는 것은 아니다. 식물이 땅에 좀 더 단단히 뿌리를 내리게 할 때나 수확량을 늘리고자 할 때도 막뿌리를 유도한다. 이때 가장 효과적인 방법은 줄기의 밑동 주위로 흙을 두둑이 쌓아 흙에 파묻힌 부분에서 뿌리가 나오도록 하는 것이다. 이런 방식을 흙덮기 또는 복토覆土라고 한다. 예를 들어 옥수수는 뿌리가 약하여 그대로 두면 거친 비바람을 견디지 못하고 쉽게 쓰러진다. 밑동에 흙을 두둑이 올려 막뿌리가 자라게 하면 기반이 단단해지고 줄기가 더 잘 버틴다. 한편 꼭두서니 뿌리는 알리자린Alizarin이라는 귀한 염료의 재료로 쓰인다. 그래서 농부로서는 이 식물이 뿌리를 많이 낼수록 좋다. 이때 식물의 절반가량을 흙으로 덮어 뿌리가 나도록 독려한다. 뿌리에 단맛을 내는 성분이 있는 민감초를 재배할 때도 뿌리의 수를 늘리려고 줄기에 흙을 덮는다.

12장

줄기의 다양한 형태

줄기의 구조는 딱히 요리조리 뜯어볼 만큼 다양하지 않다. 우리는 앞에서 이미 식물을 설계하는 세 가지 기본 방식을 알아보았다. 쌍떡잎식물은 목질층이 겹겹이 둘러싸면서 해마다 줄기가 굵어진다. 야자수가 속한 외떡잎식물은 세포로 채워진 줄기 안에 섬유-물관 다발이 질서 없이 분포한다. 나무고사리가 속하는 분류군에서는 섬유와 물관으로 구불구불하게 지어 올린 희한한 성벽이 줄기의 세포 기둥을 두르고 있다.

이 세 분류군 안에서 섬유와 물관은 줄기의 축을 따라 나란히 질서 있게 배열되며 절대로 줄기를 가로지르는 법이 없다. 그 이유는 자명하다. 하나로 엉겨 붙은 실타래를 생각해보자. 강력한 접착제로 붙여놓은 게 아니라면 실을 가닥가닥 떼어내기는 쉽다. 하지만 실 다발을 가로로 떼어내려면 단순히 실 사이를 가르는 것이 아니라 아예 끊어내야 하므로 좀 더 과격한 방법을 써야 한다. 마찬가지 이치로 줄기의 목질 다발은 세로 축으로 길게 배열되었으므로 나무줄기를 세로로 쪼갤 때는 어려움이 없지만 가로로 자를 때는 저항이 만만치 않아서 나무꾼이 잘 갈아놓은 도끼날만이 그 힘을 제압한다. 큰 망치로 내리칠 때 나무에 파고드는 쐐기의 힘은 장작을 세로로 쪼개는 데는 문제가 없지만 가로로 자를 때는 속수무책이다. 이런 식의 배열이 주는 가치는 명백하다. 가만히 있다가는 줄기를 두 동강 낼지도 모르는 거센 바람에 맞서기 위해서 줄기가 가로 방향으로의 저항에 총력을 기울이는 것이다. 상대적으로 위험이 덜한 세로 방향의 저항성은 그다음이다. 목질 다발을 축을 따라 배열함으로써 식물은 유연함과 탄력성을 얻으면서 바람의 맹습에도 굴하지 않는다. 구부러질지언정 부러지지는 않겠다는 의지의 표명이다.

내부 구조로만 보면 줄기의 종류는 단조로운 편이고 섬유와 물관이 배열되는 물리적 힘의 조건에서도 고만고만하지만, 외적인 모양새만큼은 아주 다양하다. 참나무, 너도밤나무, 피나무, 소나무를 비롯하여 전반적인 쌍떡잎 교목의 몸통을 나무줄기trunk 또는 수간樹幹이라고 하는데 식물 세계를 주름잡는 거목답게 인상적이고 탄탄하게 지어졌다. 누구든 옹이 박힌 가지가 드리우는 넉넉한 나무 그늘 밑에 머물다 보면 고요한 중에 퍼지는 장엄한 기운에 압도될 것이다. 나무의 몸통은 바닥에서 위로 올라갈수록 서서히 지름이 작아지며 위쪽에서 큰 가지, 가지, 잔가지로 갈라진다. 또한 지난해에 축적된 목재에 새로운 목질층이 덧입혀져 해마다 지름이 늘어난다.

초본 또는 크기가 작아서 나무라고 부르기 민망한 목본에는 줄기[stem]라는 말을 사용한다. 줄기가 거의 바닥 부분에서부터 갈라져 나오고 높이가 1~5미터에 이르는 다양한 목본식물을 관목이라고 한다. 관목의 눈은 교목과 마찬가지로 보호성 비늘이 덮여 있다. 그리고 가지 끝은 목질이 된다. 관목의 예로 수수꽃다리와 쥐똥나무가 있다. 한편 아관목은 줄기가 기부에서부터 갈라지며 키가 1미터를 잘 넘지 않는 목본식물이다. 눈은 비늘로 싸여 있지 않고 가지 끝은 초본으로 남아 있어 해마다 동장군이 찾아오면 얼어 죽는다. 이런 식물에 라벤더와 백리향이 있다.

야자수나 나무고사리의 줄기는 우아한 기둥이다. 가늘고 탄력성이 있으며 땅에서부터 꼭대기까지 굵기가 일정하고 커다란 끝눈의 중심에서 거대한 잎다발이 나와 수관을 이룬다. 이 눈은 아주 특별하여 눈이 죽으면 목이 잘린 것처럼 나무도 죽어버린다. 야자수의 줄기는 위로만 자랄 뿐 옆으로 가지가 갈라지지 않는다. 한편 곡물, 갈대, 대나무, 풀 따위의 속이 빈 줄기는 대[stalk]라고 부른다. 프레리, 목초지, 초원, 잔디밭처럼 지구에 카펫을 깔아놓는 몇천 종의 약초와 잡초가 여기에 들어

그림 51 **야자수 줄기**

간다.

잠시 대의 감탄스러운 구조를 이야기해볼까. 먼저 이 줄기의 놀라운 효율을 설명하는 아름다운 역학부터 살펴보자. 자, 누군가 정확히 10킬로그램의 철 덩어리를 주고 길이 1미터짜리 버팀목을 만들라고 주문했다고 해보자. 단, 가로 방향의 저항력을 최대로 끌어내는 것이 조건이다.

그렇다면 이 쇠봉의 단면은 삼각형, 원형, 정사각형 중에서 어떤 것이 가장 좋을까? 과학적으로 계산했을 때 그 기둥은 단면이 원형일 때 가장 견고하다. 한 가지 더, 줄기의 속을 비워야 할까, 채워야 할까? 역시 계산에 따르면 속이 뚫려 있을 때가 구부리려는 힘에 가장 크게 저항한다. 따라서 이 역학 이론은 다음과 같이 요약할 수 있다. 재료의 양이 같다면 단면이 원형이고 속이 빈 형태가 파열에 가장 강하다.

이 원리가 적용된 좋은 사례가 있다. 비록 원형은 아니지만—그게 늘 가능하지는 않으니까—속이 빈 단면으로 설계된 구조물이 있는데, 바로 증기기관차의 아버지라 불리는 불멸의 발명가 조지 스티븐슨이 천재성을 발휘한 현대 산업의 창조물인 관형 다리다. 이 직사각형 교량은 강철판을 리벳으로 고정해서 만든 거대한 거더girder인데, 그 안에 철로를 깔아 기차가 통과한다. 이런 종류의 다리 중에서 가장 잘 알려진 것이 메나이해협을 건너는 길이 560미터의 브리타니아 브리지다. 이 다리는 2개의 관형 거더로 구성되었는데 각각 무게가 5,500톤이나 되고 철로가 깔려 있어서 기차가 이 대형 관을 통과해 해협을 건넌다. 각각 140미터 간격으로 떨어진 총 3개의 교각이 수면에서 30미터 높이에 떠 있는 철제관을 든든하게 떠받친다. 이 거대한 거더를 지탱하는 힘이 무엇이며, 간격이 140미터나 되는데도 천둥소리 요란한 기차의 무게에 휘지 않고 버티는 힘이 무엇일까? 그것이 바로 속이 빈 구조의 힘이다.

생명체의 천재성은 스티븐슨보다 더 뛰어나므로 생물은 적은 재료로 저항력이 강한 기관을 만들 때 가성비가 좋은 원형의 관 구조를 즐겨 사용한다. 새의 날개를 생각해보자. 새는 평소 비행할 때 날개로 공기를 때리면서 날아간다. 공중에서 노를 저어야 하는 새의 깃털은 비행에 방해되지 않게 아주 가벼워야 함은 물론이고 공기의 저항을 날갯짓만으로 이겨내려면 특히 날개가 몸체에 삽입되는 지점이 튼튼해야 한다. 반복적으로 가해지는 압박을 견디는 것은 기본이다. 깃털의 속이 빈 원형 구조는 이런 조건을 충족시키고도 남는다.

다리뼈, 날개뼈, 발뼈 등 동물이 걷고 뛰고 날고 기고 헤엄치고 먹잇감을 잡게 하는 모든 뼈가 같은 원리로 지어진 것 같다. 가벼우면서도 단단하고 경제적이면서도 튼튼하려면 뼈의 단면이 둥글고 구멍이 뚫려 있어야 한다.

밀은 우리에게 빵을 주는 축복 같은 식물이다. 추수철이 되면 긴 대 끝에 이삭이 무겁게 달린다. 이 대는 잘 익은 곡식이 땅에 닿아 흙이 묻지 않을 만큼 길며, 이웃에 폐를 끼치지 않고 빽빽이 자랄 만큼 가늘고, 이삭의 무게를 버틸 만큼 튼튼하며, 바람 앞에서도 고개를 숙일지언정 부러지지 않을 만큼 탄력이 있다. 이런 탐스러운 가치의 조합이 바로 대의 뚫린 원형 구조에서 온다. 게다가 이 대는 일정한 간격으로 마디를 추가하여 강도를 더한다. 한발 더 나아가 각 마디에서 나오는 잎은 기부를 에워싸는 형태라 대가 더욱 강해진다. 이걸로도 성이 차지 않는지 밀의 대에는 규소가 축적되어 있다. 규소는 자갈에 많이 들어 있는 물질로, 단단하고 강직하기로 이름이 나 있다.

자, 이보다 머리를 굴린 구조가 또 있을까? 잘 익은 낟알을 잔뜩 매단 채로 가늘디가는 지푸라기 끝에서 하늘로 떠오르는 이삭의 자태를 보아라. 이런 특별한 구조가 아니었다면 제 무게를 이기지 못해 진작 주저앉고 말았을 것이다. 추수를 앞둔 들판의 밀 대가 바람 앞에 얼마나 우아하게 예를 차리는지 아

그림 52 **대나무숲**

는가. 황금 바다의 풍성한 수확물이 파도처럼 오르내리며 유연하게 물결친다. 핏빛 개양귀비와 수레국화의 금빛 파도가 부드럽게 속삭인다. 인간 공학자의 숫자놀음 따위는 애들 장난 같은 자연계의 스티븐슨이 밀에는 둥글고 속이 빈 줄기를, 네발짐승한테는 둥글고 속이 빈 뼈를, 새한테는 둥글고 속이 빈 날개를 주었노라 소곤대는 것이다.

속이 빈 줄기는 주기적인 마디가 내부의 공간을 나누고, 마디에서 자란 잎은 줄기를 감싸는 잎집이 되고, 세포는 규소로 채워졌다. 이는 일반적인 볏과 식물의 대에서 흔히 나타나는 특징이다. 일부 열대 식물은 줄기에 규소가 잔뜩 들어 있어서 칼로 내리치면 강철에 부싯돌이 부딪힐 때처럼 불꽃이 튄다. 대나무는 열대지방에서 자라는 거대한 볏과 식물인데 줄기의 지름이 어찌나 큰지 마디 부분을 잘라 음료를 담아 마시거나 보관하기에 손색이 없다.

볏과 식물의 줄기는 좀 더 발전된 기술을 선보이지만, 근본적인 원리는 어느 외떡잎식물에나 적용된다. 줄기의 중심이나 축을 채우는 대신 속이 빈 원통의 수학 원리로 힘을 받는 것이다. 마디나 규소에 의해 힘이 보태지지는 않더라도 줄기 둘레에 목질 섬유가 쌓여 단단하고, 줄기 중심부는 비어 있거나 외부의 힘에 거의 저항하지 않는 세포들로 채워져 빈 것이나 다름없다. 이런 구조는 기본적으로 야자수에서 볼 수 있고 다양하게 변형되어 모든 외떡잎식물에서 발견된다.

크기가 큰 민떡잎식물인 나무고사리에도 같은 원리가 나타난다. 줄기 둘레는 불규칙한 목질부가 자리 잡고 줄기 내부는 저항력이 거의 없는 세포로 채워진다. 정리하면, 줄기 바깥쪽은 신경 써서 보강하되 안쪽은 소홀히 하는 것은 쌍떡잎식물의 거창하고 세련된 구조를 갖지 못한 식물들의 궁여지책이다. 쓸 수 있는 재료가 넉넉지 않을 때는 몸을 굽히는 것으로 부러짐을 대신하는 것이 최선이다. 이는 발전된 역학 원리에

그림 53 **남아메리카 원시림**

상응하는 엄격한 논리로 무장한 법칙이다.

줄기의 가장 큰 쓸모는 위로 자라는 것이다. 그래야 한낮의 햇빛을 향해 이파리를 뻗을 수 있기 때문이다. 식물 대다수는 제힘으로 알아서 공중에 몸을 세우지만, 도움 없이는 그 일을 하지 못하는 식물도 있다. 예를 들어 만경목이라고도 하는 덩굴성 목본식물은 이웃의 힘을 빌려 위로 올라간다. 남아메리카 숲에서는 칡의 일종인 한 식물이 길게 늘어진 밧줄로 그물을 엮어 숲의 나무와 가지를 연결한다. 덕분에 원숭이나 대형 고양잇과 동물이 나무 꼭대기까지 날렵하게 올라가고, 굳이 바닥으로 내려올 필요 없이 이 나무 저 나무 옮겨 다니며 현수

교 건너듯 강을 가로지른다.

빛을 향한 일념으로 무엇이든 붙잡고 오르다 보니 어떤 만경목은 종종 제 버팀목이 되어준 나무에 해를 끼친다. 브라질 밀림에 서식하는 살인적인 만경목은 줄기의 단면이 반원형이 되도록 한쪽은 납작하게 누르고 다른 쪽은 살짝 말아 올려 지지대에 밀착한다. 그 상태로 좌우 양쪽에서 튼튼한 목질성 생장물이 자라 두 팔로 이웃 줄기를 껴안는다. 그리고 조금 위로 올라가서 또다시 두 번째 U자형 못처럼 나무를 단단히 옭아맨다. 그러기를 거듭하여 마침내 나무는 밑동에서 꼭대기까지 손님의 올무에 온몸이 조인다. 덩굴이 나무의 정상까지 등반을 마치면 감싼 놈과 감싸진 놈의 우듬지가 서로 엉켜 두 가지 잎, 두 가지 열매와 두 가지 꽃이 피고 자라는 하나의 나무처럼 보인다. 그러나 지지대가 쌍떡잎 목본이라면 덩굴식물과의 깊은 유대가 곧 질식을 일으키는 올가미가 된다. 옥죄인 나무줄기는 그 이상 굵어지지 못하고 결국 말라서 죽는다. 덩굴 자신도 한동안은 생명을 잃은 나무의 지지를 받으며 버틸지 모르지만 죽은 자가 썩으면서 제 목을 조른 자를 끌어안고 함께 숲 바닥 수렁에 곤두박질치고 나면 다시는 올라오지 못한다.

덩굴시렁 같은 격자 틀에서 무성한 잎을 자랑하는 포도덩굴을 보면 열대 만경목이 어떤 모습일지 상상할 수 있다. 프랑스 남부에서는 포도덩굴이 무화과나무 가지를 구불구불 끌어안고 숙주의 잎이나 열매와 뒤섞인 모습을 드물지 않게 볼 수 있다.

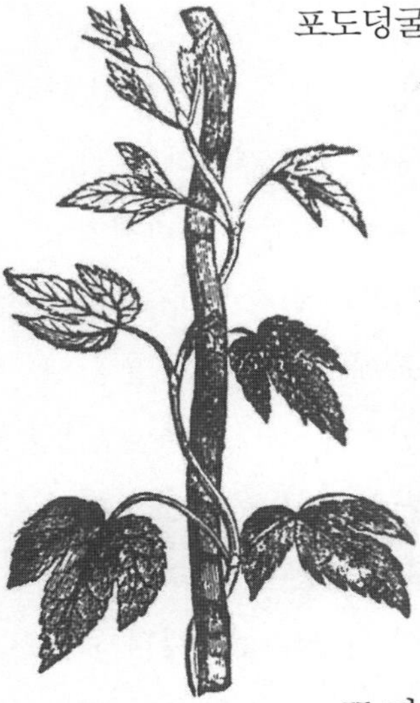

포도덩굴은 질기고 유연한 덩굴손을 등반 장비로 사용하는데, 손가락을 뻗어 제일 먼저 닿은 물체를 나선형으로 돌아가며 감싸면 덩굴의 쭉쭉 뻗어가는 가지에 탄탄한 지지대가 생긴다.

덩굴식물로 알려진 다른 식물도 손에 닿기만 하면 뭐든지 붙잡아서 감아버리는 나선형 덩굴손을 이용한다. 완두, 호박, 오이, 으아리, 시계꽃 등이 그런 식물이다.

그림 54 **호프의 감는줄기**

또 다른 종류는 줄기 한쪽에만 등산용 아이젠이 발달하여 접촉하는 것은 무엇이든 밟고 올라간다. 이렇게 기어오르는 줄기로는 담쟁이덩굴이 대표적인데, 나무나 벽을 타고 올라가거나 가파른 바위 위를 거침없이 기어간다. 사실 막뿌리 출신인 저 빨판은 메마르고 단단한 표면에서는 식물의 영양에 이바지하는 바가 조금도 없다. 그러나 질 좋은 부식토를 만나면 길이를 늘여 땅속을 파고들어 평범한 뿌리가 해야 마땅한 기능을 수행한다.

덩굴손이든 막뿌리든 의지할 등산 장비라고는 하나도 없는 식물이 있다. 하지만 용케 제힘으로 높이 올라간다. 지지대를 만나면 줄기를 뱀처럼 꼬아 둥글게 감아서 올라간다. 이런 줄기는 감는줄기라고 알려졌고, 호프, 콩, 나팔꽃이 대표적이다.

감는줄기는 종에 따라서 감는 나선의 방향이 정해져 있다. 지지대를 휘감는 줄기가 오른쪽에서 왼쪽으로 올라가면 줄기의 회전 방향이 오른쪽에서 왼쪽이라고 하고, 줄기가 왼쪽에서 오른쪽으로 올라가면 줄기의 회전 방향이 왼쪽에서 오른쪽이라고 한다. 강낭콩이나 메꽃류는 언제나 왼쪽에서 오른쪽으로 회전한다. 반면 호프나 인동은 오른쪽에서 왼쪽으로 감는다.

세상의 많은 식물이 빛을 좇지 못해 안달하며 온갖 수단을 동원하지만, 딸기 같은 식물은 그저 초연하게 땅 위를 기어다닌다. 부모 식물에서 가늘고 긴 줄기가 수없이 나와 땅으로만 퍼지는 이런 줄기를 포복경 또는 기는줄기라고 한다. 적당히 이동하고 나면 끝에서 작은 잎다발이 나와 땅에 뿌리를 내리고 머지않아 자립한다. 그리고 충분히 자라 번식할 차례가 되면 새로운 기는줄기를 내보낸다. 이 줄기도 땅 위를 돌아다니다가 싹을 틔우고 뿌리를 내린다.

그림 55는 딸기의 기는줄기를 그린 것으로, 가장 왼쪽의 첫 번째 것은 다른 것들보다 좀 더 먼저 나와 원기가 왕성하다. 잎의 겨드랑이에서 기는줄기가 자라는데 끝눈은 이미 아주 잘 발달한

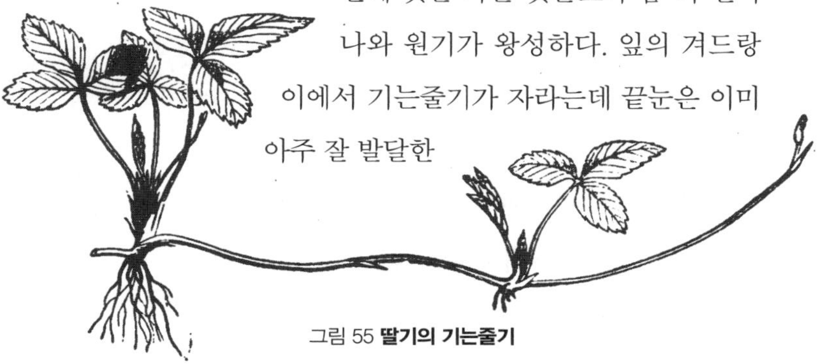

그림 55 **딸기의 기는줄기**

뿌리를 받아서 싹이 트는 단계에 이르렀다. 그림 속 두 번째 기는줄기에서도 새 줄기가 출발하여 세 번째 식물이 되었고 이제 막 잎이 피기 시작했다. 이처럼 기는줄기가 무한히 자라면 부모 식물은 아주 많은 어린 식물에 둘러싸인다. 날씨나 땅이 허락하는 한 어디에나 자리 잡아 이주지를 개척한다.

이런 식물을 이주지 개척자라고 불러도 좋은 이유는 실제로 새싹이 부모에게서 벗어나 새로운 터전을 일구기 때문이다. 인구가 지나치게 불어난 국가에서 사람들이 고향을 떠나 좀 더 살기 좋은 곳을 찾아 나서는 것처럼 말이다. 모본 주위에 자리 잡은 새싹은 처음 한동안 기는줄기에 의해 부모와 연결되어 있다. 즉 이주지와 원주지 사이에 여전히 왕래가 있어 신생 이주지로 수액이 흐른다. 그러나 머지않아 이런 관계는 끊어진다. 이주지가 자립하면서 불필요해진 기는줄기는 시들고 어린싹은 충분히 뿌리를 내어 독립한다. 인간의 손이 하나도 닿지 않고 모든 휘묻이 과정이 똑같이 진행되고 있음이 보이는가. 아마 휘묻이도 인간이 애초에 자연에서 발견하여 본보기로 삼은 방식일 것이다. 땅에 누운 긴 가지가 뿌리를 내리고 마침내 기는줄기가 시들어 부모 식물에서 떨어져 나가는 모습을 지켜본 정원사가 그 과정을 그대로 따라서 나무의 긴 가지를 흙 속에 묻고 뿌리가 나올 때까지 기다린 다음 전지가위로 잘라 나눈 것이 바로 휘묻이일 테다.

제비꽃은 덤불과 잡목숲을 사랑하는 얌전한 식물로, 딸기처럼 기는줄기를 이용해 새로운 터전을 일군다. 긴 줄기가 사방으로 뻗어나가다가 괜찮다 싶은 곳에 뿌리를 내린다.

땅 위를 기어다니는 다른 식물도 있다. 앞서 설명한 것처럼 줄기가 땅을 기어다니다가 뿌리를 내리는 방식은 같지만, 제비꽃이나 딸기처럼 눈에 띄는 긴 기는줄기를 사용하지도 않고 새 줄기 또한 뿌리를 내어 땅에 고정된 뒤에도 줄기를 끊어 부모에게서 독립하지 않는다. 따라서 외부 요인에 의한 사고가 아니라면 이주지는 분할되지 않는다. 또한 이들의 막뿌리는 개별 식물의 독립성이 아니라 유기체 전체의 활력에 이바지한다.

반면에 젊은 세대가 나오고 나면 옛 세대가 죽어버리는 식물도 있다. 사실 그런 식물이 가장 흔하다. 앵초과의 리시마키아*Lysimachia nummularia*를 예로 들어보자. 리시마키아는 배수로 옆에서 아름다운 꽃을 피우는 식물로, 노란 꽃과 둥근 잎이 황금 동전에 비유된다. 리시마키아 줄기는 길고 바닥에 바싹 붙어 난다. 잎다발에서 막뿌리가 많이 나와 기는줄기를 땅에 잘 붙잡아둔다. 그러나 사방으로 새로운 가지를 내는 동안 원래의 줄기는 시들어 죽는다. 그때부터 부모 줄기가 내보낸 기는줄기는 혼자 힘으로 살아간다. 그리고 다른 기는줄기에 생명을 주어 뿌리를 내리게 하고, 임무를 마치면 생명이 다한다. 따라서 리시마키아는 해마다 한 방향으로 나아가면서 반대편에서는 죽어버리기 때문에 금세 원식물의 흔적이 남지 않게 된다. 같은 리시마키아지만 맨 처음 씨앗에서 싹이 튼 그 리시마

키아는 아닌 것이다. 기하급수적으로 수를 불리는 이런 자연의 휘묻이 방식 덕분에 리시마키아 한 포기가 몇 년이 지나면 인근 지역을 뒤덮게 된다. 백리향과 개불알풀이 이런 식으로 번식하여 메마른 언덕에 사랑스럽게 카펫을 펼친다.

수직으로 자라기가 마땅치 않은 환경에 사는 식물일수록 땅에 붙어서 퍼지며 토양에 좀 더 단단하게 뿌리 박기 위해 기는 줄기를 낸다. 바다의 거센 바람에 채찍질 당하는 식물들, 특히 극지 식물이 대표적이다. 아일랜드, 라플란드, 스발바르제도, 그린란드의 얼어붙은 땅에는 오직 몇몇 식물만 겨우 발을 붙이는 단조로운 이탄지가 펼쳐진다. 늘 혹독한 바람이 후려치므로 위로는 올라갈 수가 없어서 이런 지역에서 자라는 식물은 키가 아주 작고 너나없이 뒤엉켜서 짜임새가 조밀한 직물을 이루며 서로서로 의지해 살아간다. 줄기는 그침 없는 바람에 짓눌린 채로 이탄 위로 퍼지며 튼튼한 막뿌리로 자신을 땅에 단단히 묶어둔다.

이처럼 줄기가 땅 위를 기는 식물이 있다면, 당연히 줄기가 땅속에서 돌아다니는 식물도 있을 것이다. 특히 외떡잎식물 중에 그런 종이 많다. 지하에서 기는줄기는 대개 뿌리처럼 생겼으므로 얼핏 뿌리로 착각하기 쉽다. 이런 줄기를 지하경 또는 뿌리줄기라고 하며, 붓꽃, 아스파라거스, 개밀의 땅속줄기가 대표적이다. 뿌리줄기는 겉으로 드러난 특징만으로 완벽하게 뿌리와 구분할 수 있다. 뿌리는 눈을 씻고 찾아보아도 절대로 겨드랑이에 눈이나 잎이 없다. 또한 비늘이 감싸는 일도 없는데, 사실 비늘은 결국 변형된 잎이기 때문이다. 그러나 뿌리줄기는 비록 생김새는 뿌리를 닮았다고 해도 줄기의 모든 기관을 품은 진정한 줄기다. 잎이나 비늘이 달렸고, 겨드랑이에는 눈도 있다. 눈의 일부는 줄기로 자라 땅속에서 길이를 늘이고 나머지는 땅 위로 새싹을 올려 보내 지상에서 잎과 꽃을 피운다. 겨울이 오면 지상부는 추위를 견디지 못해 죽지만 지하에서는 서리를 피한 땅속줄기가 살아남는다. 이것이 식물의 이중생활로, 절반은 땅속에 있으면서 생명의 정수를 보존하고, 절반은 해마다 흙 위로 모습을 드러내 꽃과 열매를 맺고 죽는다. 한편 식물의 지하부는 많은 막뿌리를 내보낸다.

뿌리줄기의 눈이 햇빛을 보려면 흙을 뚫고 땅 위로 올라가야 한다. 이런 험난한 땅속 여행을 대비해 눈은 짧고 두꺼운 비늘의 보호를 받는다. 그리고 마침내 대지의 포옹에서 벗어날 때까지는 평범한 잎사귀를 내지 않는다. 시장에서 보는 아스파라거스는 땅속줄기에서 나온 싹이다. 더 자라면 이 싹은 크고 깃털 같은 커다란 줄기와 잎이 되고, 자주색의 작은 장과가 맺힌다.

외떡잎식물 중에서도 볏과와 사초과 식물은 뿌리줄기가 제대로 발달한다. 경작지에 침범하여 골치를 썩이는 개밀 같은 잡초를 모르는 이가 있을까? 개밀의 땅속줄기는 길이가 한없이 늘어나 사방에 가지를 치므로 농부가 작정하고 괭이와 쟁

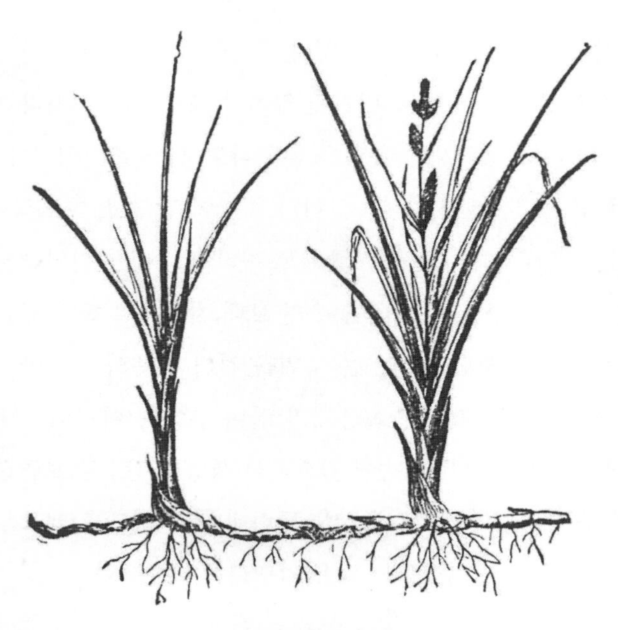

그림 56 **사초의 한 종**

기를 들이대도 뿌리 뽑기가 영 쉽지 않다.

강둑을 따라 형성된 습지의 토양이나 절반쯤 물이 찬 진창에는 집시들이 빗자루를 만들 때 쓰는 골풀이 자란다. 골풀도 볏과 식물인데 두꺼운 밧줄 두께의 뿌리줄기를 어떨 때는 흙 위로, 어떨 때는 진흙 속으로 들여보내며 20미터까지도 길게 뻗어나간다.

습지나 수렁의 스펀지 같은 토양이나 이리저리 흐르는 모래 지역에서 사초과 식물의 뿌리줄기는 골풀보다도 길게 자란다. 손을 댈 수도 없이 뒤엉켜 자라는 이 땅속줄기는 움직이는 땅을 제자리에 묶어두는 최상의 닻이다. 네덜란드에 자생하는 한 사초는 질긴 뿌리줄기가 강어귀의 불안정한 땅을 정착시켜 저지대 초지의 수로를 고정하고 바다의 침투로부터 나라를 지킨다. 한편 지금부터 설명할 볏과 식물인 마람풀은 소나무와 합심하여 사구sand hill의 문제를 해결해왔다.

어떤 해안지역에서는 바다가 육지를 향해 엄청난 양의 모래를 퍼 올리고 그것을 바람이 움직여 해안가에 굽이굽이 긴 사구를 만든다. 프랑스 대서양 쪽 해안은 주로 이런 사구가 경계를 이룬다. 영국해협에서는 사구가 불로뉴의 서쪽에서 나타나고 브르타뉴에서는 낭트 인근에서 사블돌론이라고 알려진 해안을 따라 남쪽으로 이어진다. 랑드에서는 보르도에서 피레네까지 거의 320킬로미터를 뻗어간다. 랑드에서만 사구가 3만 헥타르를 덮는다.

이 방대한 땅이 풀 한 포기 없는 사막의 언덕으로 낭비된다. 모래가 무릎까지 빠지는 언덕 꼭대기에 올라가면 시선은 땅의 우아한 기복에 매료되어 황금빛 회색의 수평선까지 눈부시게 뻗은 파도의 둥근 산마루를 따라가며 흰 능선의 혼돈 속을 헤맨다. 바람이 휩쓸 때면 산등성이는 움직이는 모래 안개로 뒤덮이고 폭풍이 휘몰아치는 바다의 거품처럼 연기가 피어오른다. 있는 힘껏 올라섰다가 바람의 의지로 멈춘 파도의 물결이 거울에 비친 듯 광활한 바다에 끝없이 반복된다. 그러나 이곳의 파도는 모래로 이루어졌고 모두 멈춘 상태다. 띄엄띄엄 지나가는 갈매기의 쉰 울음소리, 외진 사구의 휘어진 옆구리에 가린 대서양의 숨죽인 울부짖음이 아니면 이 비통한 고독의 침묵을 방해하는 것은 없다. 폭풍이 몰아치는 날에 이 거친 사막에 발을 들인 경솔한 나그네에게 어떤 일이 닥칠 것인가. 돌풍이 불 때마다 모래 구름은 저항할 수 없는 힘으로 공중에 내동댕이쳐지고, 격렬한 회오리바람이 사구를 찢고 잔해를 공중으로 올려보낸다. 폭풍이 그치면 격변을 거친 땅의 모양새는 전과 같지 않다. 언덕이 계곡이 되고 계곡이 언덕이 된다.

돌풍이 왔다가 갈 때마다 사구의 육중한 덩치가 내륙으로 조금씩 옮겨진다. 바다에서 불어오는 바람이 묵직하게 모래를 밀어내 계곡으로 들여보내고, 계곡이 채워지면 사구가 된다. 그렇게 선봉이 허물어지면 경계의 경작지를 덮어버릴 때까지 전진은 계속된다. 그걸로 끝이 아니다. 바다는 연신 새로운 재료를 가져다가 해변에 쌓아둔다. 이 모래가 또 다른 언덕을 이루면서 앞선 자의 뒤꿈치를 따라간다. 이렇게 사구는 서서히 비옥한 땅을 침범하여 불모의 모래층으로 덮어버린다. 이들의 행군을 막을 것은 없다. 든든하게 가로막던 숲도 움직이는 언덕에 파묻혀 키가 큰 나무들도 빼꼼히 고개만 내민 채 초라한 덤불처럼 보일 뿐 고개를 숙여도 내려다볼 것은 없다. 마을의 3분의 1이 집어삼켜져 집과 교회 할 것 없이 모두가 모래 아래로 사라져버린다. 그런 무시무시한 적 앞에서 무엇을 할 수 있을까. 원수의 진군은 막을 길이 없고, 해마다 20미터씩 농토가 잠식된다.

그런데 인간의 노력으로 어찌할 수 없는 이 재앙을 보잘것없는 볏과 식물, 저 모래언덕의 마람풀이 막아준다. 마람풀은 질긴 뿌리줄기의 그물망을 펼친 채 땅이 떠나려고 해도 붙잡고 놓아주지 않는다. 그러나 풀이 들어갈 수 있는 깊이에는 한계가 있으므로 혼자서는 역부족이다. 그래서 나무인 프랑스해안송의 도움을 받는다. 나무는 뿌리를 더욱 깊숙이 박아 마침내 모래언덕을 움직이지 않는 땅으로 바꿔놓는다. 풀은 제 뒤를 이어 나무가 자랄 수 있게 초석을 마련한다. 그러면 소나무가 굳건하게 자리 잡고 과제를 마무리한다. 그제야 모래언덕이 일으킨 참화가 끝난다. 그렇게 파괴로부터 대지를 구하고, 숲을 널리 일구고, 쏠쏠한 수입까지 생긴다.

줄기 중에서도 가장 근사한 줄기가 바로 선인장 줄기가 아닐까. 희한한 모양, 수액으로 부푼 다육 조직, 무섭게 돋은 가시까지. 잎은 보이지 않는 비늘로 줄어들거나 아예 사라졌고, 꽃은 크기와 풍성함이 믿어지지 않을 정도다. 저것이 모두 이 독보적인 식물의 일반적인 특징이다. 척박한 토양을 사랑하는 식물이라서 햇볕에 타들어간 멕시코, 브라질 황무지에서도 잘 자란다.

가시가 잔뜩 솟은 줄기는 종마다 형태가 달라 어떤 종은 높이 솟은 기둥에 세로로 깊게 홈이 파였고, 또 어떤 종은 지구본의 자오선처럼 넓게 튀어나온 갈비뼈가 장식한다. 서로가 서

그림 57
성게선인장속*Echinocactus*

로에게서 움튼 둥글넓적한 원판이 얼기설기 모인 선인장도 있다. 첫 번째가 기둥선인장이고 두 번째는 돌기선인장, 마지막이 부채선인장이다. 부채선인장의 일종인 노팔선인장은 둥글고 짧은 줄기에 연지벌레를 위한 풀밭을 제공한다. 연지벌레는 코치닐이라는 진홍색 염료의 재료로 쓰이는 곤충이다. 한편 알제리에 귀화한 보검선인장은 웬만해서는 뚫을 수 없는 덤불을 만들어내며, 흔히 백년초라고 알려진 즙이 많고 달콤한 열매가 자란다. 육질의 줄기 조직은 가뭄이 심한 시기에 미국 남부 사막지대에서 발견할 수 있는 유일한 식수원이다.

알렉산더 폰 훔볼트에 따르면 뿌연 먼지구름에 휩싸여 앞이 보이지 않는 말이나 소가 사막으로 길을 잘못 드는 때가 있다고 한다. 이 짐승은 배고픔과 타는 갈증으로 나직이 울면서도 연방 목을 길게 뻗어 바람의 냄새를 맡는다. 공기 중의 습기를 감지해 미처 증발하지 않고 남은 물웅덩이나 개울을 찾기 위함이다. 좀 더 영리한 노새는 다른 방법으로 목마름을 해소한다. 이 사막에는 홈이 깊게 파인 주운선인장속*Melocactus* 선인장이 자라는데, 가시 돋친 피부 아래에 물이 줄줄 흐르는 과육이 들어 있다. 노새는 앞발로 가시를 뭉갠 다음 조심스럽게 입술을 내밀어 신선한 수액에 도전한다. 종종 앞발에 끔찍한 가시가 박혀 절뚝대는 노새가 목격되는 걸 보면, 살아 있는 냉천으로 갈증을 채우는 일이 그저 만만하지만은 않은 듯하다.

13장

눈

줄기는 서로 합심하여 공동체를 만드는 개별 요소, 즉 개체가 공유하는 지지대다. 그런데 식물의 개체란 무엇인가. 그대들은 이미 앞에서 보아 이 질문의 답을 알고 있다. 식물의 개체는 눈이다. 지금부터 식물의 개체인 눈의 구조를 살펴보려고 한다.

눈은 갓 태어난 가지이며, 식물의 유아기다. 처음에 눈은 작은 구체의 세포성 조직이다. 수피를 뚫고 올라와 미처 다 발달하지 않은 잎으로 몸을 감싼다. 또한 어린 젖먹이의 물관은 부모의 줄기에 뿌리를 둔 채 소통한다.

눈은 항상 정해진 지점에서 나온다. 정해진 장소란 대개 잎의 겨드랑이로, 잎이 달린 잔가지의 바로 윗부분을 말한다. 또한 눈은 가지 끝에도 달린다. 잎의 겨드랑이에서 나오는 눈을 곁눈 또는 측아側芽, 겨드랑눈이라고 하고, 가지 끝에서 자라는 눈을 끝눈 또는 정아頂芽, 꼭지눈이라 한다. 모든 눈의 기운이 똑같이 왕성하지는 않다. 가지 끝에 달린 것들은 유독 활력이 넘치고, 가지 아래쪽에 달린 것들은 기운이 없다. 낮게 달린 잎은 너무 작아서 눈을 크게 뜨고 들여다봐도 보일까 말까 한 눈을 겨드랑이에 숨긴다. 이 작고 약한 눈은 미처 잎을 펼치지도 못하고 시드는 일이 부지기수다. 수수꽃다리 가지만 봐도 저마다 눈의 크기가 천차만별이다.

끝눈이든 곁눈이든 눈은 근본적인 기능에 따라 둘로 나뉜다. 첫째, 현재의 번영을 위해 애쓰는 눈이 있다. 그런 눈은 수액을 만들어 공동체를 먹이고 키운다. 둘째, 미래의 번영을 위해 일하는 눈이 있다. 그런 눈은 씨앗을 생산하고 숙성시키는 게 임무다. 씨앗은 종을 증식하고 멀리 흩어져 미래 세대를 일으킬 운명을 타고난 기관이다. 현재를 위해 일하는 눈은 오로지 잎만 만든다. 미래를 위해 일하는 눈은 꽃만 피우거나 꽃과 잎을 동시에 만들기도 한다. 첫 번째 범주의 눈을 잎눈이라 하고, 두 번째 범주의 눈을 꽃눈이라 한다. 과실수를 보면 잎눈은 얇고 뾰족한 편이고, 꽃눈은 둥글고 큼직하다.

끝눈과 곁눈은 규칙적이고 질서 정연한 형태로 모습을 드러내는 제눈, 즉 정아定芽로서, 사회의 일반적인 시민에 비유된다. 제눈은 뜻밖의 사고가 일어나지 않는 한 여러 해를 사는 모든 식물에서 발견된다. 그러나 식물이 커다란 위험에 처하거나 이런저런 이유로 제눈이 모두 사라졌든지 또는 수가 부족하게 되면 사방에서, 심지어 아주 급할 때는 뿌리에서까지 눈이 나온다. 사그라드는 생명을 다시 일으키고 식물을 한창 때로 되돌릴 수만 있다면 못 할 일이 무엇이겠는가. 그렇게 돌발적으로 생장하는 것이 눈이면 식물의 지상부가 되고, 막뿌리면 지하부가 된다. 절체절명의 순간에 파견된 구조대라고나 할까.

이렇게 임시로 싹을 틔우는 눈이 유독 선호하는 곳이 있으니, 잘라낸 가지의 상처 주변이나 줄기를 꽉 묶어 조여놓은 곳 또는 수피가 타박상을 입은 부위다. 이처럼 예정에 없던 눈을 막눈 또는 부정아不定芽라고 한다. 그러나 막눈이라고 해도 지금부터 설명할 제눈과 구조는 다르지 않다.

봄과 여름에 눈은 잎의 겨드랑이에서 크기를 키우며 겨울을 대비할 힘을 모은다. 서리가 내리면 잎은 떨어지지만, 눈은 잎이 떨어지고 남은 흉터 바로 위에서 수피에 단단히 닻을 내리고 제자리를 유지한다. 겨울의 치명적인 서리와 습기의 맹공에서 살아남으려면 식물의 눈에도 월동 준비가 필수다. 식물의 방한복은 눈비늘이라는 두꺼운 싸개인데, 바깥쪽은 방수 처리가 되어 있고 안쪽은 솜털이 덧대어 포근하다.

이번에는 마로니에의 눈을 예로 들어볼까. 마로니에의 잎눈에는 중심에 작고 여린 잎이 일종의 솜에 단단히 싸여 있고,

바깥에는 튼튼한 비늘 외투가 지붕의 기와처럼 차곡차곡 배열되어 단단히 에워싼다. 게다가 눈의 심장부에 겨울의 습기가 침투하는 일이 없도록 비늘 갑옷에 나뭇진을 발라 틈을 메웠다. 겨울에는 나뭇진이 바싹 말라 있지만 봄이 오면 눈이 벌어질 수 있도록 부드럽고 끈적해진다. 그런 다음, 비늘이 점성을 잃고 자리를 양보하면 반쯤 열린 요람의 중심에서 첫 잎이 기지개를 켠다.

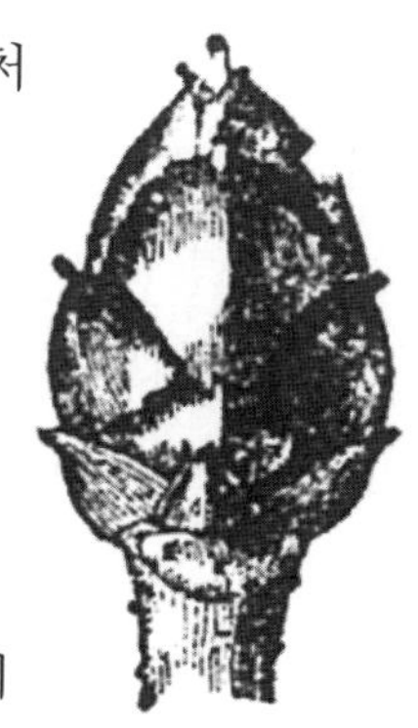

그림 58
마로니에의 눈

봄의 산기産氣가 돌면 정도가 다를 뿐 모든 식물의 눈이 부드러워지면서 끈적인다. 특별히 포플러의 잎눈을 두 손가락으로 집어서 꾹 누르면 쓴맛이 나는 노란 접착제가 울컥 쏟아진다. 풀기 있는 이 물질을 벌들이 부지런히 모아다가 밀랍을 만든다. 밀랍은 꿀벌이 집을 지으며 벽의 틈을 메우거나 도배할 때 사용하는 일종의 회반죽이다. 이쯤 되면 그 수수한 겉모습에도 식물의 눈이 자연의 걸작이라는 사실에 모두가 고개를 끄덕일 것이다. 바깥의 방수 처리는 외부의 습기를 막고 안쪽의 붉은색 솜털은 냉기를 막아준다.

눈비늘은 눈의 필수적인 겨울용 외투다. 이 비늘의 정체가 무엇이고, 또 어디에서 왔을까? 직접 눈을 관찰하여 답해보자. 지금 당장 까치밥나무나 장미에서 잎눈 하나를 떼어 온 다음, 눈을 둘러싼 비늘을 바늘로 하나씩 차례차례 벗겨보자. 처음에는 뚜렷하게 잎의 모양이었던 것이 안쪽으로 갈수록 단순하게 변해간다. 비늘은 원래 잎이었지만 특별한 목적을 위해 변형되었다. 성장하는 눈은 혹독한 겨울을 대비하려고 낮게 달린 잎을 비늘로 바꾼다. 이때 수수꽃다리처럼 잎 전체를 비늘로 바꾸는 눈이 있는가 하면, 까치밥나무나 장미처럼 잎의 기부만 사용하는 눈도 있다.

눈비늘을 벗긴 다음 나오는 잎은 눈의 심장부를 구성하며 일반적인 모양이다. 색이 연하고 질감도 섬세한 작은 잎들이 최소한의 공간만 차지한 채 아주 체계적으로 좁은 요람 안에 들어간다. 삼씨 한 알 들어가지 못할 좁은 공간에 얼마나 많은 잎이 차곡차곡 들어찼는지, 아마 보고도 믿지 않을 것이다. 그 작은 눈 안에 수십 개의 잎과 꽃이 통째로 들어 있다. 수수꽃다리만 해도 꽃눈 하나에 들어 있는 꽃이 백 송이도 넘는다. 게다가 그 많은 꽃과 잎 중에 찢어진 것, 멍든 것 하나 없으니 말 다했다. 만약에 잎눈 1개를 뜯어서 그 안에 든 것들을 모조리 풀어헤치면, 어느 이의 손가락이 감히 그것들을 제자리로 돌려놓겠는가. 인내심과 기술만큼은 누구도 따라올 수 없는 자연의 예술적인 손길만이 그리할 수 있으리라. 무無를 무한으로 변모시킬 힘은 오직 자연만 지녔음이다.

눈 안에서 잎은 되도록 공간을 적게 차지하고자 오만 가지 방식으로 몸을 비틀고 일그러뜨린다. 가느다란 원뿔 모양으로 말린 눈도 있고, 한 번은 한쪽으로 또 한 번은 양쪽으로 감은 눈도 있다. 가로든 세로든 반으로 접혔거나, 돌돌 말려 아주 작은 알갱이가 된 눈도 있다. 아무렇게나 구겨놓았거나 부채꼴로 접혀 있기도 하다. 이렇게 눈 안에 잎이 배열된 모양을 아형芽型이라고 한다.

봄에 처음 모습을 드러내는 눈은 여름 동안 힘을 모으고 겨우내 꼼짝하지 않는데, 사람들은 그걸 보고 잠을 잔다고 한다. 그러고는 해를 넘겨 봄이 오면 깨어나서 싹을 틔운다. 여름의 열기와 겨울의 서리를 모두 이겨내야 하는 이 잠자는 눈을 휴면눈 또는 잠아潛芽라고 하는데, 휴면눈은 뜨거운 태양과 차가운 동장군을 버틸 수 있도록 옷을 입어야 한다. 그렇게 비늘외투로 싸인 눈을 비늘눈 또는 인아鱗芽라고 한다. 비늘눈은 수수꽃다리, 마로니에, 배나무, 사과나무, 벚나무, 포플러 등 사실상 유럽의 거의 모든 나무에서 발견된다.

나무야 비늘옷을 입은 눈이 성숙해질 때까지 1년을 꼬박 기다릴 수 있지만, 주어진 시간이 별로 없는 식물도 부지기수다. 그런 식물은 한 해만 살다 죽는다고 하여 한해살이 식물이라고 한다. 감자, 당근, 호박 등 많은 식물이 모두 1년만 사는 식물이다.

한해살이 식물은 몇 달, 때로는 며칠 간격으로 눈을 만들어야 한다. 이런 눈은 겨울을 날 필요가 없어서 보호하는 비늘 겉싸개가 없으므로 벗은눈 또는 나아裸芽라고 한다. 이런 눈은 가지에 돋아나자마자 일을 시작하여 움이 트고 잎을 펼치고 잔가지가 된 다음 공동체의 일을 나누어 맡는다. 머지않아 그 잎의 겨드랑이에서 다른 눈이 나오고 같은 행동을 되풀이한다. 늦장 부릴 여유가 없어서 바로 잔가지가 되고, 또 다른 눈 만들기를 계속하다가 겨울이 와서 식물이 통째로 죽을 때에야 눈들의 가장행렬이 대단원의 막을 내린다. 알다시피 한해살이 풀의 한살이는 속도가 무척 빠르다. 한 해에 몇 세대씩 생산하며, 종의 내한성에 따라 눈의 개수가 달라진다. 이 눈은 이내 싹을 틔우도록 설계되어 굳이 비늘 겉옷을 입을 필요가 없다. 반면 장수를 즐기는 식물은 느긋하게 한 해에 한 세대의 가지를 내는 것에 만족한다. 그 눈은 겨울을 버텨야 하므로 비늘이 덮여 있다.

두 가지 눈이 한꺼번에 나타나는 식물도 있다. 공동체가 겨울의 혹독함을 이기고 다음 해에도 삶을 이어나가게 하는 비늘눈과 일상 업무에 재빨리 투입될 수 있는 벗은눈이 모두 나타난다. 복숭아나무와 포도나무가 그러하다. 겨울이 끝나면 포도나무에서는 솜털로 덧댄 비늘눈이, 복숭아나무에서는 방수제로 감싸인 비늘눈이 보인다. 이 눈은 둘 다 휴면눈으로 바깥에는 눈비늘을 두르고, 안에는 따뜻한 안감을 덧댄 외투를 입고 겨우내 늘어지게 잠을 잔다. 그러다가 봄이 오면 순리대로 싹을 틔운다. 이때 잎의 겨드랑이에서는 다른 눈이 나오는데, 그 눈은 비늘로 싸여 있지 않고 바로 싹을 틔워서 꽃과 열매가 된다. 이렇게 포도나무와 복숭아나무는 한 해에 두 세대를 생산한다. 하나는 겨울을 날 비늘눈, 다른 하나는 봄에 만들어지는 벗은눈이다. 벗은눈이 자라서 잔가지가 되면 그 잔가지에 달린 비늘눈이 겨우내 잠을 자고 이듬해에 일어나 같은 과정을 되풀이할 것이다.

지금까지 눈의 일반적인 특징을 살펴보았다. 이제 눈과 관련된 원예 기술을 알아보자. 드문 예외가 있기는 하지만 앞에서 말한 대로 모든 잎은 겨드랑이에 1개, 때에 따라서는 여러 개의 눈을 낸다. 그런데 이 다양한 곁눈은 가지 끝에서 나무의 몸통 쪽으로 갈수록 활력이 빠르게 사그라든다. 위에 있는 놈은 힘이 넘치고 아래에 있는 놈은 비실댄다. 가장 낮게 달린 잎의 겨드랑이에서 자라는 눈은 아예 생장의 신호를 보이지 않거나 대개는 눈이 열리기도 전에 시들어 죽는다. 그러나 과실수처럼 잎을 내는 것보다 열매를 크게 키우는 것이 중요한 경우에는 가지 끝에 자라는 눈보다 아래쪽에서 자라는 눈의 성장을 자극하는 것이 더 이익이다.

이때 사용하는 방법이 가지치기다. 눈을 두세 개만 남기고 줄기 근처에서 잔가지를 바싹 잘라낸다. 그렇게 하면 나무의 생장력이 병약한 생존자에게 집중된다. 원래대로라면 가지 끝에 달린 더 왕성한 눈과의 경쟁에서 뒤처져 굶어 죽었을 눈이다. 이렇게 가지를 잘라내면 뿌리에서 흡수한 영양물질이 가지에 자라는 몇 개의 눈에 불공평하게 분배되는 대신, 이 남겨진 눈에만 몰릴 것이다. 전지가위가 경쟁자를 쳐낸 뒤, 남겨진 두세 개의 허약했던 눈이 잠에서 깨어 소생한다. 밥을 제대로 챙겨 먹이니 무럭무럭 자라서 마침내 활기 넘치고 생산성 있는 새 가지가 된다.

밀의 줄기에는 아래쪽 잎겨드랑이에 눈이 있는데, 이 눈이 죽으면 수확이 줄고, 이 눈이 잘 발달하면 수확이 늘어난다. 먼저 가을에 파종하는 밀 씨를 보자. 가을은 추위와 비가 찾아오는 계절이라 식물의 생장 속도가 느리다. 따라서 줄기가 그리 높이 올라오지 않고 눈도 땅 가까이 붙어 있다. 이렇게 축축한 토양 근처에 머물다 보니 눈에서 저절로 막뿌리가 자라는데, 그것이 평범한 뿌리라면 바닥의 눈에는 절대 나눠주지 않았을 양식을 제공한다. 그걸 먹고 힘을 얻은 눈은 여러 개의 줄기로 자라고 그 꼭대기마다 이삭이 풍성하게 달린다.

이제 가을이 아닌 봄에 밀 씨를 뿌리면 어떻게 될까? 봄에 파종하면 온화한 날씨에 줄기가 빠르게 자라 눈이 서둘러 높이 올라오고 그 바람에 축축한 땅에서 멀어져 자연히 막뿌리를 내지 못한다. 이런 상황에서 밀 줄기는 벗 하나 없이 홀로 서게 된다. 정리하자면, 가을에 뿌린 밀 씨는 한 알이 여러 개의 밀대가 되어 많은 이삭을 생산하지만, 봄에 뿌린 밀 씨는 그저 밀알 하나가 밀대 하나, 이삭 하나에 그친다. 따라서 지면 가까이에 눈이 발달하는 것은 곡물의 생산량을 결정하는 아주 중요한 문제다. 그렇다면 하나의 씨에서 여러 개의 줄기가 나오도록, 즉 뿌리움이 자라게 하려면 적어도 줄기의 가장 낮은 곳에 있는 눈이 토양과 잘 접촉하여 막뿌리를 내도록 부추겨야 한다. 따라서 농부는 씨앗이 발아한 직후에 밭에 나무 굴림대를 굴려 어린 식물을 망가뜨리지 않으면서 좀 더 깊이 땅에 묻는다.

식물의 상처를 보듬기 위해 제자리에서 벗어난 장소에 나타난 행운의 눈이 이런 유익한 일을 한다. 이제 풀에서 나무로 넘어가 보자. 조림지에 적당한 간격을 두고 묘목을 심었다고 하자. 그대로 내버려 두면 묘목은 당연히 하나의 몸통, 즉 하나의 나무줄기로 자랄 것이다. 이런 상태로 만들어지는 숲을 교림喬林이라고 한다.

그런데 이 하나짜리 몸통이 여러 개로 대체되는 분신술을 할 수 있다면 어떨까? 그것이 왜림작업으로, 나무를 바닥 높이에서 잘라내는 것이다. 그렇게 하면 절단된 상처의 가장자리에서 맹아가 자라 결국 여러 개의 줄기를 올려보낸다. 그래서 원래는 하나의 몸통으로 자라고 말았을 묘목이 같은 나이의 똑같은 생장 속도를 가진 여러 개의 줄기로 자라게 된다. 그렇게 만들어지는 숲을 왜림矮林 또는 맹아림萌芽林이라고 한다. 줄기가 적당한 굵기로 자라면 또 한 번 밑동을 잘라내는데, 그러면 상처가 더 많아지면서 나무는 더 많은 줄기를 낸다. 이런 식으로 나무꾼은 계속해서 나무를 잘라내고 맹아를 키워 활기찬 나무를 생산하는 데 성공한다. 나무가 알아서 자라게 두었을 때 나오는 하나짜리 몸통보다 훨씬 많은 양의 목재를 생산할 수 있다.

나무꾼의 도끼에 잘려 나간 포플러는 땅 위로 장엄한 기념비를 올린다. 목초지를 가르는 개울의 느린 물살 위로 가지가 잔뜩 갈라져 나와 단정치 못한 몸뚱이를 기울이는 버드나무도 자연 그대로의 모습에서는 유연한 가지, 섬세하게 뾰족한 잎과 함께 아름다운 자태로 유명하다. 장식용 나무로서 이 나무는 인간이 제 생장 방식에 개입하여 얻는 것이 아무것도 없다. 그러나 수익과 아름다움이 늘 함께 가는 것은 아니다. 통나무와 장작을 많이 얻으려면 주기적으로 밑동을 잘라내야 한다. 그러면 나무는 올챙이처럼 머리가 크고 흉터와 진물이 뒤덮은 두목頭木으로 변신하지만, 결국 막눈이 나타나 손상된 나뭇가지를 치료하고 더욱 풍성하게 되살릴 것이다.

식물에 불행이 닥칠수록 수가 불어나고 식물이 죽기 직전에 나타나 구해주는 막눈의 이야기를 마치기 전에 마지막으로 당부할 말이 있다. 개밀을 비롯한 수많은 골칫거리 볏과 잡초는 갈퀴로 겉만 훑어서는 절대 제거할 수 없다. 농부는 마지막 한 포기까지 이 잡초를 제거하느라 몹시 애를 썼을 테고 제 일을 다했노라고 후련한 마음으로 돌아가겠지만, 안타깝게도 그 믿음은 배신당할 것이다. 며칠 지나지 않아 잡초는 전보다 더 강해진 생명력으로 다시 나타나게 되어 있다. 그 이유를 이제는 알겠지. 갈퀴질을 해봐야 잡초를 "잘라주는" 것에 불과하다. 섣불리 줄기를 베어냈다가는 잘린 부위가 맹아로 뒤덮여 더 많은 줄기를 올려보내니 제거하기는커녕 수만 불려준 꼴이 된다. 이 잡초를 완전히 없애려면 뿌리째 뽑아내는 수밖에 없다. 그제야 진짜로 일을 끝냈다고 말할 수 있다.

14장

이동성 눈

히드라의 몸에서 움이 튼다는 사실을 기억하는가? 그 싹은 어린 히드라가 되어 부모의 몸에 뿌리를 박고 부모의 희생으로 먹고산다. 그러다가 성숙해지면 떨어져 나와 다른 곳에 가서 자리를 잡고 홀로서기를 하며 새로운 가계의 출발점이 된다. 비슷한 이동 습성이 다양한 폴립에서 발견된다. 어린 폴립이 공동체를 버리고 사방으로 흩어진 다음 제 마음에 드는 곳에서 자립하고 출아법으로 번식하며 살아간다. 반대로 어떤 폴립은 해체되지 않고 군체 상태를 유지한다. 출아법으로 탄생한 미소동물이 제가 태어난 장소에서 떠나지 않고 남아 있기 때문이다.

진정한 폴립 모체인 식물은 이 두 가지 존재 양식을 모두 따

른다. 어떤 눈은 자신을 낳은 가지 위에서 계속 자라 그곳에 뿌리를 내린다. 식물 대부분이 그런 식으로 살고, 그것이 우리에게 가장 익숙한 방식이기도 하다. 이 눈은 부모 식물에서 자발적으로 떨어지는 일이 없는 고정된 눈이다. 이 범주에는 13장에서 다루었던 비늘눈과 벗은눈, 제눈과 막눈이 포함된다.

그러나 어떤 눈은 발달의 특정 단계에 이르면 부모 식물을 떠나 말하자면 다른 곳으로 이주한다. 부모의 곁을 떠나 다른 땅에 뿌리를 내린 다음 제가 직접 토양에서 양분을 끌어오는 것이다. 이 후자의 눈은 이주성 또는 탈락성 눈이다. 제가 태어난 가지에서 분리되어 땅에 떨어지는 특성 때문에 붙은 이름이다. 이렇듯 부모에 의지하지 않고 제힘으로만 잎을 펼쳐야 하는 눈은 분명 자기를 먹여 살리는 가지에서 한 발짝도 떠나지 않는 눈과는 다른 방식으로 설계되어야 마땅하다. 먼저 이 눈에는 땅에 뿌리를 내려 직접 양분을 빨아들일 때까지 버틸 식량이 준비되어 있어야 한다. 그래서 모든 이동하는 눈에는 양분이 축적되어 있다.

사람들은 흔히 정원에 밝은 주황색 꽃이 아름답게 피어나는 작은 백합을 기른다. 이 오렌지나리*Lilium bulbiferum*는 백합과의 고산식물이다. 그림 59는 오렌지나리의 줄기인데 보다시피 잎겨드랑이에 눈이 있다. 이 눈은 겨울을 살아낸 다음 이듬해 봄에 싹이 터야 한다. 그러나 질긴 가죽질의 비늘 외투 대신 아주 두꺼운 다육성 비늘로 덮여 있다. 이 비늘은 부드러운 육질

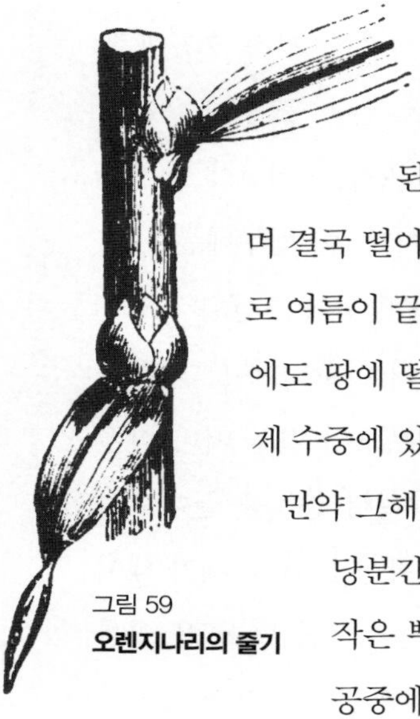

로서 눈을 보호할 뿐 아니라 먹이기까지 한다. 이 눈은 넉넉히 저장된 양분 덕분에 둥글고 통통한 모양이 되며 결국 떨어져 나간다는 특징이 있다. 그리고 실제로 여름이 끝날 무렵 부모 곁을 떠난다. 미세한 바람에도 땅에 떨어져 데굴데굴 굴러간 다음, 그때부터 제 수중에 있는 양식으로만 살아남아야 한다.

그림 59
오렌지나리의 줄기

만약 그해 여름이 꽤 습했다면 많은 탈락성 눈이 당분간 잎겨드랑이를 떠나지 않고 한두 개의 작은 뿌리를 낸 다음 마치 땅과 만나려는 듯 공중에 매달려 지낸다. 그러나 어쨌든 10월이 되기 전에는 모든 눈이 떨어지고 마지막으로 본체의 줄기가 시든다. 머지않아 가을의 스산한 비와 바람이 낙엽과 부식토로 땅을 덮으면 이 든든한 덮개 아래에서 눈은 두꺼운 비늘에 들어 있는 양분을 먹고 지내며 서서히 땅속에 뿌리를 밀어 넣는다. 그러다가 봄이 찾아오면 첫 번째 새잎을 펼치는 것을 시작으로 열심히 자라 마침내 자기를 낳은 식물과 똑같이 아리따운 백합이 된다.

피카리아Ficaria는 이른 봄에 황금빛 노란색 꽃이 피는 미나리아재빗과의 잘생긴 식물로, 번들거리는 잎은 무화과나무의 잎과 비슷하며 축축한 흙을 좋아한다. 꽃이 피면 줄기는 잎의 옆구리에서 눈을 내는데, 곧장 싹이 트는 대신 영양액이 잔뜩 채워진 육질의 구체가 된다. 조만간 줄기는 시들어 죽지만 눈은 그 안에 저장된 식량 덕분에 잘 버티다가 결국 이듬해 봄에 싹을 틔우고 자란다. 주아珠芽라고도 하는 살눈은 그런 육질의 눈을 부르는 말이다. 살눈은 피카리아와 오렌지나리에서처럼 부모에게서 독립하여 스스로 성숙할 운명이다.

누구나 잘 아는 예를 한 가지 더 들어볼까. 껍질을 까지 않은 마늘 한 통을 준비해보자. 겉에서는 흰색의 마른 껍질밖에 보이지 않는다. 이 껍질을 벗기면 또다시 하얀 껍질에 싸인 여러 개의 알맹이가 나오는데 한 쪽씩 쉽게 떨어진다. 결국 통마늘은 개별 마늘이 하나로 묶음 포장된 형태다. 마늘을 싼 포장지는 오래전에 시들어버린 잎의 밑부분이다. 이 잎의 지하 부위는 하얀색으로 끝까지 남아 마늘을 둘러싸고, 땅 위에 드러난 부분은 초록색이었지만 지금은 사라지고 없다.

이 잎도 보통의 법칙에 따라 겨드랑이에서 눈이 만들어졌지만, 그 눈은 떨어져 나가 혼자서 자랄 운명이기에 두꺼운 비늘 안에 식량을 저장했다. 눈이라고 하기에는 마늘이 지나치게 큰 이유도 그것이다. 마늘을 쪼개면 질긴 가죽질 껍질 아래에 커다란 육질의 알맹이가 나온다. 우리가 먹는 마늘이 곧 식료품 창고이자 저장실로서 배아의 거의 전체를 구성한다. 이렇게 비축된 식량 덕분에 눈은 스스로 훌륭하게 자급자족한다. 따라서 농부는 마늘을 키울 때 굳이 씨를 뿌리느라 시간을 허비하는 대신 통마늘을 쪼개어 인편을 한 쪽씩 심는다. 각각은 당분간 제 창고에서 식량을 꺼내 먹고 살면서 뿌리와 잎을 낸 다음 이윽고 완전한 식물이 된다.

다음 이야기로 넘어가기 전에 한 가지 말해둘 것이 있다. 아까 나는 통마늘은 눈과 잎으로 이루어졌다고 했다. 그럼 이 눈과 잎이 달린 줄기는 어디에 있는가? 물론 줄기는 있다. 하지만 보이지 않을 정도로 압축되었다. 통마늘을 쪼개어 인편을 모두 떼어내고 나면 단단하고 납작한 판이 남을 텐데 잘 보면 마늘의 쪽수와 같은 개수의 자취가 보인다. 이 원판의 가장자리에는 오래된 잎 또는 흰색 포장지의 흔적이, 바닥에는 오래된 뿌리의 흔적이 있다. 그 신기한 원판이 줄기다. 줄기가 아주 납작하게 압축된 상태이므로 단축경短軸莖 또는 저반부底盤部라고 한다.

비늘줄기는 인경鱗莖이라고도 하는데 살눈과 고작 한 끗 차이다. 양파를 세로 방향으로 잘라서 단면을 보면, 육질의 비늘조각이 여러 겹으로 싸여 있다. 서로 꼭 들러붙은 상태로 아주 짧은 줄기, 또는 마늘의 단축경을 닮은 판 위에 붙어 있다. 식품 저장고로 탈바꿈한 이 육질성 비늘조각 중심에서 녹색 잎이 자라는데, 모양과 색깔이 지극히 정상이다. 따라서 양파는 육질의 비늘로 탈바꿈한 잎 덕분에 독립생활이 가능해진 또 다른 눈이다. 다만 양파는 크기가 커서 살눈이라는 말 대신 비늘줄기라고 부른다. 살눈은 크기가 작은 비늘줄기인 셈이다.

비늘줄기와 살눈은 오로지 크기의 차이만 있다. 비늘줄기

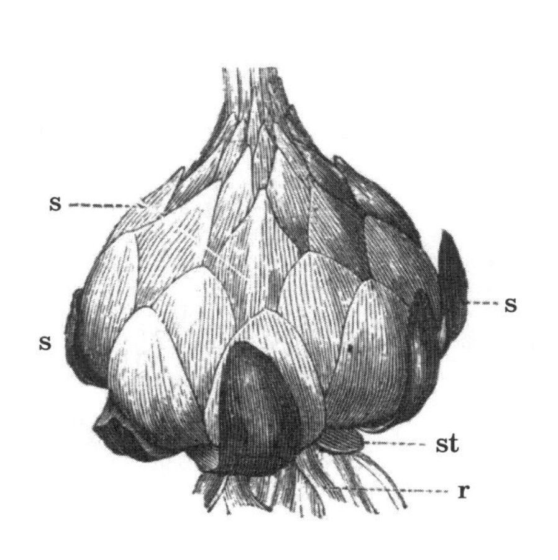

그림 60 **백합의 비늘줄기**
r: 뿌리. s: 비늘. st: 줄기의 기부.

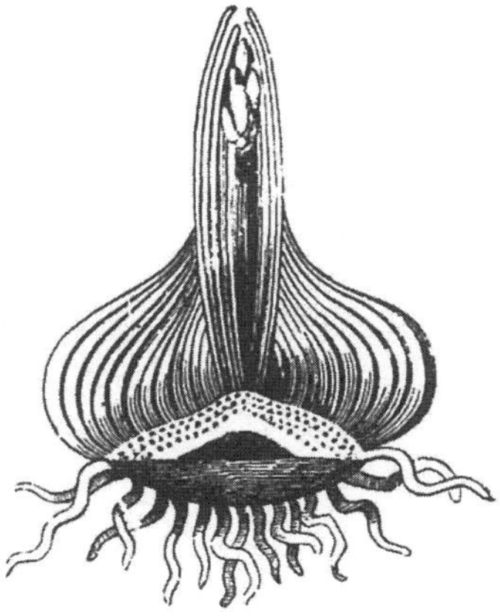

그림 61 **히아신스의 비늘줄기**

는 크고 살눈은 작다. 그게 전부다. 부엌 천장의 서까래에 매달아놓은 양파가 겨울철 집안의 온기에 잠이 깨어 황갈색 비늘의 심장에서부터 신선한 초록색 잎을 밀어내는 모습을 본 적이 있을 것이다. 혹독한 겨울에 반항하며 봄의 기쁨을 상기시키려는 것이다. 그냥 두면 잎이 자라면서 육질의 껍질은 쪼그라들고 탄력이 없어지다가 마침내 썩으면서 새싹에 거름을 준다. 그러나 언젠가는 저장고도 바닥날 수밖에 없고, 서둘러 땅에 심지 않으면 어린 식물은 오래 살아남지 못한다.

지금 우리는 오직 제 곳간에 의지해 살아가는 식물의 사례를 보고 있다. 서양 대파인 리크도 비슷한 비늘줄기를 가졌지만 모양이 좀 더 날씬하다. 양파처럼 리크의 비늘줄기도 잎의 기부가 차곡차곡 겹쳐서 구성되었다. 이런 구조의 비늘줄기를 마치 육질의 비늘이 여러 겹의 옷을 두른 듯 눈의 심장을 에워싼다고 해서 유피인경有皮鱗莖이라고 부른다.

어떤 식물에서는 비늘의 크기가 너무 작아서 둥근 비늘줄기를 다 감싸지 못하고 지붕의 기와처럼 배열되는데, 이런 비늘줄기를 무피인경無皮鱗莖이라고 한다. 백합의 비늘줄기가 대표적인 무피인경이다.

많은 구근식물이 크고 멋진 꽃을 피우는데 의외로 기르기도 쉽다. 히아신스의 예를 들어볼까. 그림 61은 히아신스의 비늘줄기를 반으로 자른 모습이다. 뿌리가 나오는 단축경과 겹겹이 싸고 있는 육질의 비늘까지 비늘줄기를 구성하는 모든 요소가 보인다. 게다가 보통의 잎이 이미 이 비늘의 심장부에서 꽃눈 다발과 함께 싹을 틔웠다.

히아신스의 비늘줄기를 평소처럼 땅에 심으면 봄에 꽃이 핀다. 그러나 꽃을 조금 일찍 보고 싶으면 집 안의 벽난로 위나 창틀에 심으면 된다. 그러면 겨울에도 꽃을 피울 것이다. 물을 채운 항아리나 병 위에, 또는 축축한 이끼를 채운 그릇에 히아신스 비늘줄기를 올려놓는다. 그러면 방의 따뜻한 기운에 힘을 얻은 비늘줄기가 따로 신경 쓰지 않아도 알아서 싹을 틔운다. 물이나 젖은 이끼 아래로 흰색의 뿌리를 내고 잎을 펼쳐 마침내 아름다운 꽃이 핀다.

그대들이여, 설마 한 사발의 신선한 물이 작은 기적을 일으켜 저 여린 식물을 혹한 중에 꽃 피우게 했다고 생각하는 것은 아니겠지. 히아신스의 비늘줄기에는 이미 저에게 필요한 식량이 모두 저장되어 있다. 그저 집안의 온기에서 자극받아 철보다 먼저 개화한 것뿐이다.

비늘잎에 양분을 축적하지 않고 홀로서기에 나선 눈도 있다. 그러나 이때 식량 창고의 역할은 종에 따라 뿌리가 맡기도 하고 줄기가 맡기도 한다. 그럼 먼저 줄기를 저장고로 사용하는 눈을 찾아보자.

눈을 보살피고 양분을 제공할 운명을 안고 태어난 줄기는 남들처럼 공중에 가지를 뻗고 잎과 꽃이 무성해질 생각 따위는 미련 없이 버린 채 땅속에 남는다. 제가 버린 잎의 마지막 흔적인 갈색 비늘을 추레하게 걸치고 누구도 제 일을 방해하지 않는 그곳에서 미래의 눈을 부양할 양분을 묵묵히 모은다. 줄기라고 하기에는 너무 통통해지고 생김조차 달라졌기에 식물학자들은 차마 더는 그 이름으로 부르지 못하고 덩이줄기, 즉 괴경塊莖이라 부르게 되었다. 일단 식량이 충분히 저장되었다 싶으면 덩이줄기는 스스로 본체에서 떨어진다. 하지만 덩이줄기에 달린 눈은 이주하는 동안 충분히 먹고도 남을 양식이 있으니 걱정이 없다. 따라서 덩이줄기는 땅속줄기다. 양분을 채운 바람에 크기가 커지고 잎이 있던 자리에는 얇은 비늘만 남은 채 온통 거둬 먹여야 할 눈으로 뒤덮인 줄기다.

감자가 바로 대표적인 덩이줄기다. 참하지 않은 생김새와 땅속에 머문다는 사실에도 불구하고 감자는 사람들이 흔히 말하듯 뿌리가 아니라 진정한 줄기다. 뿌리에서는 결코 잎이 나는 법이 없고, 잎에서 파생된 것은 비늘을 포함해 어느 것도 지니지 않는다. 식물의 안녕이 크게 위협받는 특수한 상황이 아니면 뿌리에서는 눈이 자라지 않는다. 아니, 그럴 때조차 어지간해서 뿌리는 눈을 만들지 못한다. 뿌리란 기본적으로 눈과 잎을 만드는 기능이 없는 기관이기 때문이다. 한데 감자에서 무엇이 보이는가? 감자의 표면은 움푹움푹 파인 곳투성이다. 그것이 눈이다. 조건만 적절히 맞춰주면 그 눈이 자라 줄기가 된다.

오래된 감자에서는 종종 싹이 나는데, 약간의 햇빛만 있으면 금세 초록색으로 변하여 줄기가 자란다. 감자밭을 일구는 사람들이 이런 특징을 잘 써먹는다. 덩이줄기를 여러 조각으로 잘라 땅에 심으면 감자 식물이 자란다. 단, 감자 조각에 눈이 하나라도 있어야지, 그렇지 않으면 아깝게 땅속에서 썩어버린다. 땅에서 캐내기 전에 감자의 눈은 작은 비늘 옆구리에 숨어 있다. 이 비늘은 나중에 쉽게 떨어지므로 어린 덩이줄기를 땅에서 일부러 들어 올려 들여다보지 않으면 눈에 잘 띄지 않는다. 이 비늘은 지하의 삶에 적응한 잎이다. 비늘눈의 거친 껍질이 사실은 잎인 것처럼 말이다.

잎과 눈을 모두 포함하므로 감자는 줄기여야 한다. 만약 여전히 의심을 거두지 못하겠다면 나는 이 식물에 흙을 덮어서 증명해 보이겠다. 감자의 줄기 주위에 흙을 쌓아 올린다는 말이다. 그러면 땅속에 묻힌 어린 잔가지는 땅속에서 덩이줄기

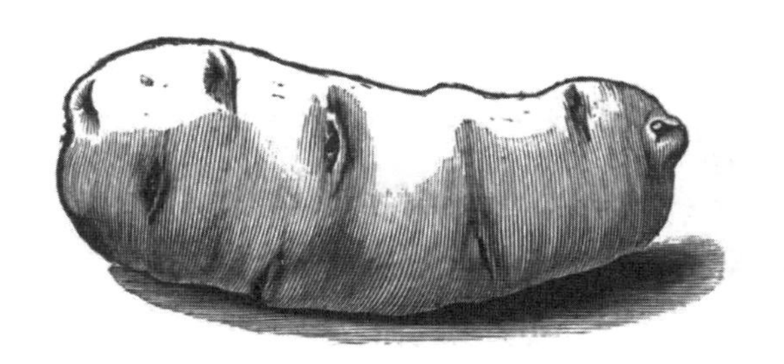

그림 62 **감자의 눈**

로 바뀐다. 날씨가 우중충한 우기라면 밖에 드러나 있던 평범한 줄기에 흙을 덮어도 같은 결과를 볼 수 있다. 흙에 파묻힌 줄기가 점점 비대해지면서 알아서 완벽한 덩이줄기로 탈바꿈할 것이다.

돼지감자(뚱딴지)의 덩이줄기는 줄기의 본성을 완전히 감추지 못했다. 이 덩이줄기의 눈은 작은 혹 위에 돋아나 위에서 아래로, 오른쪽에서 왼쪽으로 서로 마주 보며 짝을 지어 배열되었는데, 잎과 겨드랑눈이 줄기에 배열된 방식과 똑같다.

사프란은 비늘줄기와 덩이줄기의 중간 형태를 보여준다. 줄기 아랫부분은 압축된 전분 덩어리로 크기가 커져 있고, 겉은 잎의 얇은 섬유질 기부로 싸인 덩이줄기다. 모양은 약간 납작한 구체다. 얇은 껍질 옆구리에서 눈이 발견되는데, 다른 식물처럼 위쪽에 있는 눈일수록 생명력이 더 강하다. 이 식물에 할당된 영양물질은 비늘잎이 아닌 줄기에 저장되며, 얇고 시든 껍질로 남아버린 잎을 대신하여 전분이 가득 찬 창고가 된다.

이런 관점에서 눈에 양분을 주는 저 기관은 덩이줄기라고 볼 수 있다. 그러나 양파를 비롯한 유피인경에서처럼 오래된 잎의 기부로 단단히 싸여 있다는 면에서는 비늘줄기다.

이런 이중적인 특징을 살려서 사프란의 지하 부위를 구경球莖, 즉 알줄기라고 부른다. 오래된 잎의 시든 기부가 겉에서 둥글게 감싸고 있으니 비늘줄기지만, 여러 겹짜리 육질의 비늘 대신 줄기에 영양물질이 보관되어 있으니 덩이줄기다.

사프란 알줄기를 땅에 심으면 바닥에서는 수염뿌리가 자라고 꼭대기에서는 눈이 생장하여 잎과 꽃이 된다. 동시에 곁눈은 잎다발을 만들고 기부가 부풀어 원래의 알줄기 위에 여러 알줄기가 심어진 형태가 된다. 자손을 먹이다 보니 알줄기는 서서히 부피가 줄어 주름이 지고 시들다가 식물이 다 자랄 무렵이면 생명이 없는 겉껍질밖에 남지 않게 된다. 그 무렵에 위쪽의 어린 알줄기는 부모 덕분에 영양이 강화되어 완전히 자란다. 그리고 떨어져 나가 이듬해에 같은 과정을 반복한다.

그림 63 **사프란**

비늘줄기를 이루는 육질의 비늘잎이나 덩이줄기에 축적된 전분은 어린 식물을 먹일 뿐만 아니라 종의 미래를 담보하는 새로운 비늘줄기와 덩이줄기를 만들어낸다. 나는 이것을 과거가 현재에 물려주고, 다시 현재가 미래에 물려주는 유산에 비유하고 싶다. 이 유산은 혜택을 받은 모든 세대의 노동으로 이루어진다. 사프란의 알줄기는 제 앞의 알줄기에서 저장 식량을 받았고, 이제 제 뒤를 잇는 알줄기에 넘겨줄 것이며, 그 역시 다음 차례에 물려주어 뿌리가 노동한 결과물이 세대를 거듭할수록 점차 풍성해진다.

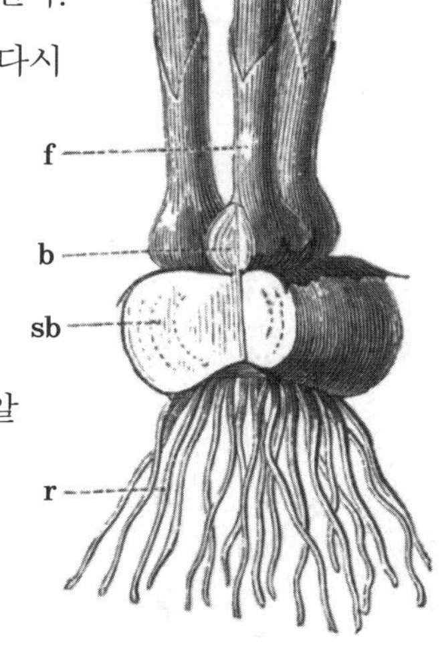

그림 64 **사프란의 알줄기**
r: 뿌리. sb: 알줄기.
b: 새로운 알줄기로 발달한 눈. f: 잎.

그러나 어떤 경우에는 이런 유산이 거의 변하지 않는 가치를 보유한다. 식물이 따로 활용하지 않고 충실히 후대에 물려주기만 하는 자본금에 비유할 수 있다. 이런 예는 많은 난과 식물에서 찾아볼 수 있다. 난과 식물은 형태가 진기한 꽃으로 특별한 관심을 받는다. 꽃이 필 무렵 난초를 뿌리째 들어보면 줄기 기부에 호두 크기의 작은 타원형 혹 2개가 뿌리로 둘러싸인 것을 볼 수 있다. 두 혹 중 하나는 크고 단단하지만, 다른 하나는 주름지고 축 늘어져서 손가락으로 눌러도 들어간다. 간혹 두 혹 사이에서 완전히 시든 껍질이 발견되는데, 심하게 구겨지긴 했어도 원래는 작은 주머니였음을 알 수 있다. 바람을 불어 넣어보면 다른 2개의 덩이줄기와 모양이나 크기가 엇비슷하다.

여기에서 우리는 난초의 과거와 현재와 미래를 모두 본다. 작고 구겨진 주머니는 흙의 습기에 망가지기 전의 과거를 나타낸다. 작년에 이 주머니는 원래 식량이 가득 찬 덩이줄기였다. 줄기에 양분을 주고 제 물질을 현재의 덩이줄기에 넘기면서 자신을 비웠다. 쭈그러들고 있는 덩이줄기는 현재다. 제 살이 액체로 변하여 갓 태어난 새싹의 몸에 들어가는 바람에 저렇게 축 늘어지게 되었다. 어린싹은 제 뿌리를 내기 전에 저 물질에서 영양을 얻는다. 그리고 그 물질의 희생으로 새로운 덩이줄기가 튼실하게 자란다. 신선하고 단단하고 생명이 넘치는 새 덩이줄기는 내년의 배아를 포함하고 있으므로 미래를 나타낸다. 여름이 지나면 난초는 죽는다. 줄기는 시들어 썩고, 그건 뿌리도 마찬가지다. 여름 내내 식물을 먹여온 덩이줄기는 쓸모없는 쭉정이가 될 것이다. 그러나 두 번째 덩이줄기는 죽음에서 홀로 살아남는다. 지하에서 겨울을 보내며 따뜻하고 햇살 좋은 봄날을 기다리다가 때가 오면 그 안에 있던 눈이 열리면서 제 조상과 똑같

그림 65 **난초**

이 생긴 식물을 만들어낸다.

따라서 하나는 비었고 하나는 식량으로 채워진 한 쌍의 덩이줄기는 난초가 대대손손 대물림하며 훼방하는 것이 없다면 같은 자리에서 이 놀라운 계보를 무한히 영속하는 방식이다. 두 덩이줄기는 한 해에는 오른쪽 덩이줄기가, 다음 해에는 왼쪽 덩이줄기가 번갈아 가계를 이어간다. 그래서 식물은 자기가 태어난 자리에서 움직이지 않지만, 중심에서 해마다 1~2센티미터 정도로 자리를 바꾼다. 외딴 숲에 홀로 핀 한 포기 난초를 발견한다면 그것은 같은 자리에서 덩이줄기를 온전히 보존하며 이미 수백 세대를 거친 후손일지도 모른다. 이 덩이줄기는 현재의 필요를 채우기 위해 소비되고 미래의 필요를 충족하기 위해 채워진다.

난초의 덩이줄기가 갖는 특성을 두고는 여전히 논쟁이 한창이다. 어떤 이는 그것이 뿌리라 주장하고 또 어떤 이는 땅속 가지라 여긴다. 뿌리든 가지든 그것은 중요하지 않다. 쌍둥이 덩이줄기는 형님이 완전히 소멸하기 전에 아우에게 양식을 채워준다. 식물이 후손의 미래를 보장하는 기가 막힌 예시다.

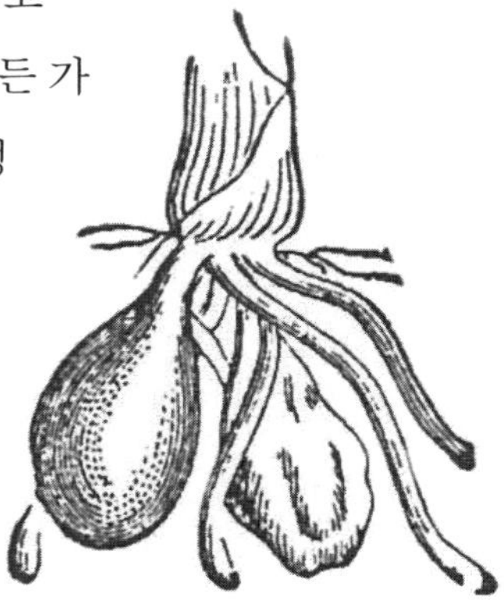

이제 마지막으로 영양을 저장하는 뿌리를 보자. 많은 식물의 뿌리가

그림 66 **난초의 덩이줄기**

식량을 저장하고 다음 세대를 위해 저장고를 유지하는 중요한 기능을 한다. 이는 줄기가 덩이줄기로 부풀고 잎이었던 비늘이 비늘줄기가 되는 것과 마찬가지다. 눈에 양분을 제공하기 위해 통통해진 뿌리를 괴근塊根 또는 덩이뿌리 혹은 저장뿌리라고도 한다. 그 예로 다알리아, 당근, 비트, 순무 등이 있다.

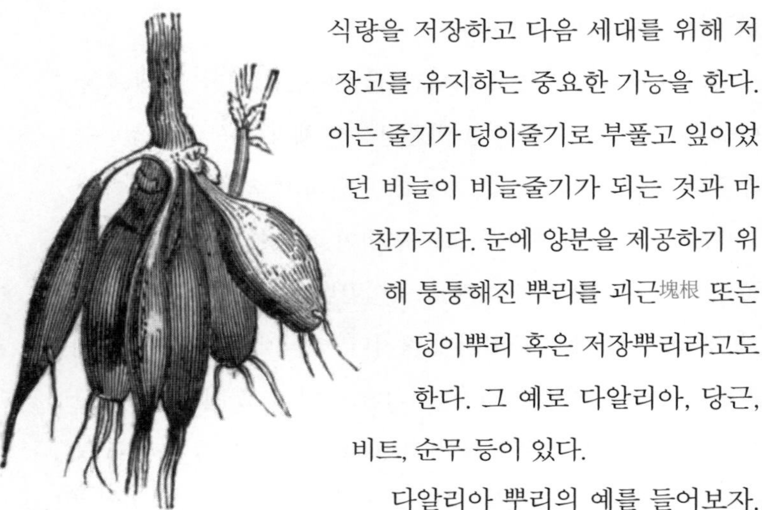

그림 67 **다알리아의 덩이뿌리**

다알리아 뿌리의 예를 들어보자. 얼핏 보면 이 덩이뿌리 뭉치는 영락없는 감자 다발이다. 그러나 이 덩어리에는 비늘도 눈도 없음을 알게 될 것이다. 따라서 이 팽창 부위는 덩이줄기가 아니라 덩이뿌리다. 여름과 가을을 거치며 다알리아는 크고 위엄 있는 꽃에 덮여 있다. 그러다가 서리가 내리면 식물의 지상부는 시들어 죽는다. 그러나 눈 몇 개는 줄기 밑바닥에서 이듬해에 저들을 먹일 덩이뿌리 다발과 함께 살아남는다. 그 뿌리를 캐내어 서리의 기운이 닿지 않는 건조한 장소에 저장했다가 봄에 적당한 크기로 나누어 심는다. 덩이뿌리 위에 줄기가 결절 형태로 존재하는데, 그 줄기에 있는 눈의 수대로 조각을 나누어 심으면 각각은 눈과 적어도 하나의 저장뿌리를 갖춘 채 완전한 식물로 자랄 것이다.

다른 식물에서 덩이뿌리가 하는 역할도 다알리아에서와 다르지 않다. 지상의 줄기는 죽어도, 살찐 뿌리에 보관된 양식이 살아남은 눈을 구한다. 인간은 이렇듯 식물의 식량 저장고에서 많은 혜택을 얻는다. 하지만 인간에게도 그럴싸한 재주가 있다. 그냥 두면 알아서 일하지 못할 식물이 풍성하게 생산하도록 자극하는 재주다.

15장

접붙이기

눈 또는 눈이 자란 가지는 하나의 단위, 즉 자립할 수 있는 독립체이자 식물 사회의 일원이다. 고유한 생명력이 있고 상황에 따라 별개의 식물이 될 수도 있으며 땅속이 아닌 저를 낳은 줄기에 뿌리를 내린다. 이런 기본 사실이 마늘, 사프란, 참나리의 살눈처럼 부모에서 떨어져 나와 막뿌리의 힘을 빌려 독립적인 식물이 되는 눈의 이동성을 설명한다. 또한 같은 이치가 꺾꽂이나 휘묻이를 통한 식물 번식의 기본 전제이기도 하다. 둘 다 수액을 제공하는 가지에서 잔가지를 잘라 땅에 심고 그때부터 직접 양분을 흡수하게 하는 방식이다. 마지막으로 이 원리는 접붙이기 기술을 가능하게 한다. 접목 또는 접붙이기란 눈이나 잔가지를 한 가지에서 다른 가지로, 한 나무에

서 다른 나무로 옮겨 심는 기술이다.

옮겨 심은 눈이나 가지를 부양하게 될 나무를 대목臺木 또는 밑나무라고 한다. 밑나무에 옮겨 심을 눈이나 잔가지는 접수椄穗 또는 접가지라고 한다. 접붙이기가 성공하려면 옮겨 심은 눈이 새로운 터전에서 입에 맞는 음식을 찾아야 한다. 입에 맞는 음식이란 원래 자기가 먹던 수액을 말한다. 그러므로 두 식물, 즉 접가지와 밑나무는 반드시 같은 종이거나 적어도 아주 근연관계에 있는 종이어야 한다. 유사한 조직이 유사한 수액을 만들기 때문이다. 수수꽃다리를 장미에, 또는 장미를 오렌지 나무에 접붙이겠노라고 덤비는 것은 시간 낭비일 뿐이다. 이 식물들 사이에는 잎도, 꽃도, 열매도, 공통된 것이라고는 하나도 찾아볼 수 없다. 구조가 다르면 영양액의 구성도 완전히 다를 수밖에 없다. 장미에서 취한 눈이 수수꽃다리에서는 굶어 죽는다. 수수꽃다리에서 취한 눈 역시 장미 가지에서는 같은 종말을 맞이한다. 그러나 수수꽃다리에서 수수꽃다리로, 장미에서 장미로, 오렌지에서 오렌지로는 아무 문제가 없다. 살짝 더 과감해질 수도 있다. 오렌지나무의 눈을 레몬나무에, 복숭아나무의 눈을 살구나무에, 벚나무의 눈을 자두나무에, 또는 그 반대로 옮기는 것도 충분히 가능하다는 말이다. 눈치챘겠지만 이들은 서로 밀접한 관계에 있는 종이다.

자, 그럼 이렇게 정리해보자. 접붙이기가 성공하려면 두 식물 사이가 되도록 가까워야 한다. 그런데 고대인들은 유사한 식물끼리만 접붙일 수 있다는 사실을 아예 몰랐던 것 같다. 초록색 장미를 갖고 싶으면 장미를 호랑가시나무에 접붙이라고 부추기는 사람들이었으니 말이다. 또 호두만큼 큰 포도알을 얻고 싶으면 다짜고짜 포도를 호두나무에 옮겨 심으라고 가르친다. 저리 얼토당토않은 결합은 그리되길 꿈꾸는 자들의 망상 속이 아니고서야 존재한 적이 없다.

마지막으로 한 가지를 덧붙이자면, 접가지와 밑나무가 맞닿는 면적은 클수록 좋다. 그리고 특히 양쪽 모두 생명력이 가장 큰 부위가 맞닿았을 때 가장 효과가 좋다. 그렇게만 되면 결과적으로 두 나무가 함께 잘 자랄 것이다. 이런 조건에서 접촉 부위로는 두 수피의 세포성 조직, 구체적으로 말해 양쪽의 부름켜가 가장 이상적이다. 왜일까? 부름켜는 식물의 필수적인 생명 활동이 일어나는 부위이기 때문이다. 목재와 수피 사이에서 새롭게 형성되는 조직이자 수액이 순환하는 곳이라서다. 새로운 세포와 섬유가 형성되어 바깥으로는 수피층을, 안쪽으로는 목재를 만들어내는 장소이니 접가지와 밑나무 사이의 융합이 가능한 곳도 저곳뿐이다.

접붙이기에는 맞접(호접), 가지접, 눈접이라는 세 가지 방식이 있다. 각각의 절단 방식이나 접촉 방식 등의 세부 사항은 이 책에서 전부 다루지 못할 만큼 방대하므로 여기에서는 요점만 설명하겠다.

맞접은 휘묻이와 비슷하다. 땅에 묻는 대신 밑나무를 사용한다는 차이만 있다. 휘묻이는 원줄기나 가지에 연결된 채로 잔가지를 땅에 묻거나 깨진 화분, 얇은 납판 등을 주위에 두르고 흙이나 젖은 이끼를 채워 막뿌리를 내도록 부추기는 방식이다. 좋은 환경에서 자극받아 뿌리가 충분히 자라면 그때부터 가지를 조금씩 잘라 모본에서 서서히 떼어놓고 마침내 완전히 분리한다. 맞접도 휘묻이와 비슷하게 잔가지나 큰 가지, 나무의 꼭대기 전체를 원식물에 연결된 채로 뿌리를 내리게 하지만, 그 대상이 땅이 아닌 이웃하는 나무다.

서로 아주 가깝게 자라는 어린 나무 두 그루가 있다. 첫 번째 묘목의 가지를 두 번째 묘목에 접붙이고 싶다고 해보자. 그러면 먼저 두 나무가 맞닿을 부분을 비슷한 모양으로 자른다. 그런 다음 양쪽의 부름켜 부위가 정확히 일치하도록 잘 대고 움직이지 않게 끈으로 동여맨다. 이제 두 나무의 접촉 부위에서 알아서 생명의 화학 활동이 일어나게 내버려 둔다. 아직 분리되지 않은 제 줄기에서 양식을 받아먹으며 접가지는 제 수액과 밑나무의 수액을 뒤섞는다. 양쪽에서 상처를 아물게 하려는 조직화가 일어난다. 새로운 조직은 접촉 부위에서 융합하여 얼마 뒤 접가지는 낯선 줄기의 한 부분이 된다. 이제 모유를 끊고 양부모가 제공하는 식단에 익숙해질 시간이다. 앞에서 본 휘묻이의 사례에서처럼 여러 번에 걸쳐 서서히 결합 부위 아래를 자르거나 동여맨다. 접가지가 모든 식량을 밑나무에서 얻고 있다고 판단되면 마침내 본체에서 분리한다.

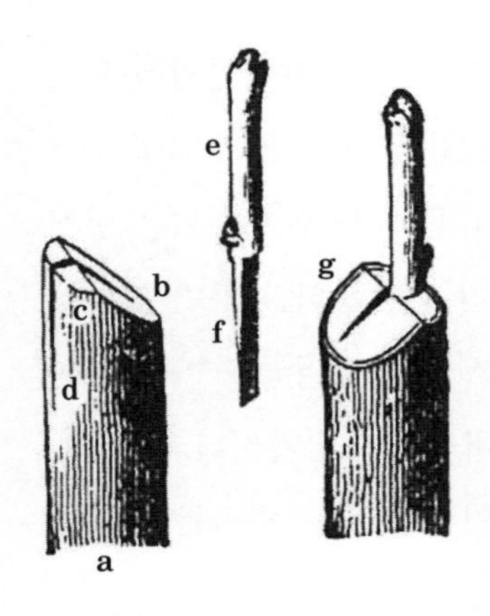

그림 68 **쪼개접**

잔가지의 접목, 즉 가지접은 모본에서 잘라낸 가지를 새로운 나무에 옮겨 붙인다는 점에서 꺾꽂이와 거의 유사하다. 가지접의 가장 일반적인 방법이 쪼개접 또는 할접割接이라고 부르는 방법이다. 과수원에 변변치 않은 배가 열리는 배나무가 있다고 해보자. 맛이 없는 이유가 씨를 받아다 심어서 그런 건지, 숲에서 자라는 야생 나무를 캐다가 심어서 그런 건지는 알 수 없다. 어쨌든 이런 나무에 질 좋은 배가 달리기를 원한다면 어떻게 하면 될까. 이렇게 하면 된다.

그림 68처럼 야생 배나무의 나무줄기(a)를 적당한 높이(b)에서 베어낸 다음(c) 세로로 깊숙이 가른다(d). 이제 품질이 좋은 배가 열리는 배나무(e)에서 눈이 몇 개 달린 잔가지를 잘라낸다. 그리고 접붙일 부위를 예리한 각도로 깎아낸 다음(f) 밑나무의 절개 지점에 심되(g), 수피와 수피, 목재와 목재가 정확히 맞닿게 한다. 접목 부위를 끈으로 잘 두른 다음 꽉 묶어서 밀착시키고, 밑나무의 절단면에는 왁스를 바르거나 진흙을 덮고 붕대로 고정해 공기를 차단하고 건조를 막는다. 시간이 지나면 상처가 아물면서 접가지의 수피와 목재가 밑나무의 수피와 목재에 들러붙는다. 마침내 접가지는 밑나무에서 밥을 얻어먹는 큰

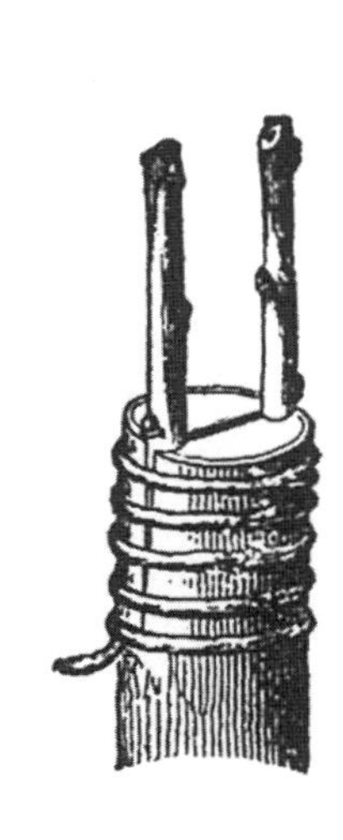

그림 69 **쪼개접**

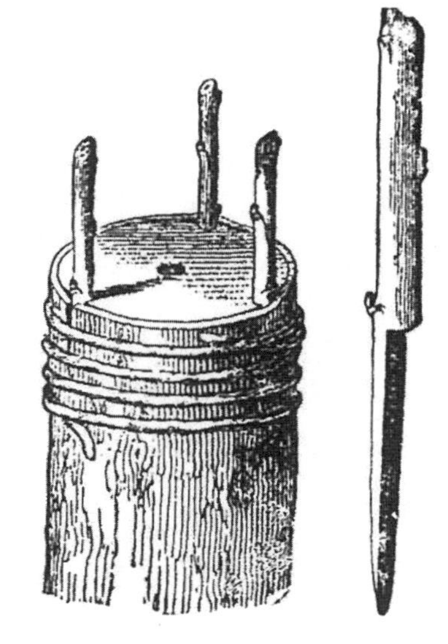

그림 70 **관접**

가지로 자라고, 몇 년이 지나면 원래의 시원찮은 나무에서는 접가지를 내준 양질의 나무에서 열리는 좋은 배가 달린다.

접붙일 가지의 수를 늘리고 싶고 마침 밑나무의 크기도 허락한다면 그림 69처럼 줄기 양쪽으로 2개의 접가지를 끼워도 문제가 없다. 다만 한 지점에 2개 이상의 접가지를 접붙일 수는 없는데, 접붙이기가 성공하려면 접가지의 수피가 밑나무의 수피와 접촉하여 양쪽 부름켜에서 신생 조직 사이에 소통이 이루어져야 하기 때문이다. 만약 밑나무가 쌩쌩하다면 그림 70에서처럼 줄기 둘레에 빙 둘러 접가지를 끼울 수 있다. 이것을 관접crown grafting이라고 한다.

눈을 옮겨 심는 방식은 눈접이라고 한다. 눈을 수피와 함께 잘라 밑나무에 옮긴다. 눈접은 가장 자주 사용되는 접붙이기 방식이다. 접가지는 계절에 따라 녹지綠枝와 휴면지休眠枝라고 부른다. 녹지는 봄철에 접붙이기를 시도하는데, 한창 식물의 세계가 잠에서 깨어나는 시기라 밑나무의 수피 밑에 끼워진 눈은 곧장 자리를 잡고 바로 싹을 틔운다. 휴면지는 가을 수액이 흐르는 7월 또는 8월에 눈을 옮긴다. 그래서 눈이 밑나무에 자리를 잡더라도 먼저 가을과 겨울에 잠을 자고 이듬해 봄에 활동을 시작한다.

검은나무딸기와 함께 길가의 산울타리에 자라는 야생 개장미를 굳이 정원에 심을 사람이 있을지 모르겠다. 개장미는 그다지 잘생긴 꽃이 아니다. 줄기와 가시, 잎과 열매는 확실히 원예종 장미와 닮았다. 하지만 저 내세울 것 없는 가련한 꽃이라니. 수수한 5개 꽃잎은 형태가 반듯하게 균형이 잡혔지만, 향이 없고 색도 그저 붉은 기가 슬쩍 비칠 뿐이라 밋밋하다.

이제 누군가 저 덤불에 100장의 꽃잎이 달리는 웅장한 꽃이 피길 바란다면 어떻게 하면 좋을까. 가을 수액이 흐르는 7월에서 9월 사이에 야생 장미의 수피를 그림 71에서처럼 T자형으로 물관부까지 절개하되 상처를 내지는 않는다. 그런 다음 원예종 장미에서 눈이 달린 수피 조각을 잘라내는데, 수피 안쪽의 목재까지 조심해서 뜯어내며 그 과정에 가장 안쪽의 초록색 조직에 상처를 주지 않도록 주의한다. 밑나무의 T자형 절개 부위를 살짝 들춘 다음, 눈 달린 수피 조각을 밑나무의 수피와

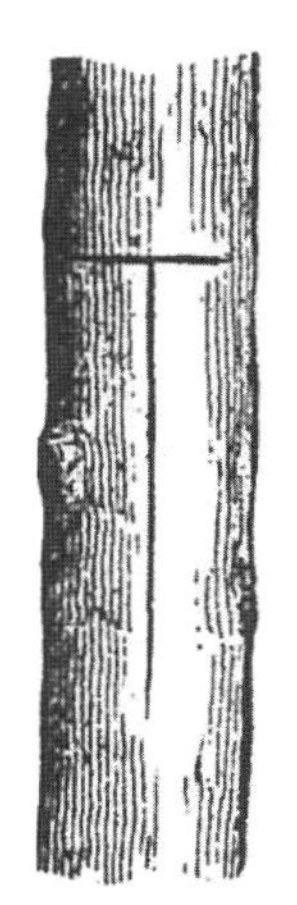

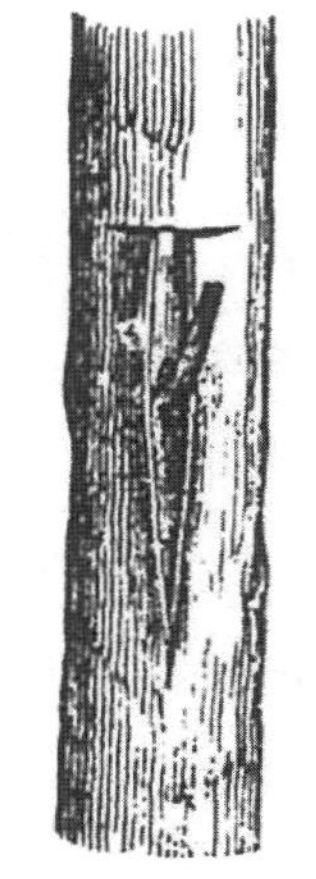

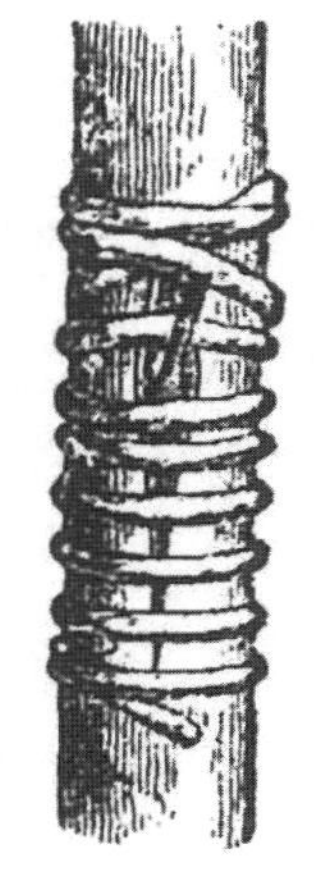

그림 71 **T자형 눈접**

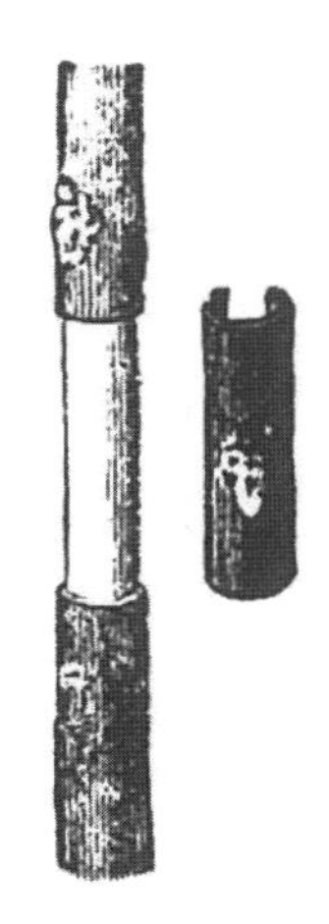

그림 72 **피리 접목**

목재 사이에 끼운다. 그리고 단단히 붙어 있도록 상처 자리를 잘 동여맨다. 해가 지나 옮겨 심은 눈이 양부모에 잘 붙은 것이 보이면 접붙인 부위 위로 밑나무의 줄기를 잘라낸다. 얼마 지나지 않아 야생 장미는 원예종 장미로 뒤덮일 것이다. 이런 방식이 눈접이다.

피리 접목 방식은 먼저 수피를 눈의 위와 아래에서 각각 둘레를 따라 절개한 다음 두 절개선 사이를 다시 세로로 절개한다. 나무에 물이 오른 계절이라면 그림 72처럼 수피가 원통형으로 쉽게 벗겨질 것이다. 같은 방식으로 밑나무에서 같은 크기의 수피를 벗긴다. 단, 밑나무의 줄기는 접가지와 지름이 같아야 한다. 그리고 밑나무의 수피를 잘라낸 자리에 접가지의 수피를 두르면, 옮겨 심으려는 눈을 품은 수피로 대체된다. 원통형 수피를 둘러 붙인 다음 갈라진 틈이 보이지 않게 잘 묶거나 접목 왁스를 발라서 메운다.

이제 재배에 주로 사용되는 세 가지 번식법, 즉 꺾꽂이, 휘묻이, 접붙이기의 원리에 어느 정도 익숙해졌을 것이다. 그러면 잠시 우리가 밭과 과수원에서 기르는 채소와 과일의 기원을 살펴 이 기술의 진정한 가치를 알아보자.

그대들은 배나무가 처음부터 인간에게 맛있는 과일을 주고 싶어 단물이 줄줄 흐르는 커다란 배를 부지런히 생산해왔다고 생각할지도 모르겠다. 감자는 우리의 배를 불릴 요량으로 땅속의 굵은 가지에 전분을 꽉꽉 채워놓았고, 콜리플라워는 오직 행복을 주는 채소가 되겠다는 일념으로 스스로 꽃잎을 개조하여 크림색 송이로 진화했다고 말이다. 옥수수, 호박, 당근, 포도, 순무 역시 하나같이 인간의 삶에 크나큰 관심을 보여 자진해서 인간을 위해 제 한 몸 바쳐왔다고 생각할 수도 있다. 오늘의 포도는 노아를 만취하게 만든 포도주를 담근 포도이고, 밀은 이 땅에 처음 모습을 드러낸 이래로 한결같이 알찬 이삭을 맺어왔으며, 사탕무와 호박은 세상이 한참 어렸던 시절부터 지금과 같은 살진 상태를 즐겨왔다고 말이다.

사실 그대들은 세상의 모든 작물이 처음부터 지금의 모습으로 인간에게 왔다고 믿어왔을 것이다. 하지만 어쩐다. 지금부터 그 환상을 깨버려야 할 텐데. 야생의 식물은 사람에게 기본틀만 제공했을 뿐이다. 그것에 진정한 가치를 더하여 과일과 채소로 바꾸어놓은 것은 인간이 긴 세월 쏟아부은 지극한 정성이었다. 인간의 노동과 개량이 야생 식물을 바람직한 방향으로 돌려놓아 새로운 형질로 이익을 얻을 수 있게 되었다.

자생지인 칠레와 페루의 산악지대에서 야생 감자는 고작 개암 크기의 빈약한 혹 덩어리였다. 이 안쓰러운 잡초에 기꺼이 텃밭을 내준 것이 인간이다. 비옥한 땅에 심고는 이마에 땀방울이 맺히도록 물을 주고 보살폈다. 그곳에서 감자는 무럭무럭 자라면서 해마다 크기가 커지고 영양가를 높여 마침내 주먹 2개를 합친 크기의 덩이줄기가 되었다.

한편 어느 해안 절벽에서는 야생 배추가 거친 바람을 맞으며 자라고 있었다. 줄기가 길고 어수선하며 잎은 없다시피 하고 칙칙한 초록색에 냄새가 강하고 알싸한 맛이 나는 식물이었다. 이 시답잖은 특징 뒤에 참으로 대단한 가능성이 숨어 있던 모양이다. 기억조차 남지 않은 먼 옛날에 어떤 이가 맨 처음 그 가능성을 보고 이 절벽의 야생 식물을 제 밭에 심겠다는 기특한 생각을 했으니 말이다. 기대는 헛되지 않았다. 야생 배추는 인간의 보살핌 속에 점점 행색이 나아졌다. 줄기가 단단해지고 흰색의 다육성 잎은 수가 늘면서 겹겹이 빽빽하게 채워졌다. 이런 경이로운 변신의 최종 결과가 오늘날의 둥글고 묵직한 양배추다.

저 식물은 바위 절벽에서 시작하여 마침내 사람의 부엌과 텃밭에서 새로 탄생했다. 그런데 그 중간 식물은 어디에 있을까? 여러 세기에 걸쳐 현대의 특징을 하나씩 갖춰나간 양배추는 어디에 있을까? 결국 이 형질들은 모두 개량된 것이다. 좋은 형질은 보존되고 증식되며 식물이 더 나아질 기회를 주었다. 얼마나 많은 노동이 축적되어 지금의 양배추가 되었는지 짐작이나 할 수 있겠는가?

이번에는 배나무를 보자. 야생 배나무를 본 적이 있는가? 야생 배나무는 사나운 가시가 솟아 있어 조심히 다뤄야 하는 관목이다. 열매는 혐오스럽기 짝이 없는 과실인데, 아주 작고 조약돌처럼 단단할 뿐 아니라 목구멍을 조이고 이가 앙다물어질 만큼 시고 아리다. 이처럼 말을 듣지 않게 생긴 덤불이 오늘날 사람들이 즐기는 감미로운 과일이 되리라 믿은 이는 분명 대단히 긍정적인 사람이었을 것이다.

같은 방식으로 인간은 엘더베리보다 크지 않은 야생 포도에서 시작해 고된 노동을 거쳐 지금의 군침 도는 포도덩굴을 일구었다. 한편 정체가 알려지지 않은 어느 초라한 풀이 인간에게로 와서 밀이 되었다. 요약하면, 몇몇 형편 없는 덤불과 매력 없는 잡초가 인간의 수고로움을 거쳐 지금 밭에서 자라는 채소와 과수원의 과일이 되었다는 말씀이다.

생명의 최고법이자 우리에게 일하라고 등을 떠민 자연의 대지는 인정사정이라고는 없었다. 둥지의 어린 새에게는 풍성한 먹이를 주면서 우리에게는 고작 검은나무딸기와 산사나무의 열매만 주었으니까. 그러나 스스로 가엾이 여기지는 말자. 인간을 진정 위대하게 만든 것이 바로 결핍과의 투쟁이었으니. 주어진 지적 능력을 아낌없이 발휘해 최선을 다하는 것이 우리의 소임 아니던가. 인간의 역할은 하늘은 스스로 돕는 자를 돕는다는 고귀한 신념을 실천하는 것이다.

예로부터 인간은 자연의 수많은 식물 중에서 개량을 허락할 종을 가려내려고 애써왔다. 물론 대부분은 아무 보탬이 되지 않았다. 그러나 개중에 인간에게 쓸모 있도록 창조되어 극진한 보살핌을 받은 끝에 저도 이득을 얻고 인간에게도 영양을 주는 중요한 자질을 발달시킨 식물이 있다. 그러나 그런 식으로 향상된 형질이라는 것이 인간이 관심을 거두어도 유지될 만큼 근본까지 바뀌지는 않았던 모양이다. 인간과의 동맹을 후회라도 하듯, 식물은 본래의 원시적이고 야생적인 상태로 되돌아가려는 경향이 있다.

예를 들어 농부가 양배추에 거름과 물을 주지 않고 내버려 두었다고 해보자. 씨앗이 바람을 따라 제멋대로 흩어져 자라면 양배추는 연한 육질의 잎이 꽁꽁 싸매진 둥근 공에서 제 조상의 풀어헤친 초록색 잎으로 바삐 돌아갈 것이다. 포도덩굴도 인간이 살뜰히 살펴주지 않으면 산울타리나 덤불의 기는줄기 시절로 돌아가 송이 하나가 개량종의 한 알만도 못한 크기로 자라게 된다. 야생 배 역시 숲 언저리에 살던 시절의 긴 가시를 되찾고 맛없는 열매로 되돌아갈 테고, 야생 자두와 버찌도 쓰디쓴 껍질이 전부인 씨앗 이상은 아니게 될 것이다. 결국 그동안 이룬 과수원의 모든 풍요가 말짱 도루묵이 될 때까지 퇴보한다는 말이다.

야생으로의 회귀는 밭과 정원에서도 일어난다. 개량한 품종이라도 씨를 뿌려 번식을 꾀한다면 오랜 정성이 무색해질 만큼 빠르게 옛 모습을 되찾는다. 예를 들어 최상의 품질을 자랑하는 배의 씨를 받아다가 똑같은 품질을 기대하며 열심히 키웠다고 해보자. 맙소사. 이 씨가 자란 나무에서는 그저 그렇거나 별로거나 심지어 충격적으로 맛이 없는 배가 열린다. 오직 몇몇만이 부모의 자질을 고대로 물려받는다. 다시 그 씨를 받아서 뿌린다고 하더라도 거기서 나온 배는 여전히 맛과 질이 형편없다. 이렇게 계속해서 씨를 받아 심기를 계속하면 결국 배는 예전처럼 작고 단단하고 쓴맛이 나는 산울타리의 먹을 수 없는 열매로 돌아갈 것이다.

한 가지 예를 더 들어볼까. 세상에 감히 장미를 능가할 꽃은 없다. 고귀한 몸가짐, 아름다운 향내, 짙은 색감을 모두 갖춘 다른 꽃을 달리 어디에서 찾겠는가. 정원의 이 자랑스러운 식구의 씨를 받아 뿌려보면 어떨까. 놀랍게도 울타리의 개장미 덤불에 맞먹는 불쏘시개 이상의 자손은 나오지 않는다. 하지만 그리 놀랄 건 없다. 정원의 이 대표선수도 원래는 찔레꽃에서 출발했으니. 그러나 씨앗으로 번식하기를 강요당하는 순간 장미는 뼛속 깊이 박힌 제 종족의 성질을 되찾는다. 물론 개중에는 개량된 형질이 안정적으로 자리 잡아 씨뿌리기 시험도

무사히 통과하는 식물이 있다. 그러나 여기에도 조건이 있다. 돌보는 이가 정성을 게을리하지 않았을 때만이다. 스스로 알아서 자라게 놔두면 인간이 각인시킨 성질을 조금씩 내버리고 몇 세대 만에 원시 상태로 돌아가고 만다.

이처럼 많은 과실수와 채소, 정원 식물이 씨를 뿌려 재배했을 때 야생 상태로 빠르게 돌아간다면, 어떻게 퇴보의 위험 없이 번식시킬 수 있을까? 방법은 바로 앞에서 설명한 꺾꽂이, 휘묻이, 접붙이기다. 이 방식은 인간이 오랜 노고로 개선한 형질을 고정하고, 한 사람이 평생을 바쳐도 이룰 수 없는 개량 과정을 매번 반복하는 대신 선조들이 일궈놓은 것에서 이익을 얻을 수 있게 가치 있는 자원을 준다. 양질의 눈과 가지를 옮겨 심음으로써 조상이 축적한 공적에 우리 세대의 성과를 얹는다.

휘묻이와 꺾꽂이, 접붙이기를 이용한 번식은 번식시키려는 식물의 모든 특징을 충실히 재생한다. 옮겨 심은 눈에서 자란 식물의 열매와 꽃, 잎은 그 눈을 도려낸 식물과 완전히 똑같다. 번식하고자 한 형질에서 더해진 것도, 덜어내진 것도 없다. 겹꽃을 피우는 식물을 꺾꽂이나 접붙이기로 번식시키면 거기에서 나온 식물도 겹꽃을 피운다. 꽃의 색깔도 똑같고, 똑같은 당도와 향기를 가진 열매가 열린다. 잎의 윤곽이나 꽃의 색깔처럼, 씨앗에서 길러낸 식물에서 뜻밖에 나타난 특징은 그 가지를 잘라 접붙였을 때 가장 정확히 복제된다. 이런 방식으로 원예종은 겹꽃이나 색이 독특한 꽃, 또는 성숙 시기, 감미로운 과육, 강한 풍미를 지닌 놀라운 열매에 의해 풍부해진다. 행운의 여신이 점지해 누구도 모를 까닭으로 단 한 번 나타난 귀중한 사고의 결과물은, 접붙이기나 꺾꽂이로 번식시키지 않는다면 식물의 죽음과 함께 영원히 사라질 것이다. 원예사들은 우연히 얻어걸린 좋은 형질을 고정하거나 완벽하게 제공할 도구가 달리 없으므로, 한 식물에 들어오자마자 도망칠 생각부터 하는 그 형질을 계속 유지하기 위해 접붙이기와 꺾꽂이를 반복하는 수밖에 없다.

씨를 뿌려 식물을 번식시키는 것은 대단히 중요한 가치가 있고 그 가치를 잊어서도 안 되지만, 그렇게 해서 이익을 얻는 쪽은 인간일 뿐이고 정작 식물에는 이익은커녕 생명력에 해로운 낭비가 될 수도 있다. 씨를 통한 번식은 인간이 억지로 새겨넣은 부차적인 자질을 벗겨버리고 대자연이 창조한 모습 그대로 돌려놓는다. 겹꽃의 씨앗은 홑꽃을 피우고, 개량된 과일의 씨앗은 퇴화한 과일이 된다. 단번에는 아니더라도 최소한 몇 세대가 지나면 퇴화하게 마련이다. 야생형은 지나친 개량으로 약해진 종의 생명력을 새롭게 하려고 다시 나타난다. 모든 씨앗은 고유한 성향과 자질을 가진 신선한 연합의 출발점이다. 반면에 꺾꽂이와 접붙이기는 최소의 특징을 충실하게 재생하기 위한 연합의 분할이다.

우리는 두 번식법이 제공하는 이점을 모두 취할 수 있다. 다양한 색과 크기, 모양을 얻고자 하면 씨를 뿌려서 번식해야 한다. 그렇게 얻어진 식물 중에 적어도 일부는 부모와 다르게 보존의 가치가 있는 이상적인 형질을 제공하기 때문이다. 이는 오직 씨뿌리기를 통해서만 얻을 수 있는 결과다. 그렇게 하여 원하는 것을 손에 넣은 뒤에는 접붙이기와 꺾꽂이가 그 형질을 영속할 유일한 방법이다. 씨앗에서는 새로운 형질을 얻고, 접붙이기와 꺾꽂이로 그 형질을 영구히 보존하는 것이다.

만일 역사가 기록을 좀 더 오래 보존해왔더라면 가치 없는 잡초에서 다양하게 개량된 식물이 탄생하기까지의 길고 수고로운 노력을 엿볼 수 있지 않았을까? 한 종에서 이롭게 개조될 무한한 잠재력을 알아본 기막힌 직감을 생각해보라. 변변찮고 말 안 듣는 야생 식물을 잘 키우고 개량하기 위한 인내와 노력, 원래대로 돌아가지 않도록 붙들고 완벽한 상태로 지속시키기 위한 보살핌을 생각해보라. 그러면 적어도 우리가 먹는 과일과 채소에는 그것을 길러낸 농부의 땀방울보다 훨씬 많은 것이 들어 있음을 깨닫게 될 것이다. 그 안에는 잡초를 작물로 변신시키기 위해 쏟아부은 100세대의 노동과 노력이 축적되어 있다. 그대들은 선조들이 창조한 과일과 채소를 먹고 산다. 우리는 과거의 노고, 기운, 창의력 덕분에 산다. 우리의 뒤를 이은 미래 세대도 우리의 노력으로, 우리가 가진 두뇌의 힘과 팔심 덕분에 잘살게 된다면 이 땅에서 우리에게 주어진 임무는 제대로 마쳤다고 마음 놓아도 좋으리라.

16장

잎

식물은 공기와 토양 양쪽에서 식량을 얻는다. 토양과의 연결은 뿌리를 통해, 공기와의 교류는 잎의 도움을 받는다. 잎의 가장 기본적인 구조는 잎몸(엽신), 잎자루(엽병), 턱잎(탁엽)이다. 잎자루는 흔히 잎의 꼬리라고 부르며 잎몸에서 시작한다. 턱잎은 잎자루 기부에서 자라는 작은 잎이다.

잎에는 양면이 있다. 하늘을 마주 보는 윗면은 매끄럽고 녹색이 짙다. 땅을 향하는 밑면은 색이 연하고 질감이 거칠다. 잎의 내부에는 잎맥이 가로지르며 뼈대 역할을 한다. 잎맥은 미세한 목질 섬유와 관다발로 구성되었고, 그 밖의 잎살은 초록색 세포로 채워졌다. 잎이 땅에 떨어지면 세포조직은 빨리 썩어 없어지지만 굵은 잎맥은 버티고 남아 훌륭한 레이스 작품이 된다.

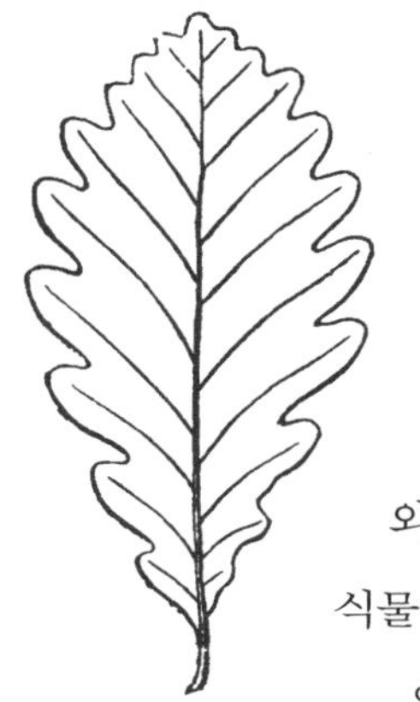

그림 73 **참나무 잎**

앞에서 잎맥의 두 가지 배열을 이야기한 적이 있으니 기억할 것이다. 어떤 잎은 잎맥이 길게 나란히 평행선을 이루고, 어떤 잎은 잎맥이 갈라졌다가 합쳐지기를 정신없이 반복해 그물 모양이 된다. 몇몇 예외를 제외하면 나란히맥을 가진 잎은 외떡잎식물에 속하고 그물맥을 가진 잎은 쌍떡잎식물에 속한다.

쌍떡잎식물에서 잎맥의 형태는 크게 세 가지로 나눌 수 있다. 첫 번째는 잎맥 중에서도 가장 주축인 주맥(중륵)이 잎몸 가운데를 따라 잎자루에서부터 이어지고 양쪽으로 측맥이 세분된다. 깃털의 깃가지가 축의 양쪽으로 배열되는 것과 비슷하다고 보면 된다. 그런 잎맥을 우상맥 또는 깃모양맥이라고 하며 그림 73의 참나무 잎이 대표적이다.

그림 74
단풍나무 잎

두 번째는 잎자루가 달린 지점에서 비슷한 크기의 잎맥 여러 개가 손가락을 쫙 펴듯 펼쳐지며 이런 잎맥을 장상맥 또는 손모양맥이라고 한다. 그림 74의 단풍나무 잎에서 손모양맥을 볼 수 있다.

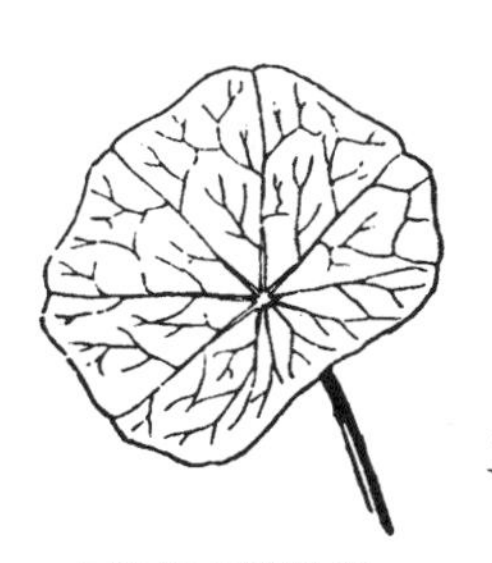

그림 75 **한련화 잎**

세 번째는 잎자루가 잎의 가장자리가 아니라 둥근 방패처럼 잎 한복판에 달려 있고, 그곳에서 주맥이 사방으로 퍼지는 형태다. 이런 잎맥을 방패모양맥이라고 하고 한련화의 잎에서 볼 수 있다 (그림 75).

그림 76 **산천궁**

회양목, 올리브, 수수꽃다리, 월계수처럼 잎 가장자리가 매끄러운 형태를 전연全緣이라고 한다. 그러나 많은 식물의 잎 가장자리는 여러 모양으로 들쭉날쭉하고, 이를 톱니(거치鋸齒)가 있다고 한다. 얕은 톱니 수준을 넘어서 더 깊숙이 갈라지면 결각缺刻이 있다고 하는데, 잎의 중간까지 갈라지면 천열淺裂, 주맥에 닿을 정도로 갈라지면 전열全裂이다. 잎몸이 아주 여러 갈래로 갈라지는 종에서는 급기야 잎맥만 남는 수준이 되기도 하는데, 그렇게 무한히 갈라지는 상태를 우열羽裂이라고 하며 당근, 회향, 산천궁 등이 좋은 예다(그림 76).

배나무, 포도나무, 수수꽃다리처럼 잎이 하나면 홑잎(단엽)이다. 그게 무슨 말이냐면 여러 개의 작은 잎몸이 모여 하나의 잎을 이루는 식물도 많기 때문이다. 그림 77의 장미를 보자. 3개에서 많게는 7개의 잎몸이 잎자루 하나를 공유하여 크고 복잡한 잎 하나가 된다. 별개의 잎으로 보고 싶은 마음도 이해하지만 이 작은 잎들은 어디까지나 잔잎(소엽)이며, 잔잎으로 구성된 잎 전체를 겹잎(복엽)이라고 한다. 따라서 장미의 잎은 1~3쌍의 잔잎과 맨 끝에 잔잎 1개가 더 달린 겹잎이다. 아까시나무에서도 같은 구조를 발견할 수 있는데, 여기에는 잔잎이 훨씬 많이 달렸다. 잔잎 전체가 공유하는 잎자루를 잎줄기 또는 엽축葉軸이라고 하며 여기에서 작은 잎자루가 나와 잔잎의 주맥으로 이어진다(그림 78).

그림 77 **장미**

잎줄기를 중심으로 좌우에 대칭으로 배열된 잔잎을 보면 앞에서 말했던 깃털의 깃가지가 생각난다. 그런고로 장미나 아까시나무의 잎을 깃모양겹잎 또는 우상복엽羽狀複葉이라고 부른다. 잔잎이 잎줄

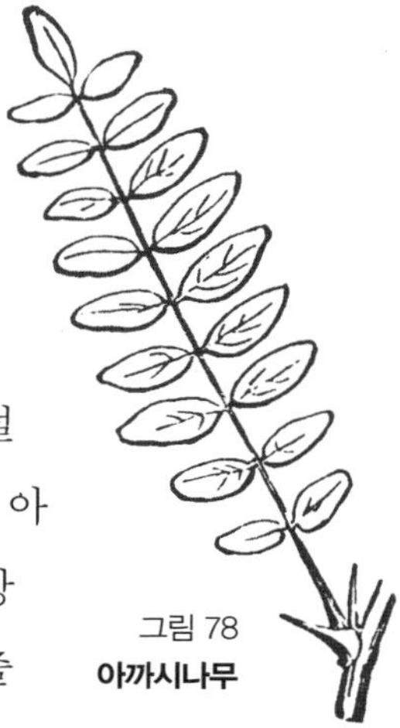

그림 78
아까시나무

그림 79
미국담쟁이덩굴의 잎

기 끝에서 방사형으로 펼쳐져서 손바닥 모양이 되면 손모양겹잎 또는 장상복엽掌狀複葉이라고 한다. 마로니에나 미국담쟁이덩굴이 좋은 예다(그림 79).

한 식물 안에서 잎은 대부분 형태가 일정한 편이지만 완전히 고정된 건 아닌지라 발달 과정에서 잎의 모양이 얼마든지 달라진다. 줄기 맨 밑에서 자라는 잎과 줄기 꼭대기에서 자라는 잎의 모양이 다른 경우는 아주 흔하고, 꽃 근처에서 자라는 잎도 다른 경우가 많다.

씨가 발아하여 맨 처음 내놓는 잎인 떡잎은 뒤를 이어 나오는 본잎과는 모양이 다르다. 무의 하트 모양 떡잎이나 당근과 파슬리의 혀 모양 떡잎을 보면 알 수 있듯이 본잎의 가장자리에 톱니가 얼마나 심하든 떡잎에는 톱니가 없다. 한편 줄기 맨 아래에서 나는 잎도 나머지 잎과는 모양이 다른 경우가 많다. 원래의 잎에서 차츰 형태가 바뀌거나 아예 중간 형태가 없이 생뚱맞은 모양이 불쑥 나타날 때도 있다. 풀밭에서 예쁜 꽃을 피우는 꽃황새냉이를 보면, 땅 가까이 줄기 기부에서 자라는 잎은 잔잎의 톱니가 큼직하지만 줄기 윗부분에 자라는 잎은 좁은 혀

모양이다(그림 80).

어떤 종은 잎이 달린 위치와 상관없이 같은 가지에서 나오면서도 잎의 모양이 제각각이다. 꾸지나무(그림 81)는 톱니 없이 가장자리가 매끄러운 잎과 2~3개의 결각이 크게 파인 잎이 나란히 자란다. 꾸지나무는 원래 일본 자생이지만 유럽의 기후에서도 자라고 공원이나 거리 등 공공장소에서도 볼 수 있는 식물이다. 중국에서는 이 나무의 수피에서 뽑은 섬유로 종이를 만들고, 폴리네시아인들은 평상시에 옷을 짓는 데 사용한다.

마지막으로 잎은 꽃 가까이에 필수록 작고 단순하며 덜 갈라진다. 어떨 때는 아예 초록색을 잃고 꽃과 비슷한 색을 띠기까지 한다. 그러면 보통의 잎과는 너무 달라 보여 식물학자들은 기꺼이 '포苞'라는 이름으로 따로 부른다.

이번에는 수생식물을 볼까. 수생식물에서 물 밖에 나온 잎은 대개 물속에 잠긴 잎과 모양이 다르다. 라눙쿨루스 펠타투스*Ranunculus peltatus*라는 미나리아재비속 식물이 훌륭한 예를 보여준다(그림 82). 초봄에 연못에서 작고 하얀 꽃을 피우는

그림 80 **꽃황새냉이**

이 수생식물에서 물 위로 나온 잎은 결각이 단순하게 갈라졌지만, 물속에 완전히 잠긴 잎은 심하게 갈라져서 가느다란 잎 다발을 이룬다. 뒤에서 설명하겠지만 잎은 식물의 호흡기관이다. 그런데 식물에 필요한 기체가 물속에는 훨씬 적다. 따라서 물속에 녹아든 귀한 기체를 최대한 많이 흡수할 수 있도록 잎이 아주 여러 갈래로 갈라져서 표면적을 넓힌다. 마찬가지 이유로 물고기의 호흡기관인 아가미도 얇은 판이 여러 겹으로 겹친 형태라 산소가 녹아든 물과 넓게 접촉한다.

그림 81 **꾸지나무**

벗풀은 물가에서 자라는 택사과 식물인데 때로는 식물 전체가 완전히 물에 잠기기도 한다. 물 밖으로 나오는 잎은 긴 잎자루에 화살표 모양의 잎이 달리므로 살무사의 혀라는 별명으로도 불린다. 그러나 습지에 잠겨 있을 때는 길이 1미터 이상의 좁은 리본 형태다(그림 83).

잎의 꼬리는 잎자루petiole라고 한다. 잎자루는 물관과 섬유로 된 좁은 다발인데, 잎몸까지 이어진 다음 가지가 갈라져서 잎맥이 된다. 잎자루는 대개 원통형이고 윗면을 따라 좁은 홈

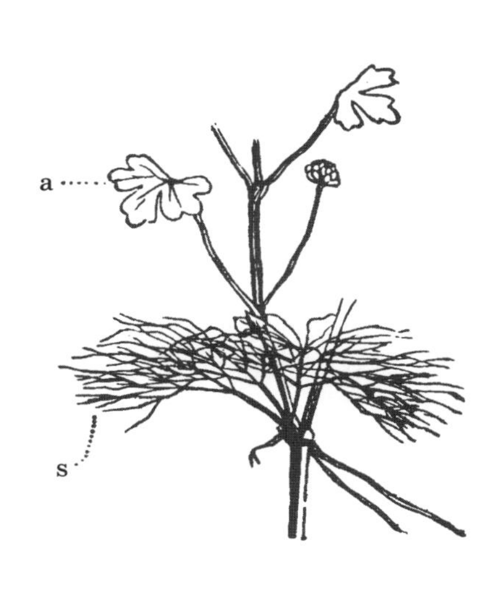

그림 82 **라눙쿨루스 펠타투스**
a: 지상의 잎. s: 물속에 잠긴 잎.

그림 83 **벗풀**

이 나 있다. 그러나 종에 따라 가로나 세로로 눌린 형태일 때도 있다. 잎자루가 세로로 납작한 잎에서는 잎을 지탱하는 잎자루가 잎의 무게를 불안하게 받치고 있어 바람이 숨만 쉬어도 파르르 잎이 흔들린다. 포플러나 사시나무가 좋은 예다. "사시나무 떨듯 한다"라는 말이 괜히 있는 게 아니다.

어떤 잎은 잎자루가 잎몸 길이의 몇 배나 되도록 길지만, 잎자루가 매우 짧거나 아예 없는 잎도 있다. 잎자루가 없는 잎은 보통 기부 전체가 줄기에 부착되어 감싸는 모양새라 포경형抱莖形 잎이라고도 한다(그림 84).

한 쌍의 잎이 줄기를 마주 보고 나는 경우, 포경형 잎은 종종 마주 보는 두 잎의 기부가 합쳐져서 하나의 잎처럼 보일 때가 있다. 좌우대칭의 잎 중간에 줄기가 관통하는 모양새다. 인동과의 로니세라 카프리폴리움*Lonicera caprifolium*이라는 종이 이런 신기한 잎을 피운다. 꽃 근처에 있는 잎에서 그 특징이 더 두드러진다. 두 잎이 맞닿은 우묵한 곳에 붉게 익은 열매가 쌓이면 마치 초록색 그릇에 예쁘게 담아놓은 과일 접시처럼 보인다.

줄기에 부착된 지점에서 잎자루는 대개 부풀어 있고 너비가 넓어지면서 잎의 단단한 토대가 된다. 잎자루는 줄기 측면의 미세하게 튀어나온 받침대에 고정되었는데, 잎자루와 줄기는 두 기관이 그저 나란히 놓인 것이 아니라 실제 하나로 이어져 있다(그림 85). 잎자루의 섬유와 물관이 끊김이 없이 줄기와 연결된 것이다. 하지만 한창 때가 지나고 가을이 오면, 생명을 잃은 잎이 전혀 힘을 들이지 않고 줄기에서 똑 떨

그림 84 **방가지똥**

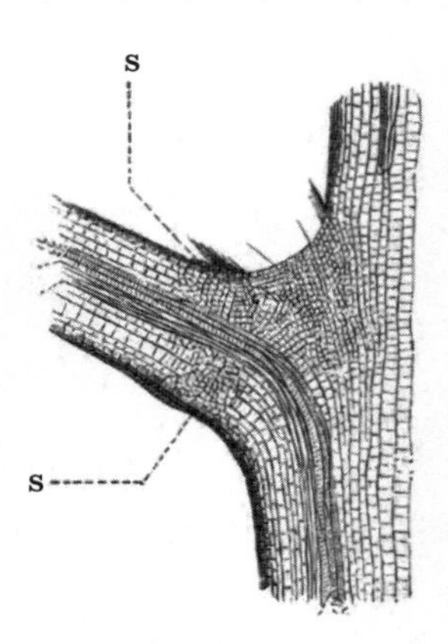

그림 85 **잎이 줄기에 부착되는 지점**
s: 떨켜.

어져서 잎자국(엽흔)을 남긴다. 잎자국 한가운데에 보이는 어두운 반점은 끊어진 관다발이다.

가을에 잎이 떨어지는 메커니즘은 아주 단순하다. 녹색의 기운을 잃고 노란색이나 붉은색으로 바뀌면서 소멸의 신호를 보내는 동안, 잎은 사그라드는 제 생명력을 모두 끌어모아 가지에서 쉽게 떨어지도록 만반의 준비를 한다. 잎 옆구리의 살짝 부푼 지점에 떨켜라고 부르는 세포의 횡층이 생기는데 이 세포층은 전분이 가득 찬 투명한 세포로 이루어졌으며 잎의 다른 곳에서는 발견되지 않는다. 이 전분성 세포는 그다지 단단하지 않고 응집력도 없어서 바람이 슬쩍 잡아당기기만 해도 잎이 분리되고 둘레가 좁게 갈라진다. 관다발은 여기에 직접 영향을 받지 않지만, 어차피 관다발만으로는 잎의 무게를 오래 지탱하지 못하기 때문에 금세 가지에서 떨어져버린다. 이처럼 비폭력적으로 일어나는 탈락 과정은 호두나무, 포플러, 느릅나무, 피나무, 수수꽃다리, 배나무 등 유럽의 나무 대다수에서 발견된다.

드물긴 하지만 이 작은 전분 세포층, 즉 떨켜가 형성되지 않을 때도 있다. 그러면 죽은 잎이 나무에 겨우내 달려 있다가 바람이 거칠게 부는 날에나 마지못해 떨어진다. 참나무에서 이런 일이 잦다. 죽은 적갈색 잎이 나무에 오랫동안 매달려 있으면서 겨울의 맹습에 아주 조금씩 굴복한다. 심지어 시든 잎이 나무에 몇 년이나 남아 있다가 폭풍이 몰아닥친 뒤에야 사라지기도 한다.

외떡잎식물인 대추야자는 줄기 꼭대기에 거대하고 우아한 초록색 잎다발을 선보인다. 겉에서는 다소 마르긴 했어도 온전한 잎이 보인다. 하지만 그보다 아래에 있는 잎은 대기의 오랜 작용에 견디지 못하고 잎자루가 부러져버렸다. 더 아래로 내려가면 이 유물은 세월에 의해 부식되어 사라지고 줄기에는 오래전에 떨어진 늙은 잎의 희미한 흉터만 남는다.

많은 식물의 잎자루가 줄기에 부착된 지점에서 폭이 커지고 가장자리가 말려들어 칼집처럼 줄기를 에워싼다. 그 부분을 잎집이라고 한다. 줄기에서 멀어질수록 잎자루는 원래의 형태를 되찾는다. 잎집은 산형과, 그중에서도 당귀속 식물에서 눈에 띄게 발달했다. 이 식물들은 길고 튼튼한 잎집을 만들어내 속이 빈 줄기의 강도를 키운다. 볏과 식물의 속이 빈 줄기에도 비슷한 방식으로 길게 에워싸는 잎이 있다. 당귀속을 비롯한 많은 산형과 식물을 보면 줄기의 맨 아래쪽에서부터 꼭대기까지 올라가며 잎몸의 크기는 차츰 작아지는 반면 잎집은 점점 커진다. 그래서 가장 꼭대기에 달린 잎은 사실상 눈 속의 어린 잎과 꽃송이를 둘러싸는 넓은 막이 된다.

잎집을 이루는 확장 부위가 전체적으로 잎자루에 붙어 있는 대신 반대편에서 떨어져 나가 일부 또는 전체가 분리된 결과물이 바로 턱잎이다. 그러므로 턱잎은 잎자루의 기부에 동반하는 확장물이다. 턱잎은 많은 식물에서 나타나지만 잎자루처럼 식물의 생활에서 부차적인 역할만 하므로 모든 식물에 턱잎이 있는 것은 아니다. 실제로 잎에서 제일 중요하고 가장 활발히 활동하는 부분은 잎몸이다. 잎몸은 거의 모든 잎에 있고, 잎몸이 없으면 그 기능을 유사한 구조의 다른 기관이 수행한다.

그림 77로 돌아가 깃모양겹잎인 장미의 잎을 살펴보자. 잎줄기의 기부에 양쪽으로 막성膜性의 초록색 잎이 보이는데, 그 위쪽 끝은 작고 지지대가 없는 귓바퀴 모양으로 끝을 맺는다. 이것이 턱잎이다. 그러나 턱잎의 모양과 너비는 종에 따라 아주 다양하다. 어떤 턱잎은 잎으로 착각할 정도로 크게 자란다. 예를 들어 완두의 깃모양겹잎에는 잔잎보다 훨씬 큰2개의 거대한 턱잎이 제공된다(그림 86). 그러나 잎자루의 맨 밑에 위치하고, 또 여러 개가 간격을 두고 배치되지 않는다는 점에서 잔잎과 구별된다. 때로 턱잎은 장미에서처럼 잎자루에 달리거나 황기에서처럼

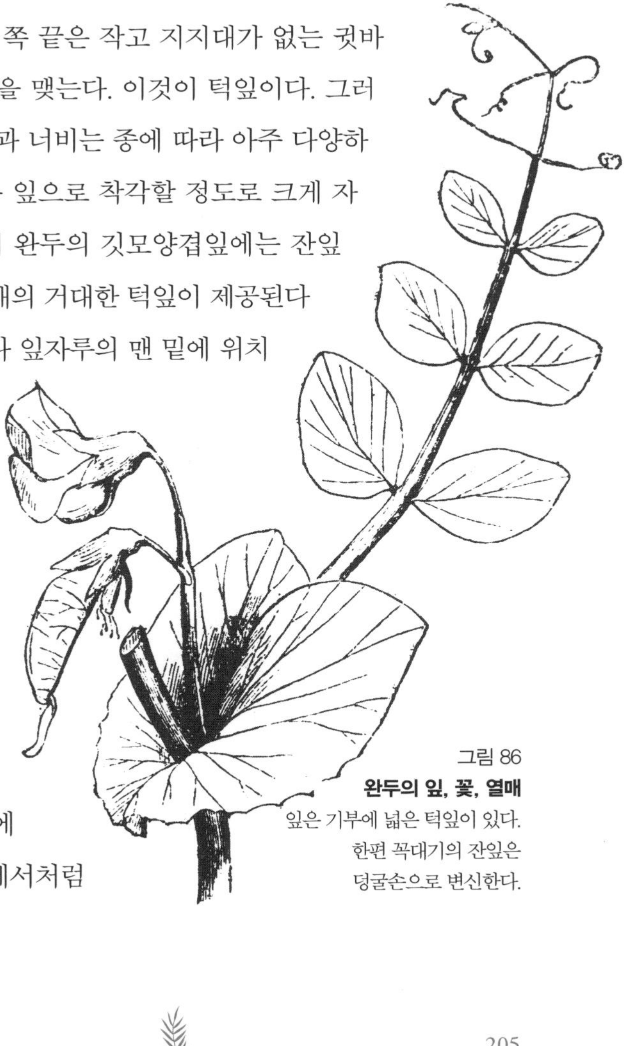

그림 86
완두의 잎, 꽃, 열매
잎은 기부에 넓은 턱잎이 있다.
한편 꼭대기의 잔잎은
덩굴손으로 변신한다.

서로 융합한다. 어떤 턱잎은 마침내 줄기를 두르고 잎집이 되며 때로는 우아한 작은 목깃 형태가 된다.

산사나무, 배나무, 살구나무를 비롯해 많은 식물에서 턱잎은 찰나를 살다가 간다. 턱잎은 동반하는 어린싹이 잎을 펼칠 무렵 줄기에서 떨어진다. 턱잎의 주된 역할은 어린잎을 보호하는 싸개 역할이다. 제라늄 줄기의 끝을 보자. 요람의 커튼처럼 넓은 턱잎이 갓 태어난 잎을 보호하듯 좌우로 달려 있을 것이다. 저 어린잎이 완전히 펼쳐지고 제힘으로 자신을 지킬 만큼 튼튼해지면 턱잎은 시들어 떨어진다.

일부 무화과속 식물, 특히 고무를 만들어내는 나무가 이런 점에서 놀랍기 그지없다. 나무의 어린잎은 원뿔 모양으로 돌돌 말렸고 각각 턱잎이 만든 긴 덮개로 덮여 있다. 때가 되어 덮개가 떨어져 나가면 턱잎이 지키던 잎이 열린다.

그대들은 아마 줄기에 잎이 배열된 모양이나 잎이 달리는 순서 따위에 특별히 관심을 가져본 적이 없을 것이다. 시답잖은 문제라 생각하여 식물의 잎이 축을 따라 어떻게 달리는지 아냐고 물어도 이렇듯 시큰둥하게 대답하고 말았을 것이다. "뭐, 되는대로 달리겠지요!" 아니! 잎은 결코 "되는대로" 달리지 않는다. 세상 만물은 모두 개수와 무게, 순서의 조화로운 법칙에 순응한다. 만물에는 무게가 있고, 크기가 있고, 개수가 있다. 보잘것없는 잡초도 지금부터 설명할 놀라운 기하학 법칙에 따라 제 잎을 배열한다.

잎의 절대적인 임무는 온몸을 공중에 펼쳐서 빛을 받는 것이다. 그 동기만큼은 의심하지 않아도 좋다. 그런데 잎이 겹쳐서 나면 당연히 햇빛의 길을 가로막게 된다. 서로가 서로의 해를 가리고 그늘을 드리운다는 말이다. 햇빛은 잎의 과제 수행에 없어서는 안 될 재료다. 따라서 피차 폐를 끼칠 해로운 배열을 피하려고 식물은 기하학 법칙을 따라 나선형으로 잎을 낸다.

높은 탑으로 올라가는 나선 계단을 생각하면 이해하기가 쉽겠다. 계단 바닥에 첫 번째 잎이 달린다. 이어서 그보다 조금 높은 곳에서 두 번째 잎이 나오는데, 첫 번째 잎의 바로 위가 아니라 조금 비켜난 자리다. 거기에서 조금 더 올라가면 여전히 한 발짝 옆에 세 번째 잎이 자리한다. 그렇게 잎은 대각선으로 올라가면서 조금씩 옆으로 비켜서므로 아래에 달린 잎을 가로막지 않는다. 그러나 모든 자리는 채워지게 마련이며 필연적으로 어느 잎인가는 다른 잎의 머리 위에 올라서게 된다. 하지만 이미 두 잎 사이에는 높이의 간격이 벌어져 있으므로 서로 같은 축에 있더라도 햇빛을 가리지는 않는다. 그리고 그때부터 원래의 순서가 반복되어 다음에 나오는 잎은 각각 나선의 축 아래쪽에 있는 잎에 대응되는 자리에 놓일 것이다.

그림으로 보면 좀 더 이해하기가 쉽겠지. 그림 87은 배나무 가지다. 맨 아래에 있는 잎에서부터 시작하자. 편의상 1번 잎이라고 부르겠다. 1번 잎에서 2번 잎으로 넘어가면서 상상의 나선을 따라 2층으로 올라가자. 이 나선은 잎과 잎을 지나치

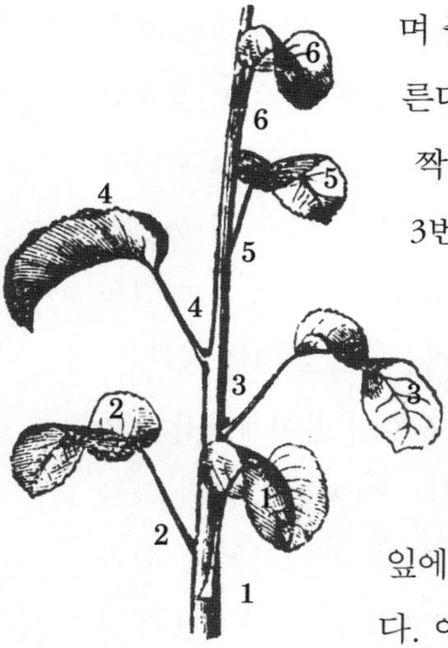

며 줄기를 에워싼다. 이제 2번 잎에 다다른다. 1번 잎을 방해하지 않기 위해 한 발짝 비켜선 곳에 자리를 잡았다. 계속해서 3번 잎을 보자. 이 잎 역시 앞의 두 잎 어느 것에도 겹치지 않는다. 4번도 마찬가지다. 나선 계단을 한 번 더 올라가면 마지막으로 5번 잎이 나오는데, 아래에 있는 어느 잎에도 그늘을 드리우지 않는다. 이제 6번 잎의 차례가 되면 정확히 1번 잎 위를 차지한다. 6번 잎은 5층짜리 건물의 지붕이 되는 셈이다.

그림 87
배나무에서 잎의 배열

6번 잎 위에서 나선은 계속 같은 방식으로 이어진다. 1번 위에 중첩된 6번 뒤를 이어 7번 잎이 2번 잎 머리 위에 나타난다. 그 뒤에 8, 9, 10, 11번 잎이 각각 3, 4, 5, 6번 잎 위에 올라선다. 11번에 다다르면 이 잎이 다시 1번과 6번의 위에 놓이고, 이런 순서가 16, 21, 26번까지 쭉 이어진다. 다시 말해 모든 잎은 위로 5개 잎의 공간이 있다는 말이며, 5개씩 연속된 잎의 순열에서는 어떤 잎도 다른 잎 바로 위에서 그늘을 드리우지

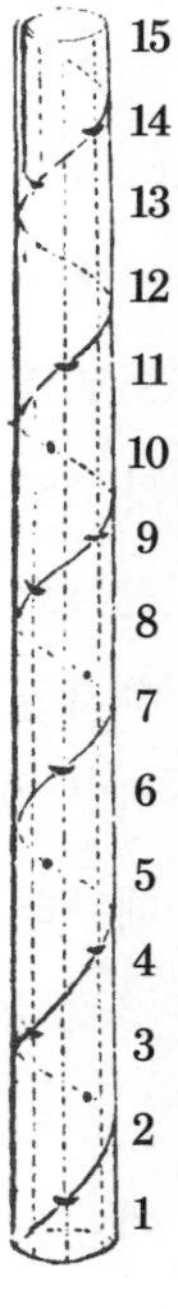

그림 88
배나무에서 잎의 배열. 모식도

않는다. 겹치기는 하지만 공간의 여유가 있으므로 문제 되지 않는다.

정리하면, 잎은 전체적으로 줄기 밑에서 끝까지 5개가 한 단위를 이루어 배치된다. 1, 6, 11, 16번 잎이 한 축에 배열되며, 2, 7, 12, 17번 잎이 또 한 축을 이루고, 3, 8, 13, 18번 잎이 또 한 축을, 그다음은 4, 9, 14, 19번이고 마지막으로 5번째는 5, 10, 15, 20번 잎이 하나의 축이 된다. 이 축의 각 잎이 5씩 증가한다는 사실을 염두에 두자. 또한 그림 88에서 보는 것처럼 모든 잎을 통과하는 상상의 나선은 1번에서 6번으로 가기까지 가지를 두 번 감고 올라간다. 이처럼 다섯 개 잎이 각각 줄기를 두 번씩 감고 올라가는 잎차례를 2/5 잎차례라고 한다. 이는 쌍떡잎식물에서 아주 자주 보이는 방식이다.

좀 더 복잡한 배열도 있다. 예를 들어 잎이 8개 단위로 중첩되는 것인데 그때마다 줄기를 3번씩 감고 올라간다. 또는 잎 13개가 줄기를 5번을 감고 올라가야 한 단위가 끝나는 식물도 있다. 복잡한 배열일수록 드물게 나타난다. 하지만 이 책에서는 더 복잡한 배열을 볼 필요가 없으므로 다시 앞의 간단한 예로 돌아가겠다. 느릅나무(그림 89)에서 잎은 2개의 축을 따라 배치된다. 홀수인 1, 3, 5, 7과 짝수인 2, 4, 6, 8이 하나 걸러 하나씩 중첩된다. 이처럼 한 번은 줄기 오른쪽에, 다음에는 줄기 왼쪽에 서로 교대로 배열되는 잎차례를 어긋나기 또는 호생alternate이라고 한다.

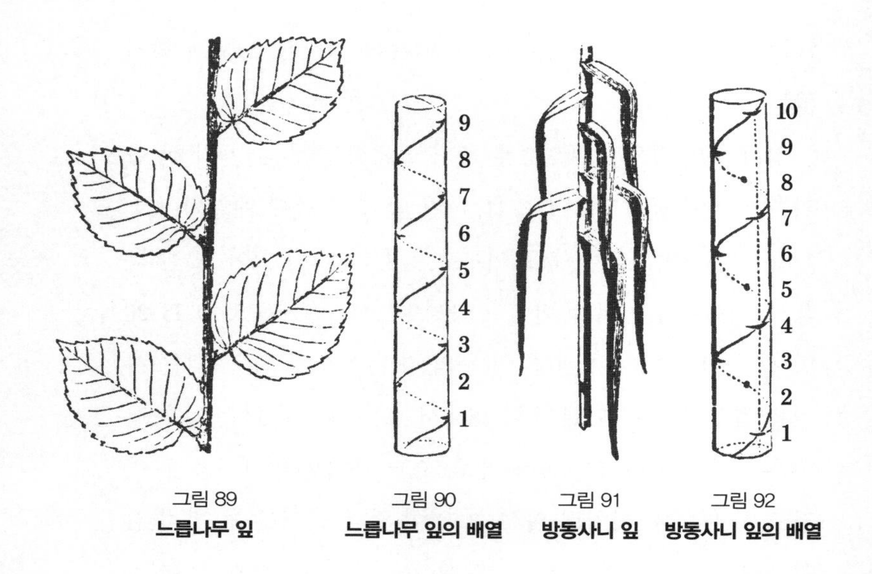

그림 89
느릅나무 잎

그림 90
느릅나무 잎의 배열

그림 91
방동사니 잎

그림 92
방동사니 잎의 배열

그림 91은 사초과의 방동사니라는 풀이다. 이 식물에서 4번 잎은 1번 위에, 5번은 2번 위에, 6번은 3번 위에 중첩된다. 즉, 3개의 잎이 하나의 단위가 되어 중첩되며 나선 한 바퀴를 돈다. 이런 배열을 1/3 잎차례라고 하고 외떡잎식물에서 많이 나타난다.

식물의 줄기에서 잎이 자라는 지점을 마디라고 한다. 그리고 연속된 마디의 간격을 마디사이라고 한다. 앞에서 설명한 법칙에 따라 잎이 나선을 따라 한 마디에 하나씩 달리는 잎차례를 어긋나기라고 한다.

잎이 같은 마디에서 2개씩 또는 3개, 4개, 심지어 그 이상 달릴 때가 있다. 이런 경우를 돌려나기 또는 윤생whorl이라고 한

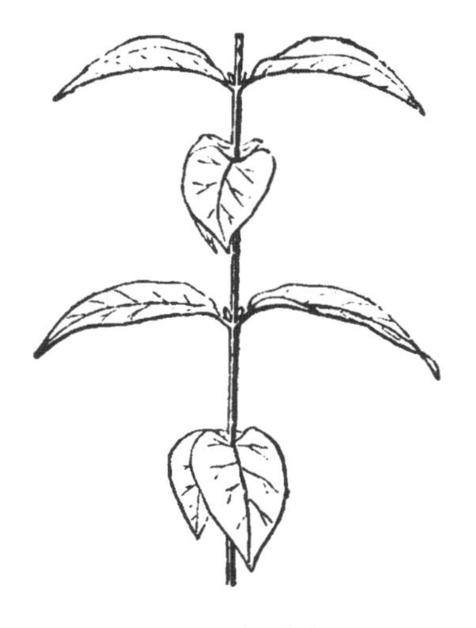

그림 93 **마주나기**

그림 94 **협죽도의 3잎 돌려나기**

다. 한마디에서 두 잎이 서로 마주 보며 날 때는 돌려나기라고 하지 않고 마주나기 또는 대생opposite이라고 한다(그림 93). 마주나는 한 쌍의 잎은 그 위의 잎과는 수직 방향으로 달리는데, 그늘을 최대한 피한다는 당연한 이유에서다. 빛을 가리면 안 된다는 것은 기본 중의 기본인 규칙이다. 또한 몇 개가 돌려나든, 돌려나는 잎은 바로 아래에 있는 잎의 머리 위에 올라서지 않고 적당히 높이를 떨어뜨리는 간격을 두고 어긋난다. 협죽도가 좋은 예다. 협죽도는 각각 잎이 3개씩 돌려난다(그림 94).

17장

잎의 움직임

자발적인 움직임은 동물의 특성이다. '움직이지 않는 것'이 식물의 몫이다. 동물은 본능의 지시에 따라 움직이고 돌아다닌다. 하지만 식물은 계속 한자리에 머문다. 둘 사이의 활기와 무기력의 대비가 너무 확실하다 보니 움직일 수 있는지 없는지가 동물과 식물을 구분하는 기준으로까지 여겨진다. 물론 큰 틀에서 보면 틀리지 않은 말이지만, 잘 찾아보면 동물과 식물이 꽤 비슷하다고 증명하는 충격적인 예외가 발견된다. 동물의 자매이자 동물보다 오래 지구에서 살아온 식물에도 동물처럼 자발적으로 움직이는 능력이 있다. 또한 어느 수준에서는 식물이 감각을 느낀다고까지 의심할 증거도 있다. 다만 여기서 감각이란 하등동물에서 발견되는 모호하고 의식이 전제

되지 않은 상태를 말한다. 이 장에서는 이런 어렵고 중대한 문제에 관해 설명하려고 한다.

잎에는 양면이 있다. 윗면은 좀 더 매끄럽고 초록색이 짙으며, 아랫면은 색이 연하고 잎맥이 튀어나와 거칠다. 잎의 윗면과 아랫면의 해부 구조는 똑같지 않고, 식물의 생활사에서 맡은 역할도 그러하다. 하늘을 향한 윗면은 그늘진 땅을 향하는 아랫면과 기능이 다르다. 그렇다면 잎을 뒤집어 밑면이 태양을 보게 하고 윗면이 땅을 보게 하면 어떤 일이 일어날까? 빛을 보도록 만들어진 쪽을 그늘에 두고, 그늘지게 되어 있는 쪽이 억지로 빛을 보게 하면 잎은 당연히 제 일상의 과제를 제대로 수행하지 못한다.

이때 잎은 아주 천천히, 그러나 꾸준하고 고집스럽게 잎자루를 비틀어 원래대로 몸을 뒤집는다. 위에 있어야 할 것은 위에, 아래에 있어야 할 것은 아래에 오게 만들고야 마는 것이다. 사람이 일부러 엎어놓아도 잎은 기어이 몸을 틀어 원상태로 돌려놓는다. 식물학자이자 철학자인 샤를 보네Charles Bonnet는 식물의 이런 행동을 다음과 같이 설명했다. "목본과 초본을 가리지 않고 20종이 넘는 식물의 잔가지를 뒤집거나 휘어놓은 다음 그 상태로 고정했다. 그러다 보니 잔가지에 달린 잎들도 평소 자연스러운 자세와는 반대로 놓이게 되었다. 이후 나는 저것들이 몸을 돌려 평소의 자세를 찾아가는 모습을 즐겁게 지켜보았다. 어느 가지에서는 같은 실험을 14번이나 연이어서 반복했는데, 놀랍게도 제자리로 돌아가려는 의지는 한 번도 꺾이지 않았다."

잎이 장애물을 피하고 자연이 요구한 자세로 돌아가기 위해 분연히 몸을 비트는 모습을 보자니 이 책의 앞에서 불굴의 의지를 보였던 새싹이 떠오른다. 막 발아한 씨를 거꾸로 돌려놓았을 때, 새싹은 이내 "뒤로돌아"를 실시하여 순리대로 뿌리는 아래로, 줄기는 위로 자랐다. 그러나 잎은 새싹보다 쉽게 피로를 느끼는 것 같다. 실험을 반복할 때마다 원상태로 돌아가는 속도가 느려지기 때문이다. 보네의 실험에서 처음에 포도덩굴의 잎은 원래의 자리로 돌아가는 데 24시간이 걸렸다. 그러나 4번째 시도에서는 4일이 걸렸고, 6번째에서는 8일이 걸렸다. 정상으로 돌아오는 속도는 빛의 자극이 있을 때 가장 빨랐다. 제네바 출신의 저 천재적인 실험자는 갯능쟁이의 잎이 뜨거운 햇볕 아래에서 불과 2시간 만에 제자리로 돌아왔다고 기록했다. 이런 민첩함을 뛰어넘는 다른 식물은 없었다.

인간이 일부러 뒤집지 않아도 식물은 모든 잎을 뒤집어야 할 때가 있다. 식물 중에는 가지를 하늘로 뻗는 대신 땅으로 내린 것들이 있다. 이런 비정상적인 행태는 가지가 길고 약해서 어쩔 수 없이 벌어지는 순수한 물리적 현상이다. 제 무게를 지탱할 만큼 튼튼하지 않으므로 가지가 휘어서 아래로 늘어진다. 바로 버드나무가 대표적인 사례다. 반면에 식물의 타고난 성향이 원인일 때도 있다. 왕성하게 자라는 새 가지가 아래를 바라보며 자라는데, 그건 무게를 감당하지 못해서가 아니라 그저 천성이 늘어지길 좋아해서다. 정원에서 종종 보이는 회화나무는 튼튼하든 튼튼하지 않든 모든 가지를 주교의 지팡이처럼 아래로 늘어뜨리기 때문에 멀리서 보면 잎으로 만든 초록색 새장처럼 보인다. 이렇게 가지가 거꾸로 매달리면 거기에 달린 모든 잎이 덩달아 역전한다. 그러나 잎은 어떻게 자세를 바로잡을지 잘 알고 있다. 회화나무 잎은 아까시나무처럼 깃모양겹잎인데, 잎줄기의 넓은 기부가 잎의 무게를 이기고 회전하여 잎 전체를 잡아당긴 다음 올바른 자세를 취한다.

흔히 '잉카의 백합'이라고 부르는 알스트로에메리아속*Alstroemeria* 식물은 수선화와 가까운 우아한 꽃으로, 원래 살던 곳은 페루지만 유럽에서는 온실에 키운다. 이 식물의 잎처럼 기이한 형태가 또 있을까. 잎몸이 긴 타원형인데 아래로 갈수록 좁아지면서 잎자루가 길고 납작한 띠로 변한다. 신기하게도 이 리본 같은 잎자루는 언제나 꽈배기처럼 꼬인 상태라 그러지 않았으면 밑을 보았을 것이 위를, 위를 보고 있을 것이 밑을 보고 있다. 꼬인 잎자루를 풀어 정상대로 돌려놓으면 놀랍게도 윗면은 연하고 주름져 있고, 반대로 밑면이 매끄럽고 초록색이다. 그렇다면 우리는 도무지 설명할 수 없는 변칙으로 애초에 잎이 뒤집어져서 난 식물을 보고 있는 것이다. 줄기도 위쪽을 향해 잘 자리 잡았고, 그 밖에 잎이 뒤집어져 있어야 할 다른 그럴듯한 이유는 없는 상황이다. 아무튼 이 식물의 납작한 잎자루는 스스로 몸을 180도 회전해 매끄러운 초록색 밑면이 위로, 연하고 주름진 윗면이 아래로 오는 바람직한 자세를 되찾는다.

감히 창조의 과업을 사람의 일에 빗대는 것이 허락된다면, 잉카의 백합은 조물주가 잠시 정신이 딴 데 팔린 바람에 잎의 앞과 뒤를 착각한 결과일 것이다. 그러나 이내 실수는 파악되었고, 잎자루가 온 힘을 다해 몸을 비튼 덕분에 뒤늦게나마 사태는 수습되었다.

위치가 역전된 잎이 정상을 회복하는 것 같은 느리지만 끈질긴 식물의 움직임에 몇 가지 동작을 더 추가해보자. 이번에는 동물의 동작에 가까운 갑작스러운 움직임이다. 무초semaphore plant, 파리지옥, 미모사 이 세 가지 식물이 그런 움직임으로 유명하다.

무초는 100년 전, 인도의 자연사를 연구하기 위해 인도 곳곳을 여행한 앤 먼슨Anne Monson이 갠지스강 삼각주의 습하고 뜨거운 평원에서 처음 발견했다. 이후에 이 특이한 콩과 식물은 유럽의 온실에 소개되어 저 박식한 여행자의 증언을 검증했다. 무초의 잎은 토끼풀을 닮아 잔잎이 3개씩 있다. 다만 잔잎은 서로 크기가 달라서 가운데 잔잎은 길이가 10센티미터나 되지만 양쪽의 두 잔잎은 길이가 기껏해야 2~3센티미터를 넘지 않는다.

중앙의 큰 잔잎은 햇빛의 유무에 따라 올라갔다 내려오기를 반복한다. 밤에는 아래로 처져서 밑면이 줄기에 닿는다. 그러다가 새벽이면 슬슬 움직이기 시작하여 해가 한창 떠오를 즈음 몸을 일으킨다. 여름철의 뜨거운 정오가 되면 잎자루와 잎이 일직선을 이루고, 열기가 더 강해지면 그때부터 눈에 보일 정도로 몸을 떤다. 이윽고 태양이 내려오기 시작하면 잎도 덩달아 몸을 내린 다음, 해가 질 무렵 다시 늘어진다. 가운데 잔잎의 이런 일상적인 진동은 보통 태양의 고도에 좌우되지만, 하늘의 밝기에 따라서도 불시에 몸을 떨곤 한다. 구름이 대지에 그늘을 드리우면 잔잎은 고개를 떨군다. 그러나 하늘이 다시 맑아지면 가운데 잔잎은 또 한 번 고개를 쳐든다. 이 잎은 어지간히 빛에 예민해서 주변의 광도에 따라 온종일 수시로 위로 올라갔다가 아래로 내려간다.

양쪽의 작은 두 잔잎은 몸동작이 더욱 놀라울 뿐 아니라 빛과는 무관하다. 빛이 있건 없건, 낮이든 밤이든, 기온만 적당히 높으면 두 잔잎은 한 쌍의 날개처럼 날갯짓한다. 다만 두 날개가 서로 반대 방향으로 번갈아 움직인다. 오른쪽 잔잎이 위로 끝까지 올라가면, 왼쪽 잔잎은 아래로 떨어져 가장 낮은 지점에서 잠깐 멈췄다가 다시 올라간다. 이때 오른쪽 잔잎이 아래로 내려온다. 잎이 한 번 올라갔다 내려오는 데 2분이면 충분하다. 올라가는 속도는 내려올 때보다 느리며, 시계의 초침처럼 딱딱 끊어지듯 움직인다. 이동 속도는 1분에 약 60번이다. 이 영원한 진동은 날씨가 습하고 따뜻할수록 활발하며 잎을 줄기에서 떼어내도 계속되고 죽어야만 멈춘다. 유럽의 온실에서 무초의 운동 속도는 느려지고, 가끔은 아예 오랜 시간 움직이지 않는 소강상태를 보이기도 한다.

눈에 덜 띌 뿐, 관심 있게 지켜보면 완두나 강낭콩 잎에서도 비슷한 동작이 관찰된다. 우리에게 친숙한 식물을 포함해 많은 식물이 무초처럼 자발적으로 움직인다. 그 동작이 너무 느리고 미세한 탓에 우리 시야에서 벗어났을 뿐이다.

그림 95 **파리지옥**

파리지옥은 미국 노스캐롤라이나주의 습지에서 발견되는 작은 식물이다. 잎은 잎자루가 날개처럼 넓게 확대되었고, 둥근 잎몸은 가운데 잎맥을 중심으로 절반으로 갈라져 경첩이 달린 것처럼 서로 마주 보고 접을 수 있다. 잎몸의 가장자리에는 빳빳하고 뾰족한 가시가 둘러 있다. 곤충이 잎 위에 내려앉으면 잽싸게 잎을 닫는데, 이때 가장자리의 가시가 서로 맞물리는 바람에 철창처럼 곤충을 가둔다. 포로가 탈출하려고 몸부림칠수록 덫은 더 강하게 옥죈다. 그런 다음 정말 이상한 일이 일어나는데, 만약 믿을 만한 사람이 목격하지 않았다면 지어낸 말이라 여겼을 것이다. 잎은 죽은 곤충 주변에 소화액을 흘려보내 곤충의 몸을 분해한 다음 모조리 흡수한다. 그렇다면 세상에는 다른 생물을 잡아먹고 사는 육식식물이 존재한다는 게 아닌가. 그중에서도 파리지옥은 잎을 감옥으로 바꾸어 먹이를 포획하는 놀라운 재주까지 지녔다.

미모사는 원래 남아메리카에 자생하던 초본으로 예민하기가 말도 못 하여 감응초라는 별명이 붙었다. 화분에서든 정원에서든 잘 자란다. 잎은 짝수 깃모양겹잎이고 줄기는 갈고리 모양의 가시로 무장했으며 꽃은 공 모양의 다발을 이룬다. 미모사가 따사로운 햇살 아래 잎을 활짝 펼치고 있는 모습을 떠올려보자. 먼저 맨 위쪽에 있는 한 쌍의 잔잎 중 하나를 가볍게 건드린다. 이 잎은 당장 몸을 비스듬히 위로 올리고 이때 마주 보는 짝도 장단을 맞춰 결국 두 잎의 윗면이 잎자루 위에서 서로 맞닿는다. 이 충격이 옆으로 이어져 다음 두 잎도 첫 번째 쌍처럼 잎을 접고, 이어서 세 번째, 네 번째, 다섯 번째 잎까지 가세하여 결국 모든 잔잎이 순서대로 서서히 잎을 닫는다.

자극은 거꾸로도 전해진다. 아까와는 반대로 겹잎의 맨 아래쪽 잔잎을 건드리면 거기에서부터 위쪽으로 올라가며 순서대로 잎을 접는다. 그렇다면 이 자극은 처음에 건드린 잎에서 옆으로 퍼지며 방향의 구분 없이 전달된다는 사실을 알 수 있다. 잔잎을 아주 살짝 건드리면 그 잎에 이웃한 3~4쌍의 잎은 동조하여 함께 잎을 접지만, 나머지는 무슨 일이 있었냐는 듯 미동도 하지 않는다. 하지만 자극의 강도가 세지면 잎의 한쪽 끝에서 다른 쪽 끝까지 모든 잔잎이 함께 잎을 닫고 잔잎의 잎자루도 하나의 다발로 묶이며, 잎줄기는 원래 자세에서 방향을 돌려 땅을 향해 축 늘어진다. 마지막으로, 식물을 거칠게 흔들면 모두 서둘러 잎을 접은 다음 시들어 죽은 듯 줄기에 매달려 처져 있는다. 어떤 일이 벌어졌든 소동은 오래 가지 않는다. 주위가 잠잠해지면 잎줄기가 기부에서 서서히 방향을 돌리면서 잎이 다시 몸을 세우고 잔잎은 제 짝꿍한테서 떨어져 다시 잎을 활짝 펼친다.

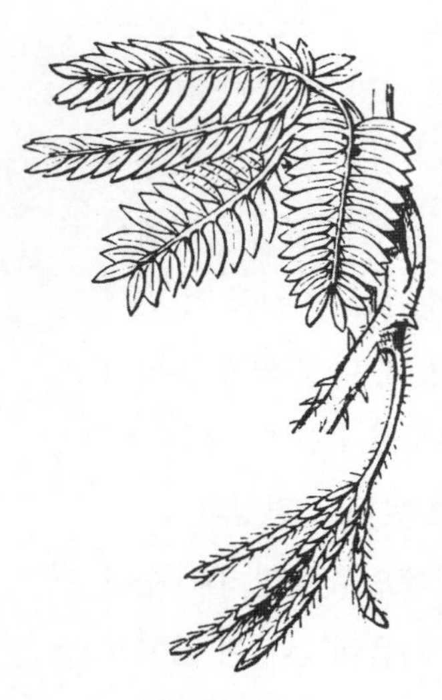

그림 96 **미모사의 두 잎**
하나는 잘 펼치고 서 있고,
다른 것은 접혀서 늘어져 있다.

미모사가 대지를 뒤덮는 브라질 평원에서는 전속력으로 달리는 말이나 지나가는 이의 발걸음이 이 예민한 식물의 신경을 거스르고도 남는다. 나그네의 걸음에 땅이 진동하면 그 미세한 울림을 들은 미모사가 얼른 잎을 접는다. 그 동작이 이웃까지 재촉하여 자극은 일파만파 퍼진다. 별다른 이유도 없이 대지의 카펫이 일시에 시들어버린다.

미모사의 심기를 불편하게 하는 것은 물리적 접촉만이 아니다. 전기불꽃, 갑작스러운 온도 변화, 열기와 냉기, 부식성 있는 화학물질처럼 동물의 신경을 자극하는 요인에 똑같이 민감하다. 온실의 온기에 잎을 펼치고 있던 미모사가 창문을 열어 차가운 공기가 흘러 들어오면 대번에 잎을 닫는다. 그늘에서 잎을 벌리고 있다가 뜨거운 햇볕이 갑자기 내리쬘 때도 마찬가지다. 미모사가 잎을 접게 하려면 구름이 잠시 태양을 가려 대기의 온도를 식히는 것으로 충분하다.

전기불꽃도 식물에 큰 충격을 주지만 가장 난폭한 자극원은 부식성 화학물질이나 열이다. 잎 위에 돋보기를 대고 햇빛의 초점을 맞추거나 불붙은 심지를 가까이 대어 뜨겁게 달구면 식물은 몇 분 안에 잎을 닫고 그 지점에서부터 시작해 모든 잎이 아래로 처진다. 황산 같은 부식성 용액이 닿을 때도 결과는 비슷하다. 대신 용액을 묻힐 때 잔잎이 흔들리지 않게 아주 주의해야 한다. 잘못하면 접촉의 자극 때문에 잎을 닫아버리기 때문이다. 이 실험들은 모두 미모사 잔잎 1개에만 자극을 주고, 다른 물리적 충격은 전혀 주지 않았음에도 아주 깊고 오래가는 인상을 남겼다. 실험을 당한 식물이 10시간이나 잎을 펼칠 생각을 하지 않았기 때문이다.

시련이 계속되면 생기 넘치던 식물도 시들해지다가 결국 죽고 만다. 이런 모습을 보면 확실히 동물과 비슷하다. 동물도 어느 정도까지는 동요에서 빠르게 회복한다. 그러나 심한 통증과 괴로움은 동물의 심신을 무너뜨리고 반복된 고문으로 크게 타격을 입으면 결국 죽어버린다.

동물과 식물의 유사점은 여기에서 끝나지 않는다. 동물은 몸의 어느 부위든 통증을 쉽게 인지하고 그 사실을 몸 전체에 전달하여 아픔을 함께 느끼든, 통증을 줄이든, 또는 위험을 피하게 하든 한다. 몸의 모든 부위는 고통을 함께 느끼는 공동체이기에 어디가 상처를 입든 통증이 사방에 퍼져 몸 전체가 불편해진다.

이와 같은 연대와 몸의 일부가 받은 자극을 몸 전체에 전달하는 능력이 미모사에서 발견된다. 우리는 자극이 미모사의 한 잎에서 다른 잎으로, 꼭대기에서 아래로, 또는 아래에서 꼭대기로 퍼지는 것을 보았다. 같은 방법으로 식물의 한쪽 끝에서 다른 쪽 끝까지 자극이 전달되기도 한다. 미모사 뿌리에 황산을 한 방울 떨어뜨리면, 아래에서부터 가지 끝까지 잎을 접어 올린다. 반대로 맨 끝에 있는 잎에 황산을 묻히면 꼭대기에서 바닥까지 모조리 잎을 닫는다. 마지막으로 중간 부위에 상처를 주면 교란이 양쪽으로 퍼지며 서서히 잔잎이 접힌다.

동물에서는 반복이 감각을 무디게 한다. 처음에는 불편한 기색을 보일지 몰라도 가벼운 동요가 지속되면 어느 순간 더는 증상이 나타나지 않는다. 마찬가지로 미모사도 반복이 행동을 지배한다. 다음과 같은 실험이 있다. 잎을 활짝 펼친 미모사를 마차에 싣고 이동한다. 마차가 출발하면서 덜컹거리자 놀란 미모사가 잎을 닫는다. 그러나 갈 길은 멀다. 어느새 미모사는 서서히 마음을 내려놓고 마치 멈춰 있을 때처럼 잎을 펼치고 있게 된다. 처음에는 바퀴가 돌을 밟아 마차가 흔들리는 미세한 충격에도 동요했으나 점점 개의치 않는다. 익숙해진 것이다. 마차가 멈추면 잎을 더 활짝 벌리고 있다가 다시 움직이면 영락없이 화들짝 놀라 몸을 움츠리지만 처음보다 훨씬 빨리 회복한다. 과거의 시련으로 무장한 식물은 마침내 마차가 멈췄다가 출발해도 잎을 닫지 않는다.

에테르나 클로로폼 같은 물질에는 지각을 마비시키는 특성이 있다. 감각을 한동안 유예하여 마취 상태로 만드는 것이다. 이 놀라운 특성은 큰 수술 중에 통증을 억누르는 데 사용된다. 일시적으로 감각을 느끼지 못하게 하여 환자는 수술칼이 살을 갈라도 무덤덤하게 반응한다.

종 모양의 유리 덮개에 에테르를 적신 스펀지와 함께 새 한 마리를 넣는다. 공기 중에 증발한 에테르를 들이마신 새는 곧 실신한다. 몸을 비틀거리다가 쓰러져서 꼼짝하지 않는다. 새가 쓰러지면 덮개를 열고 꺼낸다. 그 안에 너무 오래 두면 다시는 깨어나지 못할 수도 있다. 새의 심장은 평소처럼 뛰고 있다. 호흡도 편안하고 일정하다. 아직 살아 있다는 뜻이다. 그러나 꼬집고 찌르고 심지어 상처를 내도 고통을 느끼기는커녕 미동도 하지 않는다. 온전히 살아 있지만 감각이 없는 것이다. 하지만 새는 곧 이런 상태에서 벗어난다. 술에서 깨듯 감각과 통증을 느끼는 능력을 되찾고 실험 전으로 돌아간다.

미모사로도 비슷한 실험을 할 수 있다. 새보다는 오래 걸리지만 어느 정도 시간이 흐르면 식물도 감각이 무뎌진다. 에테르 증기가 가득 찬 유리 덮개를 열고 미모사를 꺼낸다. 미모사는 실험 전처럼 잎을 완전히 펼치고 있다. 그러나 한동안 감각을 잃는다. 잎을 흔들고 불에 그을리며 무슨 짓을 해도 미모사가 스스로 잎을 접게 만들지는 못한다. 하지만 식물에서도 이런 무감각은 일시적이다. 유리 덮개 안에 너무 오래 두면 식물도 새처럼 죽겠지만, 그런 게 아니라면 서서히 감각이 되살아나 마침내 아주 살짝만 건드려도 예전처럼 잎을 접게 된다.

간단하게만 살펴봤지만 어떤가? 식물과 동물의 감각 사이에 대단한 차이가 느껴지던가? 여기서 말하는 동물이란 생명의 사다리 밑바닥에 있는 생물이다. 예를 들어 물속 바위에 부착된 폴립은 꽃이 꽃잎을 열듯 촉수를 펼치고 꽃잎을 닫듯 움츠러든다. 둘 사이에 눈에 띄는 큰 차이는 없다. 동물과 식물을 절대적으로 구분할 선이 없다는 말이다. 식물에서도 모든 동물의 속성이, 심지어 움직임과 감각조차 똑같이 발견된다. 불분명하고 원시적이며 흔적만 남았을지는 몰라도 말이다.

18장

식물의 잠

칼 폰 린네Carl von Linné는 몽펠리에의 이름난 프랑수와 부아시에 드 소바주François Boissier de Sauvages 교수로부터 평소 자신이 연구하고 싶었던 벌노랑이라는 반열대 콩과 식물을 받았다. 햇빛 쨍쨍한 지중해 남부 해안가에서 스웨덴의 차가운 안개 속으로 옮겨졌지만, 정성 어린 보살핌 끝에 마침내 웁살라 온실에서도 꽃을 피우는 순간이 찾아왔다. 잎다발 한가운데에서 세 송이씩 올라온 작고 노란 꽃을 린네는 잊지 못했다. 그래서 그날 밤 다시 온실에 들렀을 때 몇 시간 전까지만 해도 멀쩡히 피어 있던 꽃들이 모두 사라진 것을 보고 경악을 금치 못했을 것이다. 오매불망 기다린 꽃이 모두 어디로 갔단 말인가. 악의에 찬 시기의 손이 꺾어 갔을까. 그게 아니라면 무지한 곤충이 망가뜨린 게 틀림없었다. 그런데 웬걸, 다음 날 허탈한 마음을 안고 온실에 들어간 린네는 제 눈을 믿을 수 없었다. 어제와 똑같은 꽃이 완벽하게 싱싱한 상태로 같은 자리에서 풍성하게 만개해 있는 게 아닌가. 수수께끼는 곧 풀렸다. 벌노랑이가 밤마다 잎을 접고 꽃 무리 주위로 몸을 일으켜 세운 바람에 웬만큼 잘 들여다보지 않으면 꽃이 눈에 보이지 않았던 것이다. 게다가 꽃대는 살짝 처지고 가지는 아래로 늘어져 영락없이 꽃이 사라진 것처럼 보였다. 식물의 잠을 발견한 순간이었다.

식물의 잠이란 많은 식물 종이 한밤중에 보이는 특별한 잎의 배열을 부르는 말이다. 그 배열이 낮과는 딴판이다. 물론 모든 식물이 잠을 자는 것은 아니다. 참나무, 호랑가시나무, 월계수처럼 질기고 섬유질이 많은 잎은 잠이 잘 들지 않는다. 그러나 잎이 섬세한, 특히 겹잎인 식물은 잠을 잔다. 다시 말해 밤에는 잎이 낮과 다른 자세를 취한다는 뜻이다. 시금치는 밤이 오면 늘어진 잎을 줄기 끝으로 올린 다음 잎을 접어 새싹을 덮는다. 한편, 흐르는 개울가에 자라는 성질 급한 물봉선은 그와 반대로 줄기의 기부를 향해 잎을 아래로 접는다. 달맞이꽃은 강가에서 향기 좋은 크고 노란 꽃을 피우는 식물로, 밤이면 꽃대기에 달린 잎이 꽃부리를 둘러싸고 어둠 속 피난처가 된다. 괭이밥 잎은 하트 모양의 잔잎 3개로 이루어졌는데, 어두워지면 주맥을 따라 잎을 반으로 접고 잎자루 끝에서부터 고개를 아래로 숙이고 늘어뜨린다.

토끼풀은 벌노랑이처럼 잎을 꽃 주위로 모은다. 반면 루피너스Lupine는 토끼풀과 같은 콩과 식물인데도 잎을 아래로 내리고 밤에도 꽃을 훤히 드러낸다. 루피너스와 붉은토끼풀이 같은 풀밭에서 자라는 피레네산맥에서는 하루의 낮과 밤이 전혀 다른 풍경이다. 햇빛이 밝게 비칠 때는 붉은토끼풀의 붉은 꽃과 루피너스의 흰 꽃이 초록 카펫을 풍성하게 장식한다. 그러다가 저녁 그림자가 깔리면 토끼풀은 제 잎으로 만든 커튼을 꽃 위로 끌어당기지만 루피너스의 잎은 아래로 늘어지면서 들판의 식물 절반이 죽은 것처럼 보인다. 밤마다 토끼풀은 꽃을 잃고, 루피너스는 잎을 잃는다.

동물은 종에 따라 잠자기 전에 치르는 의식이 다양하다. 암탉은 횃대에 올라가 한 발은 가슴 위로 끌어올리고 머리를 날개 밑에 숨긴다. 고양이는 난로 앞 깔개 위로 올라가 몸을 웅크리고 잔다. 양은 무릎을 꿇고 다리를 몸 아래로 끌어당긴 채 몸을 누이며, 소는 옆으로 누워서, 고슴도치는 몸을 공처럼 말고 잔다. 살무사는 나선형으로 똬리를 틀고 잠든다.

동물처럼 식물도 종마다 나름의 수면 방식이 있고 또 매우 다양하다. 하지만 식물이 밤에 보이는 행동 뒤에는 어떤 공통점이 있는 듯하다. 밤이 되면 잎이 맨 처음 솜털 달린 비늘에 둘러싸여 깊은 잠에 빠져 있던 유아기 시절로 돌아가는 경향이 뚜렷하다. 어떤 잎은 원뿔 형태로 말리고, 어떤 잎은 나선형으로 비틀리며, 잎을 부채꼴로 접거나 책을 덮듯 닫아버리기도 하고, 되는대로 구겨지기도 한다. 간단히 말해서 해가 지면 잎은 어릴 적 잎눈 안에 있을 때와 비슷하게 몸을 접고 밤을 보낸다는 뜻이다.

밤의 휴식이 가장 두드러지는 식물은 겹잎들이다. 아까시나무나 미모사 등 정원에서 쉽게 볼 수 있는 깃모양겹잎 목본을 찾은 다음, 먼저 낮에 가서 잎을 살피고 다시 밤이 되었을 때 가서 비교해보라. 잎의 배열에 어떤 변화가 일어났는지 보이는가! 나무의 모습이 완전히 달라졌을 것이다. 낮에는 잔잎이 잎줄기 양쪽으로 잎을 펼친 모습에서 즐거운 생명력이 느껴진다. 그러나 저녁이 되면 잎은 피곤함에 찌든 것처럼 서로의 몸에 기대어 드러눕는다. 얼핏 보면 나뭇잎이 다 떨어진 줄 알 정도다. 이런 병들고 음울한 모양새를 보고 가뭄이 심해 잎이 시들었거나 뜨거운 햇볕에 시달리다가 죽었다고 결론을 내리는 것도 당연하다. 그러나 이러한 상태는 일시적이다. 내일의 해가 뜨면 나무는 언제 그랬냐는 듯 멀쩡하게 잎을 펼친다.

몇몇 사례를 들어 식물이 잠자는 자세를 좀 더 구체적으로 살펴보자. 평소 바짝 경계한 상태로 잎을 펼치고 있던 미모사는 밤이 되면 잎줄기를 향해 기부에서 끝까지 지붕의 기와처럼 다른 잎과 일부가 겹쳐지는 상태로 잎을 닫는다. 족제비싸리*Amorpha*는 새벽의 첫 햇살에 수평으로 잎을 펼쳤다가 해가 떠오를 때 함께 몸을 세우고 정오 무렵이면 천정점을 가리킨다. 그러다가 다시 몸이 처지기 시작하여 밤이 다가오면 기운이 없고 늘어진 채로 잎줄기 아래에서 꼬리를 물고 매달린다. 오줌보콩은 막성의 꼬투리가 작은 방광처럼 부푼 나무인데, 그 잎은 잎자루 위에서 윗면을 서로 붙인 채 색다른 자세로 잔다. 콩과 식물인 메릴랜드의 카시아*Cassia*는 족제비싸리처럼 밤이면 잔잎이 아래로 처진다. 쌍을 이루는 모든 잔잎이 이런 방식으로 등을 대고 모여서 잠을 청하지만 짧은 기부에서 몸을 비틀어 윗면이 맞닿는다. 미모사는 잔잎을 접고 잎을 낮춰 잎줄기를 따라 길이로 누운 다음 나란히 기대어 2열로 겹쳐서 배열된다. 게다가 잔잎의 잎자루는 다발로 모여 있고 무엇보다 잎줄기는 부착 지점에서 회전하여 잎 전체가 고르게 접히므로 수기 신호의 팔처럼 아래쪽으로 흔들린다. 이런 밤의 자세는 식물이 평소 낮에 자극받았을 때 보이는 모습과 똑같다.

특정한 움직임을 보이는 많은 식물이 이와 비슷하다. 잠자는 잎의 모습은 평소 자극받았을 때와 같다. 괭이밥도 3개의 잔잎을 한동안 가볍게 두드리면 주맥을 따라 잎을 접고 잎자루 끝에서 아래로 늘어지는데, 이는 밤이 다가왔을 때 스스로 취하는 자세와 똑같다. 다시 말하지만 미모사나 아까시나무의 가지를 거칠게 흔들면 어둠 속에서처럼 잎을 접는다. 돌풍이 계속될 때 풍경이 달라지는 이유도 여기에 있다. 평소 쉽게 영향을 받지 않는 나무들도 계속되는 바람의 맹공에 마침내 굴복하여 훤한 대낮에 야밤의 자세를 취하기 때문이다.

잠자는 성향은 어릴수록 두드러진다. 나이가 들수록 깨어 있

는 시간이 길어지고 잠을 재우기가 어려워진다. 동물도 마찬가지다. 어린 동물은 금세 잠들고 오래 실컷 잔다. 그러나 나이가 들면서 자는 시간이 짧아지고 불규칙해진다. 어느 정도 성숙해지고 나면 처음에는 잠자는 경향이 뚜렷했던 식물도 결국에는 잠자는 능력을 완전히 잃어버린다. 잎은 나이가 들면서 점점 뻣뻣해지고 잠의 부름에 순응하지 않는다.

그림 97 **괭이밥**

그 요인이 뭘까? 어떤 목적으로 식물은 낮이면 잎을 펼치고 밤이면 다시 닫는 걸까? 다시 말해 식물이 잠을 자고 또 잠에서 깨어 있게 만드는 것이 무엇일까? 이것은 빛과 연관된 대단히 어려운 문제다. 절대적인 원인은 아닐지라도 빛이 아주 중요한 역할을 한다는 것은 잘 알려진 바다. 잠을 자는 모든 잎은 아침에 잎을 열고 밤에 잎을 닫는다. 해가 뜨면 모두 잎을 열고 해가 지면 모두 잎을 닫는다. 그러므로 모든 면에서 식물의 생활을 크게 좌우하는 햇빛이 서로 다른 낮과 밤의 행동을 일으키는 원인임은 확실하다. 빛에 따른 행동의 변화는 오귀스탱 피라무스 드 캉돌Augustin Pyramus de Candolle의 다음과 같은 실험으로 증명되었다.

폐쇄된 방의 완벽한 어둠 속에 미모사를 가둔다. 단, 밤에는 강력한 조명등 6개를 동원해 낮처럼 불을 밝힌다. 이처럼 정상적인 질서를 뒤집어 낮을 밤으로, 밤을 낮으로 바꾸면 처음에 미모사는 갈팡질팡하며 정해진 규칙 없이 잎을 열고 닫는다. 어떨 때는 불이 켜져 있을 때 잠자고 어두워지면 잠에서 깬다. 그러나 습관과 새로운 환경이 충돌하는 것도 고작 며칠뿐, 식물은 어느새 빛과 어둠의 인위적인 변화에 순응한다. 밤에는 낮이 시작되어 잎을 펼치고 아침에는 밤이 시작되어 잎을 닫는 것이다.

정상적인 상태와 반대로 적용된 빛의 자극이 원래의 수면 시간을 깨어 있는 시간으로, 깨어 있는 시간은 수면 시간으로 바꾸었다. 그렇다면 빛은 잎이 잠들게 하는 원인의 하나다. 그러나 유일한 원인은 아니다. 드 캉돌이 미모사를 계속해서 빛에만, 또는 반대로 계속해서 어둠 속에만 두었더니 여전히 취침과 기상이 번갈아 나타났지만, 교대 주기가 자연 상태에서보다 짧았고 아주 불규칙했다. 끝없는 낮이 식물의 잠을 막지 못하고 끝없는 밤이 식물의 기상을 막지 못한 것이다.

빛과 어둠의 교대가 자연의 주기와 반대인 환경에서 미모사 같은 식물은 결국 제 습관을 바꾸어 달라진 환경에 적응했지만, 외부 자극에 전혀 아랑곳하지 않는 식물도 있다. 같은 시련을 겪어도 제 습관을 바꾸지 않고 버틴다. 괭이밥이 대표적인데, 이 식물은 드 캉돌이 시도한 모든 실험을 단호히 거부했다. 연속적인 빛, 연속적인 어둠, 밤 동안의 빛, 낮 동안의 어둠 모두 어떠한 영향도 미치지 못했다. 괭이밥은 실험자의 어떤 꼬임과 술책에도 넘어가지 않고 평소처럼 잠자고 평소처럼 깨어 있었다.

생명 유지에 필요한 원리에 따라 잎의 주기적인 움직임은 처음부터 식물에 장착된 본능이다. 식물의 민감도에 따라 다양한 강도의 빛이 움직임을 촉발하기는 하지만 애초에 빛이 동작을 생산하는 것은 아니다. 하지만 여기에서 더 나아갈 수는 없다. 우리가 아는 것은 여기까지다. 식물의 잠은 동물의 잠이 그러하듯 이해할 수 없는 행동이다.

사실 식물의 잠이란 우리가 일반적으로 생각하는 잠과는 다르다. 잎은 그저 자기가 눈 속에서 비늘에 싸여 있을 때의 질서로 돌아갈 뿐, 동물의 수면과 비교할 만한 몽롱한 상태에 빠지는 것은 아니다. 이처럼 어린 시절의 질서로 돌아가는 것은 휴식의 신호이자 생명 활동의 일시적 유예다. 비록 그 휴식이라는 것도 인간의 생각과는 다르겠지만. 잠에 빠진 잎은 평소에 유지하기 힘든 자세를 강요받지만, 깨어 있을 때와는 다른 경직성으로 그 자세를 유지할 수 있다. 잔가지에 매달려 잠자는 잎을 들어 올리거나 수직 자세로 잠자는 잎을 아래로 누르려고 하면 잎은 굴복하느니 차라리 가지에서 떨어져 나갈 것이다. 잠자는 미모사의 이런 고집스러움을 잠자는 동물의 무기력함과 비교하면, 식물의 잠과 동물의 잠 사이에는 잠이라는 이름 말고는 아무런 공통점이 없음을 깨닫게 되리라.

19장

잎의 구조

펜나이프로 잎의 표면을 살짝 긁으면 얇은 막이 벗겨진다. 몹시 얇고 유리처럼 투명한 막이다. 칼끝만 갖다 대면 잎의 윗면이든 밑면이든, 잎몸이든 잎자루든, 어디서든 저런 곱고 얇은 막을 떼어낼 수 있다. 저 막이 표피다. 앞에서 이미 어린 잔가지에 비슷한 막이 있다는 사실을 이야기한 적 있다. 맨눈으로 보는 표피는 전혀 특별한 점이 없고 현미경의 도움을 받아야만 흥미롭고 아름다운 구조를 볼 수 있다. 렌즈 아래에 놓고 보았을 때 표피는 마치 미세한 타일 조각을 쪽매붙임해놓은 모양새다. 직사각형, 마름모, 다각형, 직선과 곡선 등 종에 따라 모양도 다양하다.

한편 잎의 표피 곳곳에 테두리가 두껍게 불거진 단춧구멍이 보인다. 표피를 구성하는 모자이크 조각은 물집처럼 부풀거나 뿔처럼 튀어나오거나 별처럼 활짝 피어난다. 지금부터 잎의 표피에 관해 세 가지를 설명하겠다. 모자이크를 만드는 세포, 세포의 연장물, 곳곳에 흩어진 단춧구멍.

표피를 구성하는 요소는 세포다. 이제 다들 나무의 수피와 목재, 수심에서 발견되는 이 입구 없는 주머니에 꽤 익숙해졌을 것이다. 세포는 세포끼리 짓눌리면서 살짝 변형되기도 하지만 대체로 모양이 둥글다. 그리고 물, 전분 알갱이, 결정, 고무, 설탕, 기름과 나뭇진 등 꽤 다양한 물질이 들어 있다. 그런데 잎의 표피 세포는 일반적으로 납작한 상태이며, 모양은 불규칙하지만 서로 완벽하게 들어맞는다. 또한 한 겹으로 배열되었고 세포 안에 물질이 별로 또는 전혀 들어 있지 않다. 한마디로 표피는 잎 전체에 발라놓은 방수제 역할을 하는 세포층이다.

표피의 직접적인 기능은 증발을 막는 것이다. 모든 잎은 겉으로는 메말라 보이지만 물이 조금은 들어 있다. 물은 잎의 필수 기능에 없어서는 안 되는 물질이다. 뿌리가 토양에서 빨아들인 물이 변재의 물관을 타고 목적지까지 전달되면 잎이 받아서 공동체의 필요를 채우는 데 사용한다. 물의 증발을 막는 장치가 없으면 따뜻한 햇볕이 닿자마자 잎은 곧 시들어버릴 것이다. 하지만 걱정할 필요는 없다. 증발을 막거나 적어도 늦추는 것이 바로 표피가 할 일이니까. 다만 표피가 간신히 막고 있다고는 해도 뿌리에서 물을 제때 채우지 못하면 수분이 계속 증발하여 마침내 잎이 시들고 만다. 뿌리로 들어오고 잎으로 나가는 물의 공급과 수요의 균형이 깨졌을 때 닥칠 재앙은 햇빛이 쨍쨍한 맑고 더운 날에 미처 물을 주지 않았을 때 식물의 안쓰러운 상태를 보는 걸로 충분히 증명된다. 그런데 표피마저 없이 공기와 햇빛의 건조 작용에 그대로 노출되면 어떤 일이 일어날까?

수생식물이야 이미 물속에 잠겨 있으므로 가뭄을 대비할 필요가 없다. 이런 식물의 잎은 표피가 아예 없어서 필요한 만큼 물을 흡수할 수 있다. 그러나 물속에서는 그렇게 활기차던 식물도 물 밖으로 나가 공기와 맞닿으면 당장 증발을 막아줄 표피의 막이 없으므로 비정상적으로 빠르게 시든다. 한편, 물 위에 떠 있어서 절반은 물에, 절반은 공기에 드러난 반수생식물은 딱 필요한 만큼만 증발에 대비한다. 물이 닿는 밑면에는 표피가 없고, 공기와 맞닿는 윗면에만 표피층이 있다.

증발을 막는 표피의 출중한 능력—능력이 너무 뛰어나도 식물의 생명이 위험에 빠질 테지만—을 증명하기 위해 다음과 같은 예를 들어보겠다. 가래나 통발 같은 수생식물을 말려 표본으로 만들어본 적이 있는가? 자생하는 연못이나 도랑에서 식물을 채집하여 물이 뚝뚝 떨어지는 상태로 갈색 종이에 끼워 넣고 눌러서 말리면 된다. 말리는 데는 하루가 채 걸리지 않는다. 그런데 육상 식물은 어떤가? 겉보기에 물기가 많아 보이지 않는 식물을 같은 식으로 말리면 완전히 마르는 데 몇 주가 걸릴 때도 있다. 어째서 수생식물은 눈 깜짝할 사이에 마르고 육상식물은 세월아 네월아 할까? 아마 그대들도 이 질문에는 막힘 없이 대답할 수 있을 것이다. 수생식물에는 표피가 없어서 몸속의 물이 종이에 빠르게 흡수되지만, 표피가 덮고 있는 육상식물은 잎맥 속 수액이 천천히 빠져나오기 때문이다.

일반적으로 잎의 표피 세포는 납작하고, 이 납작한 세포를 형성하는 막은 매끄러우며 중간에 끊김이 없다. 한데 표피의 세포가 부풀어서 이른바 털이라고 부르는 원뿔형 구조로 바뀌거나 무사마귀 같은 돌기, 속이 빈 가시가 되는 일이 드물지 않다. 어떤 식물에서는 잎의 표면이 산딸기처럼 둥글게 솟았거나 벨벳 같은 가는 솜털에 덮였거나 뻣뻣한 센털이 두껍게 자라서 털의 보호를 받는다.

번행초과의 아이스플랜트*Mesembryanthemum crystallinum*라는 식물은 잎이나 잔가지의 표피가 부풀어 얼음처럼 작고 투명한 구슬이 된다. 여름의 강렬한 태양을 얼음 목걸이처럼 반사한다고 하여 이 신기한 식물을 얼음 식물이라고 부른다. 거미바위솔은 표피 세포의 일부를 거미줄처럼 곱고 긴 실로 바꾸어 잎눈을 엮고 감싼다. 어떤 식물의 잎에 난 털은 솜뭉치가 되기도 하고 부드러운 벨벳이 되기도 한다. 반면 쐐기풀 같은 식물은 속이 빈 털에 독을 채워 방어 무기로 사용한다.

한 가지 재미있는 사실은 저렇게 표피 세포가 털로 변형되어 잎을 뒤덮은 식물은 겨울철 추위가 심한 지역에 사는 종이 아니라 태양의 뜨거운 열기에 노출되는 종이라는 점이다. 일례로 빙하 위에 자라는 앵초는 잎이 벌거벗었지만, 지중해의 뜨거운 해변에 사는 아타나시아*Athanasia*는 되레 눈처럼 새하얗고 조밀한 솜털이 잎을 감싸고 있다. 그늘진 곳이나 토양이 축축한 곳에서는 솜털이나 털로 덮인 잎을 찾아보기 어렵지만, 태양이 뜨겁게 내리쬐거나 바람이 많이 부는 마른 토양에서는 쉽게 볼 수 있다. 그러므로 식물의 잎이 솜털로 자신을 감싸는 것은 추위를 피하려는 게 아니라 물의 증발을 막아 자신을 보호하려는 것임을 알 수 있다. 물이 빠져나가지 못하게 표피라는 장벽에 양털 덮개까지 추가하는 것이다.

가장 간단한 형식의 털은 표피 세포 하나가 뿔 모양으로 길어진 것이다. 가지가 2개 이상으로 갈라져서 서로 연결되거나, 여러 개의 세포가 끝과 끝이 연결된 상태로 조립되어 구획으로 나뉜 털도 있다. 이 다세포 털 중에는 가지가 갈라진 것도 있고 갈라지지 않은 것도 있다. 그중 일부는 중심에서 여러 개의 가지가 동시에 갈라지기도 한다. 짧고 둥근 세포가 묵주默珠처럼 연결된 것이 있는가 하면, 긴 세포가 한데 모여 별 모양으로 펴져서 비늘이 되는 식물도 있다. 이 비늘 같은 털들은 대개 반짝거리고 금속의 광택이 난다. 생선 비늘이나 나비 날개를 만졌을 때 손가락에 남는 은빛 가루와도 비슷하다. 올리브 잎이 은빛으로 빛나는 것도, 은엽보리수나무 밑면이 은색

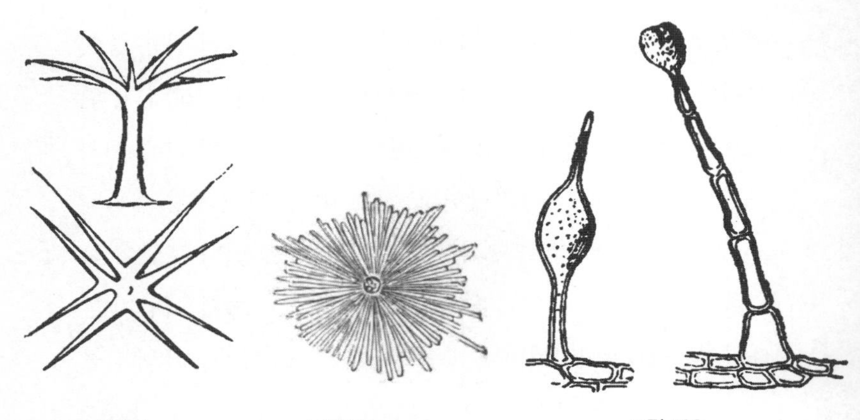

그림 98
알리숨의 별 모양 털

그림 99
은엽보리수나무의 비늘 같은 털

그림 100
금어초의 샘털

인 것도 모두 이 털 때문이다.

끝부분이 하나 이상의 세포로 부푼 털이 있다. 그 세포 안에는 산성 물질이나 나뭇진, 향료, 점액 같은 특별한 물질이 들어 있다. 이것들을 선모 또는 샘털이라고 한다. 샘은 다양한 물질을 만드는 작은 세포 복합체를 부르는 말이다. 호프의 샘털은 루풀린Lupulin을 만드는데, 맥주에 풍미와 쓴맛을 주는 물질이 바로 루풀린이다. 반면 병아리콩의 꼬투리에 있는 샘털은 옥살산이라는 시큼한 물질을 만들어낸다.

어떤 털에는 자극을 주는 액체가 채워져 있다. 일종의 식물성 독으로, 피부에 주입되면 살을 에는 듯한 고통을 준다. 쐐기풀의 빳빳한 털이 대표적인 예다. 쐐기풀 잎에 난 털은 단일 세포로 구성되는데, 기부가 부풀어서 팽대부膨帶部가 되고 거기에서 길고 끝이 가늘어지는 관이 나온다. 관 끝은 입구가 막힌 작은 매듭으로 끝난다. 팽대부 자체는 짧은 원통형 지지대가 일부 둘러싸고 있고 포도주잔처럼 속이 비어 캡슐이라고 한다. 이 원통형 지지대는 미세한 세포조직으로 구성되었고 독을 만들어내는 일종의 실험실이다. 한편 팽대부의 캡슐은 만들어진 독을 모아서 저장하는 저장고다. 이 독화살 같은 털이 피부를 뚫으면 끝의 매듭이 부러지면서 독이 든 캡슐이 열리고, 탄력성 있는 벽이 오그라들면서 내용물을 상처 부위에 쏟아붓는다. 자극성 있는 액체와 피가 섞인 혼합물이 상처 부위와 그 주변까지 통증과 발진을 일으킨다.

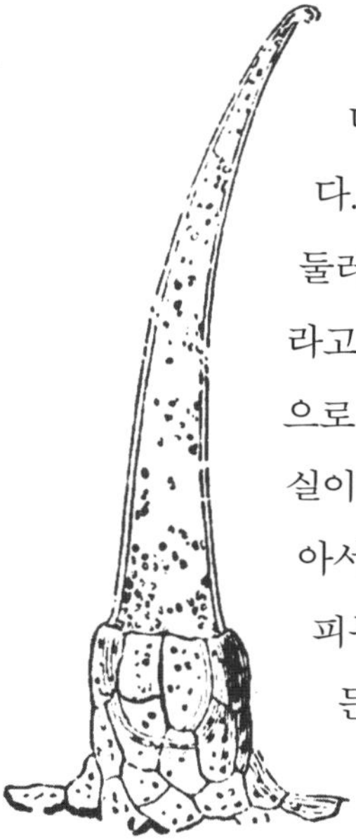

그림 101 **쐐기풀의 털**

쐐기풀에 손이 찔려 아파본 적 없는 사람은 없겠지만 그 고통도 열대지방에서 자라는 쐐기풀에 비하면 아무것도 아니다. 그곳에서는 날씨 탓인지 쐐기풀의 털이 아주 무시무시한 무기로 발달한다. 인도의 어느 쐐기풀은 찔리면 통증이 며칠 동안 가시지 않고 심하면 발작을 일으킬 정도로 독성이 강하다. 한 여행자가 인도 콜카타의 식물원에 갔다가 이 끔찍한 쐐기풀에 세 손가락이 찔렸는데, 48시간 동안 근육 경련과 수축이 동반되는 잊을 수 없는 고통에 시달렸고 후유증이

9일이나 지속되었다. 마지막으로 인도네시아 자바에는 현지인들에게 악마의 풀이라고 불리는 쐐기풀이 있다. 그도 그럴 것이 이 식물에 찔리면 1년 동안 꼬박 극심한 통증을 느끼고, 파상풍에 걸리거나 심지어 목숨을 잃을 수도 있기 때문이다.

쐐기풀에 달린 털의 구조와 메커니즘을 동물의 무기, 특히 독사와 비교해보는 것도 재밌겠다. 뱀이 입술 사이로 끝이 둘로 갈라진 유연한 검은색 실을 쏘는 것을 보고 뱀의 무기라고 생각하는 사람이 많다. 그러나 순식간에 나왔다가 들어가는 저 실은 바늘이 아니라 혀다. 아무런 해도 끼치지 않는 지극히 평범한 혀로, 뱀이 곤충을 낚아채거나 빠르게 날름거리며 나름대로 감정을 표현하는 방식이다. 모든 뱀이 예외 없이 혀를 갖고 있지만 독샘과 독니를 지닌 독사는 살무사, 코브라, 방울뱀 등 상대적으로 소수다. 독사의 무기는 위턱에 자리한 2개의 길고 날카로운 송곳니로 구성된다. 이 송곳니는 움직일 수 있어서 공격할 때는 날카롭게 세우지만, 평소에는 잇몸의 홈 안에 집어넣을 수 있다. 잇몸 안에 있을 때는 칼집에 넣은 단검처럼 안전하므로 뱀이 자해할 위험은 없다. 뱀은 독니 말고도 여분의 송곳니가 더 있는데, 진짜 독니 뒤에 미성숙한 상태로 있다가 독니가 부러지면 발달하여 대체한다. 한동안은 2개의 오래된 송곳니로도 충분하다.

살무사를 비롯한 모든 독사의 무기가 되는 것이 이 2개의 송곳니다. 물린 자리에 2개의 붉은 점을 자국으로 남기는 진짜

주삿바늘이며 독을 퍼트리는 주범이다. 턱의 나머지는 상처 부위에 약간의 멍과 자국을 남기는 것 말고는 큰 해를 주지 않는다. 그런데 어떻게 저 2개의 작은 찔린 자국이 착란을 일으키고 죽음까지 불러오는 걸까? 그 이유는 송곳니가 낸 상처에 뱀이 끔찍한 독액을 주입하기 때문이다. 쐐기풀의 털이 피부에 미세한 상처를 입히면서 동시에 기부에 저장된 독을 쏟아붓는 것처럼 말이다. 이 독은 해로워 보이지 않는 체액으로 맛도 냄새도 없어서 물과 구별이 안 된다. 혀에 닿거나 심지어 삼키더라도 문제가 되지 않는다. 그래서 원칙적으로는 뱀에게 물렸을 때 상처 부위를 빨아서 독을 빼내도 중독될 위험이 없다. 하지만 입 안에 상처가 있든지 해서 독이 몸 안의 핏속으로 들어갈 길을 찾으면 그 끔찍한 효과는 곧바로 나타난다.

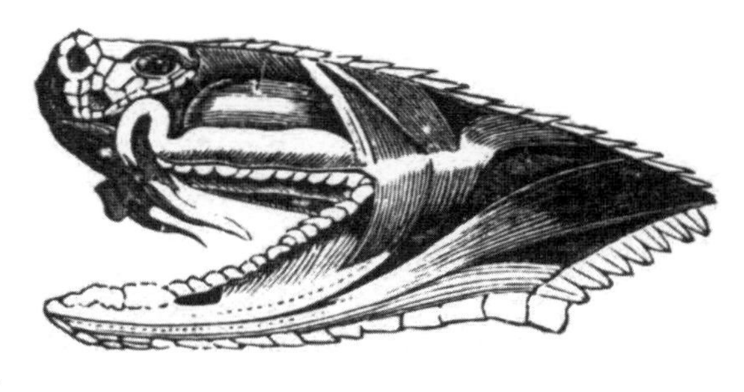

그림 102 **방울뱀의 독니와 독샘**

독을 상처에 주입하기 위해 독니는 속이 비고 끝에 작은 구멍이 뚫렸다. 독샘에서 만들어져 작은 캡슐에 저장된 독을 막질로 된 관이 이빨의 빈 곳으로 보낸다. 비슷한 장치가 북살무사에서 알제리 사막의 섬뜩한 종까지 모든 독사에서 발견된다. 이 독사들은 몇 시간 안에 먹잇감을 죽일 수 있고, 예컨대

코브라에 물리면 황소나 들소도 거의 즉사한다.

예술적으로 개량된 무기를 자랑하는 곤충도 장비에 근본적인 차이는 없다. 독을 만드는 샘, 독을 보관하는 캡슐, 독을 상처에 주입하기 위해 찌르는 도구가 한 세트로 장착되었다. 그러나 종마다 무기를 소지하는 방식은 제각각이다. 거미는 입의 입구에 2개의 독니가 잘 접혀 있다. 전갈은 꼬리 끝에 독침을 품고 있다. 말벌은 침의 뾰족한 끝이 무뎌지는 것을 막기 위해 평소에는 뱃속의 칼집에 넣어둔다.

이제 다시 쐐기풀의 털로 돌아오자. 이제 쐐기풀의 털과 동물의 독니가 얼마나 비슷한지 보았을 것이다. 세포조직에서 자극적인 액체를 만드는 원통형 지지대는 독이 만들어지는 샘이다. 털의 기부에서 부풀어 오른 캡슐은 독액을 모으고 보관하는 저장고다. 마지막으로 털 자체는 속이 빈 송곳 같은 것으로, 파충류의 독니나 전갈 또는 말벌의 침에 해당한다. 다만 쐐기풀의 털은 끝에 작은 꼭지가 달려서 평소에는 막혀 있다가 그 꼭지가 부러질 때 상처 부위에 액체를 쏟아붓지만, 동물의 독니와 침은 언제나 끝이 열려 있다는 차이가 있다.

표피의 세 번째 특징은 단춧구멍을 연상시키는 미세한 구멍이다. 길쭉한 구멍 양쪽을 대칭인 두 세포가 둘러싼다. 공변세포라고 부르는 두 세포는 바깥쪽으로 굽은 모양이고 사람의 입술처럼 끝부분보다 가운데가 더 두껍다. 구멍은 작은 입처럼 보이며, 닫혔을 때도 있고 반쯤 열렸을 때도 있다. 그래서 이 구멍을 입이라는 뜻의 그리스어 'stoma'를 사용해 기공stomata이라고 부른다.

기공은 주로 육상식물의 밑면, 물에 떠 있는 수생식물에서는 윗면에 있다. 크기가 아주 작아서 현미경 없이는 볼 수가 없다. 세상에서 가장 작은 바늘로 찌른 구멍도 여기에 비하면 어마어마하게 클 것이다. 기공은 수도 엄청나게 많다. 국화과의 마거리트는 잎 표면 1제곱센티미터당 7,000개의 기공이 있다. 포도나무는 약 1만 2,500개, 올리브나무는 2만 1,500개의 기공이, 유럽참나무에는 2만 5,000개의 기공이 있다. 피나무의 평범한 잎 하나에 총 105만 3,000개의 기공이 뚫려 있다는 계산 결과가 있다. 그렇다면 수백만 장의 잎이 달린 피나무 한 그루의 전체 기공 수는 아마 헤아릴 수조차 없을 것이다.

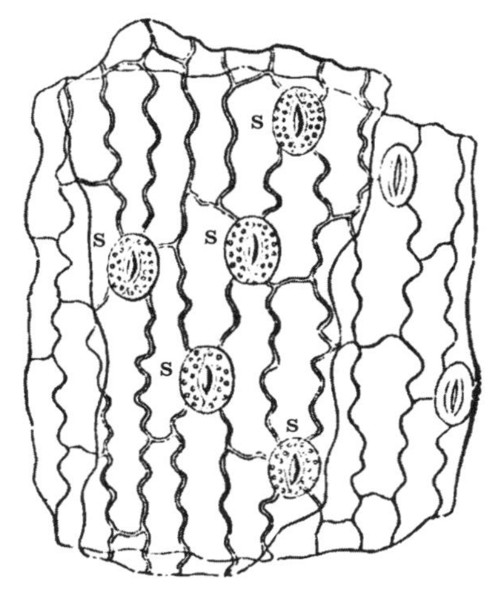

그림 103 **백합의 기공(s)**

털과 마찬가지로 기공도 잎에만 있는 것은 아니다. 기공은 대기에 드러난 다양한 부위에서, 특히 턱잎이나 어린 새싹의 수피 같은 초록색 구역에서 다양하게 발견된다. 땅을 파고들거나 물속에 잠긴 기관에는 기공이 거의 없다. 공중에 펼쳐진 초록색 표면이 기공의 특수한 서식지인 셈이다. 그래서 식물에서 녹색 표면이 가장 넓은 기관인 잎을 다루는 이번 장에서 기공에 관해 이야기하는 것이다. 곧 설명하겠지만 기공의 기능은 엄청나게 중요하다. 당장은 식물이 기공을 통해 바깥의 대기에서 잎의 재료를 얻는다는 사실까지만 설명하겠다. 기공은 식물 내부와 바깥의 대기 사이로 기체가 흐르는 출입구다. 따라서 기공의 기능 중 하나는 잎이 품은 물을 증기의 형태로 내보내는 것이다.

식물은 지속해서 기체를 발산한다. 특히 태양 아래에서는 보이지 않게 수증기를 내뿜는다. 사람은 차가운 창문에 대고 숨을 내쉬어 자기가 숨으로 내보내는 습기의 양을 확인할 수 있다. 날숨 속의 보이지 않는 수증기가 창문에 닿으면 응결하여 유리를 뿌옇게 만들고 마침내 작은 물방울이 되어 떨어진다.

기공의 촉촉한 날숨도 같은 식으로 감지할 수 있다. 물기라고는 전혀 보이지 않는 살아 있는 잔가지를 잘 말린 플라스크에 넣는다. 얼마 지나지 않아 플라스크의 안쪽 표면에 온통 작은 물방울이 맺힌다. 잎의 작은 입도 사람의 입처럼 습기를 내뿜는 것이다. 식물의 숨도 우리만큼이나 촉촉하다. 이 숨 쉬는 구멍 하나에서 빠져나가는 수증기의 양은 측정할 수 없을 만큼 미미하지만, 기공의 엄청난 수를 생각하면 잎의 날숨으로 나가는 물의 전체 양은 상당하다. 중간 크기의 나무 한 그루가 매일 10리터의 물을 공기 중으로 내보낸다는 연구 결과가 있다. 반면에 평범한 해바라기 한 그루는 건조하고 따뜻한 날씨일 때 12시간 동안 약 1킬로그램의 물을 증발시킨다.

식물의 이런 날숨을 증산작용이라고 하는데, 그 기능이 여러 가지다. 먼저 증산작용은 식물의 온도가 위험한 수준으로 오르지 못하게 막아준다. 액체가 증발할 때는 주변 물체의 온도를 낮춘다. 물의 비열이 높으므로 증발하면서 많은 양의 열을 빼앗기 때문이다. 에테르 같은 휘발성 액체를 손등에 몇 방울 떨어뜨려 보자. 곧 아주 시원한 느낌이 들 것이다. 에테르가 증발하면서 체온의 일부를 가져가 버리기 때문이다. 목욕을 마치고 나올 때 소름이 돋는 것도 마찬가지다. 몸을 덮었던 얇은 수막이 날아가면서 몸의 열기를 빼앗아 간 것이다. 마른 수건으로 물기를 닦아내 증발이 멈추면 마법처럼 오한도 멈춘다. 이 두 가지 사례로 보면 증산작용이 식물의 온도를 낮춘다는 것이 무슨 뜻인지 감이 올 것이다. 식물에서도 마찬가지다. 태양의 열기로 식물이 지나치게 가열되어 생명까지 위협받을 때 기공은 그 위험을 막으려고 수증기를 내보낸다. 1,000개짜리, 1만 개짜리, 2만 개짜리 미니 환풍기가 손톱만 한 넓이에서 증산작용을 일으켜 식물을 시원하게 한다. 그렇다면 증산작용이 밤보다 낮에, 그늘보다는 양지바른 곳에서, 습하고 추운 날보다 건조하고 따뜻한 날씨에 더 활발하게 일어나는 이유는 굳이 설명하지 않아도 되겠지.

식물이 딱히 위험에 처하지 않았을 때, 심지어 밤에도 양은 적을지언정 습기가 발산된다. 아침에 풀잎 끝에 맺히는 이슬과 우묵한 배춧잎 속으로 굴러떨어지는 물방울이 바로 밤에 일어나는 증산작용의 결과다. 왜 기공은 높은 온도를 두려워할 필요가 없는 시원한 밤에도 날숨을 멈추지 않을까? 그 이유는 다음과 같다.

영양소를 얻기 위해서 식물은 뿌리의 힘으로 흙에서 물을 빨아들인다. 그런데 이 물에는 영양물질이 눈곱만큼 들어 있다. 그래서 필요한 양을 채우려면 식물은 물을 아주 많이 빨아들여야 한다. 그렇게 흡수한 영양소가 뿌리를 거쳐 어린 목재로 들어가고, 물관을 타고 꼭대기까지 올라가면 잎에서 분해된다. 이 영양소는 잎에 보관된 뒤, 잎이 기공을 통해 대기에서 들여온 다른 재료와 뒤섞여 빛의 영향 아래 중요한 화학 변화를 거친 다음 자양액이 된다. 이 자양액이야말로 진정한 식물의 피다. 식물의 모든 기관이 건설과 유지, 관리, 생장에 이 피를 끌어다 쓰기 때문이다. 이처럼 나무에 양분을 주는 액체가 하강 수액이다. 잎에서 잔가지로, 잔가지에서 큰 가지로, 큰 가지에서 줄기로, 줄기에서 뿌리로 점차 아래로 내려가면서 주변의 새로운 건축 현장에 자재를 나눠주기 때문에 '하강'이라는 말이 붙었다. 한편, 뿌리가 땅에서 끌어오는 액체는 상승 수액ascending sap이다. 상승 수액은 뿌리에서 변재의 물관을 통해 잎까지 올라간다. 상승 수액은 주로 물로 구성되므로 그 안에 들어 있는 적은 양의 무기질을 농축하려면 기공을 통해 많은 물을 버려야 한다. 이처럼 잎으로 올라가는 원재료의 탈수 작업은 멈추는 법이 없다. 뿌리에서 계속해서 물을 흡수하기 때문이다. 그래서 기공은 낮이든 밤이든 가리지 않고 증기를 발산해야 한다. 뿌리가 계속해서 빨아들이는 바람에 남게 된 많은 물을 내버리지 않고서는 토양이 제공하는 영양소가 잎까지 올라갈 수 없다. 지나치게 희석된 상승 수액을 탈수해서 그 내용물을 하강 수액의 재료로 쓸 수 있게 하는 것이 바로 기공이다.

수액 이야기는 다음 장에서 하기로 하고, 계속해서 잎의 구조를 살펴보자. 지금까지 표피를 살펴보았다. 표피는 얇은 막을 만들어 증발을 막는 납작한 세포다. 털은 변형된 표피 세포로, 특히 솜털은 습기가 지나치게 빨리 날아가는 것을 막는 차단막이 된다. 기공은 식물이 뿌리로 빨아들인 물에서 남아도는 양을 제거하여 영양소의 농도를 적절하게 유지한다.

지금까지도 모두 중요한 기능이지만, 잎의 가장 중요한 기능은 양쪽 표피층 사이에 있는 잎의 내부에서 일어난다. 잎 안에는 맨 먼저 일종의 뼈대가 보인다. 섬유와 물관으로 구성된 이 골격은 잎맥이 되어 잎에 힘과 견고함을 준다. 잎몸에 들어온 섬유-물관 다발은 버즘나무 잎처럼 처음부터 같은 굵기가 여러 갈래로 갈라지거나, 월계수에서처럼 큰 맥 하나가 잎의 중심을 따라 이어진다. 하나든 여러 개든, 잎자루가 잎몸으로 바로 연장된 잎맥을 주맥이라고 한다. 주맥이 가지를 친 작은 맥이 측맥이다. 측맥 또한 가지를 나누면서 세맥으로 이어지고, 가지치기를 거듭하여 잎자루 하나가 마침내 수없이 갈라지고 결합하여 그물망을 이룬다. 썩은 잎이 남긴 섬세한 레이스 작품을 기억할 것이다. 이는 잎이 살아 있을 때 그물코를 채운 세포조직이 빠지고 남은 잎맥이다.

이 아름다운 그물망의 기능은 잎몸이 튼튼하게 잎을 잘 펼치도록 유지하는 뼈대 역할에 그치지 않는다. 뿌리에서 빨아들인 상승 수액이 잎에 전달되는 것도 이 잎자루의 물관을 통해서다. 그 수액이 잎몸 전체에 퍼지고 증산작용으로 농축되고 빛의 화학작용에 의해 마침내 영양가 높은 하강 수액이 되는 것이 모두 잎맥을 거친 결과다. 게다가 같은 조직망을 거쳐 하강 수액이 잎에서 가지로 돌아가 영양이 필요한 다양한 기관을 찾아간다. 따라서 섬유-물관의 그물망은 잎과 식물이 소통하는 수단이다. 공장에 원재료를 전달하고 공장에서 만들어진 생산품을 식물 전체에 운반한다. 잎몸에 설치된 이 공장에 대해서 조금 더 살펴보자.

잎에서 필수적인 활동이 일어나는 이 실험실을 유조직parenchyma이라고 한다. 유조직은 섬유-물관 네트워크의 그물코를 채우는 세포조직으로 이루어졌다. 유조직을 이루는 세포는 연한 초록색이고 흔히 형태가 불규칙하며 별다른 질서나 순서 없이 모여 있다. 유조직의 모양과 배열은 잎의 위아래 면이 크게 다른 편이다. 현미경으로 본 윗면의 유조직은 타원형 세포가 두세 겹으로 배열되었다. 세포의 중심축은 표피에 수직이

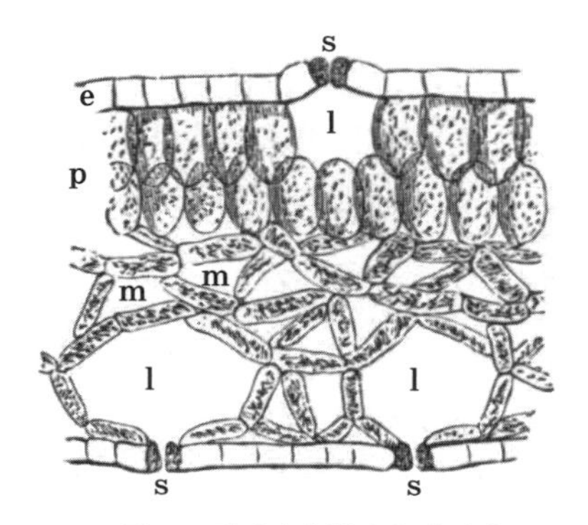

그림 104 **해바라기 잎의 수직 단면도**
e: 표피. s: 기공. l: 기실. m: 세포간극. p: 유조직.

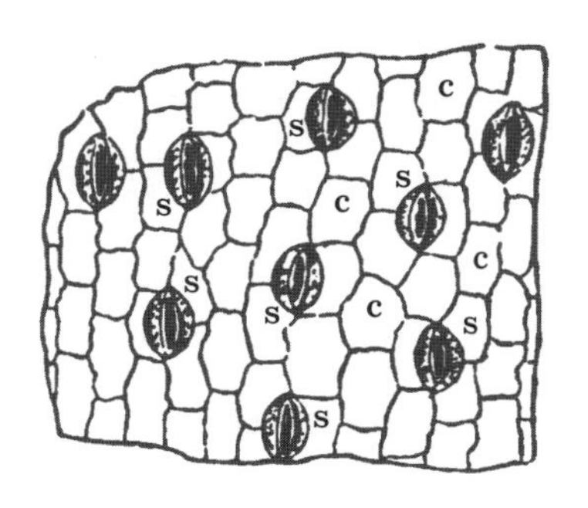

그림 105 **같은 잎의 밑면**
c: 표피 세포. s: 기공.

고 아주 빼곡히 채워졌으므로 세포 사이에 빈 곳이 거의 없다. 반면에 잎의 아랫면 유조직은 세포의 배열이 대단히 불규칙하고 세포끼리 닿는 면이 많지 않아 틈과 공간이 넉넉하다. 이런 차이로 잎의 위아래 면은 서로 색이 다르다. 윗면은 녹색 세포가 단단하고 촘촘한 조직으로 배열되었으므로 투명한 표피를 통해 짙은 초록색이 보인다. 반면 밑면에는 녹색 세포가 얼기설기 모여 있어서 스펀지처럼 공간이 많으므로 색이 옅다.

마지막으로 표피 세포의 기공은 유조직의 빈 구역과 직접 소통한다. 유난히 규모가 크고 주기적으로 나타나는 빈 구역을 기실氣室이라고 한다. 기실 주변에서 다양한 크기의 세포간극이 서로 연결되어 기체 생산물을 주고받는다. 잎에서 나갈 기체들은 기실에 모여 있다가 기공을 통해 대기로 빠져나간다. 반대로 대기에서 받아들인 기체도 잠시 기실에 모여 있다가 세포로 분배된 다음 세포 공장에서 내가 나중에 설명할 놀라운 변형을 겪는다. 따라서 기실은 일종의 교차로이자 세포를 떠날 기체와 세포로 들어온 기체가 임시로 머무는 대기실이다. 이 방의 천장은 표피층이고 천장에 박힌 기공은 기체가 드나드는 출입문이다. 이 방에서 다양한 통로가 연결되며 세포 사이의 작은 틈새를 통해 좁고 구불구불한 통로가 이어진다. 한편 통로를 따라 여기저기 가다 보면 더 넉넉한 공간이 열린다.

이런 구조를 보면 잎에서 증산작용이 어떻게 일어나는지 알 수 있다. 유조직을 구성하는 세포는 주로 물로 된 유체로 안을 채우지만, 바깥은 공기가 채워진 공간에 둘러싸인다. 액체가 투과할 수 있는 얇은 막질의 벽을 통해 세포는 내용물을 증발시켜 주변의 공기를 습기로 포화시킨다. 촉촉해진 공기는 이 틈 저 틈 움직이면서 곧 기실에 도착한 다음 기공의 입술을 통해 밖으로 내보내진다. 따라서 잎을 이루는 모든 세포는 유조직 주변의 통로와 표피의 기공을 거쳐 계속되는 기체교환을 통해 외부 공기와의 접촉 상태를 유지한다.

하지만 잎이라는 이름으로 알려진 이 훌

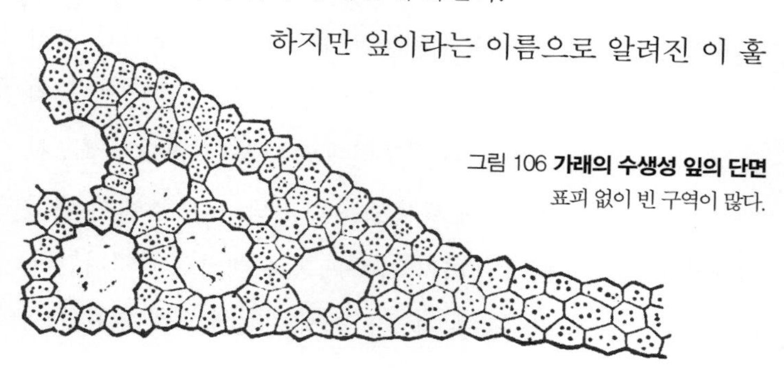

그림 106 **가래의 수생성 잎의 단면**
표피 없이 빈 구역이 많다.

륭한 실험실에서 진짜 작업장은 세포다. 나머지는 소통의 수단일 뿐이다. 잎맥의 관은 원재료가 들어 있는 상승 수액과 양분이 들어 있는 하강 수액을 운반한다. 세포간극, 기실, 기공은 수증기와 기체를 순환시키는 역할을 한다. 이와 같은 끝없는 소통의 출발점이자 목적지가 세포이며, 그곳에서 마침내 식물의 경이로운 작업이 이루어진다. 이 작업을 수행하기 위해 세포가 완비한 장비는 다음과 같다.

우리는 이미 세포가 사방으로 완전히 폐쇄된 작은 주머니라는 것을 알고 있다. 세포벽은 섬세하고 색이 없는 막으로 구성되었다. 세포의 초록색은 사실 세포벽의 색깔이 아니라 세포 안에 들어 있는 내용물의 색깔이다. 세포벽이 터진 세포를 현미경 아래에 놓고 보면 투명한 액체가 흘러나오는데, 그 안에는 몹시 작은 초록색 알갱이가 수를 다 셀 수 없을 만큼 많이 떠 있다. 그 밖의 투명한 유체는 거의 전적으로 물로 구성된다. 초록색 알갱이는 엽록소라고 부르는 특별한 물질로 구성된다. 엽록소chlorophyll라는 용어는 '잎에 들어 있는 초록색 물질'이라는 뜻의 그리스어에서 나왔다. 정해진 형체가 없는 초록색 젤리처럼 보일 때도 있지만 실제로 엽록소는 동그란 모양의 작은 알갱이이며 서로 눌리는 바람에 모양이 변형되고, 너무 작아서 130개를 늘어놓아야 고작 1밀리미터가 된다. 공간이 1세제곱밀리미터인 세포에 엽록소 200만 개가 들어 있다는 말이다.

잎에 초록색을 주는 것이 엽록소다. 어린 수피나 익지 않은

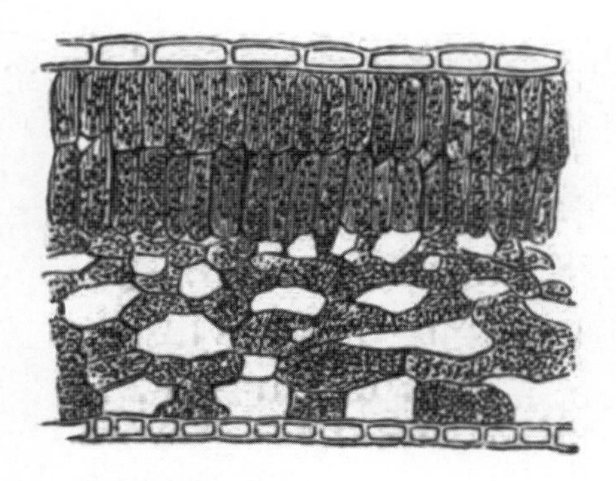

그림 107 **물봉선 잎의 단면**

열매, 식물의 모든 초록색 부분이 엽록소 때문에 초록색을 띤다. 식물의 어느 기관이든 초록색이면 그 기관의 세포에는 엽록소가 들어 있다. 엽록소가 초록색의 원천이니까. 그리고 엽록소는 햇빛을 받을 수 있도록 언제나 식물의 표면을 차지한다. 엽록소에 맡겨진 과제는 너무 복잡하고 또 어려워서 보편적 에너지원인 태양의 도움 없이는 수행할 수 없다.

엽록소가 들어 있는 세포가 어떻게 빛을 찾는지 생각해보자. 잎은 태양광선이 내부까지 들어올 정도로 얇으며 초록색 세포가 거의 전체를 구성한다. 만약 잎에 두꺼운 세포층이 있다면, 초록색 세포는 빛이 닿지 못하는 안쪽이 아닌 언제나 표면에서 발견된다. 일례로 어린 잔가지를 쪼개어보라. 초록색 세포층이 어디에 있던가? 표면, 즉 바깥에 있다. 그렇다고 표면에서 멀리 떨어져 있고 초록색이 아닌 세포가 아무 일도 하지 않는다는 말은 아니다. 그 세포들도 당연히 일한다. 생산물을 정제하든지, 그게 아니면 적어도 보관하는 일이라도 한다. 그러나 가장 중요한 과제, 모든 일 중에서도 가장 고된 일은 엽록소 알갱이만 할 수 있다. 그래서 이 알갱이들이 태양의 도움을 받고자 표면으로 오는 것이다. 이제 세포의 작업장과 그 장비에 관해 어느 정도 알게 되었으니 이제부터 그곳에서 어떤 작업이 이루어지는지 설명하겠다(이 책이 쓰일 당시에는 아직 엽록체라는 용어가 쓰이기 전이라 '엽록소 알갱이'라고 표현되거나 엽록소와 엽록체가 구분 없이 쓰였다—옮긴이).

20장

상승 수액

지금부터는 식물이 어떻게 먹고사는지, 또 어떻게 우리에게는 영양 가치가 하나도 없는 물과 기체와 염류로 다양한 물질을 만들어 온 세상 생물에 영양을 주고 우리가 살아 있게 하는지 살펴볼 것이다. 그러나 이처럼 어려운 문제의 답을 얻으려면 물리학과 화학의 난해한 최신 연구에 도움을 청해야 한다. 그러고도 많은 것이 이해할 수 없는 수수께끼로 남는다. 나 역시 최신 연구 결과를 바탕으로 이야기하지만 어린 그대들이 모두 이해하기에는 어려운 수준이기에 이 책에서 내 설명은 짧고 불완전할 수밖에 없다. 혹여 내가 지금부터 설명하는 내용이 머릿속에 잘 들어오지 않더라도 그건 이 주제가 그만큼 어려워서 그런 것이니 걱정하지 말기 바란다. 앞으로 그대들

이 몇 살 더 먹고 그만큼 머리가 커지면 그때는 오늘 내가 조금이나마 소개하고자 했던 부분을 더 잘 이해하게 될 테니까.

그럼 시작하기에 앞서 먼저 이런 질문을 던져보겠다. 식물이 생존에 필요한 물질을 토양에서 추출한다는 게 무슨 뜻일까. 이 질문은 그대들도 얼마든지 직접 만들 수 있는 장비로 간단히 실험해볼 수 있다.

이 실험에는 길이 약 1미터, 지름은 거위 깃털 굵기이고 양쪽이 뚫린 유리관이 필요하다. 토끼의 방광을 구해 유리관 한쪽 끝에 살짝 끼운 다음 새지 않게 둘레를 잘 묶는다. 나뭇진이나 설탕을 조금 탄 물로 방광을 채운 다음 물이 들어 있는 수조에 넣는다. 이때 유리관은 수조의 물 밖에 나오도록 수직으로 세운다. 방광의 벽이 수조에 닿거나 물 밖으로 나오지 않게 완전히 물에 잠긴 채로 잘 고정한 다음 그대로 두고 기다린다. 이 상태에서는 막성의 방광벽이 양쪽에서 서로 성질이 다른 두 액체와 맞닿게 된다. 방광의 바깥쪽에는 묽고 가벼운 액체인 물이, 방광의 안쪽에는 밀도가 높은 설탕물이 들어 있다.

이제 놀라운 일이 벌어진다. 시간이 지나면서 수조의 물이 서서히 막을 통과해 들어가 방광 안의 진한 용액과 섞이는 것이다. 그러면서 방광 속 용액의 부피가 늘어나는데, 이는 용액이 유리관을 타고 점점 올라오는 것을 보면 알 수 있다. 유리관이 길지 않으면 방광 속 액체가 유리관 꼭대기까지 올라와 결국 넘칠 것이다.

유리관에 차오르는 용액의 높이는 투과가 일어나는 막의 면적, 유리관의 지름, 두 용액의 성질 등에 따라 달라진다. 간단히 설명했지만, 실제로 이 실험과 같은 현상은 어디서나 일어난다. 서로 다른 두 용액이 막을 사이에 두고 나뉜 상태에서는 가볍고 묽은 액체가 무겁고 밀도 높은 용액에 끌려서 막을 통과해 넘어간다. 이런 성질을 삼투작용이라고 한다.

자, 여기까지 하고 이제 다시 식물의 뿌리로 돌아가 보자. 식물의 어린 부분, 특히 뿌리 끝은 세포로 되어 있다. 뿌리 세포는 아까 실험에서 사용한 방광의 역할을 완벽하게 수행한다. 이 막성 주머니는 필수적인 생산물이 들어 있는 용액으로 채워졌고, 그 용액의 밀도는 앞서 실험에서 삼투작용을 일으키기 위해 토끼 방광에 채운 설탕물과 비슷하다. 한편 토양은 물기로 차 있다. 적은 양이지만 각종 물질이 들어 있어서 순수한 물이라고 볼 수는 없어도 뿌리 세포 안의 용액에 비하면 밀도가 낮다. 이렇게 뿌리에서 삼투작용이 일어날 모든 조건이 마련되었다. 세포막 안쪽은 조밀하고 점성이 있는 액체가 채워졌고, 세포의 바깥벽은 좀 더 묽은 용액과 맞닿아 있다. 따라서 삼투압의 원리에 따라 토양의 물기가 세포벽을 통과하여 뿌리로 들어간다.

식물에 영양소가 전달되는 첫 번째 단계는 흡수다. 뿌리에서도 바깥쪽에 있는 세포는 흙 속의 물을 직접 흡수하여 부풀어 오른다. 안쪽의 세포 역시 삼투작용을 통해 바깥쪽 세포로부터 물을 빨아들여 안을 채운다. 그렇게 뿌리의 세포조직은 완전히 물배가 찬다. 이제 조금 더 안으로 들어오면 뿌리에 연결된 아주 가늘고 긴 관이 있다. 물이 이 관을 타고 필요한 높이까지 올라간다. 이 관이 물관인데, 나무의 경우에는 물관부에 있고 끝과 끝이 서로 연결되어 뿌리 끝에서 잎까지 간다. 물관은 아까의 삼투 실험에서 유리관에 해당한다. 방광의 내용물이 증가하면서 유리관에 물이 차올랐던 것처럼 뿌리에서 계속 흡수하여 세포를 채우던 물이 마침내 물관을 타고 위로 솟아오른다.

삼투작용으로 물이 얼마나 높이 오르는지 측정하기는 쉽지 않다. 다만 생물에 비해 결함투성이인 인간의 장비로 실험했을 때, 물과 설탕 용액 사이의 삼투압이 물기둥을 40~50미터까지 올릴 수 있다는 것이 확인되었다. 그렇다면 뿌리의 흡수력은 토양에서 끌어온 물을 키가 꽤 큰 나무의 꼭대기까지 올려보내기에 충분하다고 볼 수 있다. 추가로 한 가지 요인이 더 물의 상승에 이바지하는데 바로 모세관 현상이다.

이쯤에서 잠시 물리학의 영역에 들어가 보자. 모세관capillary은 라틴어로 머리카락이라는 뜻을 가진 'capillus'에서 나온 단어로, 머리카락 굵기에 빗댈 만큼 구멍이 작은 관을 부르는 말이다. 이처럼 가는 관의 한쪽 끝을 용액에 담그면 사람들이 상식적으로 알고 있는 액체의 행동과는 모순되는 현상이 나타난다. 지름이 큰 유리관의 한쪽 끝을 물속에 넣고 세우면 유리관

속의 물은 관 밖의 물과 같은 높이에서 멈춘다. 그러나 모세관으로 실험하면 결과가 전혀 다르다. 유리관 속의 액체는 바깥의 액체보다 때로는 위에, 때로는 아래에 머문다. 수은처럼 유리관 벽에 들러붙지 않는 액체라면 관 속 액체가 관 밖보다 아래에 있게 된다. 반대로 유리관 벽에 들러붙는 액체라면 높이가 높아진다. 전자의 경우는 식물의 상황과는 무관하므로 지금은 후자의 경우만 생각하자.

다시 한번 말하면, 유리관을 적실 수 있는 용액에 모세관을 담그면 관 속 액체의 높이는 바깥에 있는 용액보다 높이 올라간다. 그리고 관의 지름이 작을수록 더 높이 올라간다. 이것이 모세관 현상의 핵심이다. 모세관 현상은 다양한 굵기의 유리관과 색소를 넣은 물로 아주 쉽게 확인할 수 있다.

이제 빈 구멍과 균열이 가득한 다공성 물체를 상상해보자. 이 간극은 앞에서 말한 유리관 굵기 정도로 아주 세밀하여 액체가 위로 타고 올라갈 수 있는 모세관 통로를 만들어낸다. 예를 들어 각설탕의 한 모퉁이를 커피에 살짝 담그면 갈색 액체가 올라오면서 덩어리 전체가 젖게 된다. 커피를 설탕의 틈새로 빨아들여 컵 속의 커피보다 높이 올라가게 만드는 것이 바로 모세관 현상이다. 램프의 불꽃이 계속 타오르도록 심지가 기름을 빨아올리는 것도 모세관 현상 때문에 가능하다. 바닥이 물에 잠긴 모래 더미가 결국 꼭대기까지 완전히 젖게 되는 것도 같은 원리에서다. 하지만 모세관 현상이 일어나기에 식물의 조직보다 더 완벽한 여건이 또 있을까? 식물의 세포조직에는 셀 수도 없이 많은 간극이 가로지른다. 또한 줄기의 물관은 인간이 만든 유리관은 명함도 내밀지 못할 만큼 아주 미세하다. 그러므로 뿌리에서 삼투작용으로 흡수한 액체가 모세관 현상의 힘을 빌려 잎까지 올라가는 것은 지극히 당연하다.

봄에 초목이 막 잠에서 깨어났을 때, 나무는 여전히 벌거벗은 상태이므로 이 시기에 나무 꼭대기의 잔가지까지 수액이 올라가는 것은 오로지 삼투작용과 모세관 현상 때문이다. 그러나 잎망울이 터지고 새잎이 펼쳐지는 순간 훨씬 강력한 세 번째 상승 요인이 작용한다. 잘 알겠지만, 잎은 증산 활동이 아주 활발한 기관이다. 기공을 통해 물이 증발하면서 원래 물이 있던 장소는 진공상태가 된다. 하지만 그 공간은 곧 주변에 있는 물로 채워진다. 물을 빼앗기고 진공상태가 된 주변 지역은 더 멀리 있는 세포층에서 물을 끌어온다. 결국 증발이 일어나는 표면에서 시작해 세포에서 세포로, 섬유에서 섬유로, 물관에서 물관으로 점점 더 멀리에서부터 물을 빨아올리게 되는데, 그 최종적인 공급원이 뿌리 끝이다. 뿌리에서 빨아들인 물이 증발로 사라진 물을 대체한다.

수동식 양수 펌프를 떠올리면 이해하기 쉬울지도 모르겠다. 피스톤이 움직이면서 진공이 된 자리를 파이프에 차 있던 물이 채우고, 파이프의 공간은 우물 바닥의 물이 채우는 방식이다. 피스톤 작용 때문이든 잎의 증산작용 때문이든 진공이 생긴 결과는 똑같다. 빈 곳을 채우기 위해 주변의 액체가 서둘러 올라온다.

정리하면 뿌리에서의 삼투작용과 모세관 현상, 잎에서의 증산작용이 수액을 상승시키는 주요 요인이다. 그럼 이제 다음 실험으로 수액의 상승 에너지가 얼마나 큰지 알아보자.

겨울철에는 식물이 아주 천천히 물을 빨아들이거나 사실상 거의 흡수하지 않는다. 그러던 것이 봄이 되어 날이 따뜻해지면 겨우내 무기력하던 식물에 물을 보충하기 시작한다. 이 시기에 과실수의 가지를 치면 잘린 가지 끝에서 수액이 떨어진다. 물이 흐르던 관이 잘리면서 한창 올라오던 액체가 갈 곳을 잃고 넘쳐흐르는 것이다. 가지를 잘랐을 때 유독 수액이 많이 흐르는 식물이 포도덩굴이다. 상승하는 수액의 압력을 측정하기 위해 생리학자 스티븐 헤일스Stephen Hales는 포도덩굴로 다음과 같은 실험을 했다.

헤일스는 포도덩굴의 가지를 자르고 거기에 알파벳 S자 모양으로 구부러진 유리관을 끼웠다. 그리고 유리관 반대쪽에서 수은을 부어 안을 채웠다. 그러자 포도덩굴에서 흘러나온 수액이 유리관으로 들어가 수은을 밀어냈다. 그렇다면 수은이 올라간 높이로 수액의 상승력을 가늠할 수 있다.

헤일스가 확인해보니 첫 실험에서 수은 기둥이 0.873미터까지 올라갔다. 두 번째 실험에서는 1.028미터였다. 수은은 물보다 13.5배 더 무거우므로, 유리관에 수은이 아닌 물이 채워져 있었다면 같은 압력일 때 첫 번째 실험에서는 약 12미터, 두 번째에는 약 14미터 높이까지 밀어 올렸을 것이다. 이 실험을 통해 식물의 연약한 시스템이 삼투작용으로는 세포를 채우고 모세관 현상으로는 물관을 채워서 실로 엄청난 힘을 발휘한다는 것을 보았을 것이다. 뿌리밖에 남지 않은 일개 포도덩굴이 인간이 만든 양수 펌프보다 훨씬 더 높이 물을 올려보낼 수 있었으니 말이다.

식물의 조직이 물을 빨아들이고 상당한 높이까지 옮기는 능력은 목재 보존 기술에 중요하게 쓰이므로 설명하지 않고 그냥 넘어갈 수 없다. 목재는 밀도에 상관없이 결국에는 구조가 망가지며 큰 변화를 겪는다. 유충 상태의 다양한 곤충이 목재를 갉아 먹고, 버섯, 곰팡이, 건부병균乾腐病菌 같은 세포성 생물도 목재에 의존해서 살기 때문이다. 유충과 곤충이 사방에 구멍을 뚫고 기생생물이 섬유를 분해하면서 공기와 습기가 스며들기 시작하면 결국 목재는 분해되고 바스러져서 부엽토가 된다. 부엽토는 나이 든 나무의 속이 빈 나무줄기에서 흔히 보이는 갈색 부스러기다.

바닷물에 잠긴 목재도 파괴를 일삼는 다른 생물의 좋은 먹잇감이다. 배좀벌레조개라는 연체동물이 대표적인데, 나무에 파고들어 사방에 통로를 뚫고 살기 때문에 목재가 마치 구멍이 숭숭 뚫린 해면처럼 된다. 목조 선박이 수선 아래를 구리판으로 두르는 것도 배좀벌레조개의 만행을 막기 위해서다.

그림 108 **살아 있는 나무에 방부액을 주입하는 방법**

곤충과 건부병균의 공격을 막는 물질을 목재에 채우면 피해를 예방하거나 적어도 피해 정도를 줄일 수 있다. 황산구리나 목초산철木醋酸鐵이 적당한 물질이다. 황산구리는 유독한 화학물질이고 목초산철은 나무를 증류하여 얻은 값싼 식초에 오래된 철을 용해했을 때 나오는 액체다. 두 물질은 용액 상태로 나무에 주입되는데, 아직 나무가 살아 있고 잎가지로 덮여 있는 상태라면 다음과 같은 방법을 쓸 수 있다. 그림 108처럼 나무줄기를 기부에 가깝게 일부 절개한 다음, 그 둘레에 방수천을 넓게 두르고 물이 새지 않도록 위와 아래를 단단히 고정해 튜브 모양의 물주머니를 만든다. 그런 다음 거기에 관을 꽂고

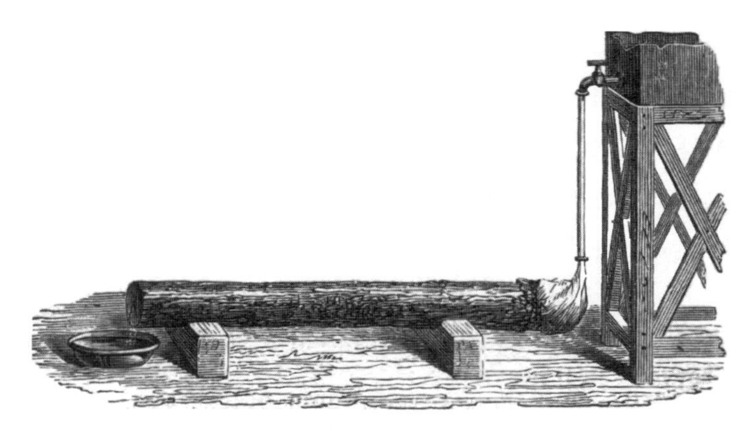

그림 108A **몸통을 잘라낸 나무에 방부액을 주입하는 방법**

방부 용액이 담긴 수조에 연결한다. 잎에서 일어나는 증산작용이 강력한 흡입력으로 방부액을 빨아들이면 나무 꼭대기까지 올라가면서 목재의 미세한 틈새를 채우게 된다.

몸통 양쪽을 톱질로 잘라낸 통나무의 경우에는 그림 108A와 같은 방법을 시도한다. 줄기 기부를 방수 주머니로 감싸고, 누워 있는 나무보다 높은 곳에 수조를 설치한 다음, 관으로 주머니에 연결하고 용액을 주입한다. 수조에서 내려오는 액체의 압력이 증산작용이나 모세관 현상, 삼투작용을 대체한다. 흰색 목재를 목수가 원하는 색으로 물들일 때도 비슷한 방법을 사용한다.

이렇게 방부액을 주입하다 보면 목재의 바깥층인 변재는 액체가 쉽게 뚫고 들어가지만, 안쪽의 심재를 통과하기는 어렵다. 그 이유는 굳이 따로 말하지 않아도 잘 알 것이다. 바깥쪽 목재는 어리고 섬유와 물관이 아직 막히지 않았지만 안쪽 목재는 더 오래되었고 섬유와 물관에 리그닌이 채워져 막힌 데다가 세월에 일부가 부서지기까지라도 했으면 더는 원래의 목적을 수행할 수 없다. 그 결과 방부액을 비롯한 액체는 순환할 수 있는 곳만 통과하고 심하게 막힌 곳은 뚫지 못한다. 즉, 상승 수액은 최근에 형성된 바깥층인 변재를 통해서만 나무 꼭대기까지 올라간다는 뜻이다. 실험으로 명쾌하게 이 사실을 증명할 수 있다. 수액이 흐르는 나무를 베어서 보면 변재는 촉촉하고 심재는 말라 있다. 한편 초본을 비롯해 줄기의 중심부가 아직 단단해지지 않은 모든 식물에서는 수액이 물관부 전체를 타고 올라간다.

만약 수액 일부를 채취하고 싶으면 방법은 간단하다. 잘 자란 나무의 변재에 나사송곳을 이용해 위쪽으로 비스듬히 구멍을 뚫고 그 안에 속이 빈 갈대를 꽂아 고정한다. 갈대가 배수관 역할을 하여 수액이 한 방울씩 흘러나오면 그걸 병에 받으면 된다.

이렇게 얻은 수액이 담긴 병에서 무엇을 발견할 수 있을까? 당연히 많은 물질이 들어 있지 않을까? 이 소중한 액체가 셀룰로스, 당분, 녹말, 나뭇진, 오일, 에센스, 향수 등 식물 안에 들어 있는 모든 화합물을 만드는 원재료인 걸 보면 말이다. 그렇게 다양한 물질을 만든 원료이니 저 액체에 각종 재료가 풍부하게 들어 있으리라고 생각하기 쉽다. 하지만 천만의 말씀이다. 상승 수액은 순수한 물에 가깝다. 그 안에 들어 있는 물질은 너무 적은 양이어서 과학자들도 감지하기 어렵다. 개중에 양이 넉넉한 물질로 포타슘과 칼슘, 탄산 정도를 들 수 있다.

정리하면, 식물이 영양소를 제공받는 수액은 지나치게 희석된 상태라 물속에 아주 적은 양의 물질밖에 들어 있지 않다. 이렇게 턱없이 부족한 재료가 식물이 사용하는 거의 전부다. 식물은 토양에서 물과 함께 재료를 흡수한 다음 변재의 물관을 통해 뿌리에서 잎까지 옮긴다. 수액의 대부분을 구성하는 물은 제 일을 마치면 증산작용을 통해 대기로 돌아간 다음 비가 되어 다시 대지에 떨어진다. 그렇다면 이렇게 나무의 물관을 통과해 나가는 물이 몇 리터나 될까? 얼마나 많은 물이 물관을 통해 전달될까? 저 물속에 희석된 소량의 재료를 모아 나무의 1년 치 생장량을 생산하려면 얼마나 많은 물을 증발시켜야 할까?

루이 니콜라 보클랭Louis Nicolas Vauquelin이라는 유명한 화학자가 수액의 조성을 계산해봤더니 이런 결과가 나왔다. 느릅나무 한 그루가 457킬로그램이 되려면 16만 2,600리터의 물을 흡수한 다음 공기 중에 증발시켜야 한다. 이는 1킬로그램당 355리터에 해당하는 양이다. 나무에 잎이 달려 있는 6~7개월 동안 느릅나무의 무게가 총 24킬로그램 늘어난다고 가정할 때, 식물이 흡수하고 증발시켜야 하는 물의 부피는 총 8~9세제곱미터나 된다. 이 값을 토대로 숲 전체가 토양에서 빨아들여 40미터 높이로 끌어올린 다음 공기 중으로 쏟아붓는 물의 양과 거기에 들어가는 노동력을 계산해보면 놀라지 않을 수 없다. 더구나 이런 막중한 작업이 우리 눈에는 보이지 않는 곳에서 조용하고 차분히 일어난다는 것 아닌가. 상상을 뛰어넘는 무게의 물이 식물 기계의 가장 섬세한 장비 속 톱니 하나 망가뜨리지 않고 숲 꼭대기까지 올라가 사방으로 내던져진다. 손으로 살짝만 건드려도 으깨지는 세포가 다른 세포와의 협업으로 거인의 일을 해낸다.

그러나 수액은 보클랭이 계산한 그 맑은 물이 아니다. 식물이 토양에서 흡수하는 액체에 고형 물질이 거의 없는 것은 사실이지만, 식물의 조직을 통과하면서 세포 저장고에 보관된 다양한 물질을 녹인다. 이 물질은 과거의 노동이 만들어낸 것이다. 줄기를 절개했을 때 나오는 수액에는 뿌리가 흡수한 물뿐 아니라 당분까지 들어 있다. 북아메리카 설탕단풍의 나무줄기를 절개했을 때 나오는 수액이 달콤한 것처럼 말이다. 그 수액을 받아서 증발시키면 설탕이 된다. 또한 야자수의 커다란 끝눈을 잘라내고 달콤한 수액을 받아서 발효하면 야자술이 된다. 그 야자술을 다시 증류하면 아라크arrack라는 독주가 된다.

토양에서 흡수한 액체는 이미 어느 정도 변형된 상태로 잎에 도착한다. 기본적으로 토양이 제공한 원소에 수액이 올라가면서 거쳐 간 조직에서 얻은 영양소가 추가되는 것이다. 그렇지만 상승 수액은 아직 자양액이 아니다. 그렇게 되려면 먼저 잎에서 남아도는 물을 증발시켜 제거하고, 다시 화학작용을 통해 새로운 성질을 갖도록 재조직되어야 한다. 증산작용에 관해서는 이미 앞에서 이야기했다. 이제 잎에서의 화학작용이 남았다. 이 작용은 생물에서 일어나는 화학작용이 수행하는 모든 과제 중에서도 가히 으뜸이다.

21장

생명의 화학

한 친구가 명절쯤에 어느 유명한 요리사로부터 푸대접받고 쫓겨난 일이 있었다. 친구는 냄비와 화덕 앞에서 미식가의 명상에 빠져 있는 한 요리 장인을 발견했다. 그자의 생김은 이랬다. 커다란 얼굴에 턱은 여러 겹이고 벌건 코는 무사마귀로 덮였으며 배는 불뚝 튀어나오고 엉덩이에는 행주가 걸렸고 머리에는 흰 요리사 모자를 쓰고 있었다. 불 위에는 소스 냄비가 보글보글 끓고 있었는데 뚜껑이 들썩일 때마다 새어 나오는 냄새만 맡아도 군침이 절로 돌며 잔치 분위기가 물씬 풍겼다. 화덕에는 송로버섯을 곁들인 닭고기와 베이컨을 꿰어놓은 칠면조가, 그 옆에는 통통한 멧새가 노간주나무의 향기를 내뿜으며 버터 바른 토스트와 함께 구워지고 있었다.

형식적인 인사를 주고받은 뒤 내 친구가 물었다. "지금 어떤 진미를 만들고 계십니까?"

"가리비 소스를 얹은 토끼 스튜입니다." 요리 장인이 손가락을 빨면서 흡족한 듯 말했다. 그가 냄비 뚜껑을 열자 부엌에는 세상에서 가장 금욕적인 자의 심장에 깃든 호색한도 깨울 만한 향기가 퍼졌다.

내 친구는 극찬하며 말했다. "당신은 정말 누구나 인정하는 최고의 요리사입니다." 그러고는 이어 말했다. "하지만 살찐 닭고기나 가리비 고명처럼 값비싼 재료로 훌륭한 요리를 만드는 것은 누구나 할 수 있는 일이지요. 닭과 토끼 등심, 가리비 없이도 똑같이 맛있는 구이나 소스를 만드는 게 진짜 아니겠습니까. 토끼 스튜를 만들려면 먼저 토끼부터 잡으라는 옛사람들의 교훈은 너무 과합니다. 토끼를 잡지 않고도 토끼 스튜를 만들 수 있되, 모두가 구하기 쉬운 다른 재료를 취하는 편이 나을 것입니다."

요리사는 당황했으나 내 친구는 더없이 진지했다.

"토끼가 없는 토끼 스튜, 닭이 없는 구운 닭고기라니요? 당신이라면 만들 수 있겠습니까?"

"아뇨, 당연히 저는 할 수 없지요. 불행히도 저는 그런 재주를 타고나지 못했거든요. 하지만 그런 분을 압니다. 그분 앞에서 당신과 당신 친구들은 모두 어설픈 아마추어일 뿐입니다."

요리사의 벌건 코가 푸르게 변했다. 예술가의 자존심에 크게 상처받은 듯했다. "그렇다면 말씀해주시오. 당신이 말한 장인 중의 장인은 무슨 재료를 사용합니까? 아무것도 없는 데서 구운 닭고기를 만들지는 않을 것 아닙니까?"

"지극히 평범한 재료를 사용하지요. 마침 갖고 왔는데 한번 보시겠습니까?"

친구가 주머니에서 병 3개를 꺼냈다. 요리사가 그중 하나의 뚜껑을 열었다. 흑색의 고운 가루가 들어 있었다. 요리 장인은 손으로 만져보고 코와 입을 들이대어 냄새와 맛을 보았다.

"숯이군요." 그가 말했다. "저에게도 꼭 필요한 것이지요. 당신의 닭고기구이는 정말 대단할 것 같군요! 두 번째 병도 보여주십시오. 아, 이건 물이네요, 제가 틀리지 않았다면요."

"네, 맞습니다. 물입니다."

"그럼 세 번째 병은요? 여긴 아무것도 들어 있지 않은데요?"

"아뇨, 들어 있습니다. 공기로 차 있잖아요."

"허풍이 심하시군요. 이 빈 공기로 만든 닭구이는 뱃속에서 가라앉지도 않겠습니다. 지금 장난하시는 겁니까?"

"아뇨, 저는 아주 진지합니다."

"진짜로요?"

"진짜라니까요!"

"당신이 안다는 그 요리 천재가 숯과 물과 공기로 닭고기구이를 만든다고요?"

"네, 그렇습니다."

요리 장인의 코는 이제 파란색에서 보라색으로 바뀌었다.

"숯, 공기, 물을 가지고 푸아그라 파테를 만든다고요? 게다가 비둘기 스튜까지?"

"네, 천 번을 물어보세요. 제 답은 언제나 '그렇습니다'일 테니까요."

요리사는 코를 치켜들었다. 이제 그의 코는 마지막 단계인 진홍색으로 변했다. 요리사는 폭발하고 말았다. 웬 미친 사람이 말도 안 되는 허풍으로 자신을 조롱하는 게 아닌가. 그는 당장 내 친구의 어깨를 붙잡더니 부엌 밖으로 쫓아냈고, 요리 재료가 든 3개의 병도 발치에 내던져버렸다. 화를 이기지 못해 붉으락푸르락했던 코는 서서히 진홍색에서 자주색, 자주색에서 파란색, 파란색에서 본래의 색을 되찾았다. 그러나 숯, 공기, 물만으로 닭고기를 만드는 방법은 끝내 밝혀지지 않았다. 지금부터 아직 그대들의 나이에는 이해하기 쉽지 않을 개념을 반복하여 설명할 것이다. 보아하니 그대들도 요리사만큼이나 당황해하는 것 같으니.

화학은 유기물, 무기물을 가리지 않고 세상의 모든 것이 60여 개의 기본 물질로 구성된다고 말한다(현재는 총 118개의 원소가 알려졌다—옮긴이). 그 기본 물질을 원소라고 부른다. 그게 무슨 뜻이냐면, 화학자의 분해 방식으로는 그보다 더 간단하게 나누지 못한다는 것이다. 복잡한 것을 단순하게 해체하는 일련의 분해 과정을 통해 화학자들이 식물의 수액, 동물의 살점, 지구의 품에서 캐낸 광물 등에서 예컨대 황이나 인, 탄소를 얻었다면, 오랜 경험상 거기에서 더는 나눌 수가 없다. 산성 용액과 화학 약품의 힘을 빌리고, 이글이글 타오르는 용광로의 열기를 가하고, 느리든 빠르든 격렬하든 부드럽든 동원할 수 있는 모든 화학작용을 적용해도 저 물질을 더는 분해할 수 없는 것이 확실하다. 그래서 화학자는 인, 황, 탄소 등을 원소라고 부름으로써 그 물질을 그 이상 쪼갤 수 없는 자신의 무능력을 인정한다.

오늘날 우리에게 알려진 원소의 수는 65개다. 그중 철, 구리, 납, 금, 은처럼 특별한 광택이 있는 50개를 금속성 원소라고 부른다. 나머지 15개 원소에는 이런 광택이 없다. 그것들은 비非금속이다. 비금속 원소를 대표하는 것 중에서 산소, 수소, 질소는 기체 상태로 존재하며, 탄소, 황, 인 등은 고체 상태로 존재한다.

원소 목록을 채우기 위해 화학자들은 대기와 대기 속 기체와 증기, 바다와 바닷속 염류성 화합물, 토양과 토양 속 풍부한 광물, 심지어 화산 분화구를 통해 평소에는 다가갈 수 없는 지구의 깊은 곳에서 쏟아낸 물질까지 모든 것을 탐구했다. 여기에 무한한 생명력으로 원소를 더 복잡한 형태로 만들어내는 식물과 동물의 훌륭한 실험실도 연구 대상에 포함된다. 따라서 현재 지구의 모든 영역에서 물질은 화학자들에게 비밀이 없다. 육상의 모든 물질은 그 기원, 성질, 겉모습이 어떠하든 언제나 65개 원소 중 몇 가지로 분해된다. 광물, 식물, 동물, 정말로 우리가 아는 모든 것이 이 기본 물질로 구성되었으며 화학 분해를 통해 개별 물질로 분리될 수 있다.

이 개념에 아직 익숙하지 않은 사람들은 모든 사물이 이 65개의 단순한 물질로 환원될 수 있다는 말에 진심으로 놀란다. 돌이나 바위가 금속과 비금속으로 환원된다는 사실은 인정하기 어렵지 않다. 어차피 광물이 광물을 구성하는 것이니까. 하지만 빵, 살점, 과일, 식물과 동물 세계가 생산하는 수만 가지 물질이 모두 광물처럼 단순한 원소로 나눠질 수 있다는 것은 단번에 받아들여지지 않는 사실이다. 그렇다면 화학자들의 호언장담이 어떤 근거에 바탕을 둔 것인지 잠시 따져보자.

빵을 예로 들어보자. 어떤 원소가 빵에 들어 있을까? 복잡하게 분석하지 않아도 일단 빵에는 상당량의 숯, 즉 화학자가 말하는 탄소가 들어 있다고 주장할 수 있다. 빵 조각 하나를 뜨겁게 달궈진 난로 위에 올려놓는다고 해보자. 빵은 점점 타면서 검게 변하여 오랜 시간이 지나면 결국 숯 말고는 아무것도 남지 않게 된다. 이 숯은 빵이 변한 것임이 너무나 분명하다. 그런데 본래 갖고 있지 않던 것이 불쑥 튀어나올 수는 없는 법이므로 빵에는 원래부터 숯, 즉 탄소가 들어 있어야 한다. 평소에는 탄소가 다른 물질과 결합한 상태라서 알아채지 못했으나 열을 가하면서 다른 물질들이 사라져버리자 검고 잘 부서지는 숯의 형태로 확실하게 모습을 드러낸 것이다. 그래서 결론을 내리자면 희고 맛있고 영양도 풍부한 빵에는 검고 맛없고 먹을 수도 없는 숯이 들어 있다.

한편, 타고 있는 빵에서 올라오는 연기 위에 유리판을 대보면 마치 사람이 유리창에 대고 숨을 내쉰 것처럼 고운 이슬이 빠르게 맺힌다. 이 습기는 연기 속 수증기에서 오는 것이고, 그 연기는 빵에서 오는 것이다. 그러므로 빵에는 물이 들어 있다고 말할 수 있다. 아니, 물은 산소와 수소로 구성되었으므로 빵에는 산소와 수소가 들어 있다고 하는 편이 옳다. 빵을 만드는 반죽에는 소금을 넣으므로 빵에도 소금이 들어 있다. 소금은 금속인 소듐과 비금속 기체이자 유독한 기체인 염소가 결합한 물질이다.

여기까지만 해도 우리가 먹는 빵은 최소한 한 가지 금속과 네 가지 비금속으로 이루어졌다는 사실이 금세 확인되었다. 이 원소 중에서 탄소, 산소, 수소 같은 것은 전혀 해롭지 않다. 그러나 소듐이나 염소처럼 분리되었을 때 매우 위험한 원소도 있다. 생명의 양식인 빵에 치명적인 물질이 둘이나 들어 있다는 사실로 미루어 그대들은 어떻게 화학반응이 개별 원소의 본성질을 바꿔놓는지 잘 알았을 것이다. 원래는 독성을 띠는 것들도 여러 가지가 조합되면 종종 몸에 좋은 음식이 된다. 반대로 혼자서는 해롭지 않은 것이 다른 원소와 결합하면서 독이 되기도 한다. 이쯤 되면 자연에서는 무기물이든 유기물이든 모든 것이 같은 원소로 구성되었다는 사실을 충분히 이해했을 테니 더는 설명하지 않겠다.

우리는 동물과 식물에서 광물계에 속하지 않는 전혀 새로운 원소를 찾지는 못할 것이다. 살아 있는 물질과 죽은 물질이 모두 같은 금속과 비금속으로 구성된다. 생명은 광물계에서 재료를 빌려와서 쓰고 시간이 지나면 돌려준다. 모든 것은 광물 화학결합을 통해서 오고 또 그곳으로 되돌려진다. 오늘의 광물이 식물에 의해 변형되어 잎과 꽃과 열매와 씨앗의 일부로서 살아 있는 물질이 된다. 마찬가지로 동물과 식물을 구성하는 모든 것이 생명이 사그라든 뒤 오래 지나지 않아 광물질로 환원된 다음 다시 신선한 창조를 위해 쓰인다. 영원한 파괴이자 영원한 부활이다. 화학 원소는 모든 것의 공통 기반을 구성하며, 원자 하나 더하거나 빠짐이 없이 거기에서 모든 것이 탄생하고 모든 것이 그곳으로 되돌아간다. 원소는 만물의 가장 기본이 되는 물질이며 생명과 화학 에너지가 모두 고유의 법칙에 따라 작용한다.

앞에서 숯이라고 표현한 탄소는 살아 있는 자연에 존재하는 모든 화합물에서 발견된다. 탄소는 본질적으로 생물의 원소다. 결과적으로 모든 동물과 식물에 열을 가하면 탄화된다. 즉, 휘발성 화합물 상태의 다른 원소들에서 떨어져 나와 탄소가 잔여물로 남는다는 말이다. 빵을 너무 오래 구우면 탄소가 된다. 고기와 전분, 설탕과 치즈도 마찬가지다. 요약하면 식물과 동물이 제공하는 모든 물질이 열을 가하면 탄소를 남긴다.

탄소가 수소와 결합하면 향유, 탄성 고무, 그 밖의 다른 화합물이 된다. 탄소와 수소의 결합에 산소까지 더하면 설탕, 전분, 목질성 물질, 식물성 산, 지방 같은 수많은 유기물질이 만들어진다. 마지막으로 질소는 생물의 화학 생산물 중에서도 가장 임무가 막중한 물질을 완성한다. 살코기와 밀가루를 구성하는 피브린, 우유와 콩 같은 몇몇 식물의 씨앗에 들어 있는 카세인, 수액을 비롯해 식물성 액체에서 자주 발견되는 알부민 등에 질소가 들어간다.

탄소, 수소, 산소, 질소는 유기 원소라고 불려야 한다. 저 네 원소의 일부 또는 전체가 다양하게 조합된 화합물이 동물과 식물에서 기원한 모든 물질에서 발견되기 때문이다. 다른 원소들도 유기 화합물에서 발견되지만 훨씬 덜 일반적이다. 황, 인, 포타슘, 소듐, 칼슘, 철 등은 부수적인 재료로서 일부 화합물에서 적은 양이 발견된다. 예를 들어 인과 칼슘은 뼈에서 발견되고, 철은 혈액에서, 황은 달걀에서 발견된다. 그러나 통상 탄소, 수소, 산소, 질소의 4대 기본 원소가 조합되어 만들어진 것이면 유기물질이라고 한다.

이제 3개의 병에 든 재료만으로 닭고기구이를 만들 수 있다고 큰소리치던 내 친구에게로 돌아가자. 병에는 각각 숯과 물과 공기가 들어 있었다. 물은 산소와 수소의 화합물이고, 공기는 수소와 질소가 섞인 혼합물이다. 그러므로 저 3개의 병에는 살아 있는 모든 생물의 기본 원소가 들어 있다. 그런데 요리사가 준비하는 모든 음식은 탄소와 공기와 물의 원소로 환원될 수 있으니 실로 내 친구는 3개의 병 안에 요리사의 닭고기와 비둘기, 푸아그라를 위한 기본 재료를 모두 갖고 있었던 셈이다. 다만 그 재료들을 결합하여 고기와 밀가루, 또는 요리사의 맛있는 디저트 재료로 결합하는 일은 내 친구가 말한 그 위대한 장인이 아니면 누구도 할 수 없다. 그 대단한 요리사가 누구란 말인가? 바로 식물에 들어 있는 초록 세포다.

생명의 위대한 연회에서는 오직 저 세 가지 재료가 무한한 방식으로 결합한 요리를 제공한다. 세계 다섯 대륙의 진미를 음미하는 미식가에서부터 밀물과 썰물 속에서 점액질을 키우는 굴까지, 수천 세제곱미터의 토양에서 물을 마시는 참나무에서부터 썩어가는 물질 위에서 자라는 곰팡이까지 모든 생물이 숯(탄소), 공기, 물이라는 똑같은 기본 재료로 만들어진다. 오직 준비하는 방법과 과정만 다를 뿐이다.

늑대든 늑대와는 모든 면에서 다른 인간이든 모두 양고기의 형태로 탄소를 먹는다. 그리고 우리에게 양고기를 주는 양은 풀의 형태로 탄소를 먹는다. 그렇다면 풀은? 인간과 늑대와 양을 발아래 두고 식물 세포를 군주의 자리에 앉히는 경이로운 변화와 전환이 저 풀에서 일어난다. 인간과 늑대의 위장은 양고기의 살점에서 양은 적지만 영양 가치가 높은 탄소와 공기와 물의 조합을 발견한다. 양의 위장도 풀에서 양은 많지만 맛은 덜한, 그러나 여전히 훌륭한 형태로 조합된 탄소와 공기와 물을 발견한다. 그렇다면 인간의 살이 된 양의 살을 만든 풀은 탄소와 공기와 물을 어떤 식으로 섭취했을까?

풀, 즉 식물은 사실상 원재료를 날것 그대로 소비한다. 기적의 힘을 지닌 초록 세포의 위장은 탄소와 공기와 물을 날것으로 먹고 마신 다음 풀잎을 만든다. 그러면 그 풀은 양에게 탄소와 물과 공기가 결합한 영양가 있는 물질을 제공하고, 양이 다시 풀의 작업을 이어받아 그것을 살과 피로 바꾸어 제공하면 이후 아주 간단한 수정을 거쳐 인간의 살이 되기도 하고 늑대의 살이 되기도 하는 것이다.

먹고 먹히는 이 일련의 과정 중에 누구의 노동이 가장 칭찬받아 마땅하다고 생각하는가? 인간은 몸의 재료를 양에게서 빌렸다. 양은 이미 준비된 상태로 그 재료를 인간에게 넘겨주었다. 한편 양은 몸의 재료를 식물에서 추출했다. 식물 안에서 재료는 이미 상당히 농축된 상태였다. 오직 식물만이 최초 공급원에서 재료를 직접 흡수할 수 있다. 식물은 먹을 수 없는 것들에서 먹을 것을 만든다. 식물은 숯과 공기와 물을 먹고 기적처럼 동물의 식량으로 바꾼다. 그러므로 탄소, 산소, 수소, 질소를 조합하여 유기물질을 만들고 지구의 모든 창조물에 꾸준히 성찬을 베푸는 것은 바로 식물이다.

22장

이산화탄소의 분해

탄소는 식물의 식량이 되기 전에 먼저 액화되고 녹아서 식물의 가장 섬세한 조직에 투입되어야 한다. 여기서 탄소의 용매는 대기를 구성하는 요소 중 하나인 산소다. 이번 장에서는 이 문제를 좀 더 자세히 들여다볼 텐데, 다 읽고 나면 분명 배우길 잘했다고 느낄 것이다.

숯에 불을 붙이면 뜨겁게 달궈지고 열을 내다가 한 줌의 재만 남고 모두 사라진다. 남은 재는 원래의 무게에 비하면 아무것도 아니다. 포타슘이나 석회 같은 광물질인 이 재는 토양에서 뿌리가 물과 함께 빨아들였던 것인데, 불에 타지 않는 물질이라서 그대로 남는다. 반면에 탄소는 불에 타는 물질이라 완전히 타서 사라진다. 만약 식물이 만들어낸 탄소 물질에 불가

연성 광물질이 전혀 들어 있지 않다면 연소의 결과로 남는 것은 하나도 없을 것이다. 모든 것이 사라진다는 말이다. 따라서 태운다는 것은 흔히 말하듯 한 줌의 재가 되는 것이 아니다. 연소 이후에 남는 재는 그저 연료의 불순물에서 나온 찌꺼기일 뿐이다. 100퍼센트 순수한 탄소라면 재조차 남지 않는다.

그렇다면 우리가 태운 탄소는 무엇이 되었을까? 아마 깡그리 타버렸다고 말하겠지. 좋다. 그런데 물체가 몽땅 "타버렸다"라고 했을 때, 그것은 무無가 되었다는 말인가? 탄소가 타버리면 정말 아무것도, 하나도 남지 않는 걸까? 만일 그리 생각했다면 내 이 자리에서 확실히 말해두는데 세상의 그 무엇도 진실로 소멸하는 것은 없다.

어디 모래 알갱이 하나를 들고 와서 소멸시켜보라. 으깨도 좋고 곱게 갈아도 좋다. 하지만 완전히 파괴해서 없앤다는 건 불가능한 일이다. 화학자가 온갖 약물과 장치를 동원해도 끝내 소멸시키지 못하는 건 마찬가지다. 용광로에 넣어 녹이거나, 화학 약품에 넣어 분해하거나, 눈에 보이지 않는 증기로 바꿀 수 있을지는 모르겠다. 이런저런 다른 원소나 물질과 결합시키면 전과 다른 모양이나 색깔, 성질을 줄 수는 있다. 그러나 아무리 거칠게 다루어도 모래 알갱이를 이루는 물질 자체는 언제나 영원히 존재한다. 우리 입에 늘 오르내리는 소멸과 우연이라는 두 단어는 실제로는 아무 의미가 없다. 모든 사물은 법칙에 순응하게 마련이고 결코 완전히 파괴되는 법 없이 영원히 존재한다.

그러므로 탄소가 태워졌다고 해도 소멸하지는 않는다. 공기 중에 녹아서 보이지 않게 될 뿐이다. 물속에 각설탕 한 조각을 떨어뜨려 보라. 설탕이 녹아서 액체 속에 퍼지면 아무리 눈을 씻고 들여다보아도 더는 보이지 않게 된다. 그런데도 설탕은 여전히 존재한다. 그걸 어떻게 알까? 밍밍하던 물에 설탕이 새롭게 단맛을 주었다는 게 그 증거다. 탄소도 똑같다. 연소 과정에서 공기 중의 산소에 녹아들어서 보이지 않을 뿐 분명히 존재한다.

벽난로나 화로에서 강렬한 열기를 뿜어내며 거칠게 진행되는 분해 과정을 거쳐야만 탄소가 연소되는 것은 아니다. 나무가 바람과 비에 노출된 채 시간이 지나면 결국에는 예전의 단단한 질감을 잃고 마침내 먼지가 되고 만다. 이런 느린 분해도 모든 면에서 화로에서 일어나는 과정과 비슷하다. 똑같은 연소지만 너무 천천히 일어나므로 우리가 느낄 만큼 많은 열을 생산하지 않을 뿐이다. 이런 식으로 아주 느리게, 오직 공기와의 접촉만으로도 연소되어 나무줄기 전체가 마침내 몇 줌의 흙이 되고 마는데, 이는 화로에서 불에 태운 숯이 재가 되는 것과 같은 과정이다. 같은 결과가 분해 중인 모든 식물과 동물에서 관찰된다. 썩어가는 모든 물질은 연소된다. 다시 말해 그 물질을 이루던 탄소가 대기에 서서히 용해된다는 뜻이다. 동물이 죽으면 조금씩 분해되어 대기 중에 눈에 보이지 않는 탄소로 사라진다. 그렇게 하여 생명의 순환 과정에 지속해서 탄소를 공급한다.

모든 동물은 숨을 쉰다. 즉, 일정량의 공기를 몸속으로 들여보내 새롭게 보충하는 것이다. 몸속에 들어온 공기는 음식이 제공한 탄소 연료를 태워서 몸에 필요한 열을 유지하는 임무를 수행한다. 열을 생산해 운동과 기계적인 일로 바꾸려고 동물의 메커니즘은 마치 산업용 엔진처럼 탄소를 태운다. 가연성 물질을 적절히 태우지 않고는 우리 몸에서 근육 섬유 하나 꿈쩍하지 않는다. 엄격한 의미에서, 산다는 것은 곧 소모한다는 것이며, 숨을 쉰다는 것은 곧 태운다는 것이다.

시대를 막론하고 생명의 불꽃이라는 말이 흔한 비유로 사용된다. 그러나 그 비유라는 게 실은 과학적 사실을 있는 그대로 표현한 것뿐이다. 공기는 그 안에 산소가 들어 있기 때문에 불꽃을 태운다. 공기는 같은 방식으로 동물도 태운다. 공기는 불꽃이 열과 빛을 내게 하고 동물이 온기를 발하고 일하게 한다. 공기가 없으면 불꽃은 꺼진다. 공기가 없으면 동물은 죽는다. 이런 맥락에서 동물은 용광로에 연료를 때서 작동하는 성능 좋은 엔진에 비유할 수 있다. 동물은 먹고 숨을 쉬어 열을 내고 움직인다. 음식의 형태로 연료를 넣고 호흡이 제공한 공기 속 산소로 몸속 깊은 곳에서 연료의 탄소를 태우는 것이다.

몸속에서 용해된 탄소로 채워진 공기는 몸 밖으로 쫓겨난다. 이것이 호흡의 이중 작용이다. 들숨은 순수한 공기를 몸 안으로 끌어들이고, 날숨은 탄소로 포화된 공기를 내뱉는다. 그런고로 난로에서 숯을 태우는 것, 시체가 부패하는 것, 동물이 호흡하는 것, 이 세 가지가 궁극적으로 모두 같은 질서에 의한 현상이다. 이 모든 탄소가 분해될 때는 열이 발생하고, 그렇게 분해된 탄소는 공기 중의 산소에 녹아 나온다. 화학적인 측면에서 보면 타는 것, 호흡하는 것, 썩는 것이 모두 동의어인 셈이다.

산소는 동물이 호흡할 수 있는 기체다. 하지만 산소에 탄소가 스며들면 산소도 새로운 성질을 얻어 탄산가스, 즉 이산화탄소라는 호흡할 수 없는 기체가 된다. 이산화탄소도 공기만큼 미묘하여 눈에 보이지 않고 손으로 만질 수도 없다. 이산화탄소는 산소와 달리 생명을 부양할 수도 없고 연소를 유지하지도 못한다. 이산화탄소의 농도가 높은 곳에 들어간 동물의 생명은 곧 꺼져버린다. 그건 등잔불도 마찬가지다. 그 이유는 자명하다. 생명의 용광로이자 동물의 열량을 생산하는 장치는 계속해서 깨끗한 공기가 주입되어야 한다. 그 공기 속 산소가 몸속의 탄소를 분해하여 열을 내는 것이다. 부적절한 공기만 들이마시면 이미 탄소가 가득 찬 상태에서 열량 생성기가 더는 작동하지 않는다. 곧 체온이 떨어지고 생명은 꺼져버릴 것이다. 등잔불도 계속해서 공기를 갈아주어야 한다. 그래야 쉬지 않고 탄소를 분해하여 불꽃의 열기를 유지할 수 있기 때문이다. 만약 공기가 이산화탄소로만 차 있어서 연료를 분해할 수 없으면 연소를 유지하지 못하기에 등잔불은 꺼진다. 기름

에 젖은 심지의 불꽃과 빵에 의해 유지되는 생명의 불꽃은 둘 다 공기 안에서 살아간다. 그 공기가 탄소를 분해한다. 탄소를 분해하지 못하는 이산화탄소 안에서는 불꽃이 죽어버린다.

평균적으로 우리는 한 시간에 8~10그램의 탄소를 태운다. 그래서 한 사람이 24시간 동안 내뿜는 이산화탄소의 양은 약 450리터다. 이런 속도라면 60년을 사는 동안 한 사람이 4톤에서 5톤의 탄소를 태운다는 계산이 나온다. 이는 약 10억 정도로 파악되는 인류 전체가 적어도 1년에 8,000만 톤을 태운다는 뜻이다. 그것을 하나의 더미로 쌓아 올리면 바닥의 둘레가 약 5킬로미터에 높이가 400~500미터나 되는 산이 될 것이다. 인류의 체온을 유지하는 데 필요한 탄소의 양이 그만큼이다. 사람들이 그 산을 1년 동안 먹으면서 대기 중에 이산화탄소를 내뿜고, 1년이 지나면 또 다른 산을 먹기 시작한다. 1,600억 세제곱미터의 이산화탄소를 생산하는 데 1년밖에 걸리지 않는다면 인류 혼자서 공기 중에 내뿜는 이산화탄소의 양이 도대체 얼마나 된다는 말인가! 다 헤아릴 수는 있을까?

동물의 호흡도 무시할 수 없다. 육지 동물은 물론이고 바닷속 생물까지 포함하면 지구상의 모든 동물의 수가 인간을 훨씬 뛰어넘으므로 소모하는 연료의 양도 상상을 넘어설 것이다. 생명의 불꽃을 유지하려면 도대체 얼마나 많은 탄소가 필요한가! 그리고 소모된 다음에는 그 탄소가 모두 대기로 가서 치명적인 기체가 되어 몇 모금만 마셔도 그대들을 죽일 것이다. 이것이 끝이 아니다. 거름처럼 부패 작용을 통해 탄소를 태우는 물질도 이산화탄소를 내보낸다. 거름을 많이 뿌리지 않은 경작지에서도 1헥타르당 매일 100~200세제곱미터의 이산화탄소가 나온다. 우리가 집에서 태우는 연료는 물론이고, 무엇보다 공장의 거대한 용광로에서 태우는 장작, 숯, 석탄 또한 분해되어 공기 중에 해로운 기체를 내보낸다. 석탄을 수레째로 쏟아붓는 공장의 용광로가 토해내는 이산화탄소의 양을 생각해보라! 땅속에서부터 불을 내뿜는 화산의 거대한 굴뚝이 한 번 폭발할 때 내놓는 이산화탄소의 양은 또 얼마나 될 것 같은가! 그에 비하면 인간의 공장이 생산하는 양은 새 발의 피다!

이 수치들을 보는 순간 불안에 사로잡혔을지도 모르겠다. 호흡하고 태우고 발효하고 썩는 모든 것이 이산화탄소를 내뿜고, 그것이 전부 대기 중에 퍼진다고 하니, 그렇다면 대기는 치명적인 발산물을 무작정 받아들이다가 몇백 년 안에 결국 숨을 쉴 수 없는 상태가 되는 것은 아닐까 하고 말이다. 하지만 그건 하늘이 무너질까 걱정하는 것만큼이나 쓸데없는 일이다. 동물의 종족은 지금이든 나중이든 이따위 일로 공포를 느낄 필요가 없다. 대기가 이산화탄소로 계속해서 중독되고 있는 것은 사실이지만, 동시에 그만큼 계속 정화되고 있기 때문이다. 채워지는 만큼 제거되고 있다는 말이다. 그렇다면 신의 섭리에 따라서 온 세상의 건강을 책임지는 정화의 주체는 누구인가? 그게 바로 식물 세포다. 이산화탄소를 먹어 우리의 소멸을 막고, 심지어 일용할 양식까지 주는 것이 식물이다. 죽은 모든 것의 몸뚱어리가 분해되면서 만들어진 살인적인 기체가 식물에는 중요하고도 필수적인 식량이다. 기적과도 같은 식물 세포의 위장은 부패의 산물을 먹이로 삼는다. 생명은 죽음의 유독한 유물로부터 재창조된다.

앞에서 보았다시피 잎에는 기공 또는 숨 쉬는 구멍이라고 부르는 미세한 입이 무수히 달려 있다. 식물은 기공을 통해 숨을 쉰다. 그러나 우리처럼 깨끗한 공기를 마시는 것이 아니라 동물에게는 치명적인 유독한 기체를 마신다. 그것이 도리어 식물에는 좋다고 하니 참으로 신기하지 않은가. 식물은 무수히 많은 기공을 통해 대기에 퍼진 이산화탄소를 들이마시고 잎의 조직에 흡수한다. 그리고 그곳에서 햇빛의 영향 아래 생명 그 자체만큼이나 이해하기 어려운 최상의 과제를 해낸다.

세포는 빛에 자극받아 이산화탄소를 분해하는데, 그것은 산화된 탄소를 역逆연소하는 작용이다(역연소débrûlent라는 말은 사전에 없는 단어다. 이만큼 적절한 단어도 없는데 사전에 나오지 않는다는 것이 안타까울 뿐이다). 역연소란 타버린 탄소를 되돌리고 연소된 것을 연소 전으로 되돌리는 작용으로서, 한마디로 말해 산소와 결합한 탄소를 산소에서 떼어낸다는 뜻이다. 그러나 한 번 타버린 물질을 역연소하는 것, 불의 힘이 합쳐놓은 두 물질을 다시 갈라 원래의 상태로 되돌리는 일을 결코 만만하게 생각해서는 안 된다. 화학자는 이산화탄소에서 탄소를 추출하기 위해 할 수 있는 가장 기발한 공정과 가장 강력한 화학물질을 동원해야 한다. 인간이 가장 강렬한 수단을 써야만 가능한 이 작업이 식물의 초록 세포에서는 대수롭지 않은 일인 듯 조용하고 쉽게 수행된다. 탄소와 산소가 순식간에 분리되고 각각은 본래의 특성을 되찾는다.

탄소를 빼앗긴 산소는 다른 원소와 결합하기 전처럼 호흡할 수 있는 기체로 돌아가 불과 생명을 모두 유지할 수 있게 한다. 이런 상태의 자유로운 산소는 기공을 통해 밖으로 쫓겨나므로 언제든 다시 연소나 호흡에 사용될 수 있다. 유독한 기체로 잎에 들어갔다가 생명을 주는 기체로 떠나는 것이다. 하지만 조만간 산소는 새로 탄소를 싣고서 다시 잎으로 돌아온다. 그리고 잎의 창고에서 탄소를 처분하자마자 곧바로 잎에서 쫓겨나 또다시 공기 중을 떠돌아다닌다.

한 무리의 벌 떼가 벌집과 초원 사이를 오고 간다. 집을 떠날 때는 빈 수레로 나가서 전리품을 찾아다니고, 집에 돌아올 때는 꿀을 잔뜩 싣고 무거운 날갯짓으로 비행하기를 번갈아 한다. 산소는 벌 떼에 비유할 수 있다. 동물의 정맥, 타고 있는 잉걸불, 식물의 부엽토나 다른 썩어가는 물질에서 약탈한 탄소를 싣고 식물의 기공에 다다른다. 그리고 탄소를 세포에 건네준 뒤 쉬지도 않고 다시 출발하여 밖으로 나온다.

그럼 이제는 이산화탄소가 분해되어 생기는 탄소에 관해 말해보자. 이산화탄소에서 떨어져 나온 탄소는 잎 조직에 남아 있다가 하강 수액으로 들어가 당분, 전분, 목재, 그 밖에 식물을 구성하는 여러 가지 유기적 요소가 된다. 그 유기물은 조만간 차례로 느린 연소(부패) 또는 빠른 연소(태우기)에 의해, 또는 동물의 소화와 영양 처리 과정에 의해 분해된다. 그런 다음 다시 이산화탄소가 되어 대기로 돌아가면, 그 상태에서 다른 식물이 또 그것을 먹고 영양물질을 만들어 동물계에 제공할 것이다. 같은 탄소가 대기에서 식물로, 식물에서 동물로, 동물에서 다시 대기로 돌아오는 끝없는 고리를 순환한다.

대기는 모든 생물이 살아 있는 동안 필요한 물질의 대부분을 보관하는 공동 저장고다. 산소는 탄소 운반 차량이다. 동물은 먹이의 형태로 식물에서 탄소를 빌려다가 이산화탄소를 만든다. 식물은 공기에서 이 숨 쉴 수 없는 기체를 끌어다가 산소는 내보내고 탄소만 사용해 동물 세계의 먹이를 준비한다. 따라서 두 왕국은 서로 돕는 관계다. 동물이 만들어낸 이산화탄소를 식물이 먹고 살고, 식물은 이 해로운 기체를 이용해 동물이 숨 쉴 수 있는 공기와 먹을 것을 만드니까.

식물이 이산화탄소를 분해하는 장면을 가장 간단히 확인할 방법은 물속에서 산소가 발생하는 현상을 관찰하면서 기체를 수집하는 것이다. 일반적인 담수에는 언제나 이산화탄소가 녹아 있으므로 번거롭게 따로 제공하지 않아도 된다. 그림 109에서처럼 입구가 넓은 유리병에 물을 채우고 그 안에 초록색 잎으로 뒤덮인 가지를 잘라서 집어넣는다. 수생식물을 사용하면 실험이 더 빨리, 더 오래 진행된다. 물을 채운 그릇에 유리병을 뒤집어 넣고 직사광선에 내놓는다. 조만간 잎이 작은 공기 방울로 덮인다. 공기 방울이 용기의 꼭대기(즉, 뒤집힌 병의 바닥)까지 올라가 기체층을 만드는데, 거기에서 성냥불을 켜면 평소보다 더 환하게 탈 것이다. 이런 사실로 미루어 그 기체가 산소임을 알 수 있다. 그렇다면 물속의 이산화탄소는 잎에 의해 산소와 탄소로 분해된 것이 틀림없다. 산소는 자유롭게 풀려나고 탄소는 잎의 조직에 남는다.

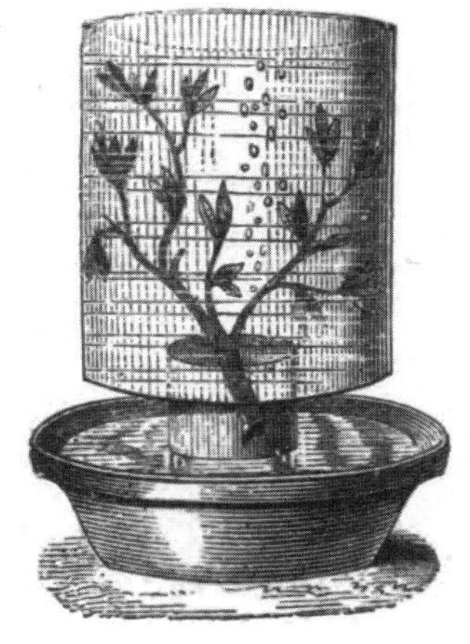

그림 109 **식물의 이산화탄소 분해 실험**

이산화탄소가 분해되어 생긴 산소이므로 병 속 산소의 부피는 물속에 녹아 있는 이산화탄소의 양에 따라 결정된다. 물속에 들어 있는 적은 양의 이산화탄소가 고갈되면 당연히 실험은 그 이상 진행되지 않는다. 이 방법으로는 산소를 조금밖에 모으지 못하지만 기체의 성격을 파악하는 데는 충분하다.

실제 잎이 수행하는 해체 작업은 훨씬 규모가 크다. 방해하는 것이 없다면 여름철에 수련 잎 하나가 하루에 300리터의 산소를 내뿜는다. 우리가 실험으로 얻은 고작 몇 세제곱센티미터의 산소와는 비교도 할 수 없는 양이다. 이산화탄소를 더 보충하면 훨씬 많은 양의 산소를 얻을 수 있다.

이런 맥락에서 드 캉돌이 수행한 흥미로운 실험을 반복해보자. 물을 채운 그릇에 주둥이가 넓은 병 2개를 나란히 엎어둔다. 병 하나에는 이산화탄소를 채우고 다른 병에는 물과 함께 수생식물을 넣는다. 두 병 모두 햇볕에 두면 첫 번째 병에 있던 이산화탄소가 물에 녹아 서서히 두 번째 병으로 들어간다. 이렇게 식물의 잎이 들어 있는 물에 이산화탄소가 보충되므로 화학작용이 며칠 동안 계속된다. 분해 과정은 눈으로도 직접 확인할 수 있다. 이산화탄소가 들어 있는 병은 매일 조금씩 물이 차오를 것이다. 기체가 물에 녹아 사라진 만큼 물이 차는 것이다. 반대로 식물이 있는 유리병은 물의 높이가 낮아진다. 잎이 내보낸 산소가 그 자리를 차지하기 때문이다. 만약 실험이 잘 진행되면 마침내 한쪽 유리병의 이산화탄소는 모두 사라지고, 식물이 들어 있던 유리병에는 거의 같은 양의 산소가 모일 것이다.

물론 이 실험 환경은 자연 상태와는 매우 다르다. 땅에 뿌리를 박고 잎을 하늘로 뻗은 식물 대신, 흙에는 닿지도 않는 데다가 육상식물에는 낯설기만 한 물속에서, 그것도 가지의 한 부분만 넣고 실험했으니 말이다. 이처럼 인위적인 실험 환경에서 얻은 결과를 자연적인 식생에 적용할 수 있을까?

최근 수행된 한 실험은 이런 점에서 한 치의 의심도 남기지 않았다. 자연 상태에서 시행한 최초이자 가장 유명한 실험이 바로 장 바티스트 부생고Jean-Baptiste Boussingault의 포도덩굴 실험이다.

이 유명한 화학자는 잎이 많이 달린 포도덩굴 줄기를 커다란 유리 구체에 넣었다. 줄기는 덩굴 밑동에 연결된 상태였으며 20여 개의 잎을 달고 있었다. 구체는 공기로 가득 차 있었고 공기 순환 장치를 설치해 적정한 속도로 계속 신선한 공기를 보충해주었다. 기억하겠지만 대기는 이산화탄소의 주요 공급원으로 언제나 일정량의 이산화탄소가 들어 있다. 실험 결과 구체에 들어가 포도덩굴 잎 사이를 흐르다가 그곳을 떠난 공기는 구체에 들어간 공기에 비해 이산화탄소량이 3배나 적었다. 그리고 사라진 이산화탄소의 양만큼 산소가 발생했다. 이 실험으로 대기의 공기는 태양에 노출된 잎 사이를 흘러 다니다가 잎에서 이산화탄소의 4분의 3을 빼앗기고, 식물은 그것을 분해하여 같은 양의 산소를 내보냈다는 사실을 충분히 알 수 있다.

유리 구체니, 뒤집힌 유리병과 그릇이니, 공기 순환 장치니 하며 복잡한 실험 장비를 운운한 것이 그대들을 혼란스럽게 했을지도 모르겠다. 그러면 저 실험을 최대한 단순한 용어로 다시 설명해보겠다.

집 주변에 있는 연못에 가보자. 고인 물에 올챙이가 잔뜩 모여 살고 있을 것이다. 연못 가장자리에서 햇빛을 받으며 망중한을 즐기는 놈도 있고 연못 한복판으로 열심히 헤엄쳐 가는 놈도 보인다. 일부는 떼를 지어 꼬물거리며 놀고 있다. 한쪽에는 제집을 이고 천천히 기어가는 각종 달팽이도 보인다. 띄엄띄엄 작은 갑각류들이 꼬리질로 헤엄을 친다. 어느 유충은 모래 알갱이를 온몸에 덕지덕지 붙여 집을 만든다. 지나가는 먹잇감을 낚아채려고 검은 거머리가 누워서 기다린다. 마지막으로 큰가시고기가 있다. 가시로 등뼈를 무장한 아주 작은 물고기다. 이 생물들이 모두 산소로 숨을 쉬는데, 산소는 물속에 녹아 있다. 만약 연못의 물에 산소가 부족하면 어쩔 수 없이 모든 개체군이 죽고 말 것이다. 또 다른 위협도 있다. 연못 바닥에는 검은 진흙이 깔려 있는데, 실은 그게 다 죽은 잎, 거주자의 배설물, 죽은 미소동물 등 썩고 있는 동식물의 잔해다. 그렇다면 연못의 물은 어떻게 숨을 쉴 수 있는 상태를 유지할까? 그리고 어떻게 생명을 주는 산소를 계속 풍부하게 공급해 연못에 사는 주민들이 삶을 영위하게 하는 걸까?

위생 관리의 과제는 수생식물이 맡고 있다. 이 식물들은 이산화탄소를 먹고 햇빛의 도움을 받아 분해한 다음 산소를 내보낸다. 부패는 식물의 생계를 책임지고, 반대로 식물은 동물을 먹여 살린다. 고인 물의 건강을 보장하는 수초 중에서 해캄이라는 녹조류가 있다. 연못 바닥에 벨벳 같은 카펫을 깔거나 수면 위아래에 몽글몽글한 덩어리로 떠 있는 가는 실뭉치 같은 식물이다. 신선한 물을 채운 유리병에 해캄 한 다발을 넣고 햇볕을 쬐어주면 셀 수도 없이 많은 작은 공기 방울이 수초를 뒤덮은 게 보일 것이다. 저 공기 방울은 물속에서 용해된 이산화탄소에서 나온 산소 거품이다. 수초의 점액성 그물에 가두어진 공기 방울이 점점 부피가 커지다 보니 식물이 가벼워지면서 거품처럼 수면 위로 떠오른다. 이 실험에는 특별한 장치가 필요하지 않다. 물이 든 그릇에 초록색의 작은 점액질처럼 보이는 수초를 넣고 햇빛을 비추면 이 천연 산소 공장을 직접 보게 될 것이다.

물을 채운 유리병에서 숨 쉴 수 있는 기체를 생산하는 이 녹조류는 연못, 호수, 강, 바다에서 일어나는 청소 작업의 예다. 개구리밥, 해캄, 끈적하고 펠트 같은 질감을 가진 수생 이끼처럼 수조나 연못의 모든 초록색 물질이 햇빛 아래에서 산소 방울로 뒤덮이는데, 그것이 물속에 녹아 식물은 물론이고 동물의 생명을 유지시킨다. 보잘것없는 잡초 덕분에 연못에 고인 물은 역병을 일으키기는커녕 다양한 동물 종을 부양한다.

진작 알았다면 좋았을 교훈이 아닌가. 어려서 큰가시고기를 잡아다가 유리로 된 잼 병에 넣고 키우다가 죽인 일이 얼마나 여러 번이던가. 작은 물고기는 물을 갈아주지 않으면 얼마 지나지 않아 죽고 만다. 물속에 녹아 있는 산소를 숨 쉬는 데 다 써버리기 때문이다. 큰가시고기 키우기에 성공하고 싶은가? 그러면 어항에 해캄을 함께 넣어주면 된다. 해캄은 큰가시고기에게 산소를 주고 큰가시고기는 해캄에 이산화탄소를 주어 서로 도움을 주고받으며 굳이 어항의 물을 갈아주지 않아도 오래도록 잘 산다. 요약하면, 수생동물을 기를 때는 떼놓을 수 없는 동반자인 수초를 꼭 함께 길러야 한다는 사실을 잊지 말자.

식물이 이산화탄소를 분해해서 산소를 풀어주려면 두 가지 조건이 필요하다. 햇빛과 엽록소 알갱이다. 어둠 속이나 인공적인 조명 아래에서는 아무리 밝아도 이산화탄소가 분해되어 산소가 빠져나오는 일이 없다. 물컵에 해캄을 조금 넣고 실험하면 쉽게 증명할 수 있다. 그늘에 두면 아무리 오래 기다려도 공기 방울이 식물의 잎을 덮지 않는다. 하지만 태양 아래에서는 곧장 산소가 발생한다.

햇빛을 직접 받지 않는 곳에서는 식물이 이산화탄소에 반응하지 못해 약해지면서 굶주리게 된다. 빼앗긴 빛을 찾으려는 듯 비정상적인 높이로 웃자라고, 수피와 잎은 초록색을 잃고 열어지다가 마침내 죽는다. 이처럼 식물이 햇빛을 제대로 받지 못해 병약해진 상태를 황화黃化라고 한다. 원예 기술 중에 식탁에 올릴 채소를 더 연하게 하거나, 특정 식물의 강하고 불쾌한 향을 줄이거나 심지어 없애려고 일부러 햇빛을 가리는 방법도 있다. 상춧잎을 묶어두면 빛을 보지 못한 심 부분이 하얗게 되면서 즙이 늘어난다. 셀러리와 아스파라거스는 농부가 땅속에 묻어두다시피 하는데, 이렇게 토양의 어둠 속에 두지 않으면 향이 너무 진하기 때문이다. 잔디를 타일로 덮거나 화분을 엎어두면 며칠 지나지 않아 잎이 누렇게 뜨면서 아파 보일 것이다.

햇빛 다음으로 필요한 것은 식물의 초록색 부분이다. 식물에서는 잎에서만 이산화탄소를 분해할 수 있다. 꽃이나 열매 등 초록색이 아닌 기관은 햇빛이 있어도 그 작용이 일어나지 않는다. 초록색의 엽록소 알갱이가 들어 있는 모든 세포는 태양의 도움을 받아서 이산화탄소를 두 원소로 쪼갤 수 있다. 하지만 엽록소 알갱이가 없는 세포는 그런 변형을 일으킬 힘이 없다. 이산화탄소를 산소와 탄소로 나누는 화학 과정을 바로 저 엽록소 알갱이에서 볼 수 있다. 그 과정은 아직 완전히 밝혀지지 않았지만, 동물의 혈액에서 적혈구가 맡은 역할과 어느 정도 비슷하다. 적혈구는 몹시 작은 알갱이인데 호흡기관을 지나가며 산소를 싣는다. 다공성 덩어리 안에 산소를 농축하여 연소 능력을 키운다. 몸을 순환하는 혈액을 따라 적혈구가 운반되면서 피가 흐르는 다양한 신체 기관에 서서히 산소를 양보하고, 사용한 쓰레기를 태워 이산화탄소와 수증기의 형태로 날숨과 함께 내보낸다. 비슷한 방식으로 엽록소 알갱이는 이산화탄소를 농축하고 분해에 가장 우호적인 여건에서 햇빛에 반응한다. 화학자들은 존재하는 것만으로도 화학반응을 일으키며 그 도움이 없다면 반응이 진행되기가 몹시 어렵거나 심지어 불가능한 물질들을 밝혀내고 있다. 잎의 초록 알갱이와 피의 적혈구 모두 그 물질에 화학적 효율성을 빚지고 있을 가능성이 크다(이 물질은 효소를 말한다—옮긴이).

식물의 주된 요소, 즉 탄소는 이산화탄소가 제공한다. 이산화탄소를 분해하는 데는 잎 표면에 가까운 세포 속 엽록소가 꼭 필요하다. 하지만 신기하게도 초록 알갱이가 전혀 없이 잘 자라는 식물이 있다. 그중에서도 열당과의 초종용은 농부들에게 성가신 존재로 시골에서 흔하게 마주친다. 가지가 없고 커다란 비늘이 덮였으며 거무칙칙한 꽃다발이 있는 아스파라거스 줄기를 그려보라. 식물의 색깔은 전체적으로 갈색이고 탁한 붉은색이나 누런 기가 있다. 자, 그것이 초종용이다. 이 식물은 어떻게 자양액 제작에 필수적인 엽록소 알갱이가 없는데도 잘 먹고살까? 이 식물의 뿌리에 수수께끼의 답이 있다. 이 식물의 줄기가 이웃하는 식물의 뿌리에 융합된 것이 보일 것이다. 초종용은 기생식물이다. 엽록소 알갱이가 없어서 생명의 주식인 탄소를 이산화탄소에서 직접 추출하지 못한다. 그래서 다른 식물의 수액을 빼앗아 먹는다. 기생식물은 저마다 좋아하는 목표 대상이 따로 있다. 어떤 식물은 백리향을, 어떤 식물은 삼을, 어떤 식물은 아마, 담쟁이덩굴, 토끼풀을 좋아한다. 기생식물은 먹이를 주는 숙주 식물이 없으면 혼자서 크지 못한다. 예를 들어 화분에 초종용 씨앗을 심어보자. 아무리 신경을 써서 보살펴도 헛수고일 뿐, 새싹이 하나도 나지 않을 것이다. 이번에는 초종용의 씨앗을 이 기생식물이 선호하는 토끼풀 같은 식물의 씨앗과 함께 뿌려보라. 아마 대부분 발아할 것이다. 초종용은 제 줄기를 토끼풀 뿌리에 붙여 초록 잎이 달린 양부모가 분해하는 이산화탄소를 먹고 살면서 양부모는 진이 빠져 죽어가는 동안 잘도 번식한다.

초록색 색소가 없기에 수액을 만들 수 없고 다른 식물에 기생해서만 살아야 하는 식물로 새삼도 있다. 새삼의 빨갛고 실 같은 촉수는 삼이나 백리향, 심지어 포도덩굴에 몸을 고정한다. 한편 구상난풀은 숲속의 나무, 특히 소나무 뿌리에서 자라는 노란 기생식물이다. 개종용속의 라트라이아 클란데스티나*Lathraea clandestina*는 커다란 보라색 꽃이 피는 식물인데, 연한 지하줄기가 물가에 사는 오리나무의 뿌리에서 자양물을 빨아들인다. 아욱목의 적황색 기생체인 키티누스*Cytinus*는 똑같은 아욱목의 시스투스*Cistus* 줄기에 붙어서 산다. 이 모든 기생식물에서 잎은 열리지 않은 눈을 감싸는 비늘처럼 단순한 형태의 비늘로 줄어든다.

23장

하강 수액

앞에서 전반적으로 훑어보았으니 이제 좀 더 구체적으로 살펴보자. 정제되지 않은 수액인 상승 수액은 많은 양의 물에 극히 적은 영양소가 들어 있는 액체로서, 흙에서 뿌리로 흡수되어 변재의 물관을 통해 잎까지 전달된 다음 세포에서 세포로 스며들어 잎몸 전체에 분배된다. 적은 양의 영양소를 운반하느라 덩달아 너무 많이 빨아올린 물은 수증기 형태로 기공에서 배출된다. 증산작용으로 상승 수액의 내용물을 농축하는 동안 세포는 대기에서 이산화탄소를 받아들인다. 그러면 엽록소 알갱이가 햇빛 아래에서 이산화탄소를 탄소와 산소라는 두 가지 원소로 쪼갠다. 산소는 세포의 막성 벽을 지나온 다음 세포조직의 구불구불한 통로를 타고 다니다가 기실에 도착하고

마침내 기공에서 수증기와 함께 배출된다.

산소와 달리 탄소는 잎에 남아 상승 수액에 들어 있는 재료와 즉시 결합한다. 하지만 아직 손으로 만질 수 있는 검은 숯가루의 형태는 아니다. 세포 내부는 이산화탄소를 분해하는 작업실이지만, 실은 새로운 화합물을 만드는 실험실의 기능이 더 크다. 그곳에서 엽록소 알갱이는 태양의 도움을 받아 원소를 새롭게 배열한다. 세포에는 상승 수액이 싣고 온 세 가지 유기 원소가 있다. 물에 들어 있는 산소와 수소, 질산염이나 암모니아성 염류에 들어 있는 질소가 그것인데, 이 원소들이 곧 탄소와 결합해 설탕, 전분, 목재, 열매, 꽃이 될 원재료다. 결국 평범한 상태의 탄소는 조금도 혼자 있을 틈 없이 즉각 식물의 한 부분이 된다.

이 얼마나 대단한 업적인가! 한가롭게만 보이는 밀집된 세포 속에서 인간의 지식을 뛰어넘는 활동과 변화가 일어나고 있지 않은가. 액체가 세포를 부풀리고 한 세포에서 다른 세포로 이동하고 용액에 든 재료를 발산하고 스며들고 순환하고 교환한다. 그러면서 수증기를 밖으로 내보내고 어떤 기체는 들여오고 어떤 기체는 쫓아낸다. 햇빛이 세포의 화학 에너지를 깨우면 원소가 모여서 생명의 원료가 된다. 이 수고로운 노동의 결과가 바로 하강 수액이다.

이 수액을 목재, 수피, 잎, 또는 꽃과 열매라고 부를 수는 없다. 하강 수액은 이 중 어느 것도 아니지만, 또 어떤 의미에서는 저것들 전부이기도 하다. 동물과 비교해볼까. 동물의 피는 살도 아니고 뼈도 아니고 털도 아니다. 그러나 털과 뼈, 근육이 모두 저 피로 구성되었다. 나무의 수액도 동물의 피와 비슷하다. 하강 수액은 열매와 나뭇가지와 잎과 꽃, 수피와 눈의 재료다. 저 자양액은 식물에 생명을 주는 피다. 식물의 모든 기관이 저 액체 안에서 양분과 생장에 필요한 것을 찾기 때문이다. 잎은 무형의 수액을 조직하고 생명력을 주어 더 많은 식물을 만든다. 꽃은 저 수액에서 색깔의 재료를 끌어오고, 과일은 전분, 설탕, 젤라틴을 얻는다. 나무의 목재는 저 수액으로 섬유를 만들고 단단한 목질층이 될 원재료를 받는다. 나무껍질은 코르크 덮개를 만들고 속껍질을 만들어낼 재료를 빌린다. 이 수액은 눈으로 보기에 전혀 특별한 점이 없다. 그래서 아무것도 아닌 것 같지만 실은 전부다. 하강 수액은 대자연의 젖줄이다. 식물은 직접, 동물은 식물을 통해서 사실상 "지구에 거주하는 모든 생명체"가 이 풍성한 개울에서 양분을 빨아들인다.

영양이 잔뜩 든 수액은 수피의 안쪽을 타고 내려온다. 잎에서 물이 증발하고 농축된 이 수액은 물이 대부분인 상승 수액과 달리 양이 많지 않다. 그런데도 이 액체가 수피를 통해 내려간다는 사실은 쉽게 증명할 수 있다. 나무줄기에서 수피를 고리 형태로 제거하면, 수액이 상처 부위의 위쪽 가장자리에 모인다. 하지만 상처 아래쪽 가장자리에서는 같은 현상이 관찰되지 않는다. 다리가 끊어져 길이 막힌 수액은 벗겨진 수피의 위쪽 가장자리에 쌓여서 살이 늘어지듯 부풀다가 결국 그 자리에서 왕성하게 조직된다. 반면에 벗겨진 아랫부분의 줄기는 원래의 굵기를 유지한다. 부풀어 오른 수피 속을 조사하면 섬유와 물관이 불규칙하게 꼬인 것을 볼 수 있다. 장애물을 건너 아래로 계속 내려가려는 열망으로 출구를 찾아 사방으로 흩어지는 것이다.

줄기를 끈으로 꽉 동여매도 수피를 압박해 자양액이 흐르는 길을 가로막기 때문에 눌린 부위 위쪽으로 수피가 불룩해진다. 묘목이나 어린나무를 지지하려고 세운 말뚝이나 쇠틀에 대고 줄기를 꽉 묶은 다음 미처 풀어줄 생각을 하지 못하면 나무가 자라면서 제 목을 졸라 질식하게 된다. 나무줄기는 서서히 끈의 위쪽으로 부풀다가 마침내 수피가 덮어버리고 심지어 파묻히기까지 한다. 나무가 좁은 바위틈에 몸을 끼워 넣었다가 점점 자라면서 그 위로 기형적으로 몸이 부푼 상태를 발견하는 일이 왕왕 있다. 모두 아래로 내려가야 하는 수액을 붙잡고 있는 바람에 생긴 일이다.

줄기가 조이더라도 어딘가에 통로로 기능할 좁은 구역이 남아 있다면 하강 수액은 장애물을 피해 통로를 따라서 뿌리까지 제 갈 길을 간다. 그런 경우에는 나무도 계속 커갈 수 있다. 그러나 줄기 전체가 단단히 조였거나 수피가 고리 모양으로 아예 제거되어 길이 막히면 수액이 끝까지 내려가지 못해 뿌리가 죽고 얼마 지나지 않아 나무 전체가 죽음을 맞이한다.

이런 사실로 미루어 우리는 다음과 같은 교훈을 얻을 수 있다. 첫째, 이후로 어린나무에 지지대를 묶을 때는 너무 꽉 조이지 않게 조심한다. 아니면 적어도 너무 늦지 않게 풀어준다. 그러지 않으면 줄기의 목이 졸려 치명적인 상태가 되는 것을 직접 보게 될 것이다.

휘묻이 기술에 응용할 수 있는 두 번째 교훈이 있다. 막뿌리를 쉽게 내지 않아서 꺾꽂이나 휘묻이로 번식하기가 어려운 식물에서 막뿌리가 잘 나게 하려면 다음과 같은 방법을 쓸 수 있다. 가지에서 뿌리를 내고 싶은 부분을 고리 형태로 수피를 제거하거나 둘레를 끈으로 꽉 묶은 다음 가지 끝을 땅에 심는다. 그러면 하강 수액이 더 멀리 가지 못하고 상처나 묶인 부위의 가장자리에 모이는데, 그렇게 영양물질이 아주 많이 쌓이면 줄기는 평상시처럼 수피가 부푸는 대신 토양의 힘을 빌려서 막뿌리를 다발로 만들어낸다.

수액의 흐름이 멈춘 수피의 가장자리는 언제든 뿌리를 만들어낼 준비가 된 상태라서 주변이 눅눅하면 공중으로도 뿌리를 뻗는다. 꺾꽂이모의 거의 끝부분에서 수피를 고리 형태로 벗겨낸 다음, 그 부분 아래로 가지를 땅에 심는다. 이렇게 되면 막뿌리는 평소와 달리 축축한 흙으로 둘러싸인 가지 끝이 아니라 상처의 위쪽 가장자리에서 나와 공중으로 뻗은 다음 아래로 내려와 스스로를 땅속에 묻을 것이다.

만약 수피가 통째로 제거되지 않고 일부는 세로로 길게 남아 상처 부위의 위아래를 연결하면 수액은 그 띠를 통해 아래로 계속 흐르고 막뿌리는 마치 모든 것이 정상인 것처럼 땅에 묻은 꺾꽂이모의 기부에서 자란다.

하강 수액은 방금 증명한 것처럼 수피 조직을 통해 대체로 아래쪽으로 이동하지만, 방향을 틀어 다른 경로를 택하기도 한다. 원래의 흐름을 가로지르거나 거꾸로 올라가면서 식물의 다양한 기관에 양분을 전달한다. 눈과 잎, 어린 잔가지를 비롯하여 형성 중인 모든 조직이 필요한 식량을 받는다. 수액 일부는 수피와 목재 사이에서 배어 나와 추가 공정을 거쳐 유체 같은 목재인 부름켜가 된다. 부름켜에서 해마다 새로운 변재층과 속껍질층이 만들어진다. 한편 불투명하고 색깔이 있는 유액의 형태로 유관에 저장되는 수액도 있다. 마지막으로 남는 양은 뿌리까지 가서 물을 흡수하는 신선한 조직을 계속 만들어 활발하게 제 쓰임을 다한다. 수액의 여정은 거기에서 일단락된다. 그러나 순환은 흙이 제공하는 물질에 의해 끊김 없이 바로 다시 시작한다. 뿌리가 토양에서 빨아들인 미정제 원액으로 시작하여 변재의 물관을 통해 줄기를 타고 올라가 잎에 다다른 다음 그곳에서 태양의 힘을 빌려 화학작용이 일어나면 대기에서 끌어온 탄소와 결합해서 영양분이 가득한 수액이 된다. 이 자양액은 수피를 통해 아래로 내려가서 나무의 다양한 기관에 분배된 뒤 마침내 뿌리라는 출발점으로 되돌아간다.

24장

식물의 호흡

동물은 물론이고 식물까지 포함하여 조직된 모든 존재 안에서 생명은 산소에 의한 연속적인 분해와 연소로 유지된다. 생명이 살아가려면 끊임없이 물질을 소비하고 또 보충해야 한다. 앞에서 말한 '생명의 불꽃'이라는 적절하고도 아름다운 표현을 기억할 것이다. 불꽃이 빛과 열을 내며 살아 있게 하려면 등잔은 꾸준히 기름을 써가며 연료를 제공해야 한다. 생명도 다를 바 없다. 생명은 탄생의 순간에 켜져서 죽을 때가 되어야 꺼지는 훌륭한 등잔이다. 영양은 사라진 물질을 보충하고 호흡은 보충된 물질을 소비한다. 영원히 지속되는 이런 충돌의 결과가 생명이라는 존재의 활동이다. 앞에서 설명했듯이 동물에게 산다는 것은 곧 태우는 것이다. 그리고 같은 것이 식물에

서도 똑같은 진리다. 산소에 굴복하여 물질을 태우지 않고서는 어떤 근육 섬유도 제가 맡은 일을 하지 않을 것이고, 어떤 세포도 목적을 이루지 못할 것이다.

식물도 동물처럼 숨을 쉰다. 대기 중의 산소가 조직을 뚫고 들어가 그곳에서 탄소를 태움으로써 생명을 유지하고 이산화탄소가 되어 대기로 다시 내뱉어진다. 따라서 식물과 대기 사이에는 두 가지 기체교환이 일어나는데, 하나는 영양 공급과 물질의 보충을 위한 것이요, 다른 하나는 그렇게 얻은 물질을 해체하는 호흡과 관련된 것이다.

첫 번째 교환 과정에서는 공기가 식물에 이산화탄소를 제공한다. 이산화탄소는 잎 속에서 햇빛의 도움을 받은 화학작용을 거쳐 두 원소로 분해된다. 그리고 그 결과 만들어진 산소를 대기에 다시 풀어준다. 이 교환은 시도 때도 없이 계속 일어나는 것이 아니라 주기적으로 반복되는 현상이다. 오직 햇빛이 있을 때만 일어나고 밤 또는 어두운 그늘에서는 완전히 멈춘다. 또한 식물의 초록색 부분, 다시 말해 엽록소 알갱이가 들어 있는 세포에서만 일어난다. 색이 다른 기관은 낮이든 밤이든 전혀 그 일을 거들지 않는다. 이런 유기적인 과정의 중요한 결과는 탄소의 획득이다. 탄소는 하강 수액을 만드는 데 꼭 필요한 물질이다. 그러므로 이 교환은 공급에 속하는 단계다. 다시 말해 소비가 아니라 부양과 유지의 과정이다. 그런데도 우리는 식물의 초록색 부분, 특히 잎이 이산화탄소를 흡수하고 산소를 발산하는 기능까지 모조리 호흡이라 부르는 데 익숙해졌다. 초기에 식물을 관찰했던 사람들이 두 개념을 구분하지 못하여 이 사악한 표현을 대대로 물려주고 말았다. 유감스러운 혼란을 일으키지 않으려면 차라리 쓰지 않는 편이 더 나은 표현이다.

아무튼 호흡이란 물질을 분해하여 생명의 연소 과정을 유지하는 현상이므로 나는 '식물의 호흡'이라는 말을 식물과 대기 사이에서 일어나는 두 번째 종류의 기체교환에 적용하겠다. 즉, 이 과정에서 대기는 식물에 산소를 제공하며, 그 산소는 조직을 분해하여 생명력을 유지한다. 식물은 이 연소의 결과물인 이산화탄소를 대기에 돌려준다. 따라서 호흡에 의한 교환은 영양을 위한 교환과는 완전히 거꾸로다. 게다가 정해진 시간에만 일어나지 않고 언제나 진행 중이며 햇빛에 휘둘리지 않는다. 낮과 밤을 가리지 않으며 빛이 있을 때는 물론이고 깜깜한 어둠 속에서도 식물은 호흡하여 산소를 흡수하고 이산화탄소를 쫓아낸다. 한마디로 동물처럼 행동하는 것이다. 동물의 호흡은 빨라지거나 느려질 수는 있을지언정 목숨이 붙어 있는 한 멈추는 법이 없다. 식물의 모든 부분은 초록이든 아니든, 땅 위에 있든 밑에 있든 가리지 않고 산소를 소비한다. 산소는 잎과 뿌리, 발아하는 낟알과 꽃잎을 펼치는 꽃, 익어가는 씨앗과 싹 트는 눈, 줄기를 먹이는 덩이뿌리에 모두 필요하다. 산소가 없으면 동물처럼 식물도 소멸한다. 이산화탄소가 제 주식인데도 이산화탄소만 있는 곳에서는 식물도 죽는다. 산소를 빼앗긴 환경이나 산소가 충분하지 못한 곳에서는 식물이 죽는다. 따라서 잎의 화학적 기능을 실험할 때, 예컨대 물속에서 실험하려면 실험자는 산소와 이산화탄소가 모두 녹아 있는 일반적인 물을 사용해야 한다. 기체 환경에서 실험할 때 실험자는 이산화탄소가 들어 있되, 그 양이 지나치게 많지 않은 공기를 제공해야 한다. 산소가 부족하고 이산화탄소가 많으면 식물은 죽기 때문이다.

요약하면 첫째, 식물에 탄소를 공급하는 영양 작용, 즉 동화 작용은 이산화탄소를 받아들이고 산소를 내보낸다. 이 과정은 식물의 녹색 부위, 주로 잎에서, 그것도 햇빛 아래에서만 이루어진다. 둘째, 양분을 천천히 계속 연소하여 식물의 생명력을 유지하는 호흡 작용은 산소를 받아들이고 이산화탄소를 내보낸다. 이 과정은 색깔에 상관없이 식물의 모든 부분에서 이루어지고, 밝은 곳에서는 물론이고 어두운 곳에서도 일어난다. 그러므로 호흡 작용이 대기에 미치는 영향은 정확히 동화 작용의 정반대다. 탄소가 제거되고 산소가 보충되어 공기가 정화되는 것이 하나요, 산소를 빼앗기고 이산화탄소를 받는 것이 또 다른 하나다. 그러나 햇빛 아래 식물의 녹색 부위에서 일어나는 작업은 연소와는 비교할 수 없을 정도로 규모가 크다. 햇빛이 적신 식물에 들어가는 탄소의 양은 식물을 떠나는 양보다 훨씬 많다. 식물은 받아들인 것보다 더 많은 산소를 내뿜는다. 그래서 햇빛이 비치는 시간에 식물은 대기 중에 산소의 함량을 높이고 이산화탄소의 비율을 낮추는 작용을 한다. 빛의 화학 자극이 없는 밤에는 엽록소 알갱이의 활동이 멈추지만 호흡은 계속되므로 산소를 소비하고 이산화탄소를 내뿜는다. 어둠이 지속되는 한 지구의 식생은 대기 중에서 숨을 쉴 수 없는 요소를 늘리고 숨을 쉴 수 있는 요소를 줄인다. 동물의 호흡처럼 공기를 해치는 것이다. 식물과 대기 사이의 이런 기체교환을 볼 때 두 기능의 이렇듯 서로 반대인 특징을 고려하지 않고 호흡이라는 일반적인 용어로 그 합을 정의하자면, 낮 동안 식물의 호흡은 대기를 정화하여 산소 비율을 높이고 이산화탄소 비율을 낮추지만, 밤 동안 식물의 호흡은 산소의 비율을 낮추고 이산화탄소의 비율을 높여서 공기의 질을 떨어뜨린다고 말할 수 있다. 그러나 실제로 전체적인 균형은 낮 동안의 호흡에 크게 치우쳐져 있다. 잎이 이산화탄소를 분해하는 작용은 작업 시간이 더 짧은데도 산화 작용보다 훨씬 두드러진다. 예를 들어 협죽도는 낮 동안 같은 시간에 같은 면적의 잎에서 밤에 내보내는 것보다 16배나 많은 이산화탄소를 분해한다. 따라서 식물이 활동한 순수한 결과는 공기 중에서 산소의 양을 늘리고 이산화탄소의 양을 줄이는 것이다. 그래서 동물이 더럽힌 공기의 건강이 언제나 식물에 의해 회복되는 것이다.

생명체의 조화에 엽록소의 활동이 얼마나 중요한지 충분히 살펴보았으므로 이제 진짜 호흡의 과정으로 넘어가 보자. 호흡은 산소를 받아들이는 단계와 이산화탄소를 내보내는 단계로 구성된다. 식물은 부위를 가리지 않고 어디서나 호흡한다. 자고로 생명이란 작디작은 세포에서조차 산화 작용이 계속되지 않으면 유지될 수 없기 때문이다. 그렇긴 해도 대개 호흡 작용은 녹색이 아닌 기관에서 더 활발하게 일어난다. 잎, 수피, 뿌리, 목질 조직처럼 생식력이 있는 곳에서는 동물의 생명을 유지하는 데 필요한 수준에 버금갈 만큼 산소를 흡수한다. 발아하는 낟알, 한창 물이 올라 겉싸개를 벗어던지는 잎눈, 무엇보다 생명이 잠을 깨는 순간 꽃의 호흡 활동은 동물에 버금간다. 24시간 동안 꽃무는 제 부피의 11배가 되는 산소를 소비하고, 호박꽃은 12배, 시계꽃은 18배를 소비한다. 같은 시기에 시계꽃의 잎에서는 고작 5배밖에 사용하지 않는다. 이렇듯 다량으로 소비되는 산소는 똑같은 양의 이산화탄소로 대체되어 꽃이 잔뜩 피어 있는 밀폐된 방이 주는 불쾌감을 설명한다. 꽃이 활발하게 숨 쉬는 바람에 공기의 질이 떨어지고, 게다가 그 향기가 스민 대기는 심각한 결과를 낳을 수도 있다. 마지막으로 초종용, 키티누스, 새삼, 균류처럼 엽록소 알갱이가 없는 식물은 시도 때도 없이, 심지어 햇빛이 있는 곳에서도 산소를 소비하고 이산화탄소를 방출한다.

프랑스에는 산울타리에서 잘 자라는 두 종류의 천남성속 식물이 있다. 하나는 '송아지의 발'이라는 이름의 천남성으로 프랑스 중부와 북부에서 흔히 발견되고, 다른 하나는 남쪽에만 서식하는 이탈리아천남성이다. 둘 다 꽃차례는 불염포佛焰苞라는 커다란 원뿔 모양의 노란색 잎으로 구성되고, 그 한가운데에서 암술과 수술을 품은 육질의 자루가 나온다. 이 자루는 끝이 곤봉처럼 부풀어 있는데, 꽃이 피는 순간 손으로 만져보면 느껴질 정도로 열이 발생한다. 불염포 안에 밀어 넣은 온도계는 실온보다 8도에서 10도까지 온도가 올라갔다. 레위니옹섬의 어떤 천남성은 온도계 주위로 12포기를 모아두었더니 30도 이상이나 온도가 올라갔다. 열이 나는 동안 천남성 꽃차례에서는 동물에서 열이 발생할 때와 같은 화학작용이 일어나 상당한 부피의 산소가 흡수되고 그만큼의 이산화탄소가 내보내진다. 꽃은 항온동물만큼이나 활발하게 호흡하며 연소한 결과 동물처럼 열을 발산한다.

드물지만 호흡의 강도가 절정에 다다랐을 때 식물이 인광을 발하는 경우가 있다. 어둠 속에서 보이는 인처럼 열기 없이도 빛이 난다. 이런 신기한 특성이 동물에서는 더 흔하게 발견된다. 늦반딧불이를 들어봤을 것이다. 평화로운 여름밤에 풀밭에서 빛을 내는 작은 별이다. 이 생물의 암컷은 날개 없이 짧은 다리로 기어다니는 다소 볼품없는 벌레로, 날개 달린 수컷 앞에 스스로 다가갈 수는 없으나 밤이 오면 몸의 뒤쪽 마디에 화려한 등불을 켜서 수컷을 땅으로 끌어들인다. 이 살아 있는 등불 안에서도 연소가 일어나지만 열은 나지 않으며 산소가 대량으로 소비되고 이산화탄소가 방출된다. 또한 이 곤충은 진공상태 또는 질소처럼 연소할 수 없는 기체로 채워진 공간에서는 빛을 내지 않는다. 몸 안에서 인광성 물질을 조금도 찾아볼 수 없었던 점으로 미루어 빛을 내는 데는 아무 역할을 하지 않는다. 이 벌레의 몸속에 들어 있는 물질 자체가 연료가 되었다. 프랑스 남부와 이탈리아에서는 셀 수도 없이 많은 반딧불이가 어스름한 저녁이면 불꽃 소나기처럼 돌아다닌다. 브라질과 카옌에 서식하는 방아벌레의 일종은 앞가슴의 둥근 반점 2개가 인광 물질의 저장고로서 웅장한 빛을 내뿜어 한밤에 사냥을 나선 원주민들이 이 곤충을 발등에 하나씩 붙여 길을 밝혔다고 한다.

인광은 환형동물, 갑각류, 연체동물, 방산충 같은 하등동물에서도 발견된다. 유럽에는 불타는 인의 가닥이 화려하게 빛나는 작은 지렁이가 있다. 한편 '전기 지네'라는 뜻을 가진 게오필루스 엘렉트리쿠스*Geophilus electricus*는 이름이 말해주듯이 전기불꽃의 흔적을 닮았다.

바다, 특히 열대지방의 바다에는 인광성 동물이 매우 풍부하다. 가장 놀라운 것은 야광충과 불우렁쉥이다. 야광충은 젤라틴성의 작고 투명한 점처럼 생겼고 끝에는 움직이는 편모가 달렸다. 불우렁쉥이는 손가락 크기의 속이 빈 원통처럼 생겼다. 이 동물도 젤라틴성이고 투명하다. 인광성 개체군이 풍부한 바다는 녹아내린 금속이 사방에 돌아다니는 것처럼 보인다. 파도를 쪼개는 혈관이 앞머리로 푸르고 붉은 화염을 밀고 나아가는 모습은 마치 유황이 불타오르는 밭고랑을 쟁기질하는 것 같다. 깊은 물속에서부터 전기불꽃이 무수히 올라오고 인광성 구름과 빛나는 화환이 파도 한복판을 떠다닌다. 휘황찬란하게 빛나는 불우렁쉥이는 하얗고 뜨거운 금속의 동그란 사슬처럼 고리를 이루고, 용광로에서 흘러나와 식어가는 강철처럼 번쩍이는 사파이어에서 빨강, 분홍, 주황, 초록, 하늘색까지 순식간에 다양한 색으로 바뀐다. 그러다가 갑자기 불이 더 밝아지며 광채가 난다. 이 빛의 화환이 폭죽 같은 뱀의 형상으로 몸을 감았다가 풀기도 하고, 둥글게 말았다가는 붉게 달아오른 포탄처럼 파도 속으로 곤두박질친다. 눈이 닿는 곳까지 바다는 마치 인이 녹아든 물처럼 빛이 부드럽게 스민 우유의 평원 같다.

이 모든 동물 인광의 사례는 아직 제대로 밝혀지지 않은 몇몇을 제외하면 모두 원인이 같다. 발광성 물질이 산화하며 이산화탄소를 만들어내는 과정에서 빛이 발생하는 것이다. 우리는 열 대신 빛을 생산하는 아주 특별한 종류의 연소를 보고 있다.

그럼 이제 식물로 돌아가자. 발광 능력을 부여받은 식물은 고작 대여섯 종에 불과하다. 그리고 이런 능력은 동물계에서도 하등동물의 속성이었던 것처럼 식물에서도 가장 간단한 식물, 특히 특정 균류에서만 관찰된다. 광대버섯의 솜뭉치처럼 생긴 세사와 가는 뿌리섬유 다발 같은 균사❧는 오로지 세포로만 만들어졌으며 어둠 속에서 인광성 광륜光輪을 방출한다. 이들은 그늘을 좋아하여 우중충하고 서서히 썩어가는 나무줄

❧ 세사와 균사는 외형으로 보아 발달이 완성되지 않는 균류다—지은이 주.

기 위로 빛나는 깔개를 펼친다. 마치 반딧불이와 전기 지네가 어두운 굴속에서 하얗게 달궈진 금속 실처럼 몸마디를 질질 끌고 다니는 모양새다.

올리브느타리('*Omphalotus olearius*'라는 화경버섯의 한 종을 말하는 것으로 보인다—옮긴이)는 프로방스 지역 올리브나무 아래에서 흔히 발견되는 선명한 주황색 버섯인데, 인광 현상으로는 유럽에서 으뜸이고 밝기로도 열대의 유명한 종들과 맞먹는다. 모든 느타리류가 그렇듯이 갓의 밑면에는 가늘게 퍼진 주름이 덮였고, 거기에서 버섯을 번식시키는 씨앗, 즉 포자가 자란다. 이 부분을 자실층hymenium이라고 한다. 처음에 올리브느타리는 전체적으로 색조가 어둡다. 초록색이 없는 모든 식물이 그렇듯 산소를 소비하고 이산화탄소를 내보낸다. 그러다가 포자가 생식력을 갖추어 생명 활동이 가장 왕성한 순간에 자실층은 축제에 가려는 모양새로 몸을 단장하고 부드러운 하얀 빛을 발산하는데, 비록 가장 어두운 곳에서만 보이지만 마치 떠오르는 달빛과 같은 광채를 내뿜는다. 발광이 일어나는 동안에는 호흡이 좀 더 활발하여 산소의 흡수와 이산화탄소의 발산이 최대 50퍼센트 늘어난다. 포자가 다 익어 가루처럼 떨어지고 나면 호흡은 줄고 발광도 멈춘다. 여기에서 앞서 천남성에서 언급했던 성질을 발견한다. 두 경우 모두 씨앗이 생명을 깨우는 시점에 호흡이 늘어난다. 생명이라는 장엄한 행위가 천남성에서는 열의 발산으로, 버섯에서는 빛의 발산으로 기념되는 것이다.

2부

1장
종의 보전

앞에서 나는 바위에 붙어서 공동생활을 하며 출아법으로 수를 불리는 산호의 폴립 모체에 식물을 비유했다. 개별 폴립이 폴립 모체의 개체인 것처럼, 눈이 달린 식물의 가지는 식물의 개별 구성원이다. 양쪽 공동체에서 각각 현재와 미래의 번영을 꾀하며 서로 다른 두 가지 작업이 일어난다.

현재의 번영은 영양 공급으로 유지된다. 잎가지의 수액과 폴립 모체의 영양액이 그 역할을 한다. 반면 미래의 번영은 번식으로 보장된다. 새로 싹이 트는 나무의 가지와 혹이 자라서 형성된 산호의 새 폴립은 조상이 만든 터전 위에서 명맥을 이어간다. 공동체의 개체는 그것이 가지든 폴립이든 두 가지 기능을 동시에 수행한다. 현재를 유지하기 위한 영양물질을 제조하고 종족의 미래가 될 후손을 생산하는 것이다. 그렇게 나무와 폴립 모체는 몇 세기를 이어가며 언제까지나 번성하고 수를 늘린다.

그러나 출아에 의한 번식은 신세대가 구세대의 몸에서 자라는 방식이다. 태어난 자리에 고정되어 평생 움직이지 않으므로 종의 번영을 꾀하기에는 역부족이다. 종이 번성하려면 자손이 멀리멀리 퍼져서 다른 살기 좋은 장소에 새롭게 터를 잡아야 한다. 모본에서 떨어져 나와 독립하여 살 수 없는 식물이나 모체에서 분리되어 새로운 군체를 세우지 못하는 폴립 모체는 땅과 바다에서 크게 수를 불리는 데 성공하지 못한다. 종이 널리 퍼지려면 이동성 있는 눈과 싹이 필요하다. 성숙하면 자기가 태어난 곳을 떠나 우연이 이끄는 데로 가서 자립하고 자기가 나고 자란 것과 같은 공동체의 시초가 되어야 한다. 그것이 어린 히드라의 사명으로, 이들은 충분히 자라면 부모 히드라의 몸에서 떨어져 나온다. 식물의 탈락성 눈, 비늘줄기, 살눈, 덩이줄기도 마찬가지다. 이것들은 부모에서 분리되어 죽음에서 벗어나고 새로 싹을 낸 다음 저장된 식량을 먹이고 키워 종을 지속한다.

이런 이동성 눈은 양분을 저장한다는 이유로 부피가 크고 생산 비용도 만만치 않아서 많이 만들 수가 없다. 그렇다면 이걸로 종의 미래를 보장할 만큼의 개체 수를 유지할 수 있을까? 한 몸에서 대여섯 개의 혹이 자라는 히드라, 하나짜리 덩이줄기에서 올라온 난초, 인편 몇 개 달린 마늘이 과연 그 앞에 도

사린 수많은 소멸의 가능성을 피하고 오랜 시간 종을 지속시킬 수 있을까?

지금부터 이 문제의 답을 설명하고자 한다. 그러나 그 전에 먼저 그대들의 기억에서 지워졌을 그 옛날 낚시 여행을 떠올려볼까 한다. 당시 그대들은 아주 어린 꼬마였고, 돌을 들추고 죽은 나무의 껍질을 떼어내며 뒷날개가 화려한 딱정벌레를 찾겠다는 희망에 부풀었더랬다. 하지만 이해의 영역을 벗어난 관찰 대상에는 무심하기 그지없었지. 이제 그대들은 나이도 더 먹었고 그만큼 정신도 성숙했다. 그때는 눈길조차 주지 않았던 대상으로 돌아올 때가 되었다.

그 시절 어떤 일들이 있었는지 알려주마. 너희는 대여섯 명이 몰려다녔고, 교사였던 나는 나이가 가장 많았지만 선생이라기보다는 동료이자 벗으로 함께했다. 그대들은 충동적이고 상상력이 풍부한 소년이었고 봄날의 젊은 수액으로 가득 차 있어 온 세상에 마음을 열고 배움에 그토록 열심일 수가 없었다. 우리는 세상에서 일어나는 온갖 이야기를 떠들어가며 난쟁이엘더와 산사나무가 자라는 들길을 걸었다. 꽃무지는 산방꽃차례로 활짝 핀 꽃 위에 올라 일찍부터 짙은 향내에 취해 있었다. 우리는 진왕쇠똥구리가 앙글❧의 모래투성이 고원에 모습을 드러내고 고대 이집트인들이 세계의 상징이라 여긴 똥

❧ 아비뇽에서 멀지 않은 가르주의 한 마을—지은이 주.

덩어리를 굴리기 시작했는지, 산기슭에 흐르는 냉천의 개구리밥 깔개 아래로 아가미가 산호의 작은 가지를 닮은 어린 영원newt이 나왔는지, 개울에서 우아하게 헤엄치던 큰가시고기가 하늘 보랏빛 혼인색을 둘렀는지, 갓 돌아온 제비가 춤을 추며 공중에 알을 뿌리는 각다귀를 습격하느라 초원의 풀 끝을 아슬아슬하게 스치며 날고 있는지, 올리브나무 땅에 사는 주얼드라세타eyed lizard 도마뱀이 사암을 파고 만든 굴 입구에 퍼렇게 점을 뿌린 풀빛 옆구리를 내보이며 일광욕을 즐기는지, 알을 낳기 위해 론강으로 올라오는 물고기 떼를 따라 지중해에서 내륙까지 쫓아온 붉은부리갈매기가 광기 어린 웃음소리를 내며 떼 지어 날고 있는지 보고 싶었다. 더 말해야 할까? 나는 이 모든 것을 한 문장으로 말할 수 있다. 우리는 그저 동물의 세계 한복판에 있다는 이유로 경험할 강렬한 기쁨을 좇아 봄날에 다시 깨어난 것들이 벌이는 형언할 수 없는 축제에 참여하여 아침을 보내려 했던 것이다.

우리는 산기슭 웅덩이를 특히 주의 깊게 살폈다. 큰가시고기가 혼인색으로 몸을 한껏 치장했다. 배의 비늘은 은빛이 무색할 만큼 빛났고 목은 붉디붉은 주홍 손길이 스친 참이었다. 고약한 의도를 품은 크고 검은 거머리가 다가가자 등과 옆구리에서 용수철처럼 가시가 튀어나왔다. 이런 단호한 태도 앞에 겁을 먹은 노상강도는 잡풀 속으로 슬그머니 물러났다. 왼돌이물달팽이, 논우렁이, 물달팽이, 똬리물달팽이 따위의 연체

동물이 수면에서 느긋하게 공기를 마시고 있었다. 못가의 해적 물땡땡이가 지나치는 놈들을 한 마리씩 잡아 강도짓을 했지만 어리숙한 무리는 그를 알아채지도 못한 것 같았다.

이쯤 되면 그날의 가장 귀중한 포획물에 대해 말해도 좋으리라. "가장 귀중한" 사냥감이라고 하여 악어쯤을 기대했다면 실망하지 않기를. 이날 내가 잡은 것은 학자들이 나이스*naïs*라고 부르는 작고 연약한 벌레였다. 나는 병에 물을 채우고 개구리밥을 띄웠다. 그리고 그 안에 포로를 떨어뜨리고 뚜껑을 닫은 다음 조끼 주머니에 병을 찔러 넣었다. 집에 돌아오자마자 이 조그만 생물을 물이 든 시계 접시에 떨어뜨리고 확대경으로 들여다보았다. 이 생물의 모습은 다음과 같았다.

폭은 눈으로 가늠할 수 없이 가늘고 길이가 약 2~3센티미터인 끈 조각을 상상해보라. 색은 호박琥珀처럼 반투명하고 가로로 몸마디가 여러 개 있다. 끝과 끝이 용접된 이 고리 구조가 이 동물을 환형동물로 분류하게 하는 특징이다. 나이스의 각 몸마디에는 흰색의 작고 뻣뻣한 털이 좌우로 각각 1개씩 무기처럼 나 있어서 전체적인 형태가 작은 물고기의 등뼈를 연상시킨다. 살점을 다 발라낸 정어리가 아마 시계 접시에서 헤엄치는 이 동물을 닮았으리라. 서로 연결된 정어리의 척추뼈 하나하나가 나이스의 몸마디에 해당한다. 양쪽에 하나씩 튀어나온 2개의 가시는 센털이다. 몸통 끝에서 끝까지 어두운 색조의 긴 선이 이어지는데, 무엇을 먹었느냐에 따라 갈색, 초록색, 붉은색으로 변한다. 이것은 소화관이다. 그렇다면 이 작은 동물의 머리는 어디고 꼬리는 어디일까? 한쪽 끝 윗면에 2개의 작고 붉은 점이 보일 것이다. 그것이 눈이다. 같은 쪽 아랫면에서는 주둥이가 들어왔다가 나갔다가 하면서 어떨 때는 늘어났다가 어떨 때는 줄어들고 몸을 앞뒤로 흔들며 가까운 곳에 있는 작은 생물을 잡아먹는다. 이 2개의 안점과 흡관이 있는 쪽이 머리이며, 그 반대쪽이 꼬리다.

하지만 그게 다가 아니다. 이 생물에는 머리와 꼬리가 1개씩이 아니다. 확대경으로 나이스의 몸통을 끝에서 끝까지 주의 깊게 훑어보자. 머리에서 시작된 모든 몸마디에 2개의 센털이 있으며 몸마디는 서로 똑같이 생겼다. 그러다가 몸길이의 약 3분의 1 지점에 유독 잘록하게 들어간 부분이 있는데, 그 뒤에 또다시 2개의 안점과 흡관이 있는 몸마디가 나타난다. 머리처럼 보이는 이 부분은 실제로 머리가 맞다. 맨 앞에 있는 머리의 복제품이라서 알아보지 못할 수가 없다. 이 사실을 어떻게 받아들여야 할까? 몸 중간에 머리가 또 있다니! 오직 상상 속 금수禽獸에서나 가능한 발상이 아니던가. 그러나 여기에서 끝이 아니다. 중간 머리 뒤로 똑같이 생긴 몸마디가 이어지다가 다시 한번 잘록하게 들어간 지점이 나타나더니 그 뒤로 또다시 2개의 안점과 입이 보인다. 세 번째 머리가 나타난 것이다. 다들 어리벙벙하겠지. 그러나 그 뒤로도 네 번째, 다섯 번째 머리가 있고, 그제야 끝이다. 이 벌레의 맨 끝은 꼬리인데 그 뒤로는 아무것도 없으니 이것이야말로 진짜 꼬리다. 정리하면, 나이스는 5개의 비슷한 생물이 한 줄로 연결되어 구성되었다. 끝과 끝이 붙어 있고 각각 입으로 앞 놈의 꼬리를 물고 있어 묵주처럼 생겼다.

별 희한하게 생긴 벌레가 다 있다 싶겠지? 모두 히드라를 기억할 것이다. 우리는 한 개체의 몸통에서 어떻게 혹이 자라 작은 히드라가 되는지 보았다. 나이스도 비슷하게 출아하지만 사방에서 아무렇게나 나오는 것이 아니라 맨 앞에 있는 놈의 꼬리 끝에서만 자란다. 잔가지 끝에서 눈이 자라듯 꼬리 끝에서 두 번째 나이스가 자란다. 새 개체가 적당한 크기로 자라면 부모의 꼬리 끝에서 또 하나가 태어나 앞으로는 부모의 꼬리를 물고 뒤로는 저보다 먼저 태어난 형제자매를 달고 있어 언제나 부모와 연장자의 사이에서 존재한다. 따라서 모체에서 멀리 있을수록 먼저 태어난 것이라 더 길고 튼튼하게 보인다.

이 나이스 사슬에서 음식을 제공하는 것은 누구인가? 먹이를 사냥하고 소화하고 영양가 높은 죽을 준비하는 것은 누구인가? 그건 오직 부모가 할 일이다. 제 주둥이로 썩어가는 물질의 알갱이나 물속에서 빙빙 도는 미소동물을 낚아채는 것은 부모다. 먹은 것을 소화하여 죽이 준비되면 사슬 끝에서 끝까지 단번에 연결된 소화관을 통해 나머지 모두에게 배급한다.

첫 번째 나이스는 건강 상태에 따라 셋, 넷, 다섯 이상도 싹을 낸다. 그러나 머지않아 먹이를 대는 일이 힘에 부치면 부모는 출아를 멈춘다. 이제 이 다섯 마리의 자손으로 충분히 이들의 종이 보존되어 개구리와 해캄이 떠 있는 살기 좋은 연못에서 계속 번성할 수 있을까? 물론 나는 저 연못에서 나이스가 사라져도 지구는 자전을 멈추지 않고 사물의 질서도 대체로 크게 흔들리지 않으리라는 걸 안다. 무시무시한 재앙이 일어나 이 지구에서 인류가 멸망한다면 태양이 얼굴을 가리며 애도하고 충격받은 행성이 제 궤도에서 역행하리라고 믿는 것은 아니겠지? 천부당만부당한 소리다. 인간이 사라져도 세상에는 무슨 일이 있었냐는 듯 귀뚜라미가 덤불에서 울어대고 올챙이는 연못에서 태연히 꼬물거릴 것이다. 나이스가 멸종하든 코끼리나 고래처럼 덩치 큰 살덩어리와 뼈가 사라지든 매한가지다. 하지만 이는 한 동물의 돌이킬 수 없는 소실이자 조물주가 한 귀퉁이에서 제작한 작품의 영원한 상실이다. 그러므로 첫 번째 나이스가 네댓 개의 혹을 달고 있는 것으로 종이 영속할 수 있겠냐는 내 질문을 결코 하찮게 생각하면 안 된다. 과학은 가장 고매한 의미에서 종이 어떻게 신의 섭리에 따라 공정하게 번영의 균형을 이루며 명맥을 유지하고 조화를 이루는지 찾는 것 말고는 다른 목적이 없다.

자, 다섯 나이스가 하나의 뒤를 잇는다. 이 다섯 마리가 그대로 유지된다고 했을 때 이론상 이것은 너무 많은 수다. 하나가 하나를 대체하면 개체군은 그대로 유지된다. 다섯이 하나를 대체하면 몇 세대만 지나도 개체 수가 허용치를 벗어날 것이다. 몇 년이 지나면 다섯 배씩 증가한 후손들로 지구는 발 디딜 틈조차 없을 것이다. 그러나 세상에는 죽음을 몰고 오는 사신死神이 있다. 죽음은 생명이 지나친 생산력으로 수가 너무 많이 불어나는 것을 막기 위한 장애물을 설치해 세상이 영원히 젊음을 유지하는 데 일조한다. 평화로워 보이는 연못에서도 매시간 죽음과 탄생의 투쟁이 있다. 빠르고 느림의 차이가 있을 뿐 모든 거주민이 오늘은 잡아먹고 내일은 잡아먹히는 공동의 규칙을 따른다. 그러나 대개는 작고 연약하고 보잘것없는 생물이 큰 생물의 주요 식량이자 일상의 양식이 된다. 그렇다면 장식에 가까운 두 줄짜리 센털 말고는 제 몸 하나 지킬 도구 없는 저 작은 생물은 얼마나 많은 위험에 노출되겠는가. 가시고기가 예리한 눈으로 나이스가 자주 오가는 장소를 발견했다고 하자. 아마 입가심용으로 한 번에 수백 마리씩 거뜬히 집어삼킬 것이다. 여기에 흉측한 검은 거머리가 더한 식탐으로 연회에 참석한다. 그렇다면 이 가련한 나이스 종족은 진정한 절멸의 위기에 처한 것이 아닌가. 아니, 그렇지 않다. 큰가시고기와 거머리가 이들을 잡아먹고 다른 것들도 잡아먹고 또 다른 것들이 잡아먹어도 나이스는 여전히 남아 있다. 이처럼 파괴와 균형을 맞추는 것이 출아인가? 당연히 아니다. 파괴의 힘에 동등한 조건으로 맞서고 이들을 호시탐탐 노리는 수많은 포식자 앞에서도 충분한 힘을 유지하려면 나이스는 적은 재료로 더 많이, 더 빨리 증가하는 다른 증식법을 찾아야 한다.

다른 방법이라는 것이 바로 동물의 씨앗인 알이다. 알은 기적 중의 기적이다. 눈에 잘 보이지도 않는 적은 양의 물질로 이루어진 작은 점 안에 생명의 힘이 농축되어 작은 크기에도 불구하고 상상조차 할 수 없는 많은 것이 생산된다. 알은 회복하려는 생산력과 파괴하려는 생명력의 가혹한 투쟁 사이에서 제 종족을 없애려고 공모하는 모든 것에 머릿수로 맞선다. 약자가 멸종의 가능성에 대항하는 방법은 머릿수로 밀어붙이는 것이다. 잔치에 달려간 파괴자들은 헛물만 켠다. 약자는 하나를 살리기 위해 십만을 희생한다. 많이 희생할수록 열매는 풍성하다. 청어, 정어리, 대구가 모두 바다, 육지, 하늘을 떠도는 포식자들의 엄청난 식량원이다. 저 물고기 떼가 좋은 장소에서 알을 낳으려고 먼 길을 떠나면 바다의 굶주린 것들이 그 주위를 에워싸고, 하늘의 허기진 포식자가 공중에서 무리의 뒤를 좇아가서는 야금야금 먹어치운다. 뱃사람들도 제 몫의 만나manna를 차지하려고 나라에서 보내준 해병과 함께 함대를 이끌고 어족을 찾아 나선다. 그렇게 잡은 생선은 햇볕에 말리거나 소금에 절이거나 훈제하여 통에 담는다. 그런데도 저 물고기들의 멸종을 입에 올릴 수는 없다. 이동하는 무리의 뒤를 좇다 보면 물고기가 어찌나 많은지 바다는 바다가 아니라 동물로 만든 퓌레purée처럼 보일 정도다. 저들의 여행은 한 치의 오차도 없이 진행되며 누구도 혼자서 도주하거나 탈출할 염려는 없다. 이 무방비 상태의 생물은 그 수가 무한하다. 대구 암

컷 한 마리가 400만~500만 개의 알을 낳는다. 이처럼 많은 물고기의 최후를 볼 맹수가 과연 존재할까?

연못에 사는 나이스들은 파멸을 일으키는 역경의 가능성 앞에서 애써 싸울 필요가 없다. 이들은 대구처럼 끔찍한 약탈의 희생자가 아니다. 그러나 그들도 무리에 생긴 구멍을 메우려면 알을, 그것도 아주 많이 낳아야 한다. 그렇다면 이 알은 어디에 있을까? 나이스는 투명한 벌레라서 알의 행방을 찾기가 쉽다. 맨 앞쪽 나이스 몸속에는 알이 하나도 없다. 머리에서 꼬리까지 오직 갈색 실 같은 소화관밖에 없다. 그게 끝이다. 반대로 사슬의 맨 마지막 나이스, 즉 부모의 몸에서 출아한 개체 중 가장 나이가 많은 것의 몸에는 알이 가득 차 있다. 잘디잔 알갱이로 채워진 주머니처럼 보인다. 두 번째로 나이가 많은 것의 몸에도 알이 있지만 덜 성숙해 보인다. 다른 것들도 일부 알을 품고 있지만 부모한테 가까워질수록 덜 여물었다. 정리하면, 사슬의 머리이자 이 집안의 가장은 알을 낳지 못한다. 제 꼬리 뒤로 출아법으로만 다른 나이스를 생산하고, 그다음에는 그것들을 먹여 살리느라 바쁘다. 오로지 먹이를 찾고 붙잡고 소화하여 딸린 식구에게 배분하는 일만 할 뿐, 몸이 부풀어 알을 품고 제 종족의 씨를 널리 뿌려 다수의 힘으로 파괴의 힘에 저항하는 일은 하지 못한다. 알을 통해 더 많은 생명을 창조하는 진정한 모성은 출아된 것들의 특권이다.

나이스 사슬 끝에 있는 가장 나이 많은 놈을 보자. 종족의 희망인 씨앗이 몸속에서 다 익었다는 느낌이 오면 스스로 사슬에서 몸을 떼어내고 여기저기 돌아다니며 본능에 따라 알을 뿌린다. 이 소중한 임무를 마치고 나면 죽는다. 혼자서는 먹이를 찾지도 소화하지도 못하기 때문이다. 저에게 맡겨진 소명은 알을 생산하고 뿌리는 것이지, 제 배를 불리는 것이 아니다. 그 일이 끝나면 소임도 끝난다. 때가 되면 남은 나이스들이 차례로 공동체에서 떨어져 나가 며칠을 연못에서 방랑하며 알을 낳는다. 그런 다음 열매 맺힌 꽃처럼 생명이 시든다. 이제 위대한 소명은 다 이루어졌다. 굶주린 입들이 사방에 깔렸어도 봄철 연못에는 여전히 나이스 개체군이 돌아다닐 것이다.

부화한 알은 저를 낳은 부모가 아닌 부모를 출아한 조부모처럼 자란다. 이 나이스들은 먹이를 구하고 소화할 수 있다. 이들은 삶에 끈기가 있고 위장은 튼튼하며 조부모처럼 사냥에도 재주가 있다. 그리고 조부모처럼 다 자라자마자 출아법으로 다른 나이스를 낳는다. 그렇게 출아된 나이스는 혼자서는 먹지도 못하고 먹을 생각도 없으며 집 떠나 사는 시간은 찰나일 뿐이지만 배에는 알이 그득하게 채워져 있다. 이런 순서가 무한히 반복된다. 자식은 조부모를 닮고 손주는 부모를 닮는다. 그렇게 나이스라는 종족은 변함없이 이어지는 두 세대로 구성된다. 출아법으로 후손을 낳는 나이스 뒤로 알을 낳는 나이스가 따른다. 겉모습은 거의 같지만 내부 조직과 본능은 딴판이다. 한쪽에는 영양을 담당한 생물이 있어 먹이를 찾고 소화하여 제 꼬리에 달린 자식들에게 나누어준다. 다른 한쪽에는 번식을 담당한 생물이 있어 독립하면 돌아다니면서 씨를 퍼트리지만 스스로 먹이를 찾아 먹지 못한다.

그림 110 **해파리**

아마 나이스의 기이한 삶과 희한한 번식법이 하도 드물고 일반적인 동물의 법칙을 완전히 벗어나기에 다른 예를 더 찾지 못하겠다고 생각할지도 모르겠다. 하지만 사실은 선택의 폭이 너무 넓어 당황스러울 정도다. 심지어 인간 자신이 제 몸에서 은신처와 양분을 제공하는 예도 있다. 섬뜩한 기생충인 조충이다. 바다 역시 살아남기 위해 낯선 시도를 감행하는 생물들 천지다. 나이스의 생활사를 확증할 예로 이 책에서는 해파리 하나만 더 들어보겠다.

바다에는 최소한의 재료만 사용하여 살아가는 것이 목적인 듯한 신기한 무리가 있다. 그런데도 형태가 우아하기 그지없고 수도 많다. 해파리가 대표적인 예다. 큰 것들은 5~6킬로그램이나 나가지만 실제로 동물의 물질은 10그램밖에 들어 있지 않다. 물로 팽창한 젤리가 되어버린 이 빈약한 재료는 파도에 휩쓸려 해변으로 올라오면 태양에 증발해 아무것도 남지 않는다. 대다수 해파리가 정교한 형태를 하고 있다. 가장 일반적인 형태는 불룩한 돔 모양이며, 순도 100퍼센트의 크리스털처럼 맑은 것도 있고 물에 우유를 몇 방울 떨어뜨린 것처럼 탁한 것도 있다. 색깔은 단색일 때도 있고, 주황색, 진홍색, 사파이어색의 가느다란 자오선 띠가 돔을 가로질러 꼭대기부터 가장자리로 퍼지면서 반구의 가장자리가 서서히 퇴색하기도 한다. 그런 돔을 보면 모스크나 바실리카의 둥근 지붕이 생각난다. 가장 세련되고 근면한 동양의 예술 작품이다. 살아 있는 반구의 둘레에는 오팔 색의 가느다란 실이나 부풀어 오른 크레이프, 거품 같은 흰색 술이 달렸다. 기부의 중심에는 결정 같은 커다란 나선 또는 새하얀 주름 장식이 있고 돔의 중심에는 입이 달렸다.

해파리는 바다의 뜻에 따라 표류한다. 해류를 타고 떠다니며 부풀거나 줄어들기를 반복하고 인간의 흉곽처럼 리듬에 맞춰 올라갔다가 내려온다. 그래서 프랑스인은 해파리를 "바다의 허파poumons marins"라고 부른다. 해파리는 고동치는 움직임에 따라 나아갔다가 물러서고 올라갔다 내려온다. 어느 한적한 작은 만의 고요한 물속에 해파리 부대가 유유히 떠다니는 모습만큼 사랑스러운 광경도 없을 것이다.

알에서 갓 태어난 해파리는 가장 기본적인 동물성만을 나타낸다. 서양배를 닮은 알갱이이자 젤리의 핵이고 물속에서 춤추는 점이 되어, 바짝 곤두세운 진동성 섬모의 도움으로 물속에서 꼬물거린다. 그 작은 것이 빙빙 돌고 사방팔방 돌아다니며 광활한 바다에서 여행을 시작한다. 터를 잡을 바람직한 장소를 찾아다니지만 앞을 볼 수 없고 소리를 들을 수도 없으며 바깥세상이 무엇인지 알지도 못한다. 기껏해야 이물질과의 고통스러운 접촉에 살점이 경련하면서 얻는 모호한 인상만 경험할 뿐이다. 그러나 몸을 부풀리는 물이 없다면 그 살은, 그 비루한 원자는 아무것도 아닐까? 그건 상관없다. 이들은 여전히 바다를 탐험하고 분별하며 선택한다. 그렇다면 이들을 안내하는 것이 무엇일까? 보편적 의식? 본능? 아니면 만물의 아버지가 선사한 절대적인 영감? 울퉁불퉁한 바위는 이들이 살기 좋은 장소다. 살아 있는 작은 젤리 덩어리는 그곳을 눈 없이 보고 코 없이 냄새 맡고 피부 없이 촉감을 느껴서 찾는다. 그런 다음 주저 없이 끝부분을 바위에 붙여서, 말하자면 뿌리를 내린다. 그리고 정착해 그곳에서 평생을 산다. 작은 방랑자가 식물의 고정성을 얻어낸 것이다. 그리고 식물처럼 발달하여 싹을 내기 시작한다.

젤리의 위쪽 끝에서 작은 단춧구멍이 열리면서 입이 된다. 히드라처럼 먹이를 들여보낼 뿐 아니라 소화된 찌꺼기를 배출한다. 입은 깔때기처럼 아래로 구멍이 뚫렸다. 입 가장자리의 마디가 길어져서 촉수가 된다. 마침내 이 미소동물은 그리스 물항아리의 형태를 취하고 꼭대기에는 사방으로 물결치는 미세하고 유연한 원형의 띠가 가장자리를 두른다. 이렇게 보면 해파리의 조직은 히드라와 똑같다. 기부는 고정되고 소화 주머니가 있고 위쪽으로 열린 구멍은 두 가지 기능을 동시에 수행하고 가장자리를 두른 촉수가 먹이를 잡아다 입으로 가져간다. 이처럼 알에서 나온 생명체는 부착 유생, 즉 히드로이드 폴립hydroid polyp이라고 알려졌다.

개체의 보존으로만 보자면 여기에서 해파리의 발달은 끝이다. 그러나 종의 보전에는 그 이상이 필요하다. 히드로이드 폴립의 항아리 입구에서 자라기 시작한 혹이 원판형으로 커진 다음, 큰 술잔이 된다. 다음번 혹이 이어서 자라며 먼저 것을 위로 밀어 올린다. 다른 것들이 또 나타난다. 머지않아 항아리는 가장 나이 많은 것이 꼭대기에, 가장 어린 것이 바닥을 차지하는 술잔의 무더기로 둘러싸인다. 나이스에서처럼 부모와 먼저 출아한 싹 사이에서 발아하는 것이다. 겹겹이 쌓인 술잔들은 더 깊이 구멍이 뚫리고 서로 좀 더 분리되고 가장자리는 섬모의 술이 달린다. 마침내 가장 위에 있던 가장 나이 많은 것이 더미에서 떨어져 나와 물속을 자유롭게 헤엄치기 시작한다. 다른 것들이 차례로 그 뒤를 따른다. 이제 가족은 해방되었고, 남은 히드로이드 폴립은 바위에 붙박인 채 홀로 남겨져 더 오래 살지 못한다.

술잔 모양의 자손에 관해 말하자면 이들은 어린 해파리로서, 이들의 발달은 자기가 출아한 가계의 도움 없이 완성된다. 이들은 앞에서 설명한 것처럼 형태가 정교하기 그지없이 변신하고 어느 날 크리스털과 오팔의 돔이 알과 함께 커진 해파리가 되어 방랑하면서 알을 뿌린다. 이 알에서 나온 것은 바다를 떠다니는 해파리가 아닌 진동성 섬모가 달린 하이드로 폴립으로서, 더 많은 해파리 후손의 토대가 된다. 미친한 폴립이 싹을 내어 우아한 해파리를 낳고, 해파리는 알을 수단으로 폴립을 재생산한다. 출발점과 마지막 결과물을 비교하면, 기부가 바위에 붙박인 작은 점액질의 주머니로 시작해서 해류 사이를 떠다니는 사랑스러운 크리스털 종으로 끝난다. 집요하게 들러붙어 지켜보지 않고서야 폴립이 출아하여 해파리를 낳고, 그것이 다시 알을 낳아 폴립이 될 거라고 누가 의심이나 하겠는가? 그런데도 폴립과 해파리가 같은 종에 속한다는 것은 틀림없는 사실이다. 그들은 한 개체의 서로 다른 형태로, 모든 동물의 두 가지 기능을 수행하는 상보적 존재다. 폴립은 현재를 돌보아 양분을 제공해 개체를 보존한다. 해파리는 미래를 돌보아 알을 통해 종을 번식한다.

돌산호목의 한 산호도 비슷한 방식으로 한 종이 두 가지 형태를 띤다. 폴립 모체의 공동 지지대는 때로 나무의 형태이며 두 종류의 미세동물이 무질서하게 산다. 일반적인 폴립은 촉수를 펼쳐 주변을 지나가는 먹잇감을 낚아채서 소화하고 공동체를 먹여 살린다. 이것이 새로운 폴립의 출아와 더불어 그들의 유일한 과제다. 즉 폴립은 식량을 대는 역할을 한다. 두 번째는 수가 적지만 형태가 우아하고 색감도 풍부하며 비록 혼자서는 먹이를 구하지 못하고 공동체 덕분에 배를 불리지만 알을 낳아 종을 영속하는 임무를 지니고 있어 어느 시점에 공동체를 떠나 조류에 몸을 맡기고 떠다니다가 새로운 군체의 출발점이 된다. 이처럼 한 종이 형태와 조직이 서로 다른 두 개체로 존재하며 원시적인 기능 분할이 일어나서 하나는 현재의 번영에, 다른 하나는 미래의 번영에 이바지한다. 나이스와 해파리가 보여주었듯 식량 조달자와 번식자가 번갈아 나타나는 이런 방식은 식물의 세계에서도 번식의 특징으로 발견된다.

2장

꽃

우리는 앞에서 원예 산업에 사용되는 꺾꽂이와 접붙이기 같은 인위적인 기술과 별도로, 딸기의 기는줄기, 감자의 눈, 마늘의 인편, 난초의 덩이줄기처럼 스스로 부모의 줄기에서 떨어져 나와 별개의 식물이 되는 눈을 통한 번식과 확산을 알아보았다. 그러나 이런 번식은 일반적이지 않다. 식물은 대부분 이런 방법을 사용하지 않는다. 또 그렇다고 한들 이것으로는 종이 무한히 생명을 유지하며 번영하기에는 턱도 없었을 것이다. 눈이 부모에게서 떨어져 자라려면 몸에 식량을 채우고 나와야 한다. 따라서 부피 때문이라도 그런 눈을 많이 만들 수는 없다. 이 문제는 이미 앞에서 충분히 살펴보았으므로 일단 넘어가겠다.

한 식물의 일부인 눈은 자기가 타고난 형질을 있는 그대로 지닌다. 지루할 정도로 한결같이 재생할 뿐, 그 안에 어떤 새로운 특성이나 힘이 들어 있지는 않다. 눈이 하는 일은 신선한 생명의 자극으로 활기를 되살리는 것이 아니라 제 안에 생명의 힘을 온전히 유지하는 것이다. 결과적으로 눈을 통해 지속되는 혈통은 필연적으로 단조로울 수밖에 없다. 애초에 제 모습에서 벗어나는 능력을 빼앗긴 채 자기와 똑같은 식물을 고대로 복제해왔기 때문이다. 두 번째 특징은 좀 더 심각한 문제가 될 수도 있는데, 이런 식으로 오래 이어진 가계는 수없는 소멸의 위협 속에서 쇠약해지는 생명력을 재생할 능력이 없기에 머지않아 퇴보하고 결국 멸종에 이른다.

그러므로 식물은 다른 번식 방법을 찾아야 한다. 파멸의 위험을 상쇄할 만큼 충분히 수를 불리고 종에게 영원히 재생하는 활기와 형질의 변이를 만드는 특별한 능력을 줄 방법 말이다. 그 일이 씨앗을 통해 이루어진다. 모든 식물은 예외 없이 종자로 증식한다. 그 덕에 종이 번영의 상태를 유지하고 무한한 미래를 꿈꾼다. 대체로 이런 번식은 부모의 줄기에서 관계를 끊고 나온 눈을 추가로 사용한다. 재배 작물이 접붙이기와 꺾꽂이 등의 영양생식으로만 계속 번식하면 결국에는 죽게 된다. 이 식물에서 사라진 활력을 되살리려면 씨를 뿌리는 방법밖에 없다.

여기에서 바로 나이스와 해파리의 이중생활이 발견된다. 식물에서도 구조와 속성이 다른 두 종류의 개체가 서로 연합한다. 녹색 옷을 입고 개수도 더 많은 튼튼한 개체가 햇빛 아래 이산화탄소를 분해하고 그 탄소로 수액을 만들어 전체를 먹인다. 양육자이자 눈에 잘 띄지 않는 이 노동자들은 잎가지로 발달할 잎눈이다. 한편 다른 눈은 축제 의상을 입고 오색 찬란한 치장에 향수까지 뿌리고 가장 우아한 자태로 만인의 주목을 받는다. 이 눈의 기능은 식물의 종자를 생산하는 것이다. 이 눈과 식물의 관계는 크리스털 돔 해파리와 고착된 폴립의 관계와 같으며, 형태와 색이 호사스러운 산호의 미소동물과 폴립 모체의 관계와 같다. 이 눈은 이산화탄소를 분해할 능력이 없어 수액을 만드는 일에는 참여하지 못하고 공동체의 힘으로 먹고산다. 이 화려한 눈, 씨앗의 번식자가 바로 꽃이다.

풍부한 색감과 아름다운 형태에도 꽃은 본디 잎 달린 가지에 불과하다. 그러나 길이가 아주 짧아지고 잎은 새로운 기능을 위해 변형되었다. 독보적 예술가인 자연이 온갖 난관에도 아랑곳하지 않고 이 섬세하고 사랑스러운 것을 만들어내기 위해 사용한 재료는 보통의 투박한 가지에 쓰인 것과 다르지 않다. 축과 잎. 여기에 새로운 것은 없으며 원래 있던 것을 정교하게 조작하여 꽃을 만들어냈다. 가지가 짧아지고 잎이 장미 모양으로 둘러나면 기적의 작업이 다 끝난다. 이렇게 한 식물에서 두 종류의 가지가 발견된다. 하나는 식량 조달자로 설계되어 개체의 보존과 현재의 필요를 채운다. 녹색 잎을 단 가지가 그 일을 한다. 다른 하나는 미래를 위해 설계되어 종의 보전을 위해 번식을 꾀하니, 우리가 꽃이라 부르는 변형된 가지가 그것이다.

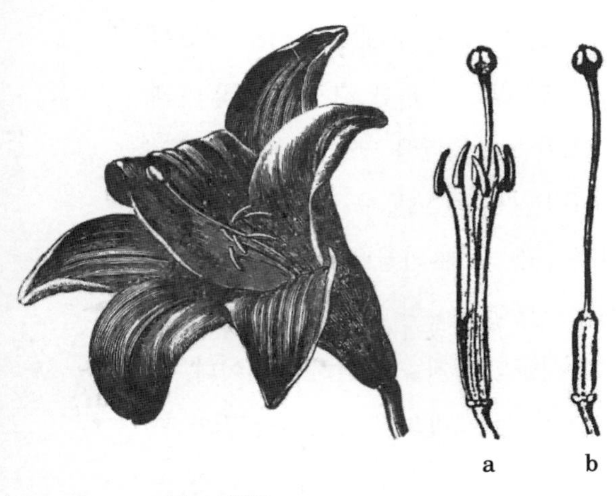

그림 111 **백합**
a: 수술과 암술. b: 암술만 따로.

백합을 예로 들어 꽃의 일반적인 구성을 살펴보자. 백합은 꽃이 큼직해서 내부를 살피기에 편리하다. 제일 먼저 눈에 띄는 부분은 6개짜리 아름다운 흰색 조각으로 개화기가 되면 활짝 벌어지며 서로 멀어진다. 그 각각이 꽃잎이며, 꽃잎이 배열된 전체를 꽃부리라고 부른다. 다음에 눈에 들어오는 것은 실처럼 가는 6개짜리 대인데 각각 끝에 캡슐이 가로로 붙어 있다. 캡슐은 두 칸으로 나뉘고 그 안에 노란색 가루가 가득 채워졌다. 대와 캡슐을 합쳐서 수술이라고 한다. 두 칸으로 나뉜 캡슐은 꽃밥이고, 노란 먼지는 꽃가루이며, 실 같은 대는 수술대다. 꽃의 한복판에 6개의 수술 다발이 둘러싸는 것은 암술이다. 암술의 아래쪽에 3면으로 볼록하게 튀어나온 부위는 씨방이며 그 안에 미래의 종자인 밑씨가 들어 있다. 씨방 위에 길게 수직으로 서 있는 줄기는 암술대다. 암술대는 꼭대기에서 세 갈래로 갈라지는데 그 부분이 암술머리다.

백합의 구조는 튤립과 히아신스를 포함해 많은 외떡잎식물에서 반복해서 나타난다. 그러나 특히 쌍떡잎식물에 속한 많은 꽃은 꽃부리 바깥에 보호성 싸개인 꽃받침이 있다. 장미꽃에는 꽃잎 바깥쪽으로 5개의 꼭지가 있는 초록색 잎이 있는데 꽃눈일 때는 연약한 내부를 꼭꼭 에워싸며 보호하다가 꽃부리가 활짝 피어날 때 함께 찢어지면서 열린다. 꽃받침의 각 조각을 꽃받침잎이라고 한다. 갖춘꽃(완전화)에서는 바깥쪽에서 안쪽으로 들어가며 꽃받침, 꽃부리, 수술, 암술의 순서로 구성된다.

꽃의 필수적인 부분, 즉 실제로 씨앗의 생산에 필요한 부분은 암술과 수술이다. 꽃받침과 꽃부리는 보호용 겉싸개와 장식일 뿐이다. 꽃받침과 꽃부리가 없어도 꽃은 존재한다. 이미 앞에서 백합에는 꽃받침이 없다는 것을 보았다. 발아할 수 있는 씨앗을 만드는 데 필요한 암술과 수술이 있으면 모두 꽃이라 부른다. 꽃이 피지 않는 줄 알았던 많은 식물에도 사실은 꽃이 있다. 인간의 눈길을 끄는 아름다운 장식물 없이 꼭 필요한 요소만 갖추고 있을 뿐이다. 잘 눈에 띄지 않을지 몰라도 모든 식물에 예외 없이 꽃이 있고 모든 식물이 씨를 맺는다. 다만 이끼, 조류, 고사리, 양치류 같은 민떡잎식물은 보통의 꽃과는 아주 다른 확산 기관을 지니고 있어 따로 설명해야 한다. 이 책에서는 그 부분은 조용히 넘기고 우리에게 익숙한 쌍떡

그림 112
아마의 갈래꽃받침

잎식물이나 외떡잎식물 같은 좀 더 고도로 발달한 식물만 다루겠다.

갖춘꽃의 겉싸개는 꽃받침이며 개별 꽃받침잎으로 구성된다. 색은 대개 초록색이고 질감은 다른 기관보다 뻣뻣하거나 거칠다. 꽃받침의 첫 번째 기능은 꽃눈을 에워싸서 그 속의 꽃을 보호하는 것이므로 튼튼해야 마땅하다. 꽃받침잎의 개수는 종에 따라 다르다. 개양귀비는 꽃받침잎이 2장인데 꽃눈 안에서는 분명히 보이지만 꽃이 붉게 주름진 큰 꽃잎을 펼치는 순간 떨어져서 사라진다. 쑥부지깽이는 꽃받침잎이 4장, 장미는 5장이다.

개수와 상관없이 어떤 꽃받침잎은 눈에 잘 띄고 조각조각 나눠지지만 어떤 꽃받침잎은 서로 가장자리가 붙어서 마치 한 조각처럼 보인다. 그런 경우라도 그 끝은 여러 개로 갈라졌으므로 몇 장이 연결되었는지 세기는 어렵지 않다. 꽃받침잎이 완전히 나뉜 경우를 갈래꽃받침 또는 이판화악polysepalous이라고 한다. 아마꽃의 꽃받침이 갈래꽃받침이다. 꽃받침이 서로 연결되어 하나처럼 보이면 통꽃받침 또는 합판화악monosepalous이라고 한다. 붙어 있든 갈라져 있든 꽃받침잎은 줄기를 둘러나는 잎차례처럼 꽃의 축을 중심으로 모여난다. 이렇게 꽃의 바깥쪽에 돌려난다고 하여 바깥 윤생체輪生體라고 부른다.

꽃잎은 안쪽 윤생체인 꽃부리를 형성한다. 꽃잎은 크고 얇

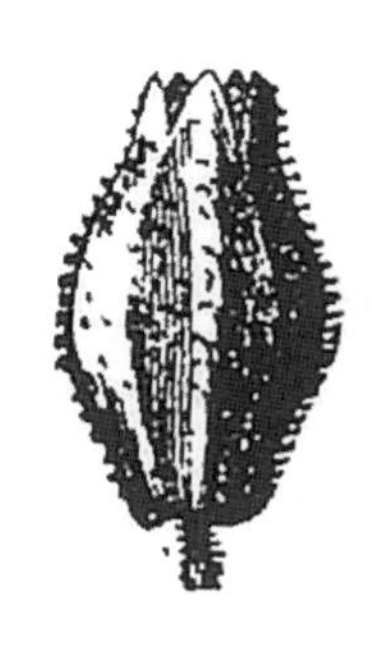

그림 113
장구채의 통꽃받침

고 연하며 밝은색이고, 초록색을 띠는 경우는 거의 없다. 개양귀비와 쑥부지깽이는 꽃잎이 4장, 찔레꽃을 비롯한 벚꽃, 사과꽃, 그 밖의 다양한 과실수에는 5장이 있다. 꽃잎도 꽃받침잎처럼 들장미나 개양귀비, 패랭이꽃에서는 한 장 한 장 떨어지고, 담배나 초롱꽃, 메꽃에서는 다양한 길이와 비율로 옆 가장자리가 서로 붙어 있다. 후자의 경우 꽃부리의 톱니, 구불거림, 주름 등을 보면 몇 장의 꽃잎이 합쳐졌는지 알 수 있다. 꽃잎이 따로 떨어진 꽃부리를 갈래꽃부리 또는 이판화관polypetalous이라고 하고, 꽃잎이 서로 붙어 있는 꽃부리를 통꽃부리 또는 합판화관monopetalous이라고 한다.

꽃의 크기나 생생한 색감, 아름다운 모양은 겉으로 보기에는 아주 중요한 특징이지만 실제로 꽃부리는 부차적인 역할만 한다. 심지어 꽃받침에도 밀린다. 꽃받침은 질긴 재질로 꽃을 감싸서 혹독한 날씨에도 안쪽을 보호하는 역할을 하지만, 화려하기만 한 꽃부리는 사치품이나 다름없어 제대로 갖추지 않은 식물이 많다. 참나무, 너도밤나무, 느릅나무처럼 숲에 자라는 많은 나무의 꽃이 꽃부리가 없고 유일한 꽃덮개라고는 꽃받침의 흔적인 작은 녹색 비늘뿐이다. 꽃부리가 없는 꽃을 무꽃잎꽃 또는 무판화apetalous라고 한다.

꽃의 겉싸개인 꽃받침과 꽃부리를 합쳐서 꽃덮개 또는 화피

그림 114 **패랭이꽃의 갈래꽃**
a: 갖춘꽃. b: 다섯 장의 꽃잎 중에서 한 장을 떼어낸 것.

perianth라고 한다. 둘 중 하나가 없으면 단화피monoperianthous라고 한다. 백합은 꽃받침이 없어서, 숲속의 나무들은 꽃부리가 없어서 단화피다. 드물기는 하지만 둘 다 없는 경우를 무화피aperianthous라고 한다. 개구리밥의 꽃은 수술이나 암술만으로 구성된다.

수술은 꽃의 세 번째 윤생체를 형성한다. 수술에서 없으면 안 되는 부분은 꽃밥이다. 꽃밥 안에 들어 있는 꽃가루가 밑씨를 수정하는데, 그렇게 생명이 점화된 밑씨는 씨방에서 씨로 자란다. 꽃밥만으로 수술을 이루기에 충분하며 꽃밥을 떠받치는 수술대는 부차적인 구조물에 불과하다. 수술대는 길이가 길기도, 짧기도 하고 드물기는 하지만 아예 없을 때도 있다. 수술, 특히 수술대가 서로

그림 115
메디움초롱꽃의 통꽃

들러붙은 경우도 종종 발견되지만 꽃받침잎이나 꽃잎처럼 흔하지는 않다.

네 번째이자 마지막 윤생체는 암술이다. 꽃의 한가운데 있어서 서로 접촉하는 면이 넓으므로 암술을 구성하는 부위는 융합된 경우가 많고, 그래서 실제로는 복잡한 구조인데도 겉으로는 단순해 보인다. 먼저 제비고깔처럼 암술의 각 부위가 분리된 꽃을 살펴보자. 제비고깔의 꽃에서는 크게 부푼 막성의 주머니 3개가 보인다. 그 안에는 어린 씨앗인 밑씨가 벽을 따라 배열되어 있다. 각 주머니 위로 짧은 기둥이 올라오고 그 머리끝은 잘 드러나지는 않지만 어딘가 구조가 특별하다. 이 세 부분을 각각 심피라고 한다. 밑씨가 들어 있는 막성 주머니는 심피의 씨방이고, 위로 솟은 기둥은 암술대, 기둥의 끝부분은 암술머리다. 꽃의 암술은 가운데 축을 중심으로 심피가 돌려나는 형태이며, 서로 융합하지 않은 심피는 개별적인 씨방, 암술대, 암술머리로 구성된다. 그러나 꽃의 중심에 자리한 바람에 심피는 서로 눌려서 하나로 뭉쳐 있다. 종에 따라 어떤 꽃은 씨방만 합쳐지고 암술대와 암술머리는 분리되었고, 어떤 꽃은 씨방과 암술대가 합쳐지고 암술머리만 떨어져 있으며, 아예 심피가 통째로 융합하여 하나의 기관처럼 보이는 꽃도 있다. 하지만 그런 꽃이라도

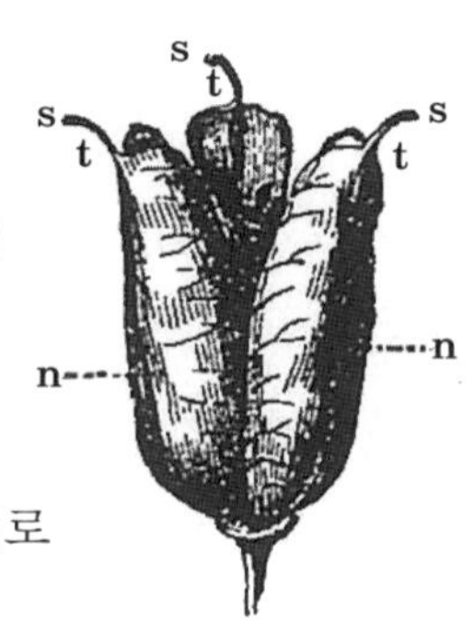

그림 116 **제비고깔의 암술**
n: 씨방. t: 암술대. s: 암술머리.

암술의 복잡한 특성과 암술을 구성하는 심피의 수를 확인하기는 어렵지 않다. 암술머리는 결합한 심피의 수만큼 홈이 패거나 갈라지고, 또는 씨방의 표면에서 주름이나 홈이 팬 것을 보아도 알 수 있다. 백합의 암술에서는 암술머리가 세 갈래로 뚜렷하게 갈라졌고, 씨방도 세 부분으로 뭉툭하게 부풀었다. 전체적으로는 단순해 보이지만 실제로 이 암술은 심피 3개가 합쳐진 것이다.

암술머리나 씨방을 보고 알 수 없더라도 조합된 심피의 수를 확인할 방법이 한 가지 더 있다. 씨방의 횡단면을 보는 것이다. 백합의 씨앗을 가로로 잘라보면 세 개의 칸으로 나뉘었고 각각에 밑씨가 들어 있는 것이 보인다. 각 칸이 하나의 심피이며, 그래서 심피가 3개임을 알 수 있다. 사과를 볼까? 사과는 꽃의 씨방이 익으면서 커진 것이다. 사과를 가로로 자르면 질긴 벽이 가로막는 5개의 칸이 보이고 각각에는 씨가 들어 있는데, 그걸 보면 5개의 심피가 결합한 것임을 알 수 있다. 이 규칙은 보편적으로 적용될 수 있다. 씨방을 나누는 칸의 수가 그 씨방을 구성하는 단위 씨방의 수고, 그것이 곧 암술을 구성하는 심피의 수다.

이제 우리는 꽃이 꽃받침잎으로 구성된 꽃받침, 꽃잎으로 구성된 꽃부리, 수술, 심피로 구성된 암술까지 총 4개의 윤생체로 이루어졌다는 것을 보았다. 이 4개의 윤생체는 그 수와 위치에 나름의 법칙을 따른다. 물론 예외도 있지만 그것은 무시하고 어떤 규칙이 있는지 살펴보자.

쌍떡잎식물에서 꽃의 윤생체를 이루는 각 구성 요소의 수는 흔히 5개이고, 외떡잎식물에서는 3개다. 말하자면 다섯이라는 수는 떡잎이 2개인 식물의 꽃이 설계되는 특징이고, 셋이라는 숫자는 떡잎이 1개인 식물의 특징이다. 이 법칙은 잎이 줄기에 배열되는 수나 특징과도 일치한다. 앞서 말했듯이 꽃은 특별한 구조의 잎가지이며, 각 부위는 어디까지나 잎이 변형된 것이다. 따라서 꽃의 구성 요소가 배열되는 방식에서 잎의 배열 방식을 찾을 수 있다. 쌍떡잎식물에서 잎은 흔히 5장이 한 묶음으로 나선형으로 반복해서 돌려난다. 반면 외떡잎식물은 3장의 잎이 돌려난다. 줄기가 짧게 줄어들어 꽃이 되었다고 할 때 쌍떡잎식물과 외떡잎식물의 잎이 윤생체가 각각 5개와 3개씩 한 지점에서 돌려나는 것처럼 꽃의 부위도 같은 개수로 돌려난다.

그러나 각 기관, 특히 꽃잎과 수술은 방금 말한 것처럼 중심축을 한 번만 둘러싸지는 않는다. 예를 들어 꽃부리는 꽃잎이 두 겹

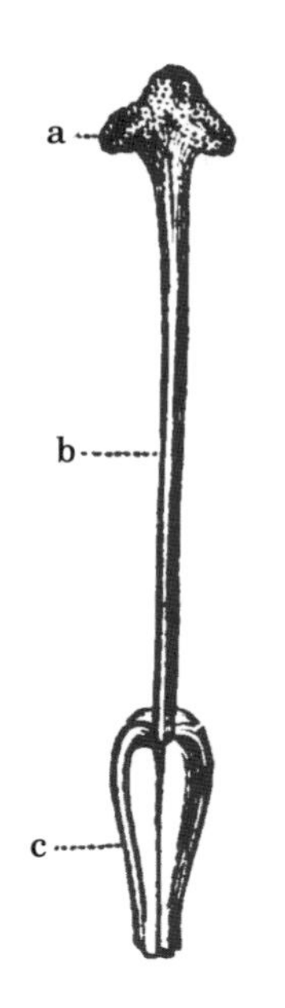

그림 117 **백합의 암술**
a: 암술머리. b: 암술대. c: 씨방.

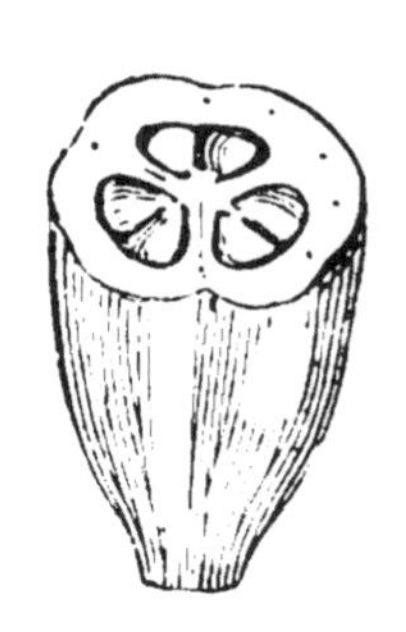
그림 118 **백합의 씨방횡단면**

인 윤생체로, 수술도 두 겹 이상의 윤생체로 이루어질 수 있다. 다만 윤생체 안에서 구성 요소의 비율은 똑같이 유지되고 꽃잎과 수술의 전체 개수만 단위 윤생체의 2배, 3배가 된다. 그렇다면 쌍떡잎식물에서는 5의 배수로, 외떡잎식물에서는 3의 배수로 증가할 것이다.

사과꽃과 백합을 예로 들어보자. 쌍떡잎식물인 사과나무의 꽃은 꽃받침이 5장, 꽃부리의 꽃잎도 5장, 아마도 수술은 20개, 사과심이 다섯 칸으로 갈라지는 것으로 보아 5개의 심피로 이루어졌다. 외떡잎식물인 백합은 3장짜리 꽃잎이 두 겹, 수술 역시 3개짜리가 두 번 돌려나며, 암술은 3개의 심피로 구성된다.

물론 이런 수의 법칙에 많은 예외가 있음을 잊어서는 안 된다. 일례로 아몬드나무의 꽃은 사과꽃처럼 5의 단위로 이루어졌지만, 우리가 먹는 아몬드를 생각하면 알 수 있듯이 암술에 심피는 하나밖에 없다.

다음 법칙은 꽃의 부위별 배열에 있다. 앞에서 우리는 한 줄기에서 돌려나는 잎이 서로 어긋나게 나온다는 것을 보았다. 위나 아래에서 나오는 잎과 적당한 간격을 두고 수직으로 배열되어 해를 가리지 않으려는 것이다. 꽃에서도 이처럼 윤생체가 서로 어긋나게 배열된다. 꽃잎은 꽃받침잎 사이에서 나오고 수술은 꽃잎 사이에서 나오며 심피는 수술 사이에서 나온다. 물론 이 어긋나기의 법칙에도 예외는 있다.

건축가는 건물을 설계할 때 공간의 배열을 한눈에 보여주기

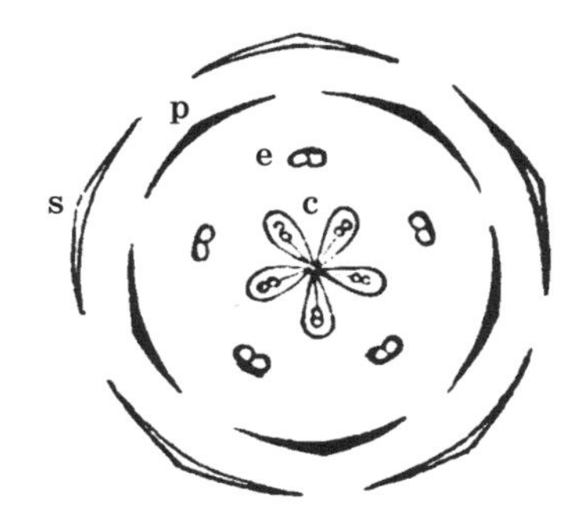

그림 119 **쌍떡잎식물의 화식도**
s: 꽃받침. p: 꽃잎, e: 수술. c: 심피.

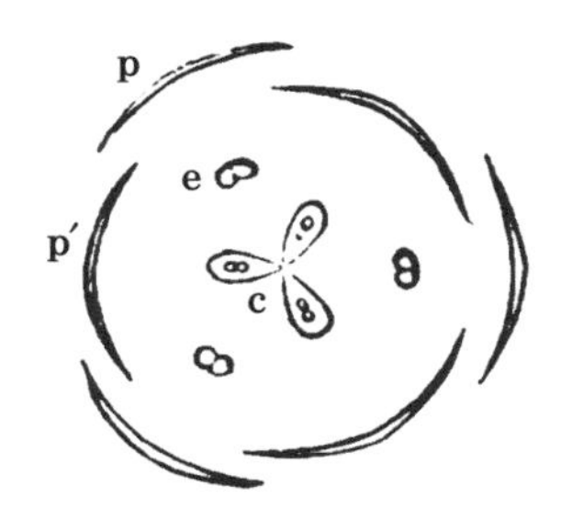

그림 120 **외떡잎식물의 화식도**
p와 p′: 꽃잎. e: 수술. c: 심피.

위해 평면 위에 건물 벽의 단면을 그린다. 그 그림을 평면도라고 한다. 식물학자도 같은 식으로 식물의 평면도를 그린다. 축에 수직인 단면상에서 다양한 기관을 보여주는 것이다. 이 평면도를 화식도라고 하는데, 꽃의 부위별 배열을 기하학적으로 정확하게 볼 수 있다. 그림 119와 그림 120은 쌍떡잎식물과 외떡잎식물에서 각각 수의 법칙과 어긋나기의 법칙을 보여주는 일반적인 화식도다.

쌍떡잎식물의 화식도에서 가장 바깥의 선(s)은 꽃받침의 꽃받침잎 5개를 나타낸다. 꽃받침잎 사이사이에 5개의 꽃잎(p)이 어긋나게 나온다. 꽃잎 사이사이에 자리한 5개의 수술(e)은 2개의 동그라미로 표시되었는데 꽃밥의 2개짜리 방을 나타낸다. 마지막으로 밑씨가 들어 있는 5개의 심피(c) 역시 수술과 수술의 틈에서 나온다.

외떡잎식물의 꽃 화식도에서 p와 p'는 두 겹짜리 꽃잎을 나타내는데, 서로 어긋나며 두 겹 모두 꽃부리의 색으로 물든다. 백합과 튤립에서 바깥쪽 꽃잎 3장은 안쪽 꽃잎 3장 못지않게 색감이 풍부하다. 위치만 따지면 바깥쪽 3장을 꽃받침잎으로도 볼 수 있지만 초록색을 띤 적은 없다. 자주달개비 같은 일부 외떡잎식물에서는 바깥쪽 3장의 잎이 초록색인 꽃받침잎의 성격을 띤다. 그 밖에도 바깥 윤생체가 꽃부리의 특징과 꽃받침의 특징을 결합한 외떡잎식물이 있다.

'베들레헴의 별'이라고도 불리는 오니소갈룸*Ornithogalum*은 경작지에서 흔하게 자라는 비짜루과 식물로, 바깥쪽 꽃잎 3장이 안은 흰색, 겉은 초록색이라서 겉에서 보면 꽃받침, 안에서 보면 꽃부리다. 외떡잎식물 꽃덮개에서 맨 바깥쪽 윤생체의 정체성이 무엇이든 수술(e)은 안쪽 꽃잎과 어긋나게 배열된다는 사실에는 변함이 없다. 백합과 튤립에서는 기존 3개의 수술에 3개가 더 보충되어 3개의 원 안에 어긋난 동그라미가 하나 더 그려진다. 마지막으로 심피(c) 3개는 수술 안쪽 빈 곳에 어긋나게 난다.

꽃에서 절대 없어서는 안 되는 기관은 암술과 수술이다. 암술의 씨방에는 밑씨가 들어 있는데, 수술의 꽃가루와 만나면 씨앗으로 발달하게 된다. 많은 식물에서 암술과 수술이 하나의 꽃에 함께 나타난다. 암술이 가운데를 차지하고 수술이 그 주위를 둘러싸는 형태다. 그러나 개중에는 밑씨가 있는 꽃과 꽃가루를 생산하는 꽃이 각각 따로 피어서 두 가지 꽃이 서로 보완하는 식물이 있다. 수꽃은 꽃가루를 만드는 수술만 있고 암술은 없다. 암꽃은 암술밖에 없어서 밑씨만 만들 수 있고 수술은 없다.

그림 121
A. 박의 수꽃 e: 수술.
B. 박의 암꽃 vo: 씨방. s: 암술머리. c: 꽃부리.

암꽃과 수꽃이 한 식물, 심지어 한 꽃대에서 함께 피는 식물을 암수한그루 또는 자웅동주雌雄同株라고 부른다. 예를 들어 호박과 멜론은 암수한그루로 수꽃과 암꽃이 한 식물의 한 가지에 동시에 나타난다. 수꽃은 꽃가루를 내보내고 나면 시든 다음 식물에서 떨어지고 이후에 흔적을 남기지 않는다. 반면 아랫부분이 부푼 꽃은 암꽃인데, 꽃이 져도 줄기에서 떨어지지 않고 남아 있다가 수정된 씨방이 열매가 된다.

수꽃과 암꽃이 서로 다른 그루에서 자라는 식물은 열매를 맺으려면 꽃가루를 제공하는 식물과 밑씨를 제공하는 식물이 둘 다 필요하다. 이런 식물을 암수딴그루 또는 자웅이주雌雄異株라고 한다. 삼이나 박과의 브리오니아속*Bryonia* 식물이 암수딴그루의 예다. 열매와 씨를 맺는 것은 암꽃이고 수꽃은 할 수 없는 일이지만, 그래도 수꽃은 필요하다. 꽃가루가 없으면 결실 자체가 불가능하기 때문이다.

3장

꽃덮개

꽃받침

꽃덮개는 꽃의 겉싸개인 꽃받침과 꽃부리를 합친 말이다. 지금부터 이 두 기관의 변형된 구조들을 살필 것이다. 꽃받침은 대개 초록색을 띠고 질감만 봐도 꽃의 기관 중 가장 잎을 닮았다. 실제로도 꽃은 잎이 변형된 구조다. 하지만 모든 꽃받침이 초록색은 아니다. 간혹 꽃부리처럼 다채로운 색을 띠기도 한다. 예를 들어 석류꽃의 꽃받침은 꽃잎 못지않게 생생한 진홍색이고, 푸크시아의 꽃받침도 화려한 꽃부리에 버금가며, 깨꽃도 그러하다. 마지막으로 꽃받침잎이 투구꽃과 매발톱꽃에서처럼 색은 물론이고 질감까지 연약한 꽃잎을 닮은 경우가 있다. 그런 꽃받침을 화판상petaloid 꽃받침잎이라고 한다.

그림 122 **매발톱꽃**

일반적으로 꽃받침은 꽃덮개 중에서도 가장 오래 지속되는 부분으로 꽃부리보다 오래 살아남고, 꽃눈을 보호하던 기능은 씨방까지 이어져 열매가 익는 동안에도 유지된다. 그런데도 양귀비처럼 일부 식물에서는 꽃부리가 열릴 때 꽃받침이 떨어지는데, 이런 꽃받침을 조락성caducous 꽃받침이라고 한다. 한편 어떤 꽃받침은 씨방을 감싼 채 꽃부리보다 늦게까지 남아 있는데, 종에 따라 원래의 모양을 유지하는 꽃받침도 있고, 모양을 유지하되 마르는 꽃받침도 있고, 계속 자라서 두꺼운 육질이 되는 꽃받침도 있다. 장미가 마지막 사례에 해당한다. 장미의 붉은 열매는 안쪽은 수많은 씨가 짧은 털과 뒤엉켜 있고 바깥쪽은 육질의 껍질로 싸여 있는데 그 벽이 꽃받침이다. 위쪽은 다섯 갈래로 확장되고 아래는 서로 들러붙어서 깊은 타원의 꽃병 모양이 된다. 꽈리의 꽃받침은 처음에는 초록색이고 그다지 크지 않지만 나중에는 씨방을 둘러싼 커다란 진홍색 주머니가 된다. 꽃잎이 떨어진 뒤에도 남아 있으면서 옛 모습을 보존하는 꽃받침은 숙존성persistent이라고 하고, 말라서 딱딱해지면 조위성marcescent, 계속해서 자라면 화후증대성

accrescent이라고 한다.

서로 나뉘었든 들러붙었든 모든 꽃받침이 서로 닮았고 축을 중심으로 대칭을 이루면 대칭형 꽃받침이다. 장미, 보리지, 벚꽃의 꽃받침이 좋은 예다. 꽃받침잎 사이에 유사성과 대칭성이 없는 꽃받침은 비대칭형이다. 그중에서도 가장 놀라운 형태는 입술 모양 꽃받침으로, 사람의 입술처럼 불균등하게 두 부분으로 나뉘었다. 입술은 5장의 꽃받침잎으로 구성되었는데, 아래는 붙었고 위쪽에서 깊은 톱니에 의해 둘로 나뉜다. 세이지, 백리향을 비롯한 많은 꿀풀과 식물이 윗입술은 3개, 아랫입술은 2개의 꽃받침잎으로 구성된다.

한련화와 제비고깔은 꽃뿔형 꽃받침이라는 아주 특별한 꽃받침을 가졌다. 제비고깔에서는 꽃받침이 꽃부리보다 더 발달하여 화려한 꽃부리처럼 보인다. 가장 위에 있는 꽃받침 1개가 아래쪽으로 길게 늘어나 꽃뿔이라고 부르는 좁은 원뿔형 주머니가 된다. 한련화에서는 꽃받침잎 3개가 길어져서 비슷한 꽃뿔 형태를 이룬다.

꽃받침잎의 가장자리가 서로 들러붙은 꽃받침을 통꽃받침이라고 한다. 꽃받침잎이 안쪽으로 다른 기관, 특히 씨방에 붙은 꽃도 있다. 이처럼 꽃받침이 다른 기관에 붙어 있는 경우를 이착adherent 꽃받침이라고 하며, 꼭두서니, 마르멜루, 산사나무, 배나무가 그 예다. 별꽃, 담배, 패랭이꽃, 쑥부지깽이의 꽃받침은 다른 기관과는 별개로 분리되어 있다.

융합된 꽃받침이라도 어느 범주에 속하는지 확인하는 간단한 방법이 있다. 씨방은 꽃의 중심에 있으므로 길이는 짧아도 축에서 가장 높은 곳에 자리한다는 사실을 기억하라. 수술과 꽃부리, 꽃받침은 씨방보다 먼저 나오므로 축의 아래쪽에 자리한다. 이는 기관들이 서로 이착되지 않은 모든 식물에 적용되는 사실이다.

따라서 축의 제일 꼭대기에 있는 씨방을 드러내려면 꽃의 겉싸개를 떼어내기만 하면 된다. 그러나 꽃받침과 꽃부리의 제일 밑부분은 씨방에 찰싹 붙어 있고 위쪽으로 갈수록 떨어져서 펼쳐지므로 실제로는 씨방의 밑에서 나오는 것인데도 겉으로 보기에는 씨방 위에서 시작되는 것처럼 보인다. 게다가 씨방이 꽃덮개에 덮여 있으면 씨방은 꽃의 기부에서 눈에 잘 드러나게 부풀어 보인다. 씨방이 겉싸개의 중심에서 감춰진 모든 꽃은 꽃받침이 떨어져 있다. 반면에 씨방이 바깥쪽에서 부푼 형태로 보이고 꽃덮개가 그 위에서 나오는 것처럼 보이는 모든 꽃은 이착 꽃받침이다. 산사나무, 붓꽃, 수선화의 꽃을 보면 꽃자루 꼭대기에서 가리는 것 없이 부풀어 있는 씨방을 볼 수 있다. 한편 백합, 세이지, 감자는 꽃자루 끝

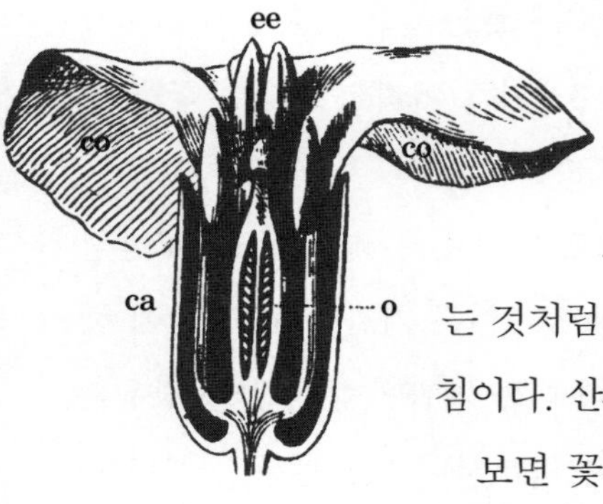

그림 123 **쑥부지깽이의 단면**
ca: 꽃받침. co: 꽃부리.
ee: 수술. o: 상위씨방.

부분이 부풀지 않았다. 따라서 앞의 꽃들은 이착 꽃받침이고 뒤엣것들은 분리된 꽃받침이다.

씨방이 꽃받침에 이착되어 있지 않고 원래의 자리인 축의 꼭대기를 차지하며 꽃덮개 위쪽에 있을 때를 상위씨방이라고 한다. 이 씨방은 먼저 나온 다른 기관들과 융합되어 실제로 자리가 바뀌지 않고 여전히 맨 위쪽에 있다. 그러나 꽃덮개 밑에서 부푼 형태를 보이면 하위씨방이다. 쑥부지깽이처럼 꽃받침이 나뉜 씨방은 상위씨방이고, 장미처럼 꽃받침이 들러붙어 있으면 하위씨방이다.

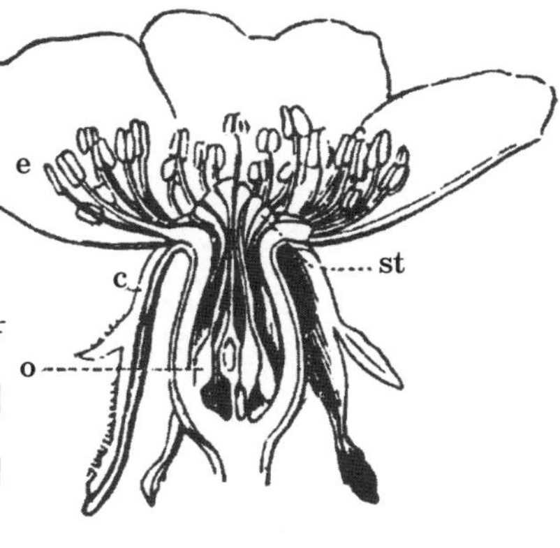

그림 124 **야생 장미의 단면**
c: 씨방에 결합된 꽃받침. o: 심피. st: 암술머리. e: 수술.

그림 125 **딸기꽃**
덧꽃받침과 꽃받침이 서로 어긋나게 자란다.

어떤 식물에서는 포가 꽃에 가장 가깝게 둘러나며 꽃받침처럼 보이므로 덧꽃받침 또는 부악calycle이라고 한다. 이런 꽃은 꽃받침이 두 겹이라고 볼 수 있다. 바깥은 덧꽃받침이고, 안쪽이 진짜 꽃받침이다. 딸기꽃처럼 어떤 꽃은 덧꽃받침잎이 꽃받침잎과 수가 같아서 서로 어긋나게 나온다. 한편 아욱꽃은 덧꽃받침잎이 3개로 꽃받침잎보다 개수가 적어서 어긋나기가 불가능하다.

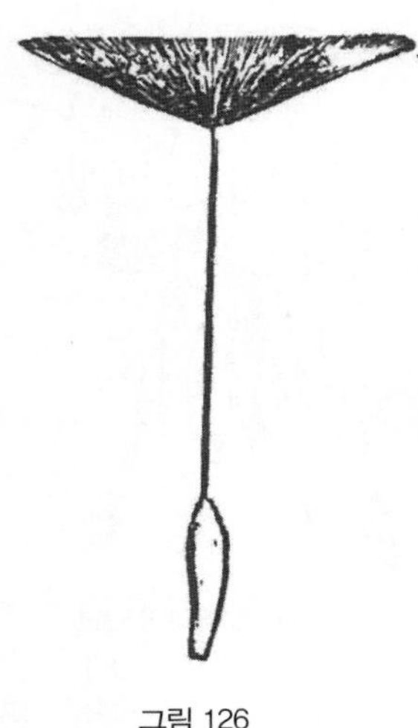

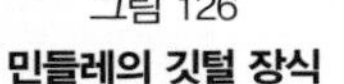

그림 126
민들레의 깃털 장식

그림 127
해바라기의 깃털 장식

그림 128
켄트란투스의 깃털 장식

국화과 식물에서 꽃받침은 이착 상태이고 씨방 위로 확장되어 다양한 형태의 깃털 장식을 이룬다. 그림 126, 그림 127, 그림 128이 깃털 장식의 좋은 예다. 민들레의 깃털 장식은 가는 줄기로 길어지다가 끝에서 실 다발이 밖으로 활짝 퍼지는 형태이며, 해바라기는 여러 개의 짧은 비늘로 구성된다. 마타릿과의 켄트란투스속*Centranthus* 식물은 꽃받침이 한 번 더 유착되어 깃털 같은 술로 확장된다.

꽃부리 없이 꽃받침만으로 구성된 꽃을 무꽃잎꽃이라고 부른다. 이런 식물의 꽃받침은 형태가 너무 다양해서 하나로 뭉뚱그려 설명하기가 어렵다. 꽃받침이 아주 간단한 형태로 줄어들어 몇 개 안 되는, 심지어 하나짜리 작은 비늘로 이루어진 식물이 있는가 하면, 꽃부리가 없는 꽃이라는 걸 잊을 정도로 꽃받침의 장식성이 뛰어난 식물도 있다. 대표적인 예가 '네덜란드인의 담뱃대Dutchman's Pipe'라고 알려진 쥐방울덩굴속의 큰잎등칡이다. 퍼걸러, 격자울타리, 아치 길에서 장식으로 흔히 키우는 식물이다. 담배 파이프 모양의 꽃덮개는 노랗고 흑적색 줄이 나 있고 입구가 크게 세 갈래로 갈라져 꼭 꽃부리처럼 보이기도 한다. 이 꽃은 하위 씨방이라 꽃자루 끝에서 부푼 형태로 나타난다.

그림 129 **큰잎등칡**

꽃부리

꽃부리를 구성하는 잎이 꽃잎이다. 구조는 잎과 아주 비슷하여 잎맥과 표피와 세포조직이 나타나지만, 몇몇 예외를 제외하면 엽록소 알갱이는 보이지 않으므로 이산화탄소를 분해할 수 없다. 꽃잎에도 잎의 잎몸에 해당하는 꽃의 잎몸이 있고, 기부로 갈수록 가늘고 길게 좁아지며 잎의 잎자루에 해당하는 화조claw가 있다. 많은 꽃잎이 화조가 짧거나 없다. 꽃잎이 낱개로 떨어져 있을 때는 갈래꽃부리라고 하고 가장자리가 붙어서 하나로 연결되면 통꽃부리라고 한다. 어느 쪽이든 꽃부리는 비슷하게 생긴 꽃잎이 중심을 둘러 비슷하게 배열되기도 하고 서로 다르게 생긴 꽃잎이 비대칭적으로 배열되기도 한다. 앞의 형태를 정제 꽃부리 또는 정제화관整齊花冠, 뒤의 형태를 부정제 꽃부리 또는 부정제화관不整齊花冠이라고 한다.

A. 정제 꽃부리-갈래꽃부리

이 범주는 크게 세 가지 형태로 나뉜다.

장미 모양 꽃부리는 찔레꽃에서 볼 수 있는 모양으로, 화조가 없는 5장의 꽃잎으로 구성된다. 배나무, 사과나무, 마르멜루, 벚나무, 복사나무, 자두나무, 살구나무, 아몬드나무의 꽃이 장미 모양 꽃부리다.

십자 모양 꽃부리는 유채, 무, 순무, 양배추를 비롯해 모든 배춧과 식물의 꽃부리에 해당한다. 화조가 긴 4장의 꽃잎으로 이루어졌고 쌍을 지어 십자가 모양으로 마주난다.

그림 130 **딸기꽃**
장미 모양 꽃부리.

그림 131 **유채**
십자 모양 꽃부리.

그림 132 **동자꽃**
석죽형 꽃부리.

그림 133 **완두**
나비 모양 꽃부리.

석죽형 꽃부리는 전형적으로 패랭이꽃에서 발견되는 형태로, 카네이션이 속한 모든 석죽과 식물의 꽃부리다. 꽃잎은 5장이며 화조가 길고 잎몸 기부에서 직각으로 구부러져 깊은 통꽃받침 안으로 들어간다.

B. 부정제 꽃부리-갈래꽃부리

이 범주에서 이름이 부여된 형태는 나비 모양 꽃부리Papilionaceous corolla 딱 한 가지다. 완두꽃의 놀라운 구조를 생각해보자. 통꽃받침인 꽃받침을 떼어내면 모양이 다른 5장의 꽃잎을 볼 수 있다. 맨 위쪽에 넓은 잎몸으로 확장된 가장 큰 꽃잎은 기꽃잎 또는 기판standard이다. 꽃의 좌우에 달린 2장의 꽃잎은 크기가 작고 서로 닮았으며 앞쪽의 가장자리가 서로 붙어 있다. 이 꽃잎은 날개꽃잎 또는 익판wing이다. 마지막으로 날개

꽃잎이 만들어낸 천막 밑에 아래쪽으로 살짝 구부러진 꽃잎이 있는데, 모양이 배의 밑부분처럼 생겨서 용골꽃잎 또는 용골판keel이라고 부른다. 용골꽃잎은 서로 유착되거나 심지어 융합된 2장의 꽃잎으로 구성된다. 이들의 조합이 만든 공간 안에 과실을 맺는 기관이 들어 있다. 이 꽃부리의 모양이 묘하게 나비를 닮았다고 하여 나비 모양 꽃부리라고 한다. 완두, 콩, 토끼풀, 자주개자리 등 콩과 식물의 특징이다.

다른 부정제 꽃부리–갈래꽃부리에는 팬지, 제비꽃, 봉선화, 한련화, 난초, 투구꽃, 제비고깔 등이 변칙적인 꽃부리를 이룬다.

C. 정제 꽃부리-통꽃부리

이 범주에 일곱 가지 형태가 있다.

① 통 모양 꽃부리: 다양한 길이의 통을 이루며 입구가 크게 퍼지지 않는다. 예) 국화과의 컴프리

② 종 모양 꽃부리: 종처럼 입구로 갈수록 서서히 퍼진다. 예) 초롱꽃과의 메디움초롱꽃

③ 깔때기 모양 꽃부리: 이름처럼 길이와 너비의 비율이 다양한 깔때기 모양이다. 예) 메꽃, 담배, 독말풀

④ 고배 모양 꽃부리: 꽃잎의 잎몸이 확장되어 길고 좁은 관의 끝부분에서 접시처럼 판판하게 펼쳐진다. 예) 영춘화, 수수꽃다리, 프림로즈

⑤ 수레바퀴 모양 꽃부리: 판통이 짧고 꽃잎의 잎몸이 평평

그림 134 **컴프리**
통 모양 꽃부리.

그림 135 **메꽃**
깔때기 모양 꽃부리.

그림 136 **보리지**
수레바퀴 모양 꽃부리.

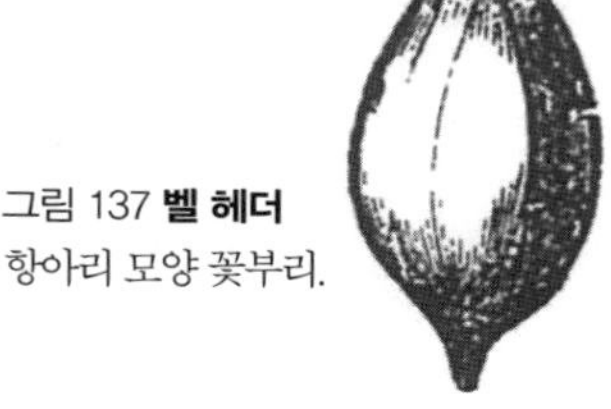

그림 137 **벨 헤더**
항아리 모양 꽃부리.

하게 바큇살처럼 뻗어나간다. 예) 보리지, 뚜껑별꽃

⑥ 별 모양 꽃부리: 판통이 짧고 꽃잎이 별처럼 뾰족한 다섯 꼭짓점을 그린다. 예) 꼭두서니와 솔나물을 비롯한 대부분의 꼭두서닛과 식물

⑦ 항아리 모양 꽃부리: 작은 항아리 모양으로 입구가 좁아진다. 예) 진달랫과의 구석남속 식물

D. 부정제 꽃부리 – 통꽃부리

이 범주는 다음과 같은 형태를 따른다.

① 입술 모양 꽃부리: 긴 판통 끝에서 넓게 펼쳐지는 5개 또

그림 138 **광대수염**
입술 모양 꽃부리.

는 그 이상의 판연으로 구성되며, 깊은 홈이 파여 크게 둘로 나뉜다. 윗입술은 2개의 판연으로 구성되고, 늘 그런 것은 아니지만 중앙에 갈라진 틈이 표시된다. 아랫입술은 3개의 판연이 확연하게 드러난다. 두 입술은 넓게 벌어져 판통으로 들어가는 목구멍을 드러낸다. 백리향, 세이지, 바질, 페퍼민트, 라벤더, 로즈메리, 세이보리 등이 속한 꿀풀과 식물이 입술 모양 꽃부리의 대표적인 예이며, 꿀풀과Labiatae라는 이름도 입술 모양labiate이라는 뜻에서 왔다. 꽃받침잎도 입술 모양이지만 꽃잎과 꽃받침잎이 번갈아 나오며 입술을 서로 거꾸로 늘어놓은 형태다. 즉 꽃받침의 윗입술은 꽃받침잎 3개, 꽃부리의 윗입술은 판연 2개이며, 반면에 꽃받침의 아랫입술은 꽃받침잎 2개, 꽃부리의 아랫입술은 판연 3개로 이루어졌다.

② 가면 모양 꽃부리: 입술 모양 꽃부리처럼 입술 형태로 나뉘어 윗입술은 판연 2개, 아랫입술은 판연 3개다. 하지만 아래쪽이 넓어지면서 둥근 천장을 이루고 꽃의 목구멍을 닫는다. 목구멍 부위를 양쪽에서 살짝 집어서 누르면 입술이 벌어지

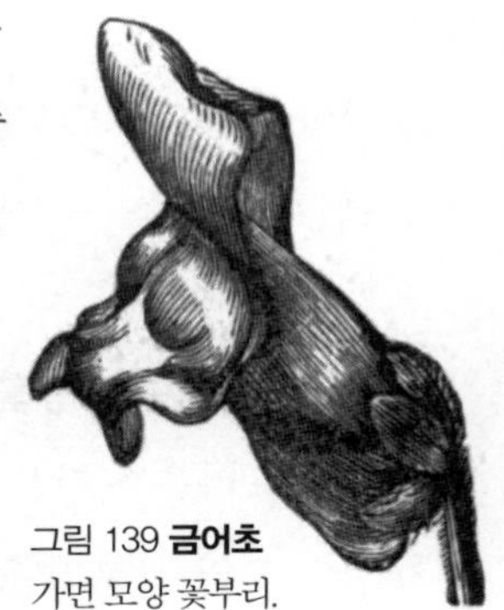
그림 139 **금어초**
가면 모양 꽃부리.

고 손가락을 놓으면 다시 닫힌다. 이처럼 입술 또는 동물의 주둥이와 닮은 형태가 가장 잘 드러나는 꽃은 금어초다. 누군가 금어초의 두꺼운 입술과 고대 그리스 극장에서 배우들이 쓰던 가면의 과장된 특징이 비슷하다고 본 모양이다. 가면 모양personate 꽃부리라는 용어는 라틴어로 극장의 가면을 뜻하는 'persona'에서 나왔다.

그림 140 **디기탈리스**
디기탈리스 꽃부리.

③ 디기탈리스 꽃부리: 디기탈리스는 '여우의 장갑'이라고 불리는 현삼과 식물로, 살짝 비대칭인 꽃이 핀다. 디기탈리스Digitalis라는 속명이 이 꽃부리의 이름을 뜻하며, 장갑의 손가락 같은 모양을 표현했다.

앞에서 일부 꽃받침잎이 기부가 깊고 좁은 원뿔 모양 주머니로 길게 불거져서 꽃뿔이라고 부른다는 것을 보았다. 꽃잎에서도 꽃뿔이 나타난다. 매발톱꽃은 5장의 평범한 화판상 꽃받침잎이 달렸는데, 길고 끝이 살짝 구부러진 꽃뿔이 달린 5장의 꽃잎과 번갈아 가면서 나온다. 꽃뿔은 종종 부정제 꽃부리에서 나타난다. 금어초의 꽃뿔은 뭉툭하게 부푼 혹 같고, 제비꽃에서

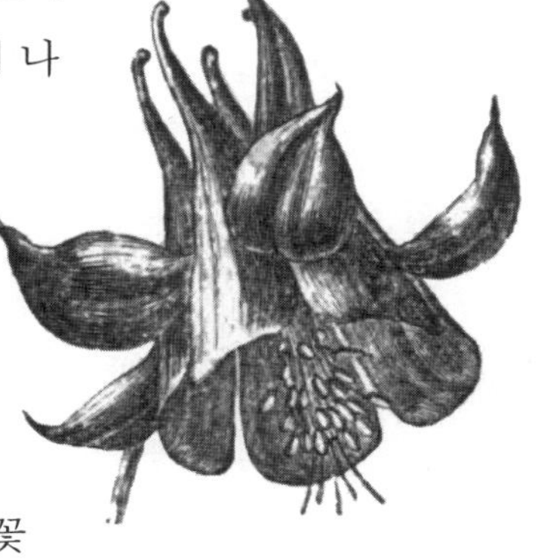

그림 141 **매발톱꽃**
꽃뿔이 달린 꽃잎.

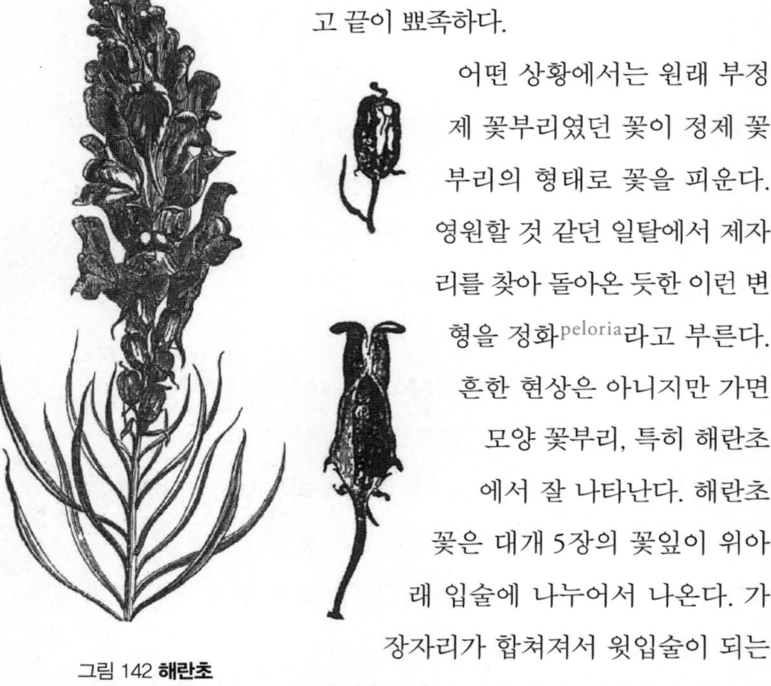

그림 142 **해란초**
꽃뿔이 달린 꽃.

는 살짝 굽은 주머니 모양이다. 해란초의 꽃뿔은 길고 끝이 뾰족하다.

어떤 상황에서는 원래 부정제 꽃부리였던 꽃이 정제 꽃부리의 형태로 꽃을 피운다. 영원할 것 같던 일탈에서 제자리를 찾아 돌아온 듯한 이런 변형을 정화peloria라고 부른다. 흔한 현상은 아니지만 가면 모양 꽃부리, 특히 해란초에서 잘 나타난다. 해란초 꽃은 대개 5장의 꽃잎이 위아래 입술에 나누어서 나온다. 가장자리가 합쳐져서 윗입술이 되는 두 꽃잎은 서로 닮았지만, 아랫입술과는 다르게 생겼다. 아랫입술의 양쪽에 달린 두 꽃잎은 서로 비슷하지만 가운데 맨 아래의 꽃잎은 특별한 형태이며 유일하게 꽃뿔이 길게 뻗는 위치다. 이런 꽃이 정화되어 정제 꽃부리의 형태가 되면 모든 꽃잎에 꽃뿔이 달린다. 꽃부리는 끄트머리에 꽃뿔이 자라는 5장의 똑같은 꽃잎으로 이루어진다. 이런 규칙성은 꽃부리에만 한정되는 것이 아니라 안쪽의 다른 기관에도 적용된다. 일반적인 상태에서 해란초꽃은 5개가 아닌 4개의 수술이 나온다. 사라진 수술 1개는 꽃밥이 없는 수술대의 흔적으로 나타난다. 또한 남은 수술 4개 중 2개는 다른 2개보다 더 길다. 그러던 것이 정화된 꽃에서는 사라졌던 수술이 다시 나타나며 5개의 수술이 모두 길이도 똑같아지고 꽃부리의 다섯 판연과 어긋나게 돌려나게 된다.

4장

결실 기관

수술

수술은 일반적으로 수술대라는 다양한 길이의 가느다란 지지대와 그 끝에 꽃가루라는 노란색 먼지가 들어 있는 꽃밥으로 구성된다. 꽃밥은 수술에서 진정으로 없어서는 안 되는 부분이다. 그와 비교해 수술대는 부차적인 중요성밖에 없다. 수술대는 별개로 분리되어 있거나 일부가 융합되어 있기도 하다. 통꽃에서 수술대는 대개 꽃부리에 융합되었다.

수술은 흔히 꽃잎과 어긋나며 개수가 꽃잎과 같지만, 수가 더 적거나 많은 경우도 많다. 수술의 개수가 많은 꽃에서는 단위 윤생체의 2배나 3배로 여러 겹이 어긋나게 배열된다. 일례로 패랭이꽃과 바위떡풀은 꽃잎의 수가 5장이며 5개짜리 수술이 두 겹으로 나 있다. 수술의 수가 너무 많으면 윤생체가 서로 어긋나게 나는 것이 현실적으로 어렵거나 확인할 수 없다. 개양귀비가 좋은 사례다. 마지막으로 수술의 일부가 결함이 있을 때는 수술의 수가 꽃잎보다 적기도 하다. 앞으로 보겠지만 수술의 위치를 찾고 그 흔적을 발견하는 것은 어렵지 않다.

부정제 꽃부리는 보통 수술의 발달이 고르지 않은 것과 연관이 있다. 특히 입술 모양 꽃부리와 가면 모양 꽃부리에서 그 특징이 두드러진다. 두 꽃부리를 다시 한번 정의하면 둘 다 위아래 입술로 나뉘고 양쪽에서 깊은 홈이 파여 분리된다. 두 꽃잎이 합쳐진 윗입술 가운데에는 갈라진 자국이 보이지만 덜 두드러질 때가 있다. 아랫입술은 꽃잎 3장이 조합되었음을 나타내는 표시로 두 군데에 자국이 나타난다. 따라서 이 꽃부리의 잎몸에는 총 5개의 결각이 보이고 각각 꽃잎이 합쳐진 경계, 즉 위로 2개, 아래로 3개가 표시된다. 어긋나기의 법칙에 따라 각 꽃잎에는 상응하는 수술이 있어야 한다. 하지만 꽃잎이 비대칭적으로 배열되는 바람에 위쪽에는 수술이 없고, 양쪽의 수술 2개는 짧고, 아래쪽에 있는 수술 2개는 길다. 따라서 전체적으로 입술 모양 꽃부리와 가면 모양 꽃부리에서는 수술이 4개밖에 없고 그중 2개가 다른 2개보다 더 길다. 이런 불균형한 배열을 둘긴수술 또는 이강수술didynamous stamen이라고 한다.

정제 꽃부리였다면 갖췄을 테고, 실제로도 정화된 화관에서

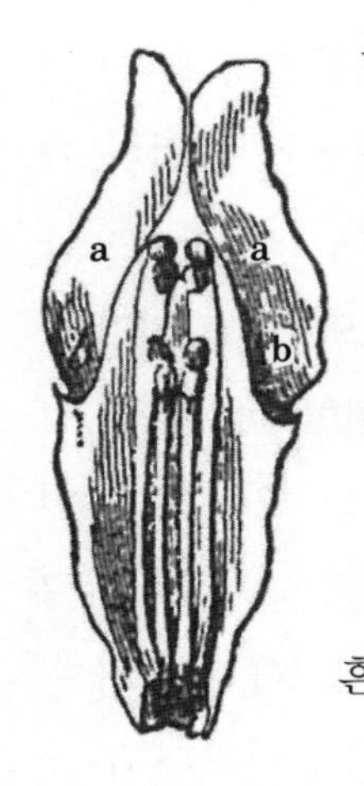

그림 143 **둘긴수술**
a: 아래에 있는 더 긴 수술.
b: 위쪽에 있는 더 짧은 수술.

발견되는 총 5개의 수술 중에서 자취를 감추는 것은 언제나 맨 위에 있는 것이지만 그것도 가끔은 흔적을 남긴다. 그래서 다양한 가면 모양 꽃부리에서 윗입술의 갈라진 자국과 마주 보는 위치에 짧은 수술대가 보이는데 그건 채 발달하지 않은 수술의 기부다. 비대칭성이 강하지 않은 꽃부리에서는 흔적만이 아닌 진짜 수술대로 자라기도 하지만 꽃밥은 없다. 질경잇과의 펜스테몬속*Penstemon* 식물은 5개의 수술이 있다는 학명의 뜻처럼 수술대는 5개지만 가장 위쪽에 있는 수술에는 꽃밥이 없다. 마지막으로, 해란초의 정화된 꽃에서 다시 나타나 원형을 완성하는 것도 맨 위에 있는 수술이다.

양쪽의 두 수술은 위아래 입술을 나누는 깊은 톱니와 일치하며 낮은 쪽 수술보다 항상 더 짧다. 이처럼 수술대가 짧아지는 것은 일종의 퇴화로서, 심하면 양쪽 옆의 수술이 사라지면서 2개의 아래쪽 수술만 남는다. 세이지와 로즈메리 같은 꿀풀과 식물에서 이런 수술이 나타난다.

일반적으로 정제 꽃부리에서 적어도 한 윤생체에 있는 수술은 길이가 똑같지만, 수술의 윤생체가 두 겹일 때는 패랭이꽃이나 장구채처럼 둘 중 하나가 더 길 때가 드물지 않다. 불균형은 수술의 윤생체가 한 겹일 때 더 두드러진다. 이는 일반적으로 배춧과 식물 전체에서 나타나는 대표적인 특징이다. 쑥부지깽이나 양배추, 또는 무나 유채꽃을 예로 들어보자. 이 식물에서 꽃받침을 구성하는 꽃받침잎 4장의 크기는 모두 같지 않다. 마주 보는 한 쌍의 꽃받침잎은 기부에서 살짝 부풀어서 도드라지고, 다른 한 쌍은 그렇지 않다. 혹처럼 솟은 꽃받침잎 각각의 맞은쪽에는 짧은 수술이

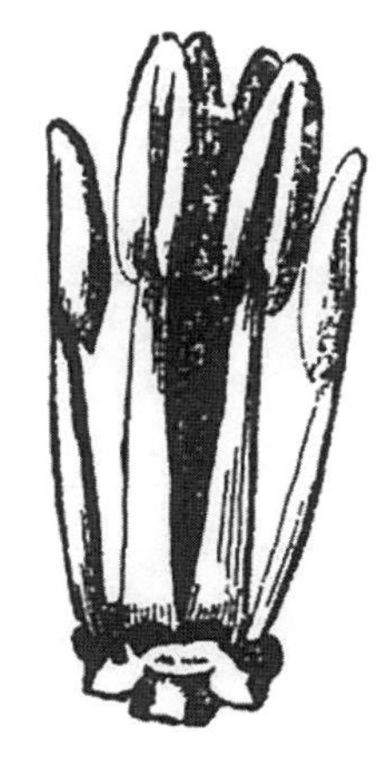

그림 144 **넷긴수술**
배춧과 식물.

있고, 다른 한 쌍의 꽃받침잎 맞은쪽에는 각각 한 쌍의 긴 수술이 있다. 따라서 이 꽃의 수술은 긴 수술 4개와 짧은 수술 2개의 총 6개로 구성된다. 긴 수술 4개는 평범한 형태의 꽃받침잎을 마주 보며 쌍을 이루고, 짧은 수술 2개는 부풀어 오른 꽃받침과 마주 본다. 이렇게 다른 2개와 비교해 더 긴 4개의 수술을 가진 배춧과의 수술을 넷긴수술 또는 사강수술tetradynamous stamens이라고 부른다. 이 용어는 방금 본 것처럼 한쪽에서는 똑같은 쌍으로 묶이고 다른 쪽에서는 분리된 수술에 적용된다.

수술이 다른 수술과 융합할 때 합쳐지는 부위는 대개 수술대다. 어떨 때는 수술대 전체가 융합하여 암술이 통과하는 하나의 속 빈 기둥이 되며 꼭대기에는 꽃밥이 풍성한 다발을 이룬다. 마시멜로를 비롯한 모든 아욱과 식물에서 이런 배열이

그림 145 **아욱의 한몸수술**

발견된다. 때로는 까치수염속*Lysimachia* 식물에서처럼 기부만 융합한다. 두 배열을 합하여 한몸수술 또는 단체수술monadelphous stamen이라고 한다. 다시 말해 수술대가 하나의 다발로 합쳤다는 뜻이다.

수술대가 두 집단으로 나누어 합쳐지면 두몸수술 또는 양체수술diadelphous stamen이라고 한다. 완두, 콩, 나비나물 같은 콩과 식물의 다양한 꽃은 수술이 10개인데 그중 9개는 수술대가 하나로 합쳐졌다가 위쪽에서 갈라지는 관 모양이 되고 10번째 수술만 따로 떨어져서 남은 자리를 차지한다. 이 종에서 씨방은 10번째 수술로 인해 갈라진 부위가 수술대로 만들어진 좁은 겉싸개를 옆으로 서서히 밀어낸 덕분에 방해받지 않고 자랄 수 있다. 둥근빗살괴불주머니의 6개짜리 수술도 비대칭의 두 집단으로 나뉜다.

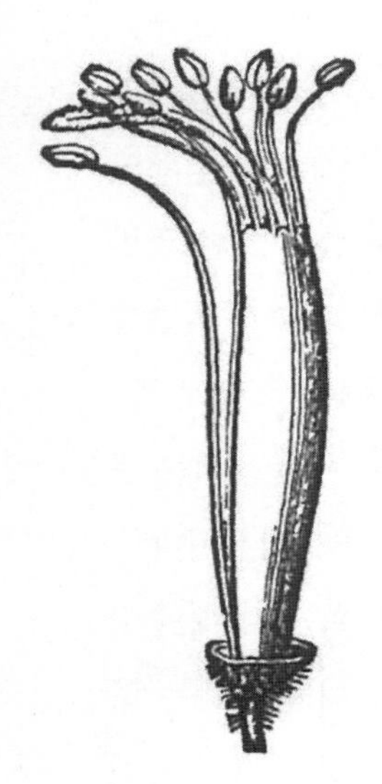

그림 146 **콩과 식물의 두몸수술**

마지막으로 여러몸수술 또는 다체수술polyadelphous stamen 형태를 띠는 수술이 있다. 오렌지와 서양고추나물에서처럼 수술대가 서로 구분되는 다양한 집단으로 묶이는 경우를 말한다.

국화과 식물의 낱꽃에서 5개 수술은 수술대가 분리된 대신 꽃밥이 붙어 있다. 이런 형태를 집약수술syngenesious stamen이라고 한다.

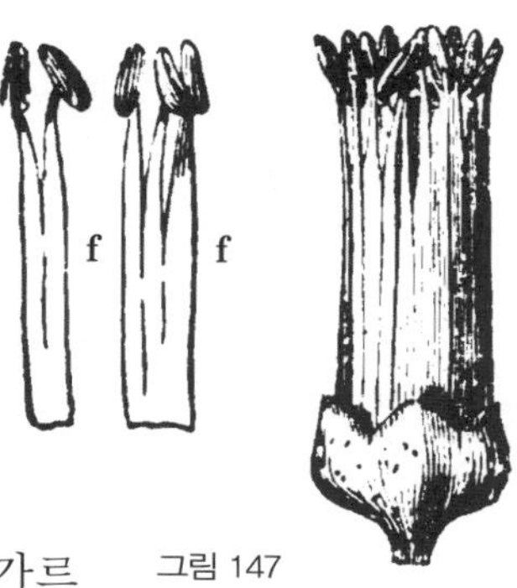

그림 147
오렌지꽃의 여러몸수술
f: 수술.

꽃밥은 중간에 홈이 파여 절반으로 나뉘며 각 주머니 안에서 꽃가루가 만들어진다. 두 주머니를 가르는 부위를 꽃밥부리connective라고 한다. 꽃밥이 성숙해지면 주머니가 길게 열리면서 꽃가루를 방출한다. 이런 형태가 가장 일반적이며 여기에서 다른 형태가 파생된다. 그중 가장 중요한 형태는 다음과 같다. 세이지(그림 149-1)에서 꽃밥부리는 긴 줄기(c)로 발달하여 지지대 끝에서 천칭처럼 수술대 끝에 가로로 이어진다. 따라서 두 꽃밥 주머니가 서로 멀리 떨어진다. 게다가 둘 중 하나(b)는 꽃가루를 만들지 못해 생식력이 없다. 이 꽃에서 수술은 크게 수가 줄어 다른 꿀풀과 식물과 달리 일반적인 5개 중에서 가장 위에 있는 수술과 양쪽의 두 수술, 총 3개가 부족하다. 게다가 남은 2개의 수술도 실제 수정 능력이 있는 주머니(a)는 하나씩밖에 없다. 피나무꽃(그림

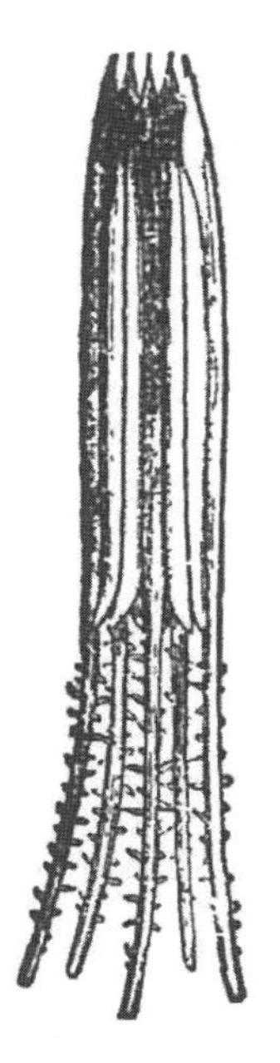
그림 148 **국화과 식물의 집약수술**

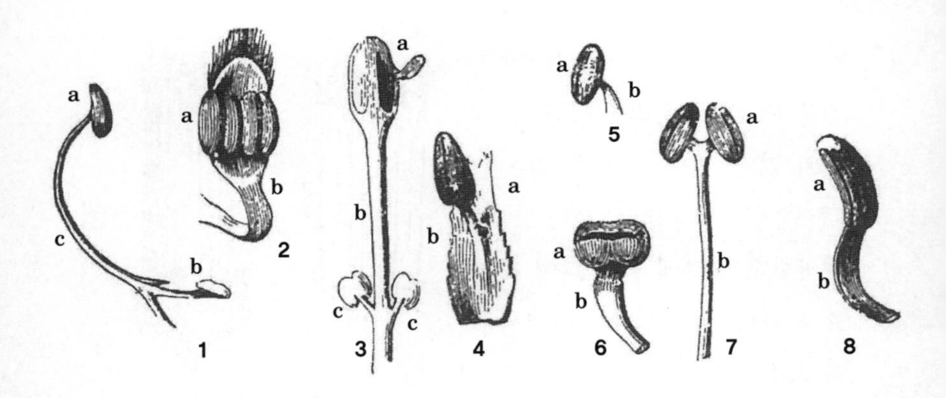

그림 149 **다양한 형태의 수술**
1) 세이지. c: 꽃밥부리. a: 생식력이 있는 꽃밥. b: 생식력이 없는 꽃밥.
2) 빈카. a: 꽃밥. b: 수술대.
3) 월계수. a: 열린 꽃밥. b: 수술대. c: 생식력이 없는 꽃밥.
4) 보리지. a: 비늘. b: 수술대.
5) 갈매나무. 6) 알케밀라. 7) 피나무. 8) 수련.
5~8에서 a는 꽃밥이고, b는 수술대다.

149-7)의 수술에도 2개의 주머니(a)가 서로 분리되어 있다. 하지만 둘 다 생식력이 있고 발달 도중에 꽃밥부리가 크게 확장하지 않는다. 월계수(그림 149-3)에서 주머니는 긴 열개선이 아닌 판개(a)를 통해 뚜껑처럼 열린다. 또한 수술대 밑부분에 2개의 노란 불임성 꽃밥이 있다. 감자 또는 털이슬 같은 가지과 식물에서 꽃밥 주머니는 꼭대기에서 구멍이 열린다. 빈카속*Vinca* 식물에서 꽃밥부리는 꽃밥 밖으로 확장되어 털 달린 얇은 판이 된다(그림 149-2). 협죽도에서는 길고 뻣뻣한 돌기를 형성한다. 보리지(그림 149-4)에서 수술대는 꽃밥 뒤로 넓게 퍼져서 비늘이 된다. 알케밀라*Alchemilla*에는 횡단하는 공통의 열개선이

있다(그림 149-6).

꽃가루는 일반적으로 황가루처럼 노란색이다. 봄철에 소나무와 전나무가 피워낸 무수한 꽃차례에 돌풍이 불어 노란 먼지구름을 일으키면 꽃가루가 멀리 운반된 다음 저절로 또는 빗방울과 함께 유황 소나기가 되어 땅에 떨어진다. 메꽃과 아욱의 꽃가루는 흰색, 개양귀비는 자주색, 분홍바늘꽃은 푸른색이다.

현미경으로 보면 꽃가루에는 셀 수 없이 많은 알갱이가 모여 있다. 같은 식물에서는 모양과 크기가 모두 비슷하지만, 종이 다르면 꽃가루도 전혀 다르다. 그중에서도 꽃가루 알갱이가 가장 큰 것은 아욱과의 라바테라속*Lavatera* 식물로, 5개가 1밀리미터를 이룬다. 가장 작은 것은 인도고무나무의 꽃가루로, 130~140개가 모여야 1밀리미터가 된다. 꽃가루 알갱이는 다양한 모양과 표면 장식 때문에 현미경으로 가장 즐겁게 관찰할 수 있는 대상 중 하나다. 모양은 구체 또는 타원형이거나 밀의 낟알처럼 길쭉하다. 작은 통처럼 생긴 것도 있고 나선형 끈으로 감싼 공 형태도 있다. 꼭짓점이 둥근 삼각형인 꽃가루, 3개의 짧은 원통이 합쳐진 듯 기부에 모여 있는 꽃가루, 가장자리가 뭉툭한 정육면체 형태의 꽃가루도 있다. 표면이 매끄러운 것, 일정하게 미세한 주름이 진 것이 있다. 어떤 꽃가루는 다면체로서 융기선이 면을 둘러싸고, 또 어떤 꽃가루는 자오선처럼 이어지는 홈으로 표시되기도 한다. 모두 표면에 반투명

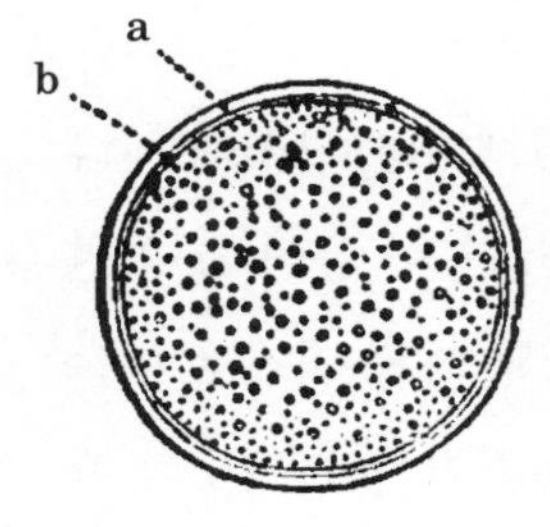

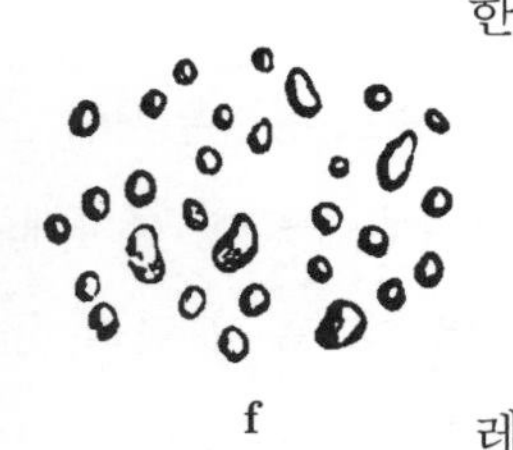

한 반점이 있는데 기하학적 규칙성을 따라 배열된 모습이며 둘레는 매우 명확한 선으로 표시된다. 이를 발아공이라고 한다.

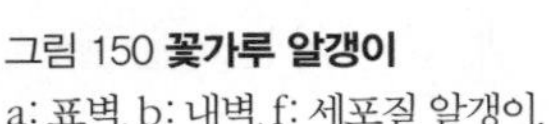

그림 150 **꽃가루 알갱이**
a: 표벽. b: 내벽. f: 세포질 알갱이.

각각의 꽃가루 알갱이는 두 겹의 벽으로 싸인 단일 세포다. 바깥쪽의 표벽은 색깔이 있고 불투명하며 견고하고 탄력이 있다. 또한 표면에 거칠거칠한 과립형 돌기가 있다. 내벽은 얇고 매끄러우며 늘어날 수 있고 색깔이 없고 속이 비친다. 앞에서 발아공이라고 말한 반투명한 지점에서는 표벽이 없고 내벽으로만 구성된다. 호박의 꽃가루 알갱이처럼 발아공이 둥근 뚜껑으로 닫혀 있는 사례도 있지만, 뚜껑이 떨어져 나가면 구멍이 내벽으로 자유롭게 이어진다.

꽃가루 알갱이의 내용물은 점성이 있는 액체로, 수많은 과립이 떠다닌다. 이 내용물을 포빌라fovilla라고 한다. 꽃가루 알갱이를 순수한 물에 띄우고 현미경으로 관찰하면 아주 흥미로운 장면이 연출된다. 꽃가루 알갱이의 막성 벽을 사이에 두고 두 종류의 액체가 존재한다. 알갱이 안의 액체는 밀도가 높고 점성이 있으며, 알갱이 밖은 밀도가 낮고 묽다. 그 결과 삼투작용이 일어나서 알갱이가 서서히 부풀며 접혔던 부분이나 주

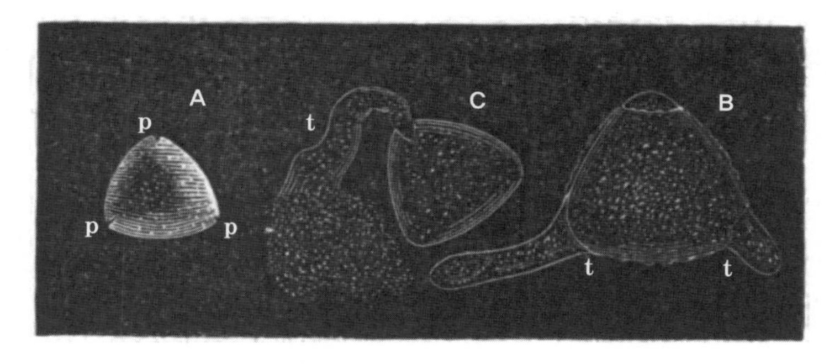

그림 151 **A. 온전한 꽃가루 알갱이** p: 발아공.
C. 순수한 물속에서 부푼 꽃가루 t: 꽃가루관에서 세포질이 흘러나온 상태.
B. 설탕 또는 고무 용액 안에서 확장된 꽃가루 t: 꽃가루관.

름이 펴진다. 세포 안으로 물이 들어가면서 내벽을 바깥으로 밀어내어 팽창하고, 표벽의 발아공으로 속이 비치는 원형 돌기가 불거진다. 꽃가루 알갱이는 기다란 주머니 형태로 한동안 부풀다가 빠른 삼투작용으로 장력이 급작스럽게 늘어나면서 결국 끝이 터져버리고 내용물을 토해낸다.

이제 같은 실험을 설탕을 조금 넣은 물로 반복해보자. 이 상태에서는 두 액체의 점성 차이가 덜하므로 삼투작용의 속도가 느려진다. 따라서 앞의 실험에서와 같은 현상이 일어나지만 진행 속도가 갑작스럽지 않다. 발아공에서 안쪽 세포벽이 불거져서 길어지는데 장력이 적당하여 찢어지지 않고 서서히 늘어나면서 길고 아주 유연하고 속이 비치고 내용물이 가득 찬 관으로 뻗어간다. 이 긴 주머니를 꽃가루관이라고 한다. 뒤에 나오는 장에서 꽃가루관의 기능이 얼마나 중요한지 설명할 것이다.

암술

암술은 심피가 하나 또는 여러 개 돌려나는 형태다. 심피는 서로 분리되었거나 다양한 수준으로 융합되었다. 심피는 잎이 주맥을 중심으로 좌우가 접히고 씨방이라는 공간을 둘러싸면서 형성되었다. 가운데 주맥이 늘어나서 암술대가 되고 그 끝이 부풀어 암술머리가 된다. 심피가 된 잎의 가장자리는 꽃의 중심 방향에서 만나 융합하는데 단단하게 밀착하거나 안쪽으로 들어가는 작은 주름이 생기기도 한다. 이렇게 가장자리가 만나는 선을 태좌placenta라고 한다. 이곳은 씨방의 벽에서 가장 두꺼운 부분이고 밑씨가 태어나는 곳, 즉 미래의 씨앗이 출발하는 곳이다.

여러 개의 심피가 암술을 이루는 꽃에서는 심피가 원형으로 배열되어 바깥쪽으로는 주맥이, 안쪽으로는 태좌가 자리 잡는다. 이렇게 구성된 심피가 분리된 채로 남아 있기도 하지만, 벽 일부가 융합되는 일이 더 빈번하다. 그런 다음 전체 씨방은 개별 씨방의 수만큼 방이 나뉜다. 그리고 마지막으로 방은 두 심피가 맞닿으면서 생긴 이중벽 칸막이에 의해 씨방실로 나뉜다. 이 일련의 융합은 씨방을 넘어서 암술대와 암술머리에도 영향을 준다. 겉에서는 단순해 보이는 암술은 사실 아주 복잡한 기관이다. 씨방실의 수를 세면 조합된 심피의 개수를 알 수 있다.

방금 말한 것처럼 심피로 변형된 잎이 가장자리에서 만날 때 봉합선, 즉 밑씨가 기원하는 태좌는 언제나 꽃의 중심을 향한다. 이처럼 축을 중심으로 태좌가 모이는 꼴이면 중축태좌 axile placentation라고 부르며, 배꽃과 사과꽃의 5개짜리 심피, 투구꽃과 제비고깔의 3개짜리 심피에서 그런 배열을 볼 수 있다.

심피성 잎이 개별적으로 폐쇄된 씨방실을 만드는 대신 경계가 하나로 합쳐져서 공통의 씨방실이 될 수도 있다. 이때 융합된 선, 즉 태좌는 축의 중심으로 모이는 대신 공통된 공간 벽에 배분된다. 각 태좌는 연속된 두 심피의 가운데 지점에 있다. 칸막이가 사라진 공통의 공간에 벽을 따라 밑씨의 열이 배열되는 형태를 측벽태좌parietal placentation라고 하고, 제비꽃이 좋은 예다. 이런 식으로 씨방을 구성하는 심피의 수는 밑씨의 열을 세어서, 또는 익은 열매를 나누는 조각의 수를 보고 알 수 있다. 제비꽃의 꼬투리는 세 조각으로 열리고 씨방 벽에는 밑씨 세 줄이 달려 있으므로 암술은 3개의 심피로 구성되었음을 알 수 있다.

마지막으로 심피성 잎의 경계가 융합하여 측벽태좌처럼 공통의 방에 모이지만 밑씨가 심피의 경계선을 따라서 나지 않을 때가 있다. 이 경우 꽃의 씨방 중심에서 꽃의 가운데 축이 발달하고 거기에 밑씨가 달려서 태좌가 된다. 이런 태좌를 중앙태좌central placentation라고 하며, 앵초과의 프림로즈가 그 예다. 이처럼 씨방의 칸막이나 밑씨의 열을 셀 수 없을 때는 암술대나 암술머리가 정보를 주지 않는 한 열매가 익기 전에는 심피의

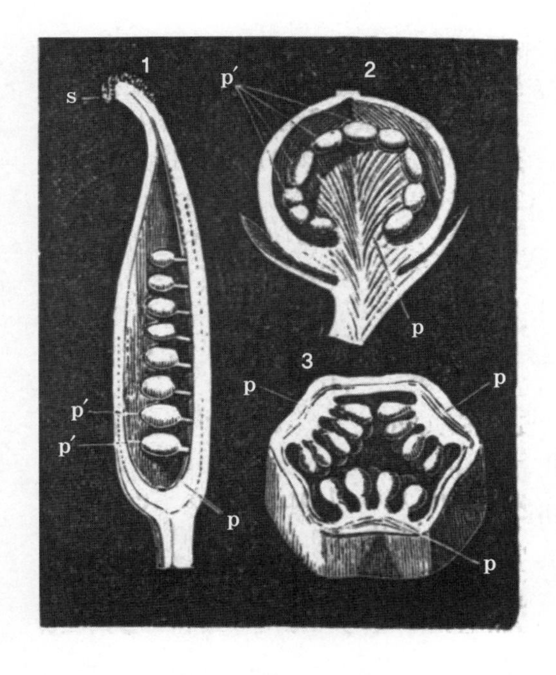

그림 152 **태좌의 방식**
1) 중축태좌. p: 태좌. p': 밑씨. s: 암술머리.
2) 중앙태좌. p: 태좌. p': 밑씨.
3) 측벽태좌. p: 태좌.

수를 알 수 없다. 프림로즈는 성숙한 꼬투리열매가 5개 조각으로 열리는 것으로 보아 씨방이 5개의 심피로 구성되었다고 말할 수 있다.

씨앗은 밑씨의 형태로 발달을 시작한다. 이 특별한 눈은 꽃가루에서 생기를 받지 않고서는 스스로 씨앗으로 발달할 수 없다. 밑씨는 꽃 한 송이에 하나 또는 여러 개가 존재하며 중축태좌 또는 측벽태좌처럼 때로는 심피가 접합된 경계를 차지한다. 처음에 밑씨는 태좌에서 주심nucellus이라는 작은 원형 돌기를 형성한다. 그 주위로 2개의 동심원을 그리며 늘어진 주피가 보인다. 주피는 지름이 점차 작아지다가 주심을 덮고 주공micropyle이라는 아주 작은 구멍을 남긴다. 동시에 주공 밑에서 주심은 배낭이라는 공간을 얻는다. 이것은 배아 또는 미래의 씨앗이 꽃가루에 의해 수정되었을 때 자랄 공간이다. 마지막으로 밑씨는 처음에는 태좌에서 튀어나온 작은 돌기였던 것이 씨자루 또는 주병funicle이라는 미세한 자루에 의해 부착된다.

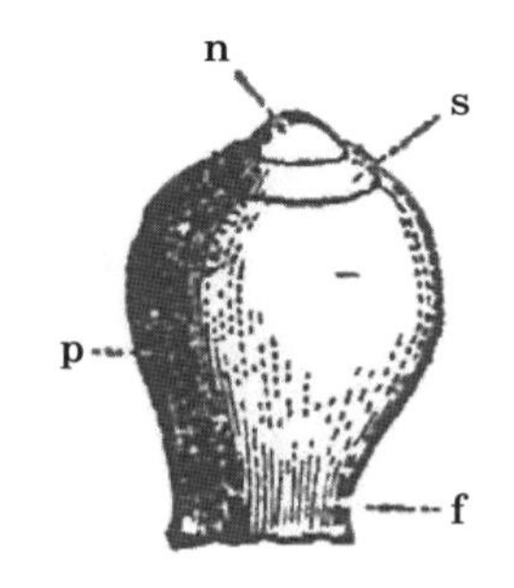

그림 153 **밑씨**
n: 주심. s: 내주피. p: 외주피. f: 기부. 주병에 달려 있다.

5장

꽃가루

밀씨 혼자서는 난알이 될 수 없다. 서로 보완하는 물질의 도움이 없으면 곧 시들어 앞에서 설명한 상태를 극복하지 못한다. 그 도움의 물질이 꽃가루다. 꽃가루는 밀씨의 생명을 깨우고 언제나 과학자들을 사로잡은 신비한 협동 과정을 통해 배아의 탄생을 자극한다.

꽃이 활짝 피는 순간 암술머리에서는 점액질이 배어 나온다. 꽃밥에서 떨어졌거나 곤충과 바람이 운반해준 꽃가루 알갱이가 잘 들러붙게 하기 위해서다. 꽃가루가 암술머리에 안착하고 나면 앞에서 말한 대로 삼투작용이 일어난다. 하지만 순수한 물속에서 꽃가루를 터트려버린 빠른 흡수와는 다르다. 점성 있는 습기가 꽃가루 알갱이 속으로 천천히 투과하여 내

막의 발아공을 뚫고 긴 꽃가루관이 자라게 한다. 각 알갱이는 촉촉한 암술머리에 닿은 부분에서 유연한 관을 뻗어내는데 마치 작은 씨앗에서 자라는 어린뿌리 같다. 한결같이 아래로 흙을 파고 내려가는 어린뿌리처럼 꽃가루관은 암술머리를 통과한 다음 암술대 조직을 파고들며 세포의 틈을 벌리고 길을 낸다. 얼마나 먼 거리든 주저하지 않고 쭉쭉 뻗어 암술대 끝까지 간다. 꽃가루 알갱이 자체는 뿌리만 내리고 암술머리 표면에 남아 있다. 표벽이 오그라들면서 안에 든 물질을 내려보내고 자신을 비워가며 점차 길어지는 관을 채운다.

이처럼 꽃가루 알갱이 안쪽에서 나온 물질이 어느 정도 꽃가루관 생장에 일조하는데, 아무리 막이 잘 늘어난다고 해도 혼자 그 길을 다 낼 수는 없기 때문이다. 암술대가 긴 식물은 꽃가루관이 씨방까지 닿을 때까지 꽃가루 지름의 수백, 수천 배까지도 쭉 늘어나야 한다. 관이 내려가는 시간은 암술까지의 거리에만 좌우되지 않고 특히 암술대의 구조와도 연관된다. 몇몇 식물에서는 몇 시간이면 충분하지만, 여정을 마치기까지 며칠이나 걸리는 식물도 있다.

첫 번째 단계가 끝나면 암술머리에서는 표면에 안착한 수많은 꽃가루 알갱이가 관을 뻗어 암술대 조직을 뚫고 내려가는데, 마치 시침 핀을 잔뜩 꽂아둔 긴 원통형 바늘꽂이 같다. 세포질로 가득 찬 꽃가루관이 그 끝을 씨방에 박아 넣는다. 이들을 안내하는 힘은 혀를 내두를 정확도를 자랑한다. 상상조차 힘든 자연의 오류 없는 지혜가 이끄는 대로 그 많은 수가 어려워하지도, 헷갈리지도 않고 가까운 태좌로 이동한 다음 끄트머리 부분이 밑씨의 주공으로 들어간다. 꽃가루관이 배낭을 통과해 씨방의 벽에 이르러 접촉하는 순간 밑씨는 새로운 존재로 서서히 조직된다. 살아 있는 낟알의 배아가 되는 것이다. 어떻게? 그건 누구도 알지 못한다. 이런 삶의 신비 앞에서 이성은 무력하게 고개를 숙이고 말로는 표현할 수 없는 기적의 조물주를 향한 숭배의 충동에 몸을 맡기게 된다.

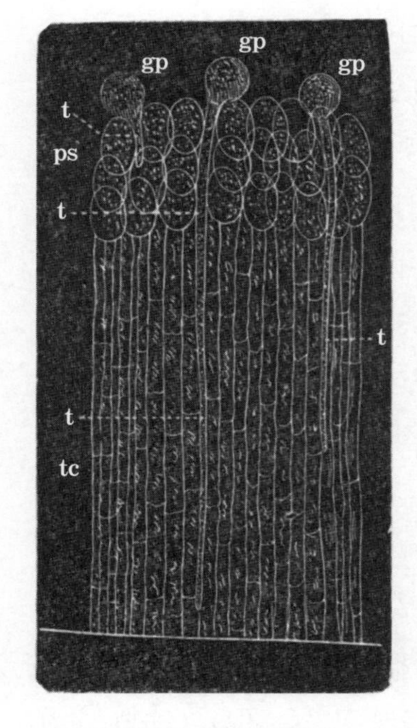

그림 154 **꽃가루 알갱이(gp)에서 꽃가루관(t)이 나와 세포조직을 뚫고 내려가는 순간의 암술머리**

꽃가루의 도움이 없다면 씨방은 열매가 되지 못하고 씨도 맺지 못한 채 시들어버릴 것이다. 이 사실을 증명할 증거는 많지만, 암수딴그루와 암수한그루 식물이 제공하는 가장 간단한 예를 인용해보겠다. 캐롭Carob은 프랑스 최남단에 서식하는 콩과 식물로, 열매는 완두의 꼬투리처럼 생겼지만 갈색에 길이가 길고 넓적하다. 이 열매는 씨앗뿐 아니라 달짝지근한 과육도 먹을 수 있다. 캐롭은 암수딴그루 나무다. 어떤 나무는 수꽃만 피고 어떤 나무는 암꽃만 핀다는 뜻이다. 기후가 적절한 정원에 캐롭 암나무만 심었다고 하자. 그 나무에서는 열매가 열리지 않는다. 이웃에 수나무가 있어서 바람이나 곤충이 꽃가루를 실어다주지 않으면 가지에 핀 모든 꽃이 씨방 하나 남기지 않고 모두 떨어질 것이다. 왜 열매를 맺지 않느냐고? 밑씨와 결합할 꽃가루가 없기 때문이다. 이제 근처에 수꽃이 피는 다른 캐롭 나무가 있다고 해보자. 그럼 암나무는 문제없이 열매를 맺는다. 산들바람과 곤충이 수나무의 꽃가루를 암나무의 암술머리로 옮겨준다. 그렇게 꽃가루가 밑씨의 생명을 깨워 열매가 자라고, 다 익으면 발아할 수 있는 씨앗으로 가득 차게 된다.

북아프리카 오아시스에서 아랍인들은 식량으로 대추야자를 많이 키운다. 뜨거운 태양 아래 익어가는 모래 평원 한복판에서는 물을 대주는 비옥한 땅 한 뙈기가 아쉬우므로 어떻게 해서든 최대로 활용해야 한다. 그래서 사람들은 열매를 맺을 수 있는 암나무만 심는다. 하지만 개화기가 되면 야생 대추나무에서 자라는 수꽃 다발을 꺾어다가 농장의 암나무에 핀 꽃에 꽃가루를 털어준다. 이렇게 인위적으로 꽃가루받이해주지 않으면 거둬들일 열매가 달리지 않는다.

호박은 암수한그루 식물이다. 한 덩굴에서 암꽃과 수꽃이 같이 달리는데, 꽃이 피기 전에도 쉽게 암수를 구분할 수 있다.

암꽃은 꽃덮개 아래에 크게 부푼 씨방이 있지만, 수꽃은 이런 특징이 없다. 주변에 다른 덩굴 없이 따로 떨어져 있는 덩굴에서 개화기가 오기 전에 수꽃을 자르고 암꽃만 남겨둔다. 암술에 꽃가루가 전달되지 않았다는 것을 보장하기 위해 크기가 넉넉한 거즈로 암꽃을 덮어둔다. 이 작업은 꽃이 피기 전에 해야 한다. 수꽃도 없애고 이웃하는 덩굴에서 곤충이 꽃가루를 옮길 가능성도 덮개로 막았으므로 암꽃이 꽃가루를 받을 일은 없다. 그럼 이 암꽃은 차츰 쇠약해지다가 시들고, 씨방도 호박으로 자라지 못한다. 하지만 만약 이런 조건에서도 열매가 열리길 바란다면 어떻게 하면 될까? 손가락 끝에 꽃가루를 조금 묻혀서 암술머리에 올리면 된다. 암꽃의 씨방이 자라서 호박이 되고 씨앗을 생산하는 데는 그거면 충분하다.

손이 더 가기는 하지만 암술과 수술이 한 꽃에 나오는 사례에서도 비슷한 실험을 할 수 있다. 피어나기 직전의 꽃에서 아직 꽃밥이 열리지 않은 수술을 제거한다. 수술을 제거한 꽃은 아까처럼 거즈로 만든 두건을 씌워 근처의 다른 꽃에서 꽃가루가 전달되지 못하게 한다. 이 정도로도 충분하여 씨방은 더 발달하지 않고 시들어버린다. 하지만 덮개를 씌우고 수술을 제거했더라도 암술머리에 붓으로 꽃가루를 조금 얹어주면 씨방은 평소처럼 발달한다.

꽃가루는 생식능력이 있는 씨앗을 맺는 데 없어서는 안 되기 때문에 꽃의 구조나 식물의 상태 및 조건에 맞게 꽃가루가 꽃밥에서 암술로 잘 운반되도록 확실한 여건을 만들어야 한다. 실제로 수술의 꽃가루를 목적지에 닿게 하려고 대단히 기발한 방식과 놀라운 조합이 동원된다. 식물학에서 꽃가루가 방출되는 장엄한 순간에 일어나는 수천 가지 기적의 장면보다 재미있는 부분은 없다. 지금부터 그대들이 그 경이로움을 살짝만 맛보게 할 생각이다.

만약 한 꽃에 수술과 암술이 둘 다 있다면 암술머리에 꽃가루가 옮겨지는 것은 대개 일도 아니다. 아주 가벼운 대기의 움직임만으로도 충분하고 파리가 돌아다니다 슬쩍 수술을 건드리기만 해도 꽃가루가 떨어질 테니 말이다. 애초에 수술은 꽃가루가 암술머리에 정확하게 떨어지도록 배치되어 있다. 튤립처럼 수직으로 피는 꽃이면 수술이 암술의 위쪽에 자리한다. 푸크시아처럼 고개를 떨구는 꽃이라면 암술이 수술보다 길다. 양쪽 모두 꽃밥에서 떨어진 꽃가루는 꽃밥보다 밑에 있는 암술머리에 닿을 것이다. 초롱꽃은 5개의 꽃밥이 서로 결합하여 암술대가 포함된 관을 이루는데, 처음에는 수술보다 짧다. 하지만 꽃가루가 무르익으면 암술대가 빠르게 길어져 암술머리가 꽃밥의 관 위로 올라가면서 털 달린 거친 표면이 직접 꽃가루에 붓질한다.

수생식물은 물이 꽃가루에 닿으면 치명적이기 때문에 특히 더 조심해야 한다. 꽃가루가 순수한 물에 닿을 때 삼투작용으로 빠르게 부풀다가 결국 막이 터져버린 실험을 기억할 것이다. 이런 조건에서는 꽃가루 알갱이가 꽃가루관을 뻗어 암술대를 거쳐 밑씨에 꽃가루를 보내는 제 기능을 수행하지 못한다. 젖은 꽃가루는 비효율적이다. 이 사실은 꽃이 한창일 때 비가 내리고 나면 벌어지는 참사를 설명한다. 꽃가루의 일부는 비에 쓸려가고 일부는 물에 닿아 터져버리는 바람에 씨방까지 가닿는 꽃가루가 없어서 결국 꽃은 아무 결실도 보지 못한 채 떨어질 것이다.

이 때문에 수생식물은 지금부터 설명할 특별한 장치 없이는 섣불리 물속에서 꽃을 피우지 못한다. 그렇게 했다가는 열매가 맺지 않을 게 뻔하니까. 꽃은 반드시 물속이 아닌 물 밖에서 꽃잎을 열고 꽃가루받이해야 한다. 먼저 물속에 잠겨 있던 꽃이 공중으로 떠오르는 수단을 알아보자. 나사말*Vallisneria*은 물의 바닥에 산다. 특히 미디 운하에는 지나치게 많이 자라서 해마다 많은 사람을 동원해 제거하지 않으면 선박의 운항이 방해될 정도다. 나사말의 잎은 초록색 띠 모양이고 꽃은 암수딴그루다. 암꽃은 가늘고 길고 유연한 꽃대에서 올라오는데, 타래송곳처럼 나선형으로 감겨 있다가 개화기가 되면 서서히 풀려서 길어지고 가벼운 꽃은 수면 위로 떠올라 피어난다. 반대로 수꽃은 아주 짧은 꽃대에 달려 바닥에 바짝 붙어 나기 때문에 도저히 방법이 없을 것처럼 보인다. 하지만 놀랍게도 아직 꽃눈 속에 있어 꼭 닫힌 꽃덮개가 수술을 보호하고 있을 때 수꽃은 스스로 꽃대를 끊고 물 위로 떠오른다. 암꽃 사이에 둥둥 떠 있다가 적당한 시기에 꽃덮개를 열고 꽃가루가 암꽃에 갈 수 있도록 바람과 곤충에게 꽃가루를 양도한다. 암꽃의 꽃대는 다시 나선형으로 감겨서 물속의 바닥으로 돌아가고, 그곳에서 씨방이 편안하게 익어간다.

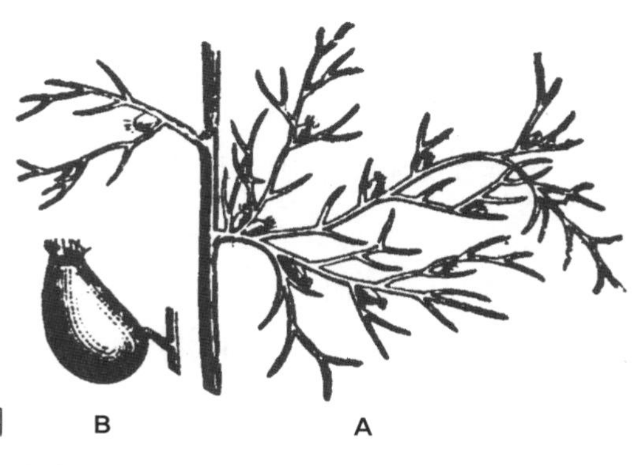

그림 155 **A. 통발의 일부**
B. 작은 주머니의 일부를 확대한 그림

꽃을 물 위로 들어 올리는 방식으로 말하자면 통발도 뒤지지 않는다. 통발은 도랑이나 연못에 사는 수중 식물로, 잎은 아주 가늘게 갈라지는 가죽질의 끈들로 구성되었고 공 모양의 작고 섬세한 가죽 주머니들을 다닥다닥 달고 있다. 이 작은 주머니들에는 움직이는 뚜껑이 달린 구멍이 있다. 주머니 속 내용물은 물보다 무거운 점액질이다. 평소에는 그 내용물의 무게 때문에 물 밑에 머무르다가 꽃이 필 무렵이면 공기 방울을 주머니 안으로 들여보내고 안에 있던 점액은 뚜껑 달린 구멍을 통해 내보낸다. 공기가 채워진 작은 부낭浮囊들 덕분에 가벼워진 통발은 서서히 위로 올라오고, 수면에 도착하면 꽃이 물 밖으로 나가 만개한다. 이후 열매가 익을 무렵 주머니는 공기를 빼고 점액을 채워 물속으로 끌어내리고, 그렇게 바닥에 가라앉아 씨앗이 익고 멀리 퍼져서 발아한다.

마름은 고요한 연못 위에 떠다니는 식물로, 열매가 뾰족하게 모가 나고 크고 먹을 수 있는 전분질 씨앗이 밤과 비슷하여 물밤이라고도 한다. 물속에 가라앉은 잎은 깃털처럼 섬세하게 갈라졌고 물 위의 잎은 4면의 잎몸으로 되어 있는데, 물속의 작은 주머니처럼 공기로 가득 찬 잎자루가 식물을 물 위로 들어 올린다. 이런 시스템 덕분에 식물의 위쪽 부분은 가라앉지 않고 장미 모양을 이루며 마치 뗏목처럼 넓게 펼쳐져 있다가 꽃을 피워낸다. 꽃이 질 무렵에는 공기주머니에 물이 채워지면서 식물이 바닥으로 가라앉아 열매를 익힌다.

꽃가루가 물에 닿지 않도록 모든 수생식물은 나름의 방책을 세운다. 방금 앞에서 공기를 채운 주머니 또는 잎자루를 부낭으로 바꾸어 무게를 줄인 식물을 보았다. 이와는 전혀 다른 방식도 있다. 물 위로 떠오르는 수단이 없는 대신 꽃을 공기 주머니로 감싸 아예 물속에서 피어나게 한다. 거머리말은 깊은 바다 밑바닥에 뿌리를 내리고 사는 식물로, 칙칙한 녹색의 길고 가는 띠가 다발로 자란다. 꽃은 일종의 잎집으로 둘러싸였는데, 식물이 내쉬는 공기가 채워져 물이 들어가지 못한다. 이런 공기 주머니 덕분에 물속에서도 방해받지 않고 꽃이 핀다. 미나리아재비속의 라눙쿨루스 아쿠아틸리스*Ranunculus aquatilis*는 평소에는 수면 위에서 꽃을 피우지만, 갑작스러운 범람으로 꽃대가 닿을 수 없을 정도로 깊이 물에 잠기면 꽃은 겉싸개를 여는 대신 꽃눈을 꼭꼭 닫고 구체 상태로 남아 그 안에서 공기 방울을 모은다. 꽃이 숨 쉬는 이 미세한 대기 안에서 꽃가루가 방출된다.

수생식물의 꽃이 수면 위로 올라오게 하는 수많은 도구 중에서도 가장 간단하고 많이 쓰이는 방법은 그저 꽃자루가 수면에 닿을 때까지 한없이 길어지는 것이다. 수련은 대를 세울 힘도 없어 진흙을 기어다니는 뿌리줄기가 있다. 하지만 튼튼한 꽃대만큼은 수직으로 높이 솟아올라 아무리 물이 깊어도 끝끝내 꽃이 물 밖으로 나오게 한다. 한편 꽃대가 필요한 만큼 길게 자라지 못하는 상황에서는 식물의 본체가 바닥의 진흙에서 자신을 끊어내고 수면으로 올라와 꽃을 피운다. 뿌리의 수가 많지 않고 연약하며 진흙이 붙잡는 힘이 약하고 수압이 크기 않기에 바닥을 떠나 수면까지 이동할 수 있다. 이렇게 자라풀과의 스트라티오테스 알로이데스*Stratiotes aloides*를 비롯한 여러 고인 물 거주자들은 개화기가 되면 자기가 발아했던 바닥을 떠나 몸을 반쯤 띄우고 물 밖으로 나온다.

6장

꽃과 곤충

꽃가루는 같은 꽃의 수술에서 암술로만 이동하지 않는다. 한 꽃에서 다른 꽃으로, 한 식물에서 다른 식물로, 그것도 아주 먼 거리를 이동한다. 어떤 식물에서는 암수딴그루든 암수한그루든 상관없이 씨방에 생기를 주는 꽃가루가 항상 씨방과는 다른 꽃에서 온다. 또 어떤 식물에서는 다른 식물에서 온 꽃가루의 작용이 제 꽃에서 온 꽃가루만큼 빈번하다. 운반의 매개체는 바람과 곤충이다.

꽃가루가 먼 거리에서 온다는 사실을 증명할 사례를 많지만 그중 하나만 소개하겠다. 파리 식물원은 오랫동안 피스타치오 암나무 두 그루를 보유했는데, 해마다 꽃은 넘치게 피었지만 열매를 맺지 못했다. 열매가 열리려면 꽃가루가 있어야 하기

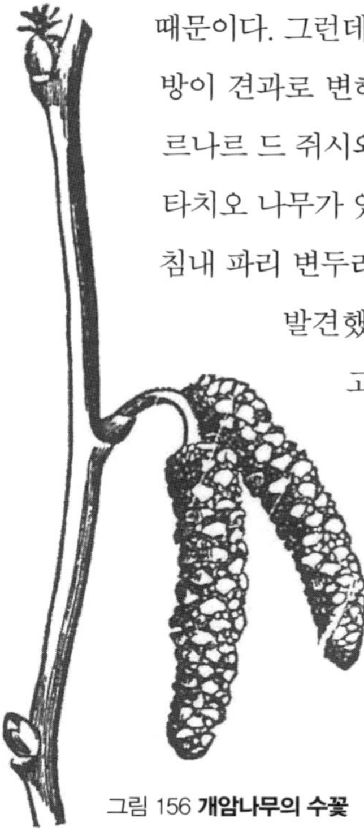

때문이다. 그런데 어느 해인가 영문을 알 수 없게 씨방이 견과로 변해 정상적으로 익었다. 박물학자 베르나르 드 쥐시외Bernard de Jussieu는 필시 근처에 피스타치오 나무가 있을 거라 믿고 수색을 시작했고, 마침내 파리 변두리 종묘장에서 피스타치오 수나무를 발견했다. 그 수꽃의 꽃가루가 바람을 타고 주택 지역을 건너 여태껏 열매를 맺지 못하던 두 나무를 수정시키러 온 것이다.

그림 156 **개암나무의 수꽃**

겨울이 끝날 무렵 셀 수도 없이 많은 꽃차례가 달린 소나무, 측백나무, 개암나무를 흔들어 보자. 가지에서부터 뿌연 연기가 공기의 흐름을 타고 멀리 날아가는 것을 볼 수 있다. 이 꽃가루 먼지는 하늘이 이끄는 대로 떠돌아다니다가 몇 킬로미터 떨어진 곳에서 자라는 나무의 암꽃에 우연히 떨어져 밑씨의 생명을 흔들어 깨운다. 꽃이 만발한 초원과 밀밭에서도 대기의 호흡이 비슷한 꽃가루 구름을 일으키면 사방으로 떠돌다가 암술머리에 내려앉아 마침 같은 종이면 꽃을 수정시킨다.

꽃가루 운반에 바람을 효과적인 수단으로 이용하려면 필요한 조건이 있다. 먼저 꽃가루의 양이 아주 많아야 한다. 우연에 몸을 맡긴 채 넓디넓은 지역으로 흩어지다 보면 대부분 버려지기 때문이다. 한 번의 돌풍이 일으킨 회오리바람을 타고 목적지까지 정확히 도착하는 꽃가루가 얼마나 될 것 같은가? 아마 없다시피 할 것이다. 그러니 양으로 보완해야 한다. 둘째, 꽃가루 알갱이는 아주 작고 바싹 말라 있어야 한다. 그래야 바람의 작은 입김에도 쉽게 퍼질 수 있을 테니. 양이 많고 크기가 작고 건조 상태여야 한다는 조건은 꼬리꽃차례를 만들어내는 나무의 꽃가루, 특히 공기 중으로 꽃가루 구름을 날리는 구과 식물에서 중요하다. 이 노란 먼지 연기는 황가루처럼 바람을 타고 아주 먼 곳까지 날아간 다음 비가 오든 안 오든 땅으로 떨어져 하늘에서 유황 폭풍을 목격했노라 믿는 무지한 중생의 마음에 어린아이 같은 공포를 일으킨다. 마찬가지로 3개의 꽃밥이 길고 가늘게 매달려 쉽게 흔들리는 볏과 식물도 바람을 이용해 꽃가루를 퍼뜨린다. 무방비 상태의 꽃밥은 공기가 슬쩍 움직이기만 해도 요동치며,

그림 157
유럽밤나무의 꼬리꽃차례와 암꽃

꽃밥이 열리자마자 대기의 변덕에 굴복해 꽃가루 먼지를 양도한다. 바람에 실려 오는 꽃가루를 잘 받기 위해 풀밭의 초본과 밀밭의 밀은 암술대가 깃털 달린 술로 갈라져 공중에서 손을 휘젓는다. 화려한 모양도 색도 향도 없어 곤충을 꼬여낼 도리가 없는 꽃들에 바람의 도움은 절실하다.

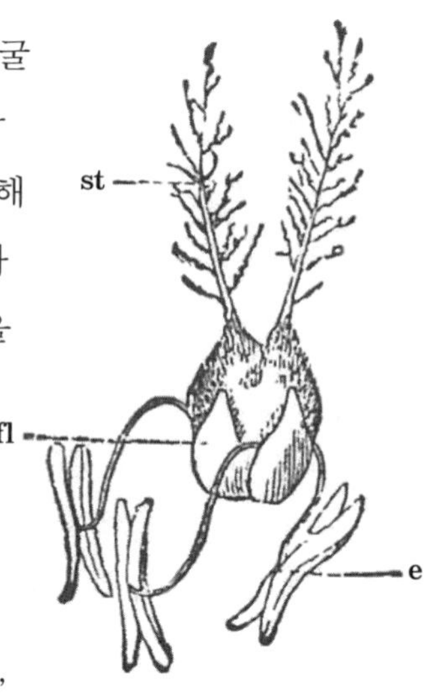

그림 158 **밀꽃**
e: 수술. st: 암술대. fl: 인피.

곤충은 꽃의 무엇보다도 훌륭한 보조자다. 파리, 말벌, 벌, 딱정벌레, 나방, 나비가 모두 수술의 꽃가루를 암술머리로 운반하는 일을 도우려고 분주히 움직인다. 곤충은 꽃부리 깊은 곳에 특별히 준비된 달콤한 액체에 이끌려 꽃 속을 파고든다. 어떻게 해서든 끝까지 가닿으려고 애쓰는 중에 수술을 흔들어 온몸에 꽃가루를 덕지덕지 묻히고는 그 채로 다른 꽃으로 날아가 꽃가루를 전달한다. 꿀벌과 뒤영벌이 가루를 뒤집어쓰고 꽃의 심장에서 나오는 모습을 본 적 없는 자가 어디 있겠는가? 털북숭이 몸에 들러붙은 꽃가루를 다른 생명에 전달하려면 암술머리에 몸이 닿기만 하면 된다.

곤충을 이용하는 꽃은 꽃부리 바닥에 꽃꿀이라는 단물이 들어 있다. 벌꿀이 되는 것이 이 꽃꿀이다. 목이 긴 깔때기 모양의 꽃부리 속에서 꽃꿀을 마시기 위해 나방과 나비는 긴 빨대 주둥이가 발달했다. 평소에는 판판하게 돌돌 감고 있다가 맛있는 음료가 보이면 잘 펼쳐서 탐침처럼 꽃 속에 밀어 넣는다. 이런 흡입관이 없는 곤충은 노력을 들여 꽃부리 아래까지 몸소 내려가야 한다. 안에 들어가려고 버둥대면서 꽃밥을 흔들고, 또다시 나오려고 애쓰는 와중 몸 사방에 수술의 꽃가루를 뒤집어쓴다. 이런 황급한 방문은 꽃가루를 묻힌 방문자의 스웨터가 암술머리에 닿든, 몸을 흔들어 가루가 암술머리에 떨어지게 하든 씨방의 수정이라는 필연적인 결과로 이어진다.

같은 식물 안에서든 아니면 같은 종의 다른 식물에서든 꽃과 꽃 사이의 꽃가루 교환은 생각보다 더 자주 일어난다. 노랗게 꽃가루를 묻힌 곤충이 첫 번째 꽃에서 나와 두 번째 꽃을 약탈하러 가면 두 번째 꽃은 첫 번째 꽃의 꽃가루를 받고 자신도 세 번째 꽃을 수정할 꽃가루를 제공한다. 이런 식으로 아주 짧은 시간에 한 다발 또는 한 식물에서 열린 모든 꽃이 서로를 수정시킨다. 오직 곤충만이 부지런히 달성할 수 있는 이런 복잡한 분배와 꽃가루의 교환은 대단히 중요하다. 다음 세대에서 일어날지도 모를 퇴보를 미리 막기 때문이다.

외부의 개입이 없다면 사소했던 결함이 후대로 대물림되는 과정에 점점 악화할 수 있다. 제 꽃가루로 수정된 꽃은 다른 꽃에서 꽃가루를 받은 꽃보다 덜 튼튼한 씨를 낳는다는 것은 잘 알려진 사실이다. 곤충의 도움을 받아 꽃가루를 제공한 식물은 밑씨를 제공한 식물과 생기를 합쳐 자손의 생명력이 온전한 활력을 무한히 유지하게 한다. 이런 관점에서 곤충은 가장 위대하고 중요한 꽃가루 유통업자다.

수선화, 황화구륜초, 토끼풀 또는 다른 많은 꽃을 둘로 잘라보면 눈으로든 혀로든 꽃부리 아래쪽에 꽃꿀이 있는 걸 알 수 있다. 꽃꿀은 곤충을 꽃으로 유인하는 훌륭한 미끼다. 어떤 꽃은 씨방의 기부를 살짝 적시기만 할 정도로 꽃꿀이 가볍게 배어 나오고, 어떤 꽃에서는 꽃꿀이 이슬처럼 방울진다. 이 달콤한 물은 식물의 분류군에 따라 서로 다른 기관에서 나온다. 한련화에서는 꽃받침에서 나오고, 미나리아재비는 꽃잎의 화조에서, 갯질경과 식물은 수술의 기부에서, 히아신스는 씨방 둘레에서 나온다. 패모는 꽃덮개의 여섯 조각이 기부에 구멍이 뚫려 꽃꿀을 분비하는 우물이 된다. 어떤 꽃은 달콤한 용액을 보관하기 위한 저장고까지 완비한다. 저장고는 대개 꽃받침잎이나 꽃잎의 기부에 둥근 융기, 꽃뿔, 주

그림 159 **황화구륜초**

머니, 오목한 구덩이 형태로 마련된다. 배춧과에서 꽃꿀을 만들어내는 기관은 2개의 짧은 수술 아래의 샘이고, 두 수술과 마주하는 2장의 꽃받침잎에 있는 우묵한 곳이 저장고다. 한련화는 꽃받침이 만든 하나짜리 꽃뿔 바닥에, 매발톱꽃은 꽃부리가 만든 5개의 꽃뿔 안에 꽃꿀을 저장한다. 꽃꿀은 꽃이 피기 전에는 거의 만들어지지 않다가 꽃가루가 방출되는 시기에 맞춰 생산량이 늘어난다. 그때가 곤충의 도움이 가장 많이 필요한 시기이기 때문이다. 그러다가 열매가 발달하기 시작하자마자 생산을 멈추고 말라버린다.

그림 160 **패모**

이런 목적으로 정제된 한 방울의 꽃꿀이 곤충을 꽃부리 깊은 곳까지 끌어들인다. 여기에서 꿀 안내선은 곤충이 꽃꿀을 찾아오는 길에 수술을 거쳐 오게끔 최적의 길을 보여준다. 꿀 안내선은 대개 주황색이나 노란색, 그것도 형광이 강한 생생한 빛깔의 얼룩으로, 꽃부리 입구에서 꽃밥에 가까운 부분에 있다. 곤충을 유인한다는 임무에 걸맞게 화려하기 짝이 없는 확실한 안내선이다. 꿀벌이나 뒤영벌을 이들의 활약이 필요한 장소, 즉 꽃밥으로 정확히 이끄는 표시는 특히 꽃잎이 닫힌 꽃에서 가장 필요한 장치다. 금어초의 놀라운 예를 들어보자.

금어초의 화관은 꼭 다문 입술처럼 닫혀 있어서 통행이 금지된다. 꽃잎은 균일하게 붉은 보랏빛이지만 아랫입술 한가운데 아주 밝은 노란색 점이 있다. 금어초 주변에서 먹이를 찾아 어슬렁대는 뒤영벌을 관찰해보자. 다른 곳은 다 제쳐두고 항상 저 노란색 점으로 돌격한다. 곤충이 안착하면 그 무게로 입술이 벌어지고 꼭꼭 닫혀 있던 꽃부리의 목이 열린다. 뒤영벌이 그 안에 들어가 털이 덥수룩한 등으로 꽃밥을 쓸고 지나가면서 꽃가루를 뒤집어쓴 채 꽃꿀을 핥아 먹고 나온다. 그리고 곧바로 다른 꽃으로 넘어가 몸에 붙은 수술의 먼지를 자기도 모르게 퍼트리고 다닌다.

그림 161
금어초의 꽃과 열매

붓꽃의 꽃은 더 놀랍다. 꽃덮개는 6개로 구성되는데 3개는 각각 호를 그리며 바깥쪽으로 구부러지고, 3개는 꼿꼿이 선 채로 서로 끝이 맞닿아 일종의 돔을 만든다. 서 있는 꽃잎은 균일하게 푸른 보랏빛이지만, 구부러진 꽃잎은 중심을 따라 돌기가 퍼진 거친 노란색 벨벳 띠가 있다. 이 노란 띠의 짙은 황

그림 162 **붓꽃**

색은 꽃 전체의 보라색 배경에 확연한 대비를 이룬다. 이 띠가 바로 수술로 이어지는 신호로, 이 안내선이 없으면 어리숙한 곤충의 눈에는 수술이 잘 보이지 않는다. 꽃의 중심에는 넓은 보라색 판 3개가 꽃잎 모양을 하고 있는데 이 겉모습은 속임수다. 판은 사실 암술대다. 암술대는 각각 반원형 아치처럼 휘었고 그 끝이 꽃잎의 노란 띠에 기대어 사방이 막힌 방을 만든다. 그 방 안에 수술이 있다. 꽃밥은 아치형 지붕의 오목하게 들어간 부분에 가깝게 자리 잡는다. 꽃밥의 두 주머니는 드물게 안쪽이 아닌 바깥쪽으로 열려 있다. 마지막으로, 방에 들어가는 입구의 꽃잎을 닮은 암술대는 가장자리가 좁은 막성인데 그곳이 꽃가루를 받아야 할 암술머리다.

이런 지식은 직접 눈으로 꽃을 보아야 완성된다. 말로는 아무리 설명해봐야 잘 와닿지 않는다. 또한 직접 보고 나서야 곤충이 도와주지 않으면 꽃가루가 암술머리에 닿을 수 없다는 사실을 실감할 것이다. 붓꽃의 꽃밥은 공기의 움직임이 영향을 미치지 못하는 방의 바닥에 있다. 반면 암술머리는 방 바깥의 입구에 있다. 따라서 꽃가루가 떨어지더라도 바깥의 암술머리가 아니라 방의 바닥에 떨어지고 만다. 하지만 곤충이 도착하면 단번에 문제가 해결된다. 꽃잎의 노란 벨벳 띠는 방의 문으로 이어지는 길을 가리킨다. 꽃꿀을 찾아온 파리와 꿀벌과 뒤영벌은 항상 그 자리에 내려앉는다. 이들 중 누구도 감춰진 수술과 꽃잎을 닮은 암술대로 인간의 눈을 속인 꽃에 가는 길을 잘못 들지 않는다. 곤충은 암술대의 잎몸을 들어 올린 다음 털 달린 등으로 꽃밥이 있는 지붕을 쓸고 지나간다. 마침 꽃밥의 주머니 2개는 바깥쪽으로 잘 열려 있다. 곤충은 좁은 통로 끝까지 가서 꽃꿀을 마시고 꽃가루를 잔뜩 뒤집어쓴 채로 나온다. 이 곤충을 따라 다른 꽃까지 쫓아가면, 새로 도착한 꽃에서 방의 입구에 있는 암술 가장자리는 들어오는 곤충의 등을 긁어서 꽃가루를 제거하고 암술머리에 묻힌다. 꽃과 꽃의 보조 도구인 곤충 사이에 영구한 이성이 준비한 이 놀라운 만남이 어떠한가.

꽃과 곤충의 관계를 연구한 또 다른 흥미로운 사례를 소개하겠다. 앞에서 큰잎등칡에 관해 이야기한 적이 있다. 꽃이 구부러진 담배 파이프처럼 생겼고 노랗고 붉은 기가 도는 줄이 처져 있다. 이 꽃은 웬만해서는 암술머리에 꽃가루를 옮기기 어려운 구조다. 하지만 꽃의 관 속으로 날씬한 몸의 각다귀가 들어간다. 관 벽에는 털이 덧대어 있는데, 아래를 향하고 있어서 각다귀가 얼마든지 쉽게 안으로 들어갈 수 있다. 하지만 꽃에서 나오는 건 다른 문제다. 털에 붙잡혀 울타리를 넘지 못하는 각다귀가 그곳에서 벗어나려고 발버둥질할 때 꽃가루가 흩어지면서 암술머리에 떨어진다. 곧 꽃이 시들고 털도 축 처져서 벽에 붙어버리면 수감자는 그제야 탈출이 허락된다.

우리 시대의 가장 정확하고 뛰어난 관찰자인 로버트 브라운Robert Brown에 따르면 에우포마티아 라우리나*Eupomatia laurina*라는 이국적인 식물의 꽃은 복잡하기가 이루 다 말할 수 없어서 곤충이 도와주지 않으면 꽃가루가 암술머리에 다다를 방법이 없다. 이 꽃에서 안쪽 수술은 생식력이 없고, 꽃잎처럼 변형된 채 한데 모여 암술머리를 덮고 있는데 쉽게 뚫을 수 없다. 따라서 그 상태로는 암술이 생식력 있는 바깥쪽 수술에서 꽃가루를 받을 도리가 없다. 하지만 곤충이 찾아오면 바깥쪽 수술은 건드리지 않으면서 용케도 덮개만 갉아 먹으니 이제 꽃가루는 안쪽 수술의 방해 없이 암술머리에 접근한다.

암술머리에 꽃가루를 옮기려고 개화기에 많은 식물의 수술이 직접 나선다. 앞에서 우리는 잎이 움직이는 여러 식물을 보았다. 운향은 건조한 산기슭에 사는 사악한 냄새가 나는 식물로, 꽃잎은 4장, 때로는 5장이고 수술은 8개 또는 10개다. 수술의 절반은 꽃잎과 마주 보고 절반은 꽃잎 사이에 어긋나게 난다. 방금 핀 꽃은 수평면에서 볼 때 수술의 절반은 꽃잎 위에, 절반은 꽃잎 사이에 누워 모두 밖으로 뻗은 모습이다. 하지만 머지않아 수술 하나가 알아채기 힘들 만큼 느릿느릿 수술대를 안쪽으로 구부리고 스스로 곧추서서는 꽃밥을 암술머리에 짓누른다. 한동안 접촉이 이어지는 와중에 꽃밥의 주머니가 열리고 꽃가루가 나온다. 임무를 다 끝내면 수술은 서서히 물러나 원래의 수평 자세로 돌아간다. 그러나 첫 번째 수술이 도로 눕자마자 뒤에 있던 수술이 바통을 이어받아 몸을 세우고 암술머리에 꽃가루를 뿌린다. 그리고 제자리로 돌아오면 또 그 뒤의 수술이 일어나고 결국 모든 수술이 암술에 공물을 바치고 나서야 꽃이 시든다. 꽃덮개와 수술이 해야 할 일이 이렇게 끝난다. 이 움직임이 어찌나 느린지 며칠을 두고 지속해서 지켜보아야만 전체 과정을 검증할 수 있다. 그러나 얼핏 보기만 해도 수술이 몸을 세운다는 사실은 쉽게 알 수 있다. 나머지 수술이 누워 있는 반면 어느 수술 하나는 몸을 일으켜 꽃밥을 암술머리에 묻히는 장면이 늘 연출 중이기 때문이다.

훨씬 속도감이 있는 동작도 있다. 예를 들어 매자나무에서 각 수술대는 마주 보는 꽃잎의 화조에 있는 2개의 작은 샘 사이에 기부가 고정되었다. 그러다 보니 꽃잎이 열리면서 수술을 함께 잡아끌게 된다. 그러나 머지않아 따가운 햇빛 아래 수술대가 수분을 잃어 점차 가늘어지고, 수술대가 달려 있던 샘도 크기가 작아진다. 그러다가 수술이 탄력성을 잃고 용수철처럼 원래의 자리로 돌아갈 때 암술을 때리면서 작은 꽃가루 구름을 뿌린다. 이 장면은 인위적으로도 연출할 수 있다. 바늘 끝으로 수술대를 긁거나 가지를 흔들면 된다. 아주 작은 충격으로도 섬세한 균형이 깨져 수술이 족쇄에서 탈출해 암술에 몸을 던진다.

쐐기풀속 식물은 수술대가 꽃덮개의 작은 잎에 칭칭 감겨 있다. 바늘 끝으로 이 수술대를 살짝 건드리면 갑자기 코일을 풀고 똑바로 서서 꽃밥을 흔들고 꽃가루를 내뿜는다. 보검선인장의 크고 노란 꽃에는 수술이 수백 개나 있는데 개화할 때면 꽃의 축에 거의 수직으로 펼쳐진다. 그 상태에서 지나가던 곤충이 스치면서 충격이 가해지거나 구름이 햇빛을 가리기라도 하는 날이면 다들 떠들썩하게 일어나 안쪽으로 휘어지며 암술 위로 닫힌 천막을 치는데 이때 꽃밥이 서로 충돌하면서 꽃가루가 사방에 날아다닌다. 한바탕 소동이 가라앉으면 다시 원래대로 넓게 펼치고 몸을 누인다. 그러다 또다시 누군가가 건드리거나 흔들리면 다 같이 북적대며 야단법석을 떠는데 그 때마다 꽃가루 구름이 암술머리에 떨어진다.

각종 식물이 자라는 초원에 스치는 바람이나 종을 가리지 않고 이 꽃 저 꽃 약탈하는 곤충이 모두 암술머리에 온갖 종류의 꽃가루를 배달한다. 잠두가 토끼풀의 꽃가루를 받고, 토끼풀은 밀의 꽃가루를 받는다. 이처럼 서로 다른 식물이 꽃가루를 교환하는 결과는 무엇일까? 아무것도 없다. 한 종의 꽃가루가 다른 종의 암술머리에는 전혀 영향을 주지 않는다. 예를 들어 백합의 암술머리에 장미의 꽃가루를 갖다 놓거나 반대로 장미의 암술머리에 백합의 꽃가루를 백날 갖다 놓아도 헛수고다. 꽃은 제 꽃가루 또는 제 종의 꽃이 만든 꽃가루를 받지 않으면 씨방이 씨를 만들지 못해 시들어버린다.

모든 종에게는 제 종의 꽃가루가 필요하고, 그 밖의 다른 꽃가루는 길가의 먼지와 다름없다. 이를 증명한 결정적인 실험들은 이 위대한 법칙의 불가변성을 강조한다. 이 법칙은 종을 근본적인 변화에서 보호하고 종이 처음 상태를 그대로 유지하고 미래에도 그리하게 지켜준다. 꽃가루가 하는 일은 밑씨의 생명을 깨우는 데 그치지 않는다. 밑씨에 제 종의 특징을 각인시키는 역할도 한다. 암술과 수술은 나름의 방식으로 종자에 형질을 전달한다. 이다음에 종자가 자라서 될 식물에 드러날 특징이다. 둘 다 앞으로 그 종자에서 탄생할 식물이 각각 밑씨와 꽃가루를 제공한 식물과 닮게 돕는다. 모르는 꽃에서 나온 꽃가루가 무차별적으로 아무 암술머리에나 영향을 준다면 어떻게 되겠는가? 그렇게 뒤섞여 나온 씨앗은 원래의 식물을 복제하지 않는다. 또한 꽃가루와 밑씨를 제공한 식물과는 다른 식물의 특징을 갖고 나올 것이다. 그 종은 고정성이 없어서 현재의 식물이 과거의 식물과 같지 않다. 알려진 적 없는 희한한 형태가 해마다 등장하고 그 역시 다음 세대에는 보이지 않으며 결국 복잡하게 뒤섞이고 기이하게 뒤틀려서 식물의 세계는 지금의 조화로운 질서를 잃고 불임의 혼돈 속에 죽어나갈 것이다. 현재로서는 모든 종이 오직 제 꽃가루에만 영향을 받는 것으로 보아 모두 변함없이 균일함을 유지하고 하나가 언제나 같은 하나로 이어진다.

그런데도 어떤 두 종의 조직이 서로 아주 비슷하다면 한 종의 꽃가루가 다른 종의 밑씨에 작용할 수도 있다. 이런 결합의 결과는 다양한 형질에서 양쪽 부모로부터 특징을 물려받지 않은 식물이다. 둘 사이의 중간 형질로서 부모와 닮기도 하고 닮지 않기도 한다. 이처럼 이중의 기원을 가진 식물을 잡종이라고 한다.

이종교배는 인위적으로 한 꽃의 암술머리에 이질적인 꽃가루를 올리는 작업으로, 새로운 품종의 색, 형태, 잎, 열매를 얻기 위해 원예 쪽에서 흔히 사용된다. 이는 인간에게 쓸모 있는 식물로 개량하는 가장 강력한 수단 중 하나다. 물론 서로 조직이 아주 비슷한 두 식물이 서로 가까이 살면 인간이 손대지 않아도 곤충이나 바람의 힘으로 교배하여 잡종이 만들어질 수 있다. 일반적으로 잡종은 불임이라서 그 꽃은 암술과 수술까지는 만들지 몰라도 발아할 수 있는 씨를 만들어내지는 못한다. 따라서 자연은 이 넘을 수 없는 장벽을 앞에 두어 이질적 결합으로 탄생한 종의 변화를 원천 봉쇄한다. 하지만 어떤 잡종이 우연히 인간에게 가치 있는 형질을 갖추게 된다면, 그때는 그 형질을 보존하기 위해 접붙이기, 꺾꽂이, 휘묻이의 방책을 사용한다. 씨앗으로는 이 소중한 식물이 번식할 수 없기 때문이다. 드물게 잡종이 생식능력을 갖출 때도 있다. 씨앗이 발아하여 자라고 그 식물이 또다시 생식력 있는 씨앗을 생산하는 것이다. 그래도 새로운 형질이 완전히 고정되는 일은 없다. 세대가 이어지면서 혼합된 형질은 사라지고 원래 형질이 강하게 나타난다. 결국에 종자는 중간 형태가 없이 밑씨를 제공한 종, 아니면 꽃가루를 제공한 종을 생산한다. 뒤섞여 있던 것을 분리하면서 잡종은 최초의 형태로 복귀한다. 이는 종을 변치 않게 유지하려고 창조주가 융통성을 허락하지 않는 가장 좋은 예가 아닐 수 없다.

7장

열매

꽃가루관이 밑씨에 닿아 꽃의 최종 목적인 배아를 만들고 나면 제 기능을 훌륭히 마친 꽃의 껍질은 곧 시들어 떨어진다. 수술도 떨어져 나가고 암술대도 시들어 씨방을 제외하고 꽃대에는 아무것도 남지 않는다. 꽃가루에서 새로운 생명을 받은 씨방은 크기가 커지고 그 안에 있는 밑씨가 성숙하여 생식능력이 있는 씨가 된다. 안에 씨앗이 들어 있고 완전하게 발달한 씨방을 열매라고 부른다.

열매는 종의 영속이라는 씨앗의 임무를 돕기 위해 형성된다. 씨에 동반되는 모든 것이 인간에게는 대단히 중요할지 모르지만, 식물 경제에서 열매는 씨가 완전히 성숙할 때까지 보호하는 단순한 겉싸개로서 부차적인 중요성밖에 없다. 이 겉싸개를 열매껍질 또는 과피pericarp라고 한다. 과피는 심피를 만든 심피성 잎에 의해 형성되는데, 종에 따라 꽃마다 하나씩 따로따로 나뉘거나 하나로 모여서(경계가 있거나 아예 하나로 융합되어) 암술을 구성한다.

심피도 여느 다른 잎처럼 양면에 표피와 그 사이에 두 유조직 세포층으로 구성된다. 과피는 하나의 심피로 되었든 여러 개의 심피로 되었든 같은 구조를 나타내지만, 크게 변형되어 원래의 특성과는 완전히 달라지기도 한다. 예를 들어 복숭아, 버찌, 자두, 살구를 보자. 이 과일들은 모두 하나의 씨가 들어 있는 하나의 심피에서 온다. 씨가 발아할 때까지 보호하는 단단한 "핵stone", 인간에게 가치 있는 영양원인 과육, 과육을 둘러싸는 얇은 껍질이 다 합쳐서 과피가 된다. 모두 잎이 변형되어 발달한 것이다. 심피성 잎의 안쪽 표피는 핵, 유조직은 과육, 바깥쪽 표피는 껍질이 된다.

이 3개의 층은 조직의 성질, 생김새, 질감, 두께 할 것 없이 다양한 형태이며 모든 과피에서 발견된다. 바깥층을 외과피epicarp, 중간층을 중과피mesocarp, 안층을 내과피endocarp라고 한다. 외과피는 심피성 잎의 바깥쪽 표피, 중과피는 유조직, 내과피는 잎의 안쪽 표피다. 방금 말한 네 가지 과일에서 외과피는 과육을 덮는 껍질, 중과피는 과육, 내과피는 씨가 들어 있는 단단한 핵에 해당한다.

호두와 아몬드도 비슷하게 조직되었지만 중과피는 인간에게

그림 163 **호두**

쓸모가 없고 대신 씨앗을 먹을 수 있다. 호두와 아몬드의 단단한 목질성 껍데기는 내과피다. 호두에서는 쓴맛이 나고, 익지 않은 아몬드에서는 거의 먹을 수 없는 상태의 껍질 부분은 중과피로, 열매가 완전히 익으면 떨어져서 단단한 껍데기만 남는다. 겉껍질은 외과피이며 호두의 외과피는 매끄럽고 아몬드의 외과피는 털이 있다.

어떤 종의 과피에는 잎의 성질이 여전히 남아 있다. 콩과 완두의 꼬투리는 누가 봐도 잎이 절반으로 접혀서 만들어진 긴 주머니 모양이다. 꼬투리의 내과피와 외과피는 잎의 표피와 크게 다르지 않다. 중과피는 일반적인 잎의 유조직이 다소 두꺼워진 모양새다. 오줌보콩 꼬투리에서 과피는 더 뚜렷한 잎의 성격을 지닌다.

열매가 형성되는 과정에 여러 개의 심피가 융합하더라도 각

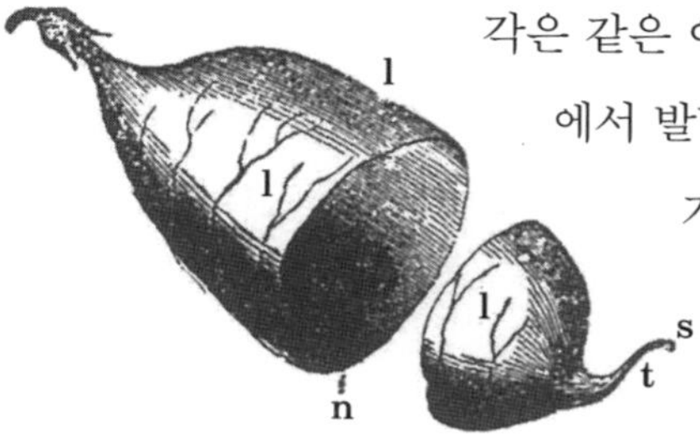

각은 같은 이름으로 불리는 3개의 층에서 발달한다. 사과는 5개의 심피가 합쳐진 것인데 겉으로는 하나처럼 보이지만 갈라진 방의 개수를 보면 그 구성을 알 수 있다. 방을 감싸는 질긴 껍질은 심피에 해당하는 내과피다. 사과의 과육은 5개 심피가 하나로 합쳐진 중과피, 껍질은 외과피다. 서양모과도 5개의 심피가 합쳐졌는데 내과피는 버찌처럼 5개의 핵으로 이루어졌다. 먹을 수 있는 과육 부위는 모두 중과피이며 외과피로 감싸져 있다.

그림 164 **오줌보콩의 꼬투리**
l: 과피를 형성하는 심피성 잎.
n: 가장자리의 봉선. t: 암술대. s: 암술머리.

오렌지와 레몬은 여러 개의 심피로 구성되어 각각 하나의 조각이 된다. 맨 바깥의 노란 껍질은 외과피이며 향기로운 에센셜 오일을 분비하는 샘이 흩어져 있다. 중과피는 스펀지 질감의 흰색 층으로 맛이 나지 않는다. 내과피는 우리가 먹는 오렌지 조각을 둘러싸는 얇은 막이며, 그 안에 우리가 먹는 과육과 씨앗이 있다. 그렇다면 이 과육은 무엇이 변한 것인가? 살짝 마른 오렌지 안을 잘 들여다보면 작고 길쭉한 주황색 알맹이가 나란히 모인 것을 알 수 있는데 그 작은 알맹이 안에 즙이 가득 차 있다. 심피성 잎의 안쪽 표피를 내과피라고 부른다고 했다. 또한 앞서 잎의 구조를 다루었던 장에서 표피가 털이라는 세포성 연장물로 덮인 사례를 배웠다. 오렌지와 레몬에서 심피성 잎의 표피에 난 털, 즉 내과피의 털이 지나치게 발달한 것이 바로 즙으로 가득 찬 긴 알맹이다. 그러니까 이 과일의 살은 표피의 털이 즙이 있는 세포로 확장한 것으로 보아야 한다.

이 몇 가지 예만 보아도 똑같은 기관이 열매마다 얼마나 다양한 모습을 띠는지 알 수 있다. 심피의 안쪽 표피가 콩의 꼬투리에서는 평범한 표피로 남지만, 복숭아와 살구에서는 아주 단단한 "돌"이 되고, 호두와 아몬드에서는 딱딱한 껍데기가 되며, 사과에서는 가죽질의 겉싸개가, 오렌지와 레몬에서는 과육 알갱이를 둘러싼 섬세한 막이 된다. 이렇게 다른 것이 모두 구조상 내과피에 해당한다. 마지막으로, 내과피가 아예 사라져서 흔적도 남지 않을 때가 있다. 멜론, 수박, 호박, 오이, 박처럼 박과 열매 대부분에서 나타나는 특징이다. 예를 들어 멜론은 얇은 외과피 껍질이 그물처럼 거칠게 갈라져 있다. 나머지는 중과피로 바깥쪽은 초록색이고 먹을 수 없지만 안쪽은 달콤하고 입에서 살살 녹는다. 그러나 중과피 안쪽에 내과피가 없다. 씨방이 생장할 때 심피성 잎의 안쪽 표피는 발달하지 않는다.

과피의 유조직이 풍부하게 잘 발달한 열매는 육질과 또는 과육이 많다고 한다. 반대로 껍데기가 얇고 건조한 상태면 건과라고 한다. 사과, 자두, 호박, 오렌지, 구스베리는 육질과이고 담배, 금어초, 양귀비, 제비꽃은 건과다.

열매는 단일 심피로 이루어질 수도 있고 여러 심피가 모여서 생길 수도 있다. 다만 여러 심피가 모였을 때 개별 심피가 형태를 유지한 채 서로 들러붙은 열매도 있고 아예 하나로 합쳐진 열매도 있다. 단일 심피 또는 여러 개의 개별 심피로 구성된 열매를 이생심피apocarpous fruit라고 한다. 여러 개의 심피가 하나로 융합된 열매를 합생심피syncarpous fruit라고 한다. 자두, 복숭아, 버찌, 아몬드는 하나의 심피에서 온 이생심피다. 작약, 제비고깔, 으아리는 이생심피지만 개별 심피가 융합되지 않고 떨어진 상태로 모여서 하나의 꽃을 이루었다. 반면 사과, 오렌지, 금어초, 양귀비는 합생심피로서 사과는 심피 5개, 오렌지는 조각의 개수만큼의 심피가, 금어초는 2개, 양귀비는 여러 심피로 이루어졌다.

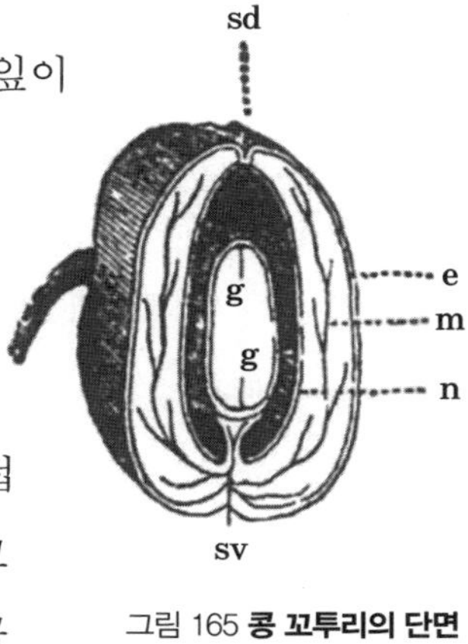

다시 한번 반복하지만 심피는 잎이 변형된 것이다. 주맥을 따라 접힌 다음 꽃의 축 쪽에서 가장자리가 들러붙어서 씨앗이 발달할 수 있는 폐쇄된 공간을 이룬다. 심피성 잎의 두 가장자리가 만나서 접합된 선을 복봉선ventral suture이라고 한다. 복숭아, 살구, 버찌, 자두의 꼭대기에서 바닥까지 반쪽을 가르는

그림 165 **콩 꼬투리의 단면**
sv: 복봉선. sd: 배봉선. e: 외과피. m: 중과피. n: 내과피.

고랑이 바로 복봉선이다. 마지막으로, 심피의 주맥은 언제나 꽃의 축을 반대쪽에서 마주 보지만 방금 말한 과일처럼 불분명할 때가 있는가 하면 주름이나 두 번째 봉선처럼 특별한 선으로 나타날 때가 있다. 이를 심피의 등 쪽에 나타난다고 하여 배봉선dorsal suture이라고 한다. 완두와 콩, 누에콩이 훌륭한 예를 보여준다.

많은 건과가 다 익으면 스스로 열려서 씨앗을 퍼트린다. 식물 종마다 과피가 갈라져 열리는 방식은 늘 한결같은데, 대개 가장 저항이 약한 선을 따라 배봉선 또는 복봉선, 심지어 양쪽 모두가 열리기도 한다. 따라서 열매의 껍질은 여러 조각으로 나뉘는데 그 개수가 심피의 수와 같다. 하나만 열리면 심피가 하나이고, 2개가 동시에 열리면 심피는 2개다. 심피 3개로 된 제비꽃의 열매는 배봉선을 따라 쪼개지며 3개의 조각으로 나뉘지만, 콩의 심피 하나짜리 열매는 양쪽 봉선에서 동시에 갈라져 2개의 조각으로 나뉜다. 드물지만 봉선이 아닌 지점에서 열매가 쪼개지는 종도 있다. 금어초의 삭과는 정상에 3개의 커다란 구멍이 뚫리는데, 하나는 위쪽의 심피, 나머지 2개는 아래쪽 심피에 해당한다.

어떤 방식으로든 과피가 스스로 열리는 열매를 열개과dehiscence fruit라고 한다. 스스로 열리지 않는 열매는 폐과indehiscence fruit다. 건과 중에는 열개과도 있고 폐과도 있지만, 육질과는 모두 폐과다. 육질과에서 씨앗이 나오려면 과피가 썩어야 한다.

심피가 융합되었는지 분리되었는지, 과피가 건과인지 육질과인지, 폐과인지 개과인지에 따라 열매를 다음과 같이 분류할 수 있다.

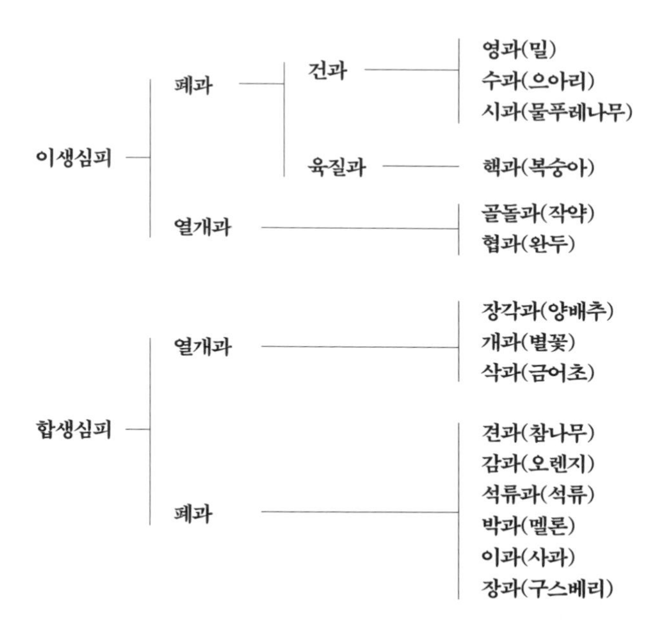

영과caryopsis는 밀을 비롯한 일반적인 곡류의 열매다. 과피가 종피에 찰싹 붙은 것이 특징이다. 겨는 맷돌에 갈면 과피의 벽인 얇은 막과 종피가 결합한 알맹이에서 떨어진다. 이 열매에서 심피성 잎은 너무 줄어들어 과거에는 영과에 과피가 없다고 보아 '벌거벗은 씨앗'이라는 이름이 붙었었다.

그림 166
미나리아재비의 수과

수과achene는 과피가 뚜렷하고, 과피가 에워싸는 하나짜리 씨의 종피와 분리되어 있다는 점에서 영과와 다르다. 해바라기, 민들레, 치커리, 상추, 엉겅퀴 등 모든 국화과 식물이 수과다. 메밀의 삼각형 열매, 으아리의 암술대가 긴 깃털처럼 늘어난 열매, 미나리아재비의 둥근 머리 안에 한데 모인 열매가 모두 이 범주에 속한다. 장미와 딸기도 수과인데 이 열매에 관해서는 잠시 따로 언급하겠다.

전체적으로 장미의 열매는 타원형이고 진홍색으로 익는다. 꼭대기에서 구멍이 열리고 그 주위로 꽃받침잎과 수술이 넓게 퍼진다. 열매는 깊은 항아리 모양으로 속이 뚫렸고 그 안에 뻣뻣하고 짧은 털이 달린 씨앗이 들어 있는데 피부에 닿으면 한참 가렵다. 이 씨앗들이 실은 개별 열매로서 각각 털 달린 과피로 구성되며 그 안에 진짜 씨앗이 감싸져 있다. 한마디로 말해 아주 많은 수과인 셈이다. 붉은색 과육으로 말하자면, 꽃받침이 발달한 것으로 심피성 잎이 형성한 것이 아니므로 과피가 아니다. 마찬가지로 우리가 먹는 딸기의 과육도 심피에서 온 것이 아니다. 붉은 과육 위에 깨알처럼 흩어진 작고 단단한 점들이 각각의 과피로 둘러싸

그림 167 **딸기**

인 수과이며 그 안에 씨가 들어 있다. 열매가 박힌 부푼 과육으로 말하자면 바로 꽃자루의 끝부분인 꽃턱이다.

시과samara는 과피에 의해 형성된 막질의 날개로 쉽게 알아볼 수 있다. 이 날개는 느릅나무에서처럼 열매를 완전히 감싸기도 하고, 물푸레나무처럼 하나의 꼭지로 길어 지기도 하고, 단풍나무처럼 양쪽으로 튀어나오기도 한다. 단풍나무의 시과는 한 쌍으로 조립된다.

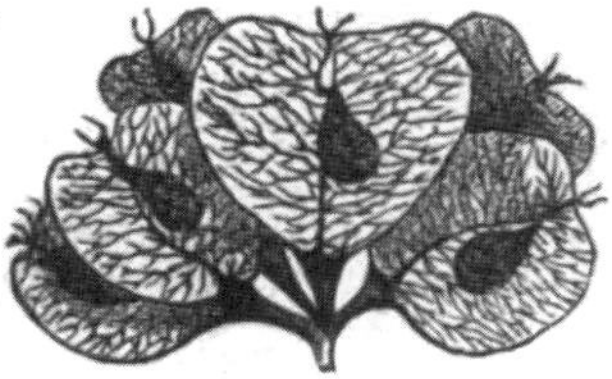

그림 168 **느릅나무의 시과**

핵과drupe는 모두 이생심피-폐과이고 씨는 하나인데 심피의 중과피가 과육이고 내과피가 목질의 "핵"이 된다. 복숭아, 살구, 자두, 버찌, 올리브, 아몬드가 핵과의 예다.

그림 169 **단풍나무의 시과**

골돌과follicle의 과피는 얇은 잎사귀 모양이며 익으면 복봉선이 열린다는 특징이 있다. 두 가장자리에 씨앗이 넉넉히 열을 지어 달려 있다. 일반적으로 각각의 꽃마다 2개 이상의 골돌과가 이어진다. 작약, 제비고깔, 헬레보어속*Helleborus*이 골돌과의 예다.

그림 170
제비고깔의 골돌과

협과legume는 꼬투리열매라고도 부르며 콩,

그림 171 **완두의 협과**

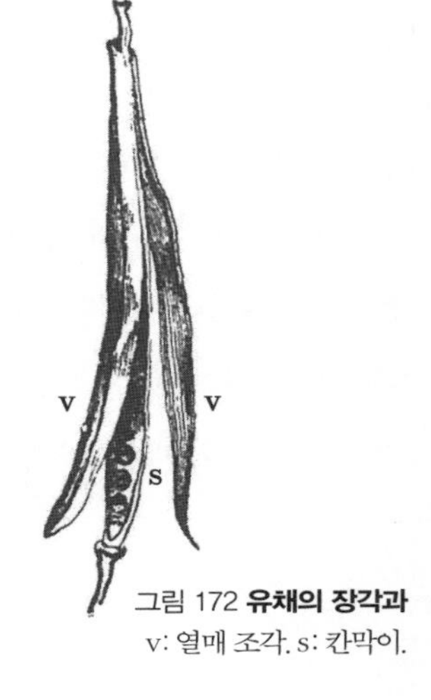

그림 172 **유채의 장각과**
v: 열매 조각. s: 칸막이.

완두 등 일반적으로 콩과 식물의 열매다. 양쪽의 봉선이 동시에 열리면서 심피성 잎이 두 조각으로 나뉘는데 각 조각에는 복봉선을 따라서만 씨가 달린다.

양배추, 쑥부지깽이, 유채의 꼬투리인 장각과silique는 가운데가 칸막이로 나뉘어 2개의 공간이 된 2개의 심피로 이루어졌다. 다 익으면 자루가 두 조각으로 열리지만 칸막이는 제자리를 지키며 그 양쪽으로 씨가 줄을 지어 달린다. 장각과는 유채처럼 열매의 길이가 너비보다 긴 것을 말하며, 말냉이처럼 열매의 길이와 너비가 크게 차이 나지 않으면 단각과silicle라고 한다. 장각과와 단각과는 둘 다 배춧과 식물의 열매다.

개과pyxidium는 익었을 때 원형의 가로 봉선을 따라 뚜껑이 열리듯 열매가 열려 2개의 반구가 생기는 열매로, 아래쪽은 씨앗과 함께 남고 뚜껑은 버려진다. 뚜껑별꽃과 사리풀이 그 예다.

그림 173 **뚜껑별꽃의 개과**

삭과capsule는 앞에서 언급한 두 범주에 속하지 않는 모든 합생심피-열개과를 포함한다. 삭과의 형태와 열매가 벌어지는 방식은 아주 다양하다. 양귀비의 삭과는 끄트머리 쪽 넓은 원판의 튀어나온 경계 아래로 일련의 구멍이 열리면서 씨가 나온다. 금어초 씨앗은 꼭대기에 구멍 3개가 뚫려 있다. 패랭이꽃과 장구채의 열매는 가장자리에서 입을 벌린 채 다수의 톱니를 내보이며, 제비꽃은 3조각으로 쪼개진다.

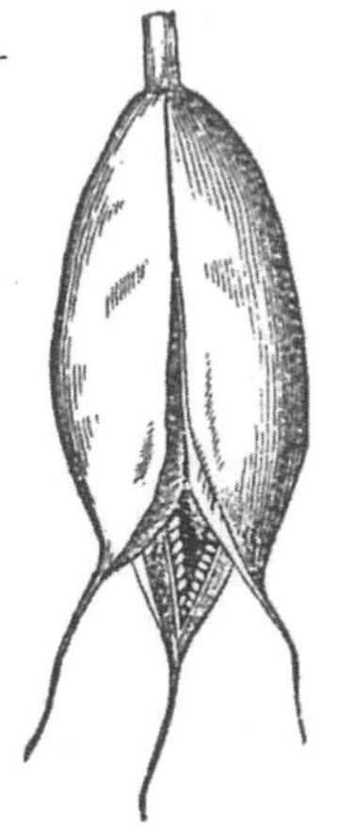

그림 174 **콜키쿰의 삭과**

견과nut는 참나무류의 열매를 말하며 심피의 방이 단순하고 씨앗 2개가 차 있는 것으로 보아 겉으로는 단일 심피로 보인다. 하지만 열매가 막 생겼을 때 조사했더니 심피 서너 개가 하나로 합쳐진 것이었다. 이 심피들은 하나만 빼고 시들어 결국 열매가 익을 무렵에는 하나만 남는다. 이 열매를 합생심피로 분류하는 것은 비록 다 익은 열매는 이생심피로 보이지만 원래의 구조를 상기시키기 위해서다. 도토리는 기부가 깍정이cupule에 둘러싸여 있어서 쉽게 알아볼 수 있다. 개암나무와 유럽밤나무가 같은 부류에 속한다. 도토리의 깍

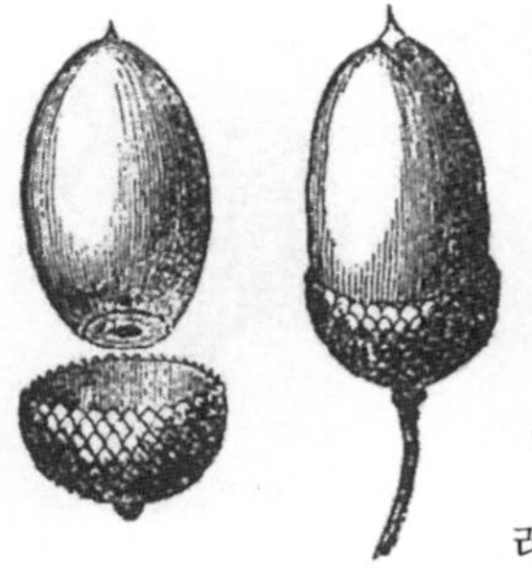

그림 175 **도토리**

정이는 비늘 형태고, 개암은 잎, 밤은 가시 형태다. 또한 익기 전에는 깍정이가 열매를 과피처럼 둘러싼다.

감과hesperidium는 오렌지와 레몬의 열매다. 내과피에서 유래한 오렌지와 레몬 열매의 과육에 대해서는 앞에서 설명했다.

석류과balausta는 석류의 열매로 꼭대기에 꽃받침 왕관을 쓰고 있다. 과피는 가죽질이고 내부에 씨앗이 불규칙한 형태의 2층으로 나뉘어 있으며 각각 즙이 많은 두꺼운 껍질로 둘러싸였다.

박과pepo의 전형적인 예가 멜론과 박으로, 박과 식물의 전형적인 열매다. 보통 3개의 방으로 이루어진 씨방에서 발달한다. 안으로 갈수록 과육의 밀도가 낮아져서 결국 중앙에는 빈 곳이 있고 벽에 씨앗이 붙어 있다는 점이 가장 큰 특징이다.

그림 176 **석류**

이과pome는 사과나무는 물론이고 배나무, 마르멜루, 채진목 등 다양한 나무의 열매다. 보통 이과는 꼭대기가 움푹 팼거나 시든 꽃받침에 둘러싸였다. 일반적으로 다섯 칸으로 나뉘며 내과피는 연골질이거나, 서양모과처럼 단단한 핵이 되는 경우도 더러 있다.

장과berry는 내과피와 중과피가 구분되지 않는 육질과 또는 합생심피의 열매를 두루 일컫는다. 포도, 구스베리, 토마토, 까치밥나무가 장과의 예다.

과피로 만들어진 껍질 외에도 어떤 열매에는 씨방이 아닌 꽃의 다른 부위에서 파생된 두 번째 껍질이 나타난다. 분꽃의 열매는 꽃덮개 기부에 속하고 단단한 공 모양이 된다. 주목의 열매는 꽃받침이 변한 붉은 과육 안에 들어 있다. 씨방이 아닌 꽃의 다른 기관이 열매를 이루었다는 점을 강조하기 위해 이런 열매를 헛열매 또는 가과anthocarpous fruit라고 부른다.

그림 177
사과나무의 이과

그림 178
까치밥나무의 장과

열매는 씨방이 성숙해진 것이라 엄밀한 의미에서 열매는 한 송이 꽃의 산물이어야 한다. 그러나 여러 꽃이 모인 꽃차례의 생산물을 두고도 열매라고 한다. 실제로는 많은 꽃으로 이

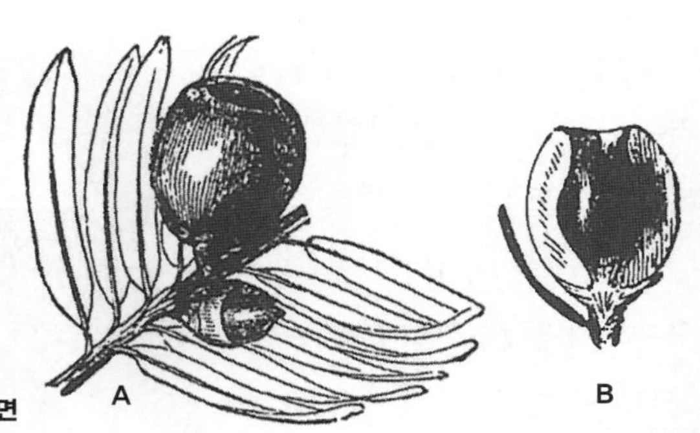

그림 179
A. 주목의 가과
B. 같은 열매의 단면

루어진 다수의 열매지만, 씨방이 들러붙거나 심지어 융합하여 하나의 열매가 된 것들이 있다. 이런 열매를 취과aggregate fruit라고 한다. 다음의 세 유형이 대표적이다.

첫 번째로 상과sorosis는 아주 발달한 과피가 한데 융합하여 육질과가 된 것이다. 파인애플과 뽕나무가 좋은 예다. 파인애플은 솔방울이 커다란 과육 덩어리로 변한 것처럼 생겼으며 잎다발이 머리 위에 달렸다. 뽕나무는 검은나무딸기나 산딸기 열매를 닮았지만 기원은 전혀 다르다. 검은나무딸기와 산딸기 열매는 하나의 꽃에서 작은 핵과로 변한 수많은 심피가 다육성 과피로 변한 것이지만, 뽕나무 열매인 오디는 다수의 암꽃이 이삭 모양으로 피는 짧은 수상꽃차례에서 파생된 것으로, 이 가짜 과피를 위해 꽃덮개가 과육성 돌기로 확장했다.

두 번째로 구과cone는 수과나 시과 같은 건과가 모여서 포개진 비늘의 축에 자리 잡고 있는데, 종에 따라 두껍고 목질인 열매, 얇고 잎 같은 열매, 노간주나무처럼 육질성인 열매도 있

그림 180 **파인애플의 상과**

그림 181 **호프의 구과**

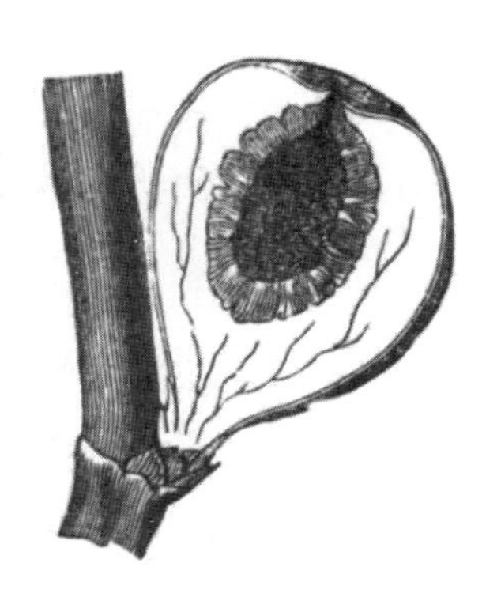

그림 182 **무화과**

다. 구과는 소나무, 전나무, 삼나무, 측백나무, 낙엽송 같은 침엽수에 속하며, 오리나무, 자작나무, 호프의 열매도 해당한다.

마지막으로 무화과fig는 잔가지의 내부가 그릇처럼 비어 있다. 그 육질의 벽에 진짜 열매인 작은 핵과들이 붙어 있다.

각종 열매의 큰 특징을 기억하기 위해 식탁에 올라오는 익숙한 예로 기억을 되살려보자. 복숭아, 자두, 살구, 버찌는 핵과이며, 우리가 먹는 부분은 중과피다. 아몬드와 호두도 핵과지만 과피는 버리고 씨만 먹는다. 사과, 배, 마르멜루, 채진목은 이과로 중과피를 먹는다. 서양모과에서도 우리가 먹는 부분은 중과피이며, 내과피는 연골성이 아니라 목질의 핵을 만든다. 핵과인 올리브는 우리에게 중과피를 제공한다. 멜론과 수박은 박과이며 역시 중과피를 먹는다. 내과피는 거의 존재하지 않는다. 오렌지와 레몬은 감과인데 내과피의 털이 통통한 알맹이 형태로 과육을 준다. 석류과는 즙이 많은 과육으로 변한 종피를 먹는다. 포도와 구스베리가 속한 장과는 내과피와 구분할 수 없는 중과피를 준다. 산딸기는 작은 핵과가 잔뜩 모인 것이며 먹을 수 있는 부위는 중과피다. 밤나무와 개암나무의 견과는 씨를 먹는다. 딸기에서 먹을 수 있는 부분은 꽃턱이며 즙이 있는 덩어리로 부풀었다. 진과眞果인 수과는 작고 단단하고 갈색 몸을 과육이 둘러싼다. 무화과의 달콤한 과육도 꽃자루가 속이 비어 깊은 그릇이 된 것이다. 이 과육의 안쪽으로 셀 수 없이 많은 핵과가 달려 있다.

8장

씨

익은 아몬드 열매와 익지 않은 아몬드 열매를 생각해보자. 내과피를 구성하는 목질성 껍데기를 깨면 우리가 아몬드라고 부르는 알맹이가 나온다. 이 알맹이에는 껍질이 2겹 있는데 열매가 채 익지 않았을 때는 쉽게 떨어진다. 바깥 껍질은 거칠고 적갈색이며 안쪽 껍질은 섬세하고 하얗다. 이 두 껍질을 합쳐서 씨껍질 또는 종피integument라고 부른다. 바깥 껍질은 외종피testa, 안쪽 껍질은 내종피tegmen다. 아몬드가 아닌 어떤 씨에서는 외종피가 견과의 단단한 껍질에 버금간다.

다음 예로 완두와 강낭콩을 들어보자. 여기에서도 아몬드에서 보았던 2개의 껍질이 나타난다. 완두에서 외종피는 섬세한 막이고 내종피는 녹색을 띠며 좀 더 질기다. 강낭콩의 내종피

는 붉은색과 갈색이 돈다. 양쪽 모두 둥근 흰색의 얼룩이 눈에 잘 띄는데, 거기가 식물의 배꼽이다. 배꼽에 달라붙은 주병은 양분을 전달하는 탯줄과 같아서 씨를 심피의 벽에 매달고 생장에 필요한 수액을 나누어준다. 마지막으로, 완두에서는 조금만 주의를 기울이면 배꼽 근처의 미세한 바늘 자국 같은 구멍을 볼 수 있는데, 그것이 주공이다. 꽃가루관이 밑씨의 배낭으로 들어온 구멍이다.

그림 183 **목화의 삭과**

지금까지 모든 종자의 겉모습 중 가장 두드러지는 점을 설명했으나, 종에 따라 변형의 가능성은 무궁무진하다. 완두와 강낭콩에서는 그렇게 뚜렷하던 배꼽이 아몬드에서는 잘 보이지 않는다. 주공 또한 완두 같은 몇몇 씨를 제외하면 쉽게 찾을 수 없다. 외종피도 어떤 종에서는 연하고 유연하며, 석류처럼 육질일 때도 있고, 딱딱하고 뻣뻣한 껍데기로 두꺼워지기도 한다. 니스를 칠한 듯 광택이 나는 외종피도 있고, 반면 윤기 없이 거칠고 홈이 패거나 울퉁불퉁 돌기가 있는 외종피도 있다. 강낭콩처럼 색이 생생한 것도 있지만 대부분은 칙칙한 갈색 또는 검은색이다. 마지막으로, 어떤 씨의 외종피는 뻣뻣한 털이 빼곡하거나 부드러운 긴 털로 덮여 씨앗을 위한 겉싸개를 덧댄다. 이는 봄철에 포플러와 버드나무의 삭과에서 나온 흰색 솜털의 기원이다. 목화의 삭과 안에 들어 있는 솜도 바로 그것이다.

아몬드, 완두, 누에콩에서 종피를 벗겨내면 남는 것은 씨눈, 즉 배아다. 배아는 한 식물이 처음 세상에 태어난 상태다. 대부분 같은 크기로 나란히 놓인 육질의 두 덩어리로 구성되는데, 이것이 떡잎 또는 자엽이다. 이 파격적인 부위 안에 훗날 식물이 발달하는 데 쓰일 양분이 저장되어 있다. 떡잎의 밑부분에는 작은 원뿔형 돌기가 살짝 삐져나와 있는데 이것이 어린뿌리 또는 유근radicle으로 아직 발달하지 않은 미성숙한 뿌리다. 이 위쪽 두 떡잎 사이에 있는 것은 어린싹 또는 유아幼芽묘로 아주 작은 잎들이 서로 포개어 있다. 어린싹은 식물의 첫 번째 눈이다. 그것이 펼쳐져서 자라면 첫 번째 잎이 된다. 마지막으로, 어린뿌리와 어린싹 사이의 좁은 경계선을 씨눈줄기라고 한다. 여기에서 줄기의 첫 번째 움이 발달한다. 이런 구조는 쌍떡잎식물에 속한 모든 씨에서 발견된다.

밀, 튤립, 붓꽃 등 외떡잎식물은 일반적으로 배아가 원통 모양이다. 배아의 옆쪽에는 눈에 보이는 좁고 긴 틈이 있는데, 그리로 어린싹이 나올 것이다. 그리고 그 틈 위에 있는 부위가 하나짜리 떡잎을 구성한다. 그 아래에 있는 것은 어린뿌리다. 이

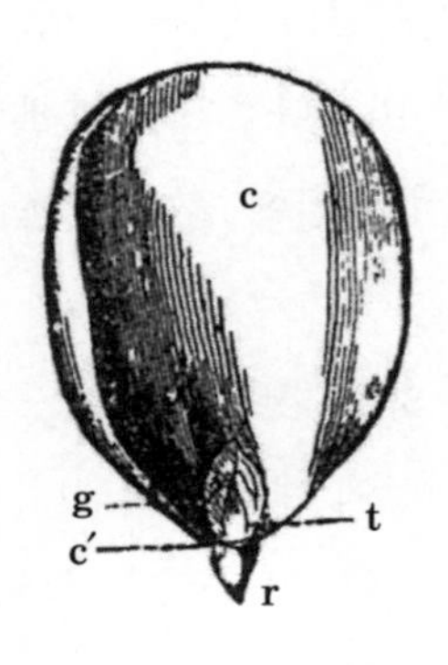

그림 184 **아몬드의 배**
c: 떡잎. c′: 두 번째 떡잎이 달린 지점.
g: 어린싹. t: 씨눈줄기. r: 어린뿌리.

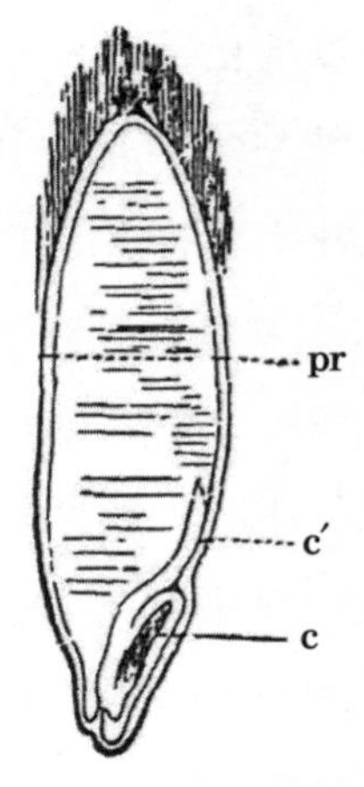

그림 185 **밀의 씨앗**
c: 떡잎. c′: 어린싹.
pr: 외배젖.

런 다양한 부위는 발아가 시작되기 전까지는 눈에 잘 들어오지 않는다.

그림 185의 밀 씨는 일부만 그린 것이다. 이 씨의 종피 아래에는 완두, 강낭콩, 아몬드의 씨에는 없는 풍부한 전분 덩어리가 있는데, 외배젖 또는 외배유perisperm라고 한다. 이것은 씨가 발아하는 시기에 액체로 변하여 어린 식물을 먹이고 키우는 영양 창고다. 외배젖을 달걀흰자에 비유할 수 있다. 달걀흰자는 양분으로 배아를 감싸서 새가 처음으로 몸속의 기관을 만들게 돕는 물질이다. 이런 비유는 알이란 동물의 씨앗이며, 씨앗이란 동물의 알이라고 말하는 것과 마찬가지다. 이런 밀접

한 유사성 때문에 누에나방의 알을 "누에의 씨"라고 부르게 되었다. 알과 씨는 비슷하게 조직되었다. 배아도 보호성 껍데기 아래에 충분한 식량과 함께 있다. 부화와 발아는 모두 새로운 생명의 탄생이다. 저장된 영양분이 새 생명의 기관을 만들 첫 재료를 제공한다. 이처럼 기능이 비슷해서 씨의 외배젖을 달걀의 흰자와 똑같이 알부민albumen이라고도 부른다.

외배젖은 식물의 배아에 붙어 있지 않다. 배아에서 깔끔하게 떨어지는 별개의 물질을 만들어 배아가 그 안에 박혀 있거나 표면에 누워 있다. 색깔은 보통 흰색이다. 외배젖을 구성하는 물질은 볏과 식물에서처럼 파슬파슬하고 전분이 많거나, 대극과 식물처럼 기름기가 있거나, 산형과 식물처럼 질기고 연골성이기도 하고, 커피처럼 거친 질감을 주기도 한다. 밀 씨의 외배젖이 밀가루가 되고, 피마자 씨의 기름은 약물을 주며, 커피나무의 씨는 익숙한 음료의 원료가 된다.

씨 안의 배아를 위해 두 종류의 양분이 준비되어 있다. 하나는 떡잎의 양분이고 다른 하나는 외배젖의 양분이다. 떡잎은 어느 종에나 있지만, 외배젖은 모든 씨에서 발견되는 것이 아니다. 예를 들어 아몬드, 도토리, 밤, 살구, 강낭콩, 완두, 누에콩 같은 씨에는 없다. 그걸 보완하려고 이 식물의 떡잎은 크기가 상당하다. 반대로 밀이나 메밀은 외배젖이 제공되지만 상대적으로 메밀의 두 떡잎은 작고, 밀 씨의 떡잎은 하나뿐인 데다 배에 영양을 줄 효과적인 방식으로 발달하지 못한다. 이 사실을 일반적으로 적용해도 좋다. 떡잎과 외배젖은 비슷한 기능을 지닌다. 둘 다 어린 식물의 생장 초기에 영양을 주는 역할을 한다. 그러나 한 기관이 발달하면 다른 기관이 작아지거나 심지어 자취를 감추므로 떡잎이 크면 외배젖이 없거나 작고, 반대로 외배젖이 잘 발달한 씨에서는 떡잎이 작다. 도토리, 아몬드, 콩처럼 외배젖이 없는 씨는 일반적으로 떡잎이 크다. 메밀처럼 떡잎이 작은 씨는 외배젖을 제공받는다. 마지막으로, 떡잎이 하나밖에 없어서 부피가 작은 외떡잎식물은 쌍떡잎식물보다 외배젖을 갖춘 경우가 많다.

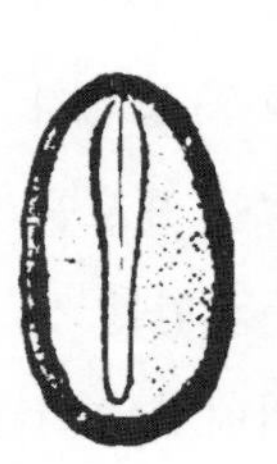
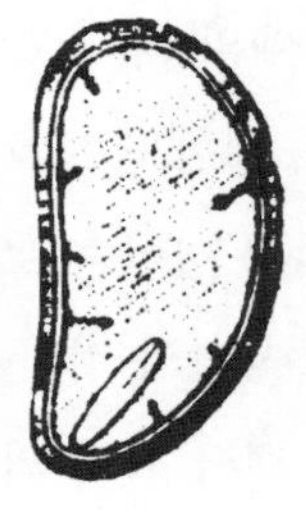

그림 186
별꽃과 담쟁이덩굴의 종자

열매 안에서 다 익고 나면 씨는 흙 위로 퍼트려져 아직 아무도 차지하지 않은 곳에서 발아하고 좋은 여건에서 자라야 한다. 지금부터 씨를 널리 퍼뜨리려고 자연이 마련한 훌륭한 방책들을 살펴볼 것이다. 길가의 쓰레기 위에는 박과 식물인 물총오이가 자란다. 대추 알 크기의 열매는 표면이 거칠고 맛이 몹시 쓰다. 이 열매가 익으면 과육이 액체로 녹아 그 안에서 씨가 둥둥 떠다닌다. 열매의 탄력성 있는 벽에 짓눌린 이 액체가 꽃자루의 기부를 누르면 꽃자루가 코르크 마개처럼 서서히 밖으로 밀리다가 떨어져 나가는 순간 대단치도 않게 뿜어져 나와 순식간에 씨앗이 방출된다. 햇빛에 노랗게 변한 열매가 달린 식물을 미숙한 손으로 섣불리 흔들었다가는 잎 한가운데서 나는 작은 폭발음에 놀라면서 오이의 발사물을 얼굴로 받아내게 될 것이다.

앤틸리스제도에서 발견되는 대극과 식물인 샌드박스의 열매는 12~18개 목질성 조각이 아욱의 심피처럼 왕관 형태로 모여 있다. 잘 익은 열매에서는 이 껍데기가 둘로 갈라지면서 폭발이라고 표현할 정도로 갑작스럽고 거칠게 씨를 뿜어낸다. 샌드박스 열매를 수집용으로 온전히 보관하려면 끈으로 열매를 칭칭 감아서 폭발을 막아야 한다.

정원의 발삼나무는 다 익은 열매에 살짝만 닿아도 갑자기 육질의 열매가 다섯 조각으로 갈라지면서 껍질이 돌돌 말리고 씨를 뱉어낸다. 봉선화*Impatiens balsamina*의 학명은 참을성 없는 발삼나무라는 뜻으로, 아주 조금만 닿아도 터지고 마는 이 삭과의 갑작스러운 폭발을 뜻한다. 숲의 축축하고 그늘진 자리에는 같은 봉선화과 식물인 노랑물봉선*Impatiens noli-tangere*이 자라는데, 같은 이유로 "성미가 어지간히 급하니 웬만하면 건들지 마시오"라는 더 강한 뜻의 학명이 붙었다. 팬지의 삭과는 세 조각으로 열리며 각 조각은 작은 배처럼 속이 비어 가운데에 씨앗이 두 줄로 나 있다. 열매가 건조되면 열매 조각의 가장자리가 안쪽으로 말려 들어가서 씨를 짓누르고 분출시킨다.

하늘로 떠오르는 씨들, 특히 국화과 식물은 술이나 깃털 장식, 끈처럼 하늘로 떠오르는 장치를 갖추고 있어서 공중에서 오래 머물며 먼 거리를 이동한다. 민들레 씨앗은 깃털처럼 생긴 술에 매달려 아주 작은 바람만 불어도 건조된 꽃턱에서 떨어져 나와 하늘로 몸을 띄운다. 이처럼 여행하는 씨들에 필요한 조건이 하나 있다. 이 섬세한 항공 장치는 몸을 뒤집으면 안 된다. 만일 하강할 때 술 부위가 먼저 땅에 닿아버리면 씨앗이 위로 떠 있게 되어 발아할 수 없기 때문이다. 그러나 씨는 언제나 제 비행 장비보다 더 무거워서 낙하산의 바닥짐처럼 움직인다. 따라서 여행 중에도 항상 날개보다 아래쪽에 있으며 땅에도 먼저 닿는다. 씨가 잘 맺힌 민들레 열매를 후 불어보면 언제나 씨앗이 가장 낮은 위치로 떠다니는 모습을 볼 수 있을 것이다.

국화쥐손이와 제라늄의 비행 장비는 더 놀랍다. 두루미의 부리를 연상시키는 열매는 위에서 아래로 다섯 갈래로 쪼개지는 수과인데, 한쪽이 부드러운 털로 덮여 가늘고 길게 뻗어 있다. 이 부속물은 습도에 대단히 민감하다. 건조한 날씨에는 타래송곳처럼 촘촘히 몸을 말고 있다가 날이 습해지면 감았던 나선을 푼다. 그 끝은 대기의 습도에 따라 해시계 위의 바늘처럼 이 방향 저 방향으로 움직인다. 처음에 열매는 압축된 타래송곳 형태로 식물을 떠난다. 넓게 펼쳐진 털이 바람을 잡아 하늘로 몸을 띄우고 씨앗의 낙하산이 된다. 마침내 떨어질 때는 씨앗이 제일 밑에 있다. 씨앗은 꼭지가 뾰족한 형태라서 성긴 흙을 아주 조금 파고든다. 그러나 머지않아 습기와 건조함이 번갈아 영향을 주면 깃털 장식이 스스로 감았다 풀기를 반복하고 송곳의 끝이 계속해서 흙을 파고들면서 씨가 발아하기 충분할 만큼의 깊이까지 자신을 묻는다.

깃털 장식 다음으로는 씨에 달린 날개가 바람에 의한 종자 확산에 가장 잘 적응된 장치다. 씨의 가장자리가 막질로서 얇은 비늘을 닮은 덕분에 노란 쑥부지깽이의 씨는 집의 높은 벽이나 접근하기 힘든 바위, 폐허가 된 건물의 틈바구니에 닿아 이끼가 만든 적은 양의 흙 속에서 발아한다. 느릅나무의 시과는 하나의 길고 넓은 날개가 달렸는데 그 중심에 씨가 박혀 있다. 단풍나무의 시과는 한 쌍이 서로 연결되어 새가 넓게 날개를 펼친 듯한 형태다. 물푸레나무의 시과는 배의 노처럼 생겨서 폭풍을 타고 가장 멀리 날아간다. 어떤 씨앗은 물속을 여행하는데, 배는 방수된 항해 장비로 보호된다. 호두는 카누 모양의 두 선체 사이에 씨를 박은 채 하나로 합쳐져 껍데기를 만들어내고, 개암나무는 한 조각짜리 작은 통 안에 씨를 보호한다. 코코넛은 적도 근처 바다의 섬에 사는데, 씨의 확산을 파도에 맡긴다. 거대한 씨는 튼튼하고 단단한 방수 껍데기에 보호받으며 거친 파도에도 용감하게 여행을 나서 긴 시간 이 섬에서 저 섬으로

그림 187
물푸레나무의 시과

옮겨간 다음 닻을 내리고 신선한 토양에서 발아한다.

많은 씨가 동물에 의해 전파된다. 그런 이유로 지나가던 새의 깃털이나 야생 동물의 털을 붙잡을 수 있게 갈고리로 무장했다. 길가에 자라는 우엉과 산울타리의 갈퀴덩굴은 지나가던 양의 털에 또는 심지어 인간의 옷에 열매를 들러붙여 긴 여행을 떠난다. 핵과와 장과를 비롯한 많은 열매가 무게 때문에 나무 발치에 떨어져 그 자리에서 꼼짝 못 하지만 실은 가장 멀리 여행하는 부류다. 새와 포유류가 그 열매를 먹기 때문이다. 뱃속에 들어간 열매의 종자는 소화되지 않는 껍질로 둘러싸인 덕택에 소화 작용에도 살아남아 몸 밖으로 온전히 빠져나온 다음 출발지에서 아주 먼 곳에서 발아할 준비를 마친다. 새의 먹이가 되어 여행하는 씨는 높은 산맥과 넓은 바다도 거뜬히 건넌다. 마지막으로 들쥐나 밭쥐 같은 설치류는 겨울철 식량으로 씨를 땅속에 묻어둔다. 시간이 지나 창고 주인이 죽거나 은닉처를 잊거나 보관된 식량이 너무 많을 때는 온전히 남아 있던 씨가 봄철에 발아한다. 동물이 자기를 먹이는 식물의 전파를 거드는 서비스 교환이 일어나는 것이다.

그러나 식물의 전파에 가장 크게 이바지하는 것은 인간이다. 재미를 위해서나 먹을 것으로 삼기 위해서 씨를 직접 뿌리든지, 아니면 상업 활동 중에 의도치 않게 씨를 운반한다. 인간의 활동으로 오늘날 작물과 산업용 식물이 모든 국가에서 엄청나게 수를 불렸다. 우리는 케이프타운, 인도, 오스트레일리아, 시베리아 등 지구의 구석구석에서 온 식물을 정원에 키운다. 우리가 탐탁잖아하는 종들도 얼떨결에 작물과 함께 자란다. 밀 씨를 뿌릴 때 우리는 저도 모르게 개양귀비, 수레국화, 선옹초처럼 밀과 함께 동쪽에서 온 씨를 뿌린다. 수많은 상품이나 포장된 재료와 함께 많은 식물이 반구에서 반구로 운반된다. 19세기 초에 캐나다 개망초가 상품 더미들과 함께 프랑스로 들어온 이후 경작지에서 가장 흔한 잡초가 되었다. 몽펠리에 근처 쥐베날 항구는 그곳에서 자라는 온갖 기원의 수많은 식물로 식물학적 명성을 얻었다. 외국에서 수입한 양모를 그곳에서 세탁하면서 떨어진 씨앗들이 자란 것이다. 반대로 많은 유럽 식물 종이 우리와 함께 바다를 건넜다. 쐐기풀, 별꽃, 보리지, 아욱 같은 흔한 야생화와 잡초가 배에 실려 아메리카 대륙의 신생 국가에서 자라게 되었다.

종자 속 배아의 경이로운 능력은 계속되어 환경의 자극을 받아 생명이 깨어나고 배가 겉싸개를 벗고 나와 저장된 양식을 먹으며 무럭무럭 자라고 최초의 기관을 발달시켜 햇빛 아래 모습을 드러낸다. 이처럼 식물의 알이 부화하는 것을 발아라고 한다. 습도, 온기, 산소가 발아를 결정하는 요소다. 이것들이 뒷받침되지 않으면 종자는 한동안 무기력한 동면 상태를 지속하다가 마침내 발아 능력을 잃게 된다.

물기가 없으면 씨앗이 발아할 수 없다. 물은 여러 기능을 충족시킨다. 첫째, 물이 외배젖 속으로 스며들면 배가 껍질보다 더 몸을 불려 아무리 단단한 껍데기도 뚫고 나온다. 종피에 뚫린 구멍을 통해 어린싹은 이쪽으로, 어린뿌리는 저쪽으로 자라고, 그때부터 식물은 외부적인 요인의 영향 아래로 들어간다. 배아는 씨앗의 벽이 가하는 저항의 정도에 따라 자신을 해방하는 시간이 짧기도 하고 길기도 하다. 만약 씨가 단단한 "핵" 속에 갇혔다면 습기를 받아 감옥에서 탈출하기는 아득하다. 따라서 발아에 걸리는 시간을 줄이기 위해 단단한 종피를 돌로 부술 수 있다. 씨앗이 문을 열게 하는 물의 역학적 기능은 갓 태어난 식물을 먹여야 하는 문제로도 이어진다. 물의 화학작용에 의해 외배젖과 떡잎의 식량이 액화되어 어린싹이 흡수할 수 있는 물질의 형태로 바뀐다. 이 과정은 물이 있을 때만 일어난다. 한편 이 액체는 어린 식물의 조직에서 영양액을 만들고 순환하는 데 꼭 필요하다. 따라서 건조한 환경에서는 어떤 씨도 발아할 수 없으므로 씨앗을 오래 보관하기 위한 첫 번째 조건이 습기에서 보호하는 것이다.

물과 함께 씨는 온기가 있어야 발아한다. 발아는 주로 섭씨 10~20도에서 가장 잘 진행된다. 그러나 어떤 열대 식물은 조금 높은 온도에서 가장 빨리 발아한다. 그 한계를 넘으면 그 이상이든 그 이하든 발아는 천천히 일어나고 차이가 너무 크면 아예 발아를 멈춰버린다.

공기, 즉 산소의 역할 또한 결코 무시할 수 없는 요소다. 씨앗을 유리 덮개로 덮고 적절한 온도와 습기를 유지하되, 그 안을 수소, 질소, 이산화탄소 등 다른 기체로 채웠다고 해보자. 시간이 오래 지나도 씨는 발아하지 않을 것이다. 그러나 기체를 산소로 바꾸면 씨는 발아하기 시작하여 평범한 발달 과정을 따른다. 우리는 이미 끓여서 공기를 제거한 물에서는 발아가 되지 않는다는 사실을 보았다. 또한 수생식물의 종자가 아닌 이상 물속에서도 발아가 되지 않는다는 것도 보았다. 요약하면 씨는 발아하는 중에 산소를 소비하고 이산화탄소를 내뱉는다. 따라서 배는 처음 깨어나는 순간부터 모든 동물과 식물의 특징인 연소의 법칙을 따른다. 다시 말해 생명은 숨을 쉰다. 생명은 자신을 태움으로써 살아간다. 그런 이유로 산소의 존재가 없어서는 안 된다.

연소에 공기가 필요하다는 사실은 너무 깊이 묻은 씨가 발아하지 못하는 이유를, 너무 꽉꽉 채워진 흙보다 공기가 통하는 성긴 흙에서 발아가 더 잘 되는 이유를, 섬세한 씨는 아주 살짝만 흙을 덮거나 촉촉한 흙 위에 올려놓기만 해도 발아가 되는 이유를 설명한다. 또한 오래 놀린 땅을 삽이나 쟁기로 갈고 뒤엎었을 때 그 안에서 몇 년 동안 잠들어 있던 씨앗이 표면 가까이 나와 공기와 접촉하면서 잠이 깨는 바람에 발아하여 푸르게 뒤덮이는 이유도 그것이다.

일반적으로 외배젖과 떡잎에 가장 풍부하게 들어 있는 물질이자 배아를 위한 영양 저장 물질은 녹말이다. 녹말은 물에 녹지 않기 때문에 바로 어린 식물을 먹일 수 없다. 조직에 스며들어 생장에 필요한 재료를 나누어주려면 먼저 물에 녹는 물질이 되어야 한다. 이런 이유로 배에는 다이아스테이스diastase라는 특별한 화합물이 동반된다. 녹말을 분해하는 이 물질은 녹말에서 아무것도 빼앗지도 내주지도 않으면서도 그 존재만으로 녹말을 포도당이라는 물에 녹는 당분으로 바꾼다. 이런 놀라운 변화가 일어나려면 적당한 온기와 물이 꼭 필요하다. 씨가 발아할 수 없는 조건에서 녹말 저장고는 원래 상태로 남아 있지만, 온기와 공기와 물의 도움으로 발아가 시작되는 순간 다이아스테이스가 녹말에 작용하여 포도당으로 바꾼다. 외배젖이나 떡잎을 희생하여 만들어진 이 액체가 조직에 스며들어 뿌리와 첫 잎이 충분한 영양을 얻을 때까지 먹인다. 다이아스테이스의 작용으로 녹말이 포도당으로 바뀌는 변화, 필수적인 연소의 과정에서 산소의 흡수와 이산화탄소의 방출, 이것이 발아하는 씨에서 완수되는 가장 중요한 화학적 현상이다.

같은 온도, 습기, 환기의 조건에서도 씨가 발아하기까지 걸리는 시간이 모두 같은 것은 아니다. 맹그로브 종자와 열대의 다른 나무들은 바다의 진흙 해변에서 수를 불리는데, 심지어 열매의 중심부가 아직 가지에 매달려 있을 때부터 발아하기 시작한다. 열매가 한창 발달 중인 배를 떨어뜨려 진흙에 자신을 묻고 아무 방해 없이 생장을 지속한다. 큰다닥냉이는 평균 이틀이면 발아한다. 시금치, 순무, 강낭콩은 사흘이 걸린다. 상추는 나흘, 멜론과 수박은 닷새, 대부분의 잔디는 일주일쯤 지나면 발아한다. 장미와 산사나무, 열매에 핵이 있는 씨앗들은 2년 또는 그 이상이 걸린다. 종피가 딱딱하고 두꺼운 씨는 습기의 유입을 막는 장애물 때문에 발아하기까지 시간이 가장 오래 걸린다. 마지막으로, 성숙하자마자 수확한 신선한 씨앗을 뿌리면 오래된 씨앗보다 더 빨리 발아한다. 오래된 씨앗은 그동안 건조 상태에 있으면서 잃어버린 습기를 회복하기 위해 땅속에서 오래 머물러야 한다.

씨는 종에 따라 발아하는 능력을 더 길게도 짧게도 보유한다. 그러나 생명의 보유 기간을 결정하는 요인이 무엇인지는 아직 알지 못한다. 부피도, 껍질의 다양한 성질도, 외배젖의 유무도 장수의 결정 요인이 되지 못한다. 어떤 씨는 몇 년, 심지어 몇백 년 동안도 살아 있지만, 어떤 씨는 알 수 없는 이유로 몇 개월이면 발아 능력을 잃어버린다. 커피나무로 가장 유명한 꼭두서닛과 식물, 당귀속 같은 산형과 일부 식물은 씨가 성숙하자마자 바로 심지 않으면 발아하지 않는다. 미모사의 씨는 6년간 보관했다가 심어도 자랐고, 강낭콩은 100년 이상, 호밀은 140년 뒤에 심어도 싹이 났다. 공기에서 차단된 어떤 씨는 몇백 년 동안이나 살면서 바람직한 환경만 존재하면 언제든 발아할 수 있다. 갈리아인, 심지어 켈트인 무덤에서 발견된 산딸기, 수레국화, 로즈메리, 캐모마일, 산쪽풀의 씨들은 마치 지난해에 받은 씨인 것처럼 발아했다. 마지막으로, 맨 처음 파리가 자리 잡았던 센강의 섬에 있는 흙에서 발견된 골풀의 씨도 발아했다. 저 씨들은 의심할 여지 없이 파리가 루테티아라고 불리며 습지의 강둑에 진흙과 갈대로 만든 오두막으로 구성된 시절부터 있었던 것이다.

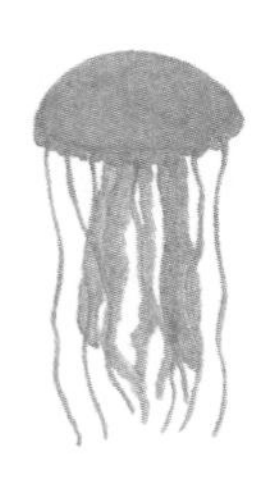

옮긴이의 말

옮긴이의 말을 이렇게 진부하게 시작하고 싶지는 않았지만 어쩔 수가 없다.

맞다, 이 책은 파브르 "식물기"다. 온라인 서점에 "파브르 곤충기"를 검색하면 나오는 200여 건의 항목에 한 권을 더 얹는 책이 아니라 만년의 장 앙리 파브르가 30년에 걸쳐 총 10권으로 펴낸 곤충기 제1권이 나오기 3년 전인 1876년에 《식물: 아들을 위한 식물학 수업*La plante: leçons à mon fils sur la botanique*》이라는 제목으로 출간된 책의 번역본이다.

하지만 서점에서 《파브르 곤충기》인 줄 알고 집었다가 놀랐더라도 도로 내려놓지 말고 그대로 계산대로 가져가길 권한다. 이 책은 당신에게 갈 운명이었고 실망하게 하지 않을 테니까.

이 책은 식물의 각 부위와 구조, 기능을 상세히 설명하고 있어서 일종의 식물 형태학 교과서라고 보아도 무방하다. 하지만 고백하건대 이 책을 번역하면서 나는 지금까지 현대 생물학 도서를 읽고 옮기면서 감탄했던 내용과 표현을 이 오래된 책의 문장에서 수없이 발견하는 실로 놀라운 경험을 했다. 과학적 사실을 다루는 책이니 당연한 거 아니냐는 반박은 사양하겠다. 단지 똑같은 과학적 사실을 다루기 때문이 아니었다. 그 과학적 사실을 전달하는 아름다운 방법과 시대를 앞선 거시적인 관점을 말하는 것이다. 유행하는 최신 장르영화의 1960년대 원조 작품을 보았을 때 기분이랄까.

앞에서 말했지만 이 책을 굳이 분류하자면 형태학 교과서에 가까워 경험상 원래는 중고등학교 생물 시간이든 대학의 식물 형태학 강의든 시험 전에 무작정 머릿속에 내용을 욱여넣는 수밖에 없는 아주 재미없는 과목의 교재가 되었어야 한다. 하지만 파브르 선생님이 설명하는 이 교과서는 다르다. 여전히 외워야 할 용어투성이지만 그 낯선 단어와 용어를 불현듯 이해하게 만드는 힘이 이 책에 있다. 과학적 사실에 살을 붙여 만든 이야기에 친근한 비유와 다양한 사례를 곁들이니 읽는 이가 저도 모르게 고개를 끄덕이게 되고, 식물의 형태와 기능과 구조 이야기를 듣다 보면 어느새 자연의 섭리를 깨닫게 되는 식이다.

과거나 지금이나 식물은 배경과 도구로 취급되어 동물만큼 생명체로서 관심을 받지는 못하는 형편이다. 그걸 잘 알아서일까? 파브르는 "식물"이라는 제목을 달고 나온 이 책을 뜬금없이 수생동물인 히드라로 시작한다. 그러더니 폴립과 산호로 넘어가 책의 첫 장에서 속없이 동물 이야기만 한다. 이 책이 식물기인가 동물기인가 의심이 드는 순간 첫 장이 끝나며 이렇게 선언한다. "식물은 산호의 폴립으로 이루어진 폴립 공동체와 같다." "히드라와 산호의 태곳적 역사가 그대들을 이 책의 주제인 식물로 안내한다." 얼른 식물에 관해 얘기하고 싶어 죽겠다!

이후로도 동물은 이 책에서 수시로 등장하며 식물과의 비교 대상이자 식물의 세계로 인도하는 안내자가 된다. 식물의 구조나 행동을 동물, 더 나아가 인간에 빗대는 것은 내용이 옳으냐 그르냐를 떠나 사람들에게 멀고도 가까운 식물이란 존재를 소개하는 최고의 전략이다.

게다가 어려워하는 학생들을 어르고 달래는 어르신의 솜씨가 보통이 아니다. "외울 게 참 많지? 그럼 쉽게 외울 수 있게 다시 한번 설명해볼게"라며 공감하고, "이 내용이 머리에 잘 들어오지 않는 건 원래 어려운 부분이라서 그래. 언젠가 이해되는 때가 올 거야"라며 북돋워 주고, "이건 나도 잘 몰라. 그러니 이다음에 너희가 열심히 공부해서 잘 알게 되거든 나에게도 알려다오"라며 격려하는 그의 문장들에서 처음에는 한없는 자상함을, 나중에는 베테랑 교사의 노련함을 느꼈다.

이 책 전반에서 돋보이는 파브르의 이런 남다른 전달력과 통찰력은 동시대에 급성장한 근대과학과 함께 상승효과를 이루어 초판이 나온 지 150년이 지난 지금도 큰 이질감 없이 이 책을 한 권의 과학 도서로 읽을 수 있게 한다. 실제로 나는 이 책을 의뢰받았을 때 현대 식물학자의 눈에 허무맹랑한 이야기가 제법 많겠다는 기대 아닌 기대를 했다. 하루가 다르게 지식이 최신 정보로 교체되고 자고 일어나면 낯선 기술이 개발되는 현재를 살고 있으니 150년 전 세상에는 호랑이도 담배를 피울 거로 생각했었나 보다. 그런데 막상 번역하다 보니 현대의 과학 지식과 다른 부분이 없다고는 할 수 없지만 큰 틀에서는 우리가 지금 배우는 내용과 그다지 벗어나지 않는 것에 되레 놀랐다. 파브르의 감수성과 문장력이 아무리 뛰어나다고 한들 그가 설명하는 과학이 현대 과학과 크게 달랐다면 이 책은 과학책이 아닌 문학으로 분류되었을 것이다.

물론 이 책에는 몇몇 눈에 띄는 과학적 오류가 있다. 우선 분류학적 체계의 문제다. 이 책에서 파브르는 버섯을 식물로 다루었지만, 현재 버섯은 균계라는 전혀 다른 집단에 속한다. 또한 당시는 식물을 쌍떡잎식물, 외떡잎식물, 민떡잎식물로 나누고 소나무 같은 구과 식물을 쌍떡잎식물로 분류했지만, 현재 쌍떡잎식물과 외떡잎식물은 속씨식물에 속하며 소나무는 겉씨식물로 분류된다. 또한 민떡잎식물에 포함된 고사리, 이끼, 조류 등은 식물의 진화 과정에서 속씨식물과 겉씨식물이 나타나기 훨씬 전에 갈라져 나간 분류군들로서 이제는 민떡잎식물이라는 이름으로 묶지 않는다. 그리고 이 책이 쓰일 시기에는 외떡잎식물이 쌍떡잎식물보다 먼저 진화되었다고 알려졌으나 현재는 쌍떡잎식물이 진화하고 그중 일부가 갈라져 나가 외떡잎식물이 되었다는 것이 정설이다. 생물의 분류체계는 오랜 세월 계속해서 변해왔으며, 20세기 말 DNA를 이용한 계통분류학이 발달하면서 형태 등을 바탕으로 분류되었던 기존 체계에 많은 변동이 있었다.

《파브르 식물기》 한국어판은 1924년에 《경이로운 식물의 생활*The Wonder Book of Plant Life*》이라는 제목으로 미국에서 처음 출간된 영어판을 번역했다. 하지만 파브르가 쓴 원전에 최대한 충실하게 번역하려는 취지에 따라 프랑스어 초판(1876)과 비교하며 영어판과의 차이가 있는 부분에서는 원전을 기준으로 번역했다. 한 가지 예를 들자면 식물의 이름의 경우 영어판에서 일괄적으로 '밤나무'로 번역한 식물이 프랑스어판에서는 '밤나무'와 '마로니에'로 구분되어 있었다. 그 외에도 영어로 옮기는 과정에 오류가 있었거나 의도적으로 수정된 식물의 이름은 모두 프랑스어 원전에 맞추었다.

나무의 높이나 둘레, 무게 등 측정값의 경우, 미국에서는 미터법을 사용하지 않기 때문에 영어판을 한국어로 옮길 때는 보통 파운드나 피트를 킬로그램이나 미터 단위로 환산해서 적는다. 그런데 이 책은 영어판의 수치들도 이미 프랑스어판에서 미터법으로 쓴 값을 피트로 환산해서 옮긴 것이라 그걸 다시 미터로 바꾸며 어림하는 과정에서 원전의 값과는 조금 차이가 나게 되었다. 그래서 아예 처음부터 프랑스어판에 나와 있는 값으로 적었다.

1876년에 초판이 나온 프랑스어 원전을 50년 뒤에 영어로 번역한 책을 다시 100년 뒤에 한국어로 옮기면서 혼자만 알기엔 조금 아까운 재미가 있었다. 1924년에 출간된 영어판에는 50년 전에 출간된 프랑스어 초판에 나오는 내용을 당시의 상황에 맞게 수정한 부분이 있었다. 일례로 세계 인구가 있다. 1876년 초판의 "10억 정도로 파악되는 인류 전체가 적어도 1년에 8,000만 톤의 탄소를 태운다"라는 문장이 1924년 판에서는 "15억 인구가 1년에 1억 2,500만 톤"으로 수치가 바뀌어 있었다. 그랬던 인구가 다시 100년이 지난 지금은 최근에 80억이 넘었다.

원소의 수도 비슷한 예다. 1876년 판의 "오늘날 우리에게 알려진 원소의 수는 65개다"라는 문장이 1924년 판에서는 80여 개로 교체되어 있었다(현재는 118개다). 인구의 증가와 원소의 발견은 모두 이미 알고 있는 사실이지만, 고전을 옮기면서 그 변천 과정을 직접 확인하는 즐거움은 남달랐다.

반면 안타까운 예도 있다. 종의 보전에 관한 장에 이런 내용이 나온다. 바다와 하늘의 수많은 포식자가 먹어치우고, 뱃사람들이 함대를 끌고 와 낚아 올려도 "저 물고기들의 멸종을 입에 올릴 수는 없다. 이동하는 무리의 뒤를 쫓다 보면 물고기가 어찌나 많은지 바다는 바다가 아니라 동물로 만든 퓌레처럼 보일 정도다." 만약 파브르가 오늘의 바다를 보게 된다면 그가 보았던 퓌레는 어디 가고 건더기 없는 멀건 국만 남았냐면서 한탄하지 않을까.

이산화탄소 이야기는 또 어떤가. 파브르는 이미 당시에도 경작지, 가정용 연료, 공장의 용광로, 화산의 굴뚝까지 세상이 내뿜는 이산화탄소의 양이 무시무시하지만 그만큼 식물이 이산화탄소를 먹어치워 정화하기 때문에 전혀 걱정할 필요가 없다고 안심시킨다. 세상이 내뿜는 살인적인 기체가 식물에는 필수적인 식량이 되어 그렇게 죽음의 유독한 유물로부터 재창조되는 것이 생명이고, 그렇게 주거니 받거니 조화롭게 굴러가는 것이 자연의 이치니까. 그 순리가 어긋나도 한참 어긋난 지금의 세상을 파브르가 본다면 어떤 반응을 보일지는 더 말하지 않아도 될 것이다.

《파브르 식물기》는 식물이 낯설고 어려운 아이들에게 지식을 전달하기 위해서 쓴 책이지만, 150년 전보다 더 정확하고 풍부한 과학 지식을 인터넷 검색창 클릭 한 번으로 접할 수 있는 현대에 그 교과서적 기능은 퇴색한 지 오래다. 그러나 식물, 더 나아가 자연과 점점 소원해지는 우리에게 '곤충기'가 아닌 '식물기'라는 어딘가 어색한 제목으로 다시 나타난 이 책이 주는 메시지는 남다르다. 《파브르 식물기》는 파브르가 지극한

애정으로 자연을 지켜보고 책을 탐독하고 사람을 살피고 생각에 침잠한 끝에 탄생한 오리지널 콘텐츠다. 많은 고전이 그러하듯 파브르의 책도 우리에게 "그래, 원조란 이런 것이지!"의 기분을 느끼게 해준다. 특히 이 책은 '호모 인도루스*Homo indoorus*', 즉 '실내 인간'의 생활에서 조금이나마 벗어나고 싶어서 밖으로 나가 꽃과 나무를 보고, 또 생활공간에 식물을 들여와 가꾸고 키우는 이 시대 평범한 사람들에게 식물의 존재감을 더 확실히 돋보이게 해주는 책이 될 것이다.

그뿐인가, 식물을 사랑하는 이 사람들에게 최소한의 생물학 배경지식이 있다면 이 책을 읽는 즐거움은 배가 될 거라고 감히 말한다. 학교에서 단순한 정보의 나열로 배우고 외웠던 단편적인 생물학 지식이 이 책의 참신한 해석에 엮여 들어가 살아 숨 쉬고 하나의 흐름이 되어 진정한 의미로 거듭나는 과정을 지켜보는 재미가 아주 쏠쏠하기도 하거니와 그것이 바로 이 책의 백미이기 때문이다. 식물의 눈과 잎, 뿌리와 줄기, 꽃과 열매와 씨앗이 동물 못지않은 기운찬 생명력으로 하나의 폴립 공동체를 일궈내는 과정을 무슈 파브르에게서 다시 한번 배워보면 어떨까?

2023년 9월

조은영

찾아보기

ㄱ

ㄴ

ㅅ

ㅇ

ㅈ

ㅊ

ㅋ

ㅌ

ㅍ

ㅎ

지은이 장 앙리 파브르(Jean-Henri Fabre, 1823~1915)

19세기 프랑스의 생물학자이자 시인, 교사이자 교육운동가. 1823년 12월 22일 남프랑스 아베롱주 생레옹의 시골 농가에서 태어났다. 어릴 적부터 산과 들의 꽃과 나무, 곤충의 아름다움에 매료되었던 그는 외출 후 집에 돌아올 때면 늘 주머니에 그것들을 챙겼다. 가난한 집안에서 고학하며 사범대 장학생으로 입학했고, 1842년 열아홉 살의 나이에 졸업장을 받았다. 이때부터 파브르의 교육자로서의 삶이 시작된다. 1849년 아작시오의 페슈중학교 물리 교사로 취임해 1853년까지 재직했다. 이 기간에 아작시오에 방문한 저명한 식물학자 에스프리 르키앵Esprit Requien의 제자가 되었다. 르키앵의 사망 이후 그의 연구를 이어받기 위해 온 알프레드 모캥 탕동Alfred Moquin-Tandon과 함께 연구하며 "정신의 축제"와도 같은 시간을 보냈다.
1855년 첫 논문 〈노래기벌의 습성과 그 애벌레의 먹이로 이용되는 딱정벌레류의 장기간 보존 원인에 관한 고찰〉을 시작으로 본격적인 학계 활동을 시작했다. 같은 해 파리과학대학에서 〈도마뱀난초의 괴경에 관한 연구〉로 식물학 박사 학위, 〈다족류 생식 기관의 해부와 발달에 관한 연구〉로 동물학 박사 학위를 받았다. 이후 수백은 족히 넘는 자연과학 논문과 교과서를 집필했으며, 1876년 《파브르 식물기*La plante*》와 1879년 《파브르 곤충기*Souvenirs entomologiques*》 등 수많은 책을 썼다.
오랜 연구 과정에서 루이 파스퇴르와 존 스튜어트 밀, 찰스 다윈 등 당대의 저명한 학자들과 교류하며 연구 및 사회 활동의 범위를 넓혔다. 이후 과학에 대한 공로를 인정받아 1866년 프랑스아카데미 토르상, 1867년 나폴레옹 3세로부터 레지옹 도뇌르 훈장, 1878년 세계박람회 은메달 등을 받았다. 1910년 노벨문학상 후보로도 추천받았지만 고령이라는 이유로 수상이 거부되었다. 이후 노쇠한 파브르는 요독증에 걸려 1915년 10월 11일 92세로 타계했다.

옮긴이 조은영

어려운 과학책은 쉽게, 쉬운 과학책은 재미있게 옮기려는 번역가. 서울대학교 생물학과를 졸업하고, 동 대학교 천연물과학대학원과 미국 조지아대학교 식물학과에서 석사학위를 받았다. 옮긴 책으로《암컷들》,《코드 브레이커》,《우주의 바다로 간다면》,《새들의 방식》,《문명의 자연사》,《식물의 세계》,《나무는 거짓말을 하지 않는다》 등이 있다.

파브르 식물기

1판 1쇄 발행일 2023년 9월 25일
1판 3쇄 발행일 2024년 2월 19일

지은이 장 앙리 파브르
옮긴이 조은영

발행인 김학원
발행처 (주)휴머니스트출판그룹
출판등록 제313-2007-000007호(2007년 1월 5일)
주소 (03991) 서울시 마포구 동교로23길 76(연남동)
전화 02-335-4422 **팩스** 02-334-3427
저자·독자 서비스 humanist@humanistbooks.com
홈페이지 www.humanistbooks.com
유튜브 youtube.com/user/humanistma **포스트** post.naver.com/hmcv
페이스북 facebook.com/hmcv2001 **인스타그램** @humanist_insta

편집주간 황서현 **기획** 최현경 전두현 **편집** 김선경 **디자인** 김태형
조판 아틀리에 **용지** 화인페이퍼 **인쇄** 청아디앤피 **제본** 민성사

ISBN 979-11-7087-043-2 03480